U0338702

启迪你的智慧，精彩由此展开……

恐龙

大百科

易 洲 编著

中国华侨出版社

图书在版编目（CIP）数据

恐龙大百科 / 易洲编著 . —北京：中国华侨出版社，2017.5

ISBN 978-7-5113-6816-4

Ⅰ.①恐… Ⅱ.①易… Ⅲ.①恐龙－普及读物 Ⅳ.① Q915.864-49

中国版本图书馆 CIP 数据核字（2017）第 117558 号

恐龙大百科

编　　著：易　洲

出 版 人：方　鸣

责任编辑：待　宵

封面设计：施凌云

文字编辑：李华凯

美术编辑：张　诚

部分图片绘制：卡森插画工作室

经　　销：新华书店

开　　本：720mm×1020mm　　1/16　　印张：30　　字数：900千字

印　　刷：北京市松源印刷有限公司

版　　次：2017年7月第1版　　2017年7月第1次印刷

书　　号：ISBN 978-7-5113-6816-4

定　　价：48.00元

中国华侨出版社　北京市朝阳区静安里26号通成达大厦3层　邮编：100028

法律顾问：陈鹰律师事务所

发 行 部：(010) 58815874　　传　真：(010) 58815857

网　　址：www.oveaschin.com

E-mail：oveaschin@sina.com

如果发现印装质量问题，影响阅读，请与印刷厂联系调换。

前言

Preface

　　在遥远的中生代时期，地球上曾生活着一群奇特的动物——恐龙，它们是陆地上的霸主，称霸地球达1.75亿年之久。但在6500万年之前，这些超级强悍的霸主突然间消失了。如果不是那些隐藏在大自然中的恐龙化石，也许我们至今都不知道地球上曾经有过这样一段漫长而神秘的恐龙时代。

　　从19世纪中期人们第一次发掘出恐龙的骨架化石开始，一代代人，无论成人还是孩子，都对恐龙充满了好奇。这些神奇的动物拥有各具特色的成员：恐爪龙具有镰刀似的利爪，且身手敏捷，喜欢团队作战；埃德蒙顿甲龙装甲精良，时刻心存戒备，不给敌人可乘之机；包头龙身型巨大，喜欢独来独往，粗大的棒状尾骨威力无边；慈母龙对恐龙蛋和幼崽精心呵护，不离不弃；窃蛋龙行动敏捷，翅膀上长有可以孵蛋的羽毛，但却背负了盗贼的污名……

　　可是，面对沉睡于世界各个角落的一片片残破化石，人们心中充满了疑问：恐龙究竟是一种什么样的动物？恐龙到底有多少家族成员？它们生存的环境和今天的地球有多大差别？凶猛的肉食性恐龙有哪些攻击手法和作战计划？温顺的植食性恐龙又有什么样的防守高招？恐龙缘何能成为地球的主宰，又因为什么遭到了灭绝的厄运？所有这些问题，吸引着无数人想一探究竟，不仅仅是科研工作者，还有那些想走近恐龙的普通人。从人类发现第一块恐龙化石开始，经过近200年的研究，我们对恐龙的了解已经越来越深入，关于恐龙的发现与研究成果层出不穷，刊载于各个时期的各类文献资料中。但是作为普通读者，想要看到所有内容，从而全面了解恐龙几乎是不可能的。

　　本书以时间的演化为轴，探究从生命起源到人类之始关于进化的秘密。书中先梳理了生命发展的足迹，然后重点介绍不同种属恐龙的具体特征，最后带领读者走进哺乳动物时代，去认识人类的祖先。本书分为史前生命、恐龙时代、恐龙探秘、恐龙大发现和恐龙知识趣味问答等部分，既纵向介绍了不同时期恐龙的生活状况，也横向介绍了每个时期存在的不同恐龙及其他物种；既有分门别类的对恐龙不同科属的介绍，也有对某一恐龙成员的详细描绘。

书中以一种全新的视角向人们展示了神秘的恐龙世界，揭秘古生物学家对恐龙的考察、发掘过程，带领读者探寻世界各地的恐龙化石遗址，解读从中挖掘出的珍贵化石，系统讲解形形色色的恐龙，以及恐龙生活的方方面面，包罗万象，信息海量，你想知道的、想看到的还有意想不到的所有关于恐龙的内容，尽在其中！令人惊叹不已的恐龙化石照片和逼真、鲜活、呼之欲出的恐龙复原图也是本书的特色，全书图文并茂，近千幅珍贵插图生动再现恐龙王国，对特定情境、代表种类特征、其身体局部细节等的刻画惟妙惟肖，极具视觉冲击力，能够拓展读者想象空间，带给其美的享受和无穷启示。

多视角生动的图解文字，系统展现史前地球完整生命画卷。细腻传神的珍贵插图重现真实史前生命，带给你超乎想象的视觉冲击。各具特色的不同物种粉墨登场，呈现空前绝后生物大绝灭之前的世界剪影。史前的庞然大物从侏罗纪公园中走到你的身边了！还等什么，快展开一段奇妙的恐龙王国之旅吧！

目录
Contents

第一篇 史前生命

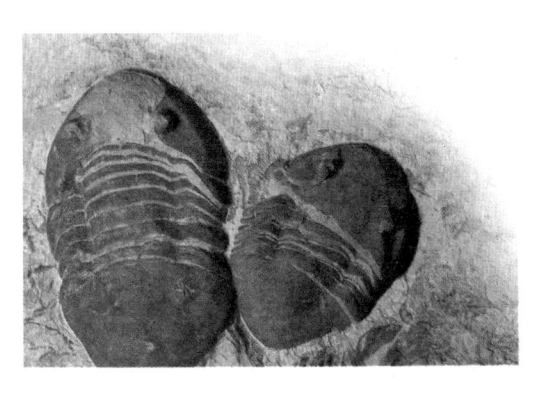

第二篇　恐龙时代

第三篇　恐龙的种类

难以置信的恐龙

植食性巨龙

肉食性恐龙

第四篇　恐龙时代的其他生物

空中的爬行动物：翼龙的空中风采

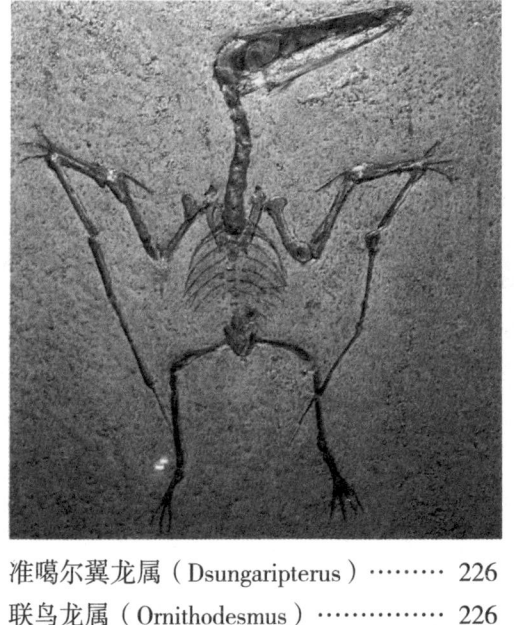

□ 翼龙目动物的进食

□ 翼龙目动物的繁殖

海洋中的爬行动物：海洋怪兽的传奇

□ 适应水中的生活

□ 幻龙目

□ 蛇颈龙目

□ 上龙亚目

□ 鱼龙目

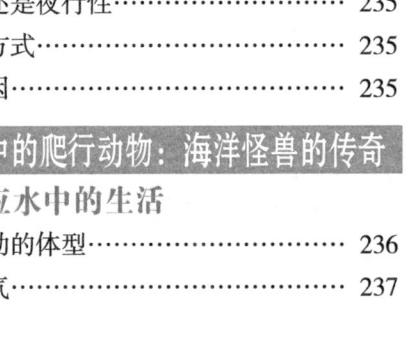

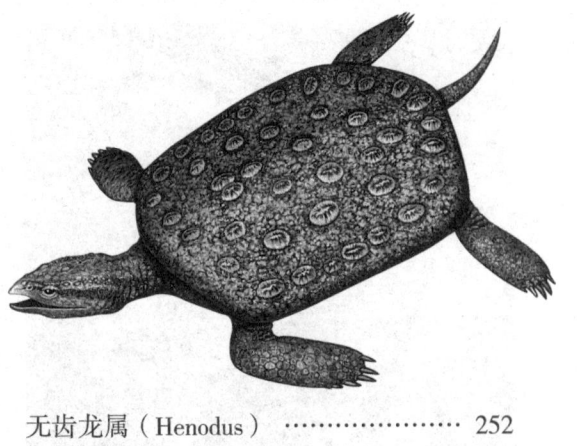

第五篇 恐龙灭绝之后

哺乳动物时代

第六篇　恐龙探秘

第七篇　恐龙大发现

附录 恐龙知识趣味问答

第一篇

史前生命

生命的起源

大约 46 亿年以前，地球刚刚形成的时候，它的平均温度与太阳表面的温度相差不多。过了 7 亿年，地球上展开了生命演化和繁衍的历程。

在宇宙中的某些地方，也许有一些星球上存在着生命物质，但地球却是目前可以确定的唯一一个有生命存在的地方。根据目前的研究，地球上的生命是在水中经历了一系列化学性"意外"事件以后才产生的。以太阳能和化学能为动力，这些"意外"便创造出了构成生物机体的复杂物质。

□ 什么是生命

在地球的组成物质中，99.99999% 是非生物——没有生命的物质。与生物不同，非生物不能利用能量进行生长，对周围的世界也不能作出任何反应。最重要的是，它不能进行生殖。那么

以"石"为证

这些石堆是形成于西澳大利亚鲨鱼湾的叠层石。它们是由蓝细菌（蓝绿藻类原核生物）形成的。蓝细菌是一种从阳光中汲取能量的简单微生物，能够捕捉周围的沉淀物，那些沉淀物胶结在一起后，最终形成了一个个的小丘。鲨鱼湾的叠层石一般有着几千年的历史，但有的化石叠层石却有着3.4亿年的历史，是地球上最早的生命迹象之一。

又是什么让这样毫无生气的开端产生了 40 亿年前的生物呢？

大多数科学家认可的答案是，溶在海洋中

▼ 地壳在刚形成的时候，有大规模的火山喷发活动。这其实有助于产生适合生命生存的环境，因为火山喷发产生了大量的水汽，而水汽最终冷却凝结形成了海洋，同时还产生了大量的矿物质，成为早期细菌的能量来源。

的含碳物质发生了一系列随机的化学反应，而生物就是从这些反应产生出来的。其中的一些反应形成了油性细胞膜包裹着的微泡，里面包含着一些液体微滴，它们与外面的水世界是完全隔离的；另外，一些反应则形成了一些特殊物质，它们通过吸引周围更加简单的化学物质而进行自我复制。不知怎样，这两类反应产生的物质就结合到了一起，从而产生了第一个能进行自我复制的细胞。当这些细胞开始利用能量的时候，生命也就随之产生了。

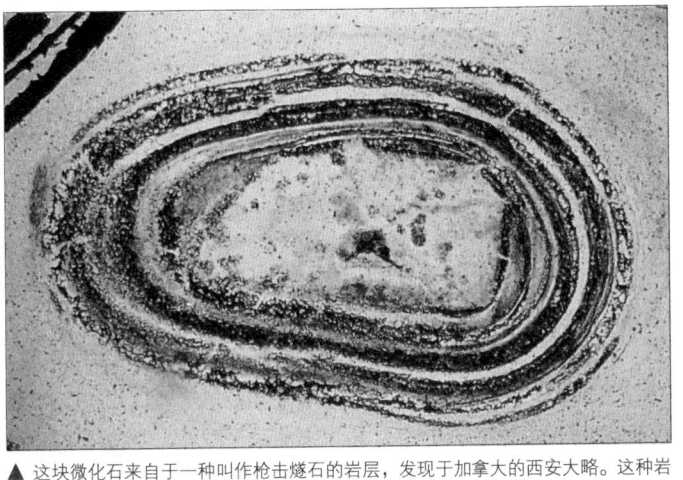

▲ 这块微化石来自于一种叫作枪击燧石的岩层，发现于加拿大的西安大略。这种岩层形成于 20 亿年前，含有一些已知最早的光合微生物的遗骸。

□ 补充能量

细菌是第一种有生命的东西，它们从溶解性的化学物质中获取能量。但是当它们的数量越来越多时，那些化学食物的供应就显得越来越不足，一场生存竞争也就在所难免了。这是生命的一种特征，因为对于生物来说，资源总是供小于求。竞争让生物得以进化，给生物演化和向高级演变提供了机遇和可能。

经过漫长的早期进化，一些细菌逐渐有了新的生存方式——它们拥有了直接从阳光中获取能量的能力，而这个过程就被称为光合作用。可以说，通过光合作用获得能量的生存方式让生命向前迈了一大步。

□ 快行道上的生命进化

光合作用刚出现的时候，地球基本被氮气和二氧化碳充斥，几乎没有一点儿氧气。而与早期生命形式不同的是，光合细菌能够将氧气作为废物排出。环境中的含氧量也随之缓慢增加到今天的 21%。

氧气对很多原始的细菌来说是一种高活性的反应物质——致命的毒药——所以这些细菌不得不退到那些没有氧气的泥浆和沉淀物中。但是，随着氧含量的增加，更加复杂的需氧型生命系统出现了。这些生命有机体能够利用氧气燃烧它们细胞内的燃料。也就是说，它们能够在需要的时候释放能量。生命进化开始加速！

第一种"需氧"的生命体被称为原生生物，是一种单细胞的水生微生物，比细菌大，身体构造也复杂得多。在今天的淡水和海洋中，它们随处可见。但它们的优势地位并没有持续太久，因为在 100 多万年前，植物和动物就开始出现了。

◀ 这些长长的细丝是鱼腥藻的纤维。鱼腥藻属于现代的藻青菌或蓝绿藻类，生活在浅水域潮湿的地面上，它们的生活方式与最早的光合细菌有所不同。

3

地球上最早的动物

最古老的动物遗迹有长达 10 亿年的历史，最古老的动物化石源于 6 亿年前的震旦纪。

地球上出现最早的动物是软体微生物，它们生活在海床的表面或者下面。这种生物很难形成化石，它们所能留下的也只是一些非直接的线索，如洞穴和足迹。虽然这些早期的动物非常微小，但也曾在一段时间内繁荣过。地球上第一种肉眼可见的动物群——埃迪卡拉动物群——就是从它们中进化而来的。

□ 偶然的发现

埃迪卡拉动物群发现于南澳大利亚的埃迪卡拉山，并因此而得名。1946 年，一个澳大利亚籍地质学家在古砂岩板中发现了一些奇特的化石，其中一些像是珊瑚、水母和蠕虫的化石，而另一些却根本无法与现有的动物相对应。

起初，人们认为埃迪卡拉动物群源于寒武纪——开始于 5.4 亿年前"生命大爆炸"（大量动物涌现）的时代。但是经仔细研究后发现，埃迪卡拉动物化石的年代要更久远，应该产生于震

以"石"为证

　　威尔潘纳地质盆地宽 17 千米，是一个巨大的碗状沙岩带，位于南澳大利亚的弗林德斯山区。这个地区与首次发现埃迪卡拉动物化石的地方具有同样的地质构造。在 5.4 亿年前动物还没有进化出硬质外体的时候，这些连绵不绝的沙岩山脉就形成了。这些岩层中动物化石的发现，改变了人们关于生物进化的一些认识。

旦纪（恰早于寒武纪）。在此之前，震旦纪似乎一直都是生物界的"黑洞"，几乎从未发现任何动物的遗迹。

自 20 世纪 40 年代以来，埃迪卡拉动物群在世界多个不同的地方被发现，包括格陵兰、俄罗斯和纳米比亚。随着发现的化石增多，生物学家们正试图去确定这些动物的生存方式，并弄清楚它们在震旦纪末期到底发生了怎样的变故。

□ 埃迪卡拉王国

与大多数的现代动物不同，埃迪卡拉动物既没有头、尾巴或四肢，也没有嘴巴或者消化器官。它们可能是从周围的水环境中，而不是靠觅食来获得营养。它们有的身上可能会寄宿着海藻，这种共生关系使其能够分享海藻从阳光中收集到的能量。有很多埃迪卡拉动物都固着在海床上，看起来就像是植物；但有的则只是躺在浅滩处，静静等待着漂浮

▲ 这是属于埃迪卡拉动物群中莫氏拟水母的化石，直径不足 2 厘米，看起来像是水母搁浅在海滩留下的遗迹。很多人都认为，这种动物可能是寒武纪水母的祖先。

过来的营养。

这种类植物物种有：查恩虫，看起来就像是果冻做成的羽毛；斯瓦塔须鳃，一种更奇怪的动物，拥有四个半圆形的梳状结构；但是它们中最大的则是狄更逊水母，能够生长到门口脚垫那么大。和所有其他埃迪卡拉动物一样，狄更逊水母的身体像纸一样薄——对通过外层皮肤获取食物的动物而言这是必需的结构。

与随后进化出来的动物相比，埃迪卡拉动物的生活宁静如水。它们既没有攻击武器，也没有防御盔甲，或者其他御敌方法。因为它们根本不需要——震旦纪的海洋就是最好的天然屏障，那时候捕食者都还没有出现。

□试验有没有失败

在埃迪卡拉动物被首次发现之后的50多年里，它们在动物界中的地位一直都是科学界争论不休的话题。有的科学家认为，它们根本就不是动物，而更像是一种与今天的青苔类似的有机生命体。也有人认为它们属于一个完全独立的生命王国——震旦纪生物群，并在寒武纪初期就已经消失了。支持后一种理论的人指出，埃迪卡拉动物奇怪的体形就像是被分成了几个部分的充满液体的垫子。他们认为，它们是一场生物的进化试验，直到寒武纪出现了更具活力和攻击性的动物时，它们才消失了。

□有成有败

由于具体的证据太少，这两种理论都不能让研究古生物的专家们信服。不过，大多研究者都认为，埃迪卡拉确实是一种动物，只是在震旦纪末期，它们的命运才有了不同的转向。有的演化成了寒武纪非常普遍也更为人所知的动物，有的则走向了灭亡，它们那些奇异的特征也随之从动物界中消失了。

▼ 下面这幅构想图，集合了世界各地的埃迪卡拉动物。正中间是族群中个头最大的狄更逊水母，最长可达1米。它左边三只羽毛状的查恩虫从沉淀物中伸了出来，而后边再远一些可以看到砖红色的斯瓦塔须鳃，3个为一组。狄更逊水母前边的小动物是斯普里格蠕虫，像是一种原始的三叶虫，但与所有的埃迪卡拉动物一样，它的身上也没有坚硬的部位。

动物的进化

自第一个动物出现以后，动物就逐渐形成了各式各样的外形和生活方式。这个发展的过程叫作进化，所有动物都历经进化。

在还未对化石进行科学研究以前，人们认为，世界连同现存的所有生命形式是一起被创造出来的，从来没有变过。打个比方，也就是说世界上一直都只有两种大象，大约 3 700 种蜥蜴和大约 9 450 种鸟类。但是当史前动物的化石被挖掘面世之后，这种观点就变得越来越站不住脚了。

□ 适者生存

史前动物是如何适应这个世界，又是缘何绝迹的呢？进化论给了我们答案。如果生物总是繁殖出跟它们一模一样的后代，那么每一个物种都将永远保持不变。幼年动物长大以后，它们的大小形状与父母完全一样，生活方式也没有任何改变。但这并不是自然界的运行法则。生物是变化多端的，它们会把这些变异遗传给它们的后代。

这些变异往往都比较微小，但是却能产生一些深远的影响。例如，如果一只蜥蜴的视力比平均水平好一点点，那么它就能够更好地觅食。与处在平均水平的蜥蜴相比，这只蜥蜴就会吃得更好，活得更健康。也就是说，会更有可能受到异性的青睐而进行交配繁殖。因为动物在繁殖的时候会将变异传递下去，那么它们的后代中也就会有许多个体的视力高于平均水平，而这些个体也会将变异继续遗传给它们的后代。视觉敏锐的蜥蜴就会逐渐变得普通起来，高于平均水平的视力也就成为了该物种共有的特征，这个物种也因此得到了进化。

这种变异背后的驱动力量被称为自然选择，是大自然挑选出了那些

寒武纪三叶虫　　　　奥陶纪三叶虫

志留纪三叶虫　　　　泥盆纪三叶虫

▲ 三叶虫存在了 3 亿多年，在这期间，进化出的种类也千差万别。它们每一种都有自身的特色，产生了一系列适合其独特海床生活的适应性变化。古生物学家经常能够通过观察岩层中所含有的三叶虫来标定岩层的年代。

更适于生存的优势个体。自然选择在生命伊始就开始了，此后一直都在挑选着那些有用的变异。

□ 新物种的形成

进化是一个非常缓慢的过程，那些细微的变异需要经历长时间的积累才会产生可见的效应（简单有机生命体是个鲜有的例外，如细菌，

▼ 大象和它们的亲缘动物起源于 4 000 多万年前同一个物种。一些化石表明，在这 4 000 多万年的进化过程中，起码产生了 350 多个不同的种类。下图展示了其中的几个类，从左至右依次是：始乳齿象，站立高度大约 2.5 米；嵌齿象，鼻子和獠牙相对短小；恐象，下颌处的獠牙向后弯曲；铲齿象，下颌处的牙齿像一个铲子；而拥有"帝王猛犸象"之称的巨象猛犸则有着长长的鼻子和向前弯曲的獠牙，看起来更接近于现代大象。上述这些动物分属于几个不同的支系。

始乳齿象

嵌齿象

因为它们繁殖得实在太快了）。在漫长的时间长河里，就连当初最微小的变异也开始累积起来，造成了动物们在体态和行为方面的重大改变。

随着一代代的遗传与继承，当变化积累到足够大的时候，一个全新的物种形成了。或者，这些变化会使原始的物种分裂成为几个不同的群系。如果这个种群系由于只在内部进行交配繁殖而产生隔离的话，那么就会有两种甚至更多的新物种取代原来的物种了。

在自然界中，不同物种之间通过相互竞争得到它们所需要的物质，如繁衍所需的食物和领地。如果两个物种的生活习性相近，那么它们之间的竞争就变得激烈。这场争夺可能会历经几个世纪或者数千年，但是结果只有一个：一个物种占了上风，而另一个物种则处于劣势，最终还可能会走向灭亡。

灭绝是生命的自然。一般来说，这个过程发生得非常缓慢，而且能够与新出现的物种达成平衡。但是灭绝也会发生突然的波动，当生存环境发生突变的时候，成千上万甚至几百万的物种就会顷刻覆灭。很多生物学家认为，我们现在就生活在这样的波动中。

□ 测验与选择

19 世纪，英国自然学家达尔文开始进行进化论的研究。达尔文收集了大量关于物种进化的证据，并且确认了进化背后的推动力量。在他的那个时代，许多人都以为进化会有一定的程式可依，生命的进化方式就跟设计者不断地去提高机械水平一样，平稳地向前发展。但是，现代的生物学家们对这种观点却不以为然。因为，自然选择并不能像人类的设计师那样提前做好计划，反而更像是一个不偏不倚的法官，对每一个细微的变异都会进行检验，那些不能立即见效的就会遭否决。

这种选择方式意味着，那些复杂结构（如眼睛、腿或羽毛）的进化需要经历一系列连续的阶段，而每一阶段的发展都必须对整体的进展有所裨益。例如，原始羽毛对于飞行可能是没有用的，所以它们最初进化出来的时候肯定有着其他用途。古生物学家们相信自己明白了这种用途，这一发现不仅有助于人们了解鸟类，而且对于理解恐龙也产生了重要影响。

物种进化的另一个特点是，绝不会从头再来。相反，自然选择会以生物的现存状态为基础，促进那些有助于充分利用其生活方式的特征得到优势发展。但是，无论生物体的外形会变成什么样子，它们的体内依然保留着一些远古进化的证据。对于古生物学家来说，这些证据就是解读生物进化之谜的信息宝库。

恐象　　　　　　　　　　铲齿象　　　帝王猛犸象

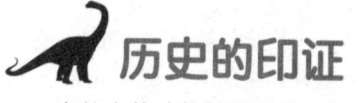

历史的印证

有的史前动物被掩埋在沉淀物中，有的被困陷在琥珀中，还有的被冻结在冰层中。也正是因此，它们的遗骸才经受住了时间的考验，一直保留到今天。

由于大部分的史前动物现在都已经消失了，人们只能通过它们遗留下来的残骸去认识它们。对那些灭绝时间相对较近（在地质学上的几千年）的物种来说，它们的遗骸中会含有真正的身体部位，甚至是整只动物。但对那些生存年代更加久远的物种来说，身体的任何部分都留不下来。那么科学家就去研究另外的东西：实际上已经石化了的遗骸。

□ 被封存的过去

动物死亡后，它的遗骸很难长时间保持完好。在陆地上，食腐动物很快就会在动物的尸体上安家落户，撕掉它们的血肉和骨头。昆虫则会在里面产卵，生出来的蛆很快就会把尸体钻得千疮百孔。如果还剩下了什么东西，也会被细菌——自然界中最有用的分解者——分解掉。如果天气比较清冷或者干燥，不出几天或者几个星期，能留下来的也就只有几块碎骨头了。

一具动物尸体能被保留下来的机会微乎其微。如果尸体被一些含氧的物质（如火山灰或者海床沉淀物）覆盖住，食腐动物和分解细菌就会因为无法存活而失去了破坏作用。尸体便会因此

以"石"为证

这是一个隆鸟诞下的巨型蛋，由一些破损碎片小心黏合而成。隆鸟是一种生活在马达加斯加的不会飞行的巨型鸟，直到500年前才消失。虽然岛上的隆鸟已经绝迹了，但人们还是能够偶尔找到它们留下来的蛋。通常大地经过一场暴雨的洗礼，表面的泥土被冲走之后，这些蛋就显露出来了。那些最古老的隆鸟蛋都已经变成了化石，但这个却依然保留着原始的蛋壳。

保持得比较完整。而随着上面的沉淀物或者灰尘越来越多，尸体就慢慢不见了（被埋在了地下）。得以保全的遗骸可能就会形成化石——这是遗骸保存的最终形式，因为化石可以将生物的形状一直保存几十亿年。

□ 无妄之灾

对于那些痴迷于远古地球的生物学家来说，化石是目前为止最有力的证据。但是史前的动物和植物也能以另外的方式保存下来。当一只不幸的昆虫或者小动物遇上了一滴从树上流出来的黏黏的树脂，就会被困在这个透明的坟墓里而封存起来，这个小坟墓在树脂干了之后会变得坚硬起来。

动物的内部器官会被分解掉，但是它们的外部构架却依然

▼ 这块非比寻常的化石显示，这只捕食性的腔骨龙腹中还有一只小腔骨龙的骸骨。这样类似的发现是很少见的，可以让人们更加深入地了解史前动物的生活行为。

存在。树脂本身也会化石化，变成一种玻璃态的物质，叫作琥珀。一些封存着动物的琥珀球有5 000多万年的历史。

对大型动物来说，危险的并不是树脂，而是一种黏性沥青（焦油的一种）。这种天然物质会渗到地表，形成危险的池沼，进而吞没那些涉险经过的动物。动物的身体会完全浸在焦油里的油性液体中，它们的遗骸也就不那么容易被分解者袭击到了。其中的有机组织会慢慢分解掉，而骨头却常常会保存了下来。这样的遗迹在世界上的几个地区都有所发现，但最著名的莫过于加利福尼亚的拉布雷亚牧场。那里有从冰河时期保存下来的动物，其种类之多简直不可思议。

□ 停滞的时间

一些封存形式能让时间停滞几百年甚至几千年。木乃伊——古埃及人保存尸体的方式，就是其中的一种。当尸体被制作成木乃伊后，就已经完全干透，有效地阻止了细菌的侵蚀。在自然界中，这种保存方式常见于沙漠和干燥的山洞中。

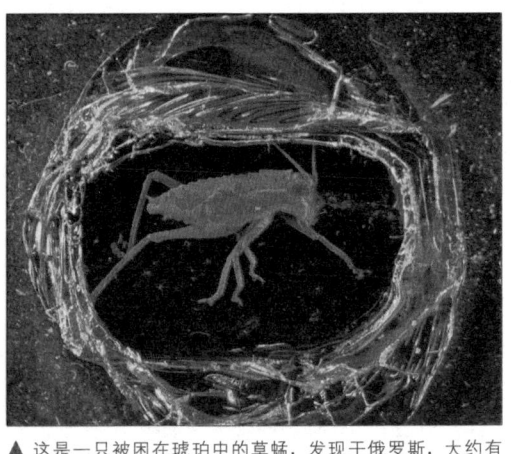

▲ 这是一只被困在琥珀中的草蜢，发现于俄罗斯，大约有4 000万年的历史。

冰封是另一种可以延缓腐败的方式。在世界上一些终年积雪覆盖的地方，如北西伯利亚，冰河时期的哺乳动物就常常以这种方式保存下来。

▼ 在俄罗斯北部地区，一只已经有1万年历史的幼年猛犸象被从冻土中挖掘了出来。这只猛犸象已经被上面覆盖的冰层给压扁了，但是依然非常完整。

 # 化石的形成

一具动物尸体要成为化石，就必须要有恰好合适的周边环境。虽然有很多动物都开始了化石化的进程，但到最后却消失得无影无踪了。

"化石"的英文单词fossil原意是指从地下挖掘出来的岩石或者矿物，在今天，它代指的东西更加精确——生物的遗骸。这些生物曾经在地球上生活过，它们的遗骸由于被埋藏在土壤中而得以保留。与原始的遗骸不同，化石比较坚硬，而且化学性质也更稳定。也就是说，能保存特别久的时间。大部分化石都至少有1万年的历史，有一些甚至能够追溯到地球上早期生命开始的时候。

□ 死亡与埋葬

生物死亡后，如果能马上被某些物质（如沉淀物或大量的海底泥浆）覆盖住，化石化的过程就开始了。沉淀物中包含着一些很细的颗粒，能在动物遗骸的表面形成一层柔软的保护毯，使其免受食腐动物的袭击；同时也将氧气隔离在了外面，使得微生物很难以常规的途径将遗骸分解掉。

大多数情况下，故事到此就结束了，因为在海里，遗骸常常会被海浪和潮流破坏掉；而在陆地上，风吹雨淋也同样会毁了它们。但是，如果动物的尸体在足够长的时间里都没有受到破坏，它上面覆盖的沉淀物就会越来越多。这种埋葬的速度可能每年只有几毫米，但随着时间的累积，化石化的第一阶段就开始了。

以"石"为证

化石不仅能够保存动物的身体，还能够将它们的生活痕迹也保存下来。这些痕迹不仅包括脚印，如图中发现于美国犹他州的恐龙脚印，还包括洞穴、食物残渣、"胃石"，甚至还有粪化石。遗迹化石是非常有趣的，因为它们保留下了动物们的行为细节，但是如何将其与其制造者进行匹配是个令人头疼的问题。

□ 石化

尸体被掩埋起来后，其中的无机物——如骨头和外壳——经常会溶解再结晶，从而变得比以前更加坚硬了。若是地下水渗进组织器官中，将无机物溶解掉并冲走，新的无机物便会沉积在里面，这个过程常被描述为"石化"。由于这些改变发生得都非常缓慢，遗骸也就保留住了原始的形状。

随着表面沉淀物越来越多，遗骸也就被埋得越来越深。时间和增大的压力完成了接下来的

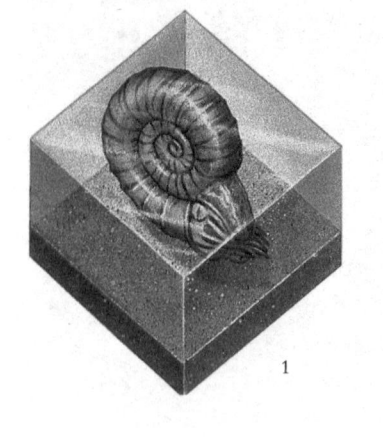

1

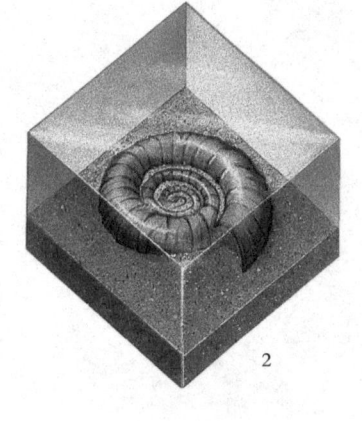

2

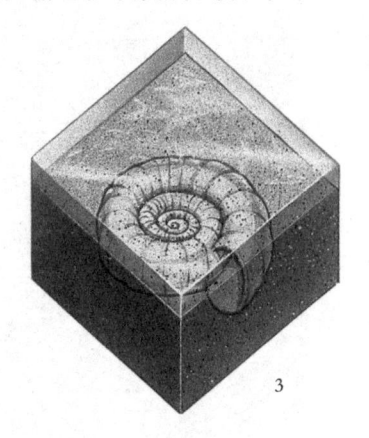

3

▲ 鹦鹉螺及其亲缘动物常常会形成化石，因为它们拥有坚硬的外壳，而且生活在浅滩海域——一个在死后可以被埋藏的理想环境。与三叶虫一样，它们精细的身体构造会在进化过程中发生改变，这让它们可以被用作化石年鉴表，来确定具体岩层的年代。

▲ 这是一块始祖鸟化石，始祖鸟属于最早的鸟类之一。不同寻常的是，这块化石里竟然保留着羽毛的轮廓。通常来说，像这种柔软的身体部位在化石化的过程中都会消失掉。

破坏。如果一块化石有幸躲过这些灾难，那么它重返地表时才能被发现。当沉积岩被风雨侵蚀掉以后，化石就露出地表了。接下来就是，在化石从周围的岩石上掉下来，碎裂并最终消失之前，必须要有人能找到它们才行。

事情——遗骸变成了化石，而沉淀物则变成了结实的岩层。

□ 重见天日

即便都到了这个阶段，事情还是可能会出现差错。在形成化石的千百万年中，周围的岩层可能会发生变化。岩层可能会褶皱弯曲，而极大的压强则能够将化石压扁。热量也是因素之一，如果有太多的热量从下面的壳层传到岩石上，部分岩石就会熔化，里面所包含的化石也就遭到了

□ 记录缺口

因为化石化的过程太过随机，所以地球上的化石并不能完整地记录史前的生命迹象。一些动物（像三叶虫和鹦鹉螺）能够大量地形成化石，是因为它们拥有坚硬的外壳，并且生活在海床上。拿三叶虫来说，它们在生长过程中会出现蜕皮现象，而这每一层退掉的皮都是一个绝佳的三叶虫复制品，同样也能够形成化石。

但是对有的族群来说——即便是那些长有骨头的——化石化也是一个不同寻常的过程，尤其是那些早期的灵长目动物和其他一些生活在树上的哺乳动物。在它们死后，尸体一旦掉到地面上，就会被食腐动物给分解掉。搜寻化石的人偶尔会发现一些单独的动物骨头或者牙齿，但是却很难找到完整的骨架。

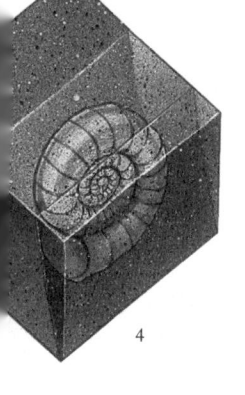
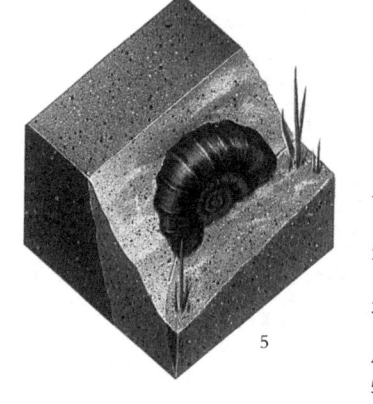

◀ 从左到右这5幅图列出了化石形成的5个典型步骤。

1. 一只鹦鹉螺陷进了海床里，并最终死在了那里。
2. 这只鹦鹉螺的外壳搁浅在了海床上，而海水中漂浮过来一些含有细小颗粒的沉积物，很快就把它给掩埋了。
3. 在"岩化作用"的过程中，壳中的无机物慢慢地发生变化，并最终被替换掉。
4. 化石上面进一步形成岩层。
5. 岩层被风雨渐渐侵蚀掉，化石也就显现在表面上了。

化石的研究

如若没有化石，人们对于地球生命史的了解也就只能上溯几千年而已。而有了化石，科学家们便能够研究那些曾在远古时代出没的动物。

化石是一种很有魅力的东西，无怪乎很多人都喜欢收集它们。而对于古生物家——研究地球生命史的科学家——来说，它们还是重要的信息来源。化石可以表明动物是从何时存在又是如何生存的，它们会吃些什么。有时还能反映出，动物是怎样繁殖的。化石也可以显示出，进化是如何让不同物种联系到一起的。这种信息的收集从寻找化石开始，到样本被清洗、研究、组装，可以展出为止。

▲ 在美国的国家恐龙化石保护区内，人们正在移动异特龙的骨化石。在将化石从周边岩层中采掘出来的时候，要十万分小心，以免损坏了它们。

化石都会遭到破坏。第三类是沉积岩，包括石灰石、砂岩和白垩石。沉积岩总是呈层状沉积在一起——这是所有化石搜寻遗址的典型特征。

□ 化石岩层

化石的发现，一半靠运气，一半靠专业知识。能够辨识出岩石的三种主要类型是非常必要的，因为其中有两种根本不可能含有化石。第一种是不含化石的火成岩，包括花岗岩和玄武岩——非常坚硬的结晶岩石。它们形成于熔岩或者岩浆，而这些无疑能够消灭掉任何生物的遗骸。第二种是变质岩，包括大理石和板岩。这些岩石是受压或者受热转变成的，也就是说其中含有的任何

□ 地面上的化石

世界上一些最有趣的化石，是在一些开采沉积岩的地方发现的。很多爬行类的飞虫化石是在德国的采石场发现的，而有些最大的蜥脚龙化石则是在美国的采石场发现的。很多其他种类的化石则是业余爱好者和专家们在山岩裸露处发现的，其中有沙漠中干燥的平顶山以及经海水侵蚀破坏而形成的海蚀崖。在那里，动物的遗骸因为岩石遭到侵蚀而显露在地表。岩石越是柔软，被腐蚀得就越快，化石也就能越快地回到地表上。

有时候发现的化石是完整无缺的，但是对骨架来说，上面的骨头常常会被风吹雨淋掉。骨架可能会怎样移动，骨架的其余部分又可能会在哪儿，鉴定出这些东西都是需要真才实学的。这时候通常要沿着崩解岩石的斜坡往上找，直到看到"母质"岩石为止。

□ 挖掘与吊运

人们在发现化石以后，通常都会把它挖掘出来带走并进行研

▲ 新墨西哥幽灵牧场的沉积岩富含恐龙化石。这些红色岩石是在三叠纪沉积下来的。而那时候，爬行动物的时代才刚刚开始。

究。对像三叶虫那样小的东西来说，这个过程不过是用锤子多敲几下，把它从母岩或者岩床中解放出来。但是如果是一整块恐龙的骨架化石，里面可能含有 1 米多长的单骨，要取出这样的化石可能会是一个要持续几年的大工程。

这种工作的困难之一是，已经化石化的骨头遇到雨水或者阳光后经常会碎裂。为了保持它们的完整，在它们被运走或吊走之前，都会用护套或者速凝塑料把这些骨头包裹起来。

□ 实验室研究

化石进入实验室后，常常还需要进一步的处理才能使其完全暴露出来。微小的样本，如昆虫或者小鱼，一般用金属探针、毛刷和类似牙医用的牙钻之类的东西来清扫。样本也可能会被浸在醋酸中——醋中有刺激气味的物质，可以消弱岩石对化石的附着作用，使其最终脱落。易碎的骨化石要用塑料加固，以保证任何松动的碎片都固定在原来的位置上。

将化石洗净处理好之后，便进入了研究阶段。即便是最微小不规则的特征或是痕迹都可以

▲ 在移动大型骨化石以前，人们不得不把化石周围的岩床凿除掉（见上图）。然后，会先在上面敷一层塑料保护层，再用滑轮吊运。化石一回到实验室，研究者就会把塑料拿掉。左图中，一个工作人员正在观察一只大型恐龙的颅骨化石。

蕴涵重要的信息，所以对任何看起来不同寻常的东西都会进行进一步观察，有时还会用到显微镜。这种工作常常会跟法医鉴定相似，如有时候你会在化石上发现牙齿的咬痕或者裂开的骨头，这便透露出了这只动物是如何死亡的。

古生物学家还会借用医用扫描镜——一种能够观察内部骨质组织的技术。这种新型的化石研究方法已经被用于研究几种恐龙的大脑尺寸，并尝试着鉴定它们是否是恒温动物。

□ 骨架组装

因为博物馆的空间有限，很多化石都被保存在储藏室里，以方便专家们进行观察研究。而那些最重要的令人惊叹的样本——特别是恐龙和史前的哺乳动物的——会组装起来以展现出它们生活中的真实样貌。这个过程被称为关节连接，需要将骨头安排在正确的位置上，以支撑起整个骨架防止坍塌。关节连接是一项复杂的工程，即便是专家也可能出错。例如，19 世纪美国著名的化石搜寻者爱德华·德林克·科普，把薄板龙（一种海生的爬行动物）的头骨安在了它的尾巴上！

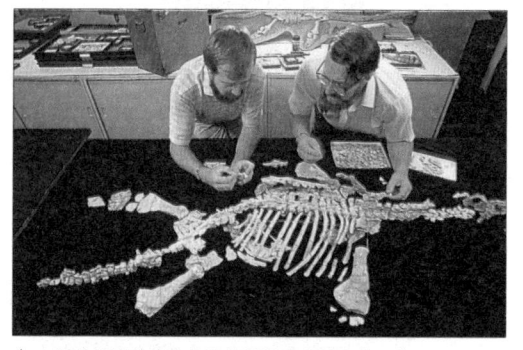

▲ 一只蛇颈龙的遗骸化石被平展在实验室的工作台上，两位古生物学家正在对其进行详细的检验。这具化石是在一个澳大利亚的矿藏城镇——库伯佩迪——发现的，它上面的粉红色就源于那个地方特有的矽土。

大陆漂移

每一年，世界上都会有一些大陆漂移得越来越远，而另一些则慢慢地靠得越来越近，这些移动改变着地球的面貌。

"大陆漂移说"第一次被提出来，差不多已经是100年前的事了，当时大部分的地质学家都难以接受这一观点。但在今天，这个学说已经是一个被广泛认同的科学事实了。而移动的并不仅仅只有大陆，整个地球外壳都在移动：新海洋出现，将大陆分开；古海洋消失，各大陆便相撞在一起。而大陆是野生动物赖以生存的地方，这些变化便对动物的进化产生了惊人的影响。

▲ 水龙兽是一种似哺乳类爬行动物，生活在晚二叠世和早三叠世。

◀ 这6幅地球演化图显示了在过去的2.45亿年中，各个大陆之间发生了怎样的漂移。地球所经历的这段历史就是盘古大陆的分离史，盘古大陆是一个存在于爬行动物时代初期的超级大陆。直到1亿年以前，今天的南方大陆仍然连在一起，形成了盘古大陆的巨型断片，被称为冈瓦纳古陆，后来才慢慢地分离开来。

□ 同一个世界

今天，在我们的地球上不均衡地分布着七个大洲。无论是从北美洲到欧洲，还是从非洲到大洋洲，都要穿越成千上万千米的外海。但是在2.45亿年前爬行动物时代初期，地球完全是另外一个样子。地球上所有的陆地都连接在一起，形成了一个巨大的超级大陆，被称为盘古大陆，而剩下的部分则被广阔的古代海洋覆盖着。理论上来说，一只动物只要能够顺利越过高山、渡过河流，就可以一路往前走下去。

在陆地形成之时，大陆漂移就已经开始了，那时候离盘古大陆的形成还有数百万年。对于那时候的大陆，我们知之甚少；但很明显的是，它们也在漂移着，那样巨型的超级大陆也形成过好几次。诺潘希亚就是这些古大陆中的一个，存在于6.5亿年前的震旦纪，在1亿年后开始分离成几个板块，并最终形成了后来的盘古大陆。

☐ 大陆的结合

大陆一年只漂移几厘米，在一只动物的一生中积累的距离非常小。即便是在整个物种的存在时期内，大陆的位置也没有什么大的变化。但是历经几百万年，大陆漂移的距离积累得就比较多了。有的动物族群会因大陆分离而产生了隔离，而有的动物族群则会因大陆相撞又聚到了一起。

要弄清楚大陆漂移对动物生命产生了怎样的影响，南美洲就是一个非常好的例子。直到300万年以前，南美洲还是一个岛，与世界的其他部分已经隔离了近1亿年。

但这漫长的隔离期内，那里出现了大量的特

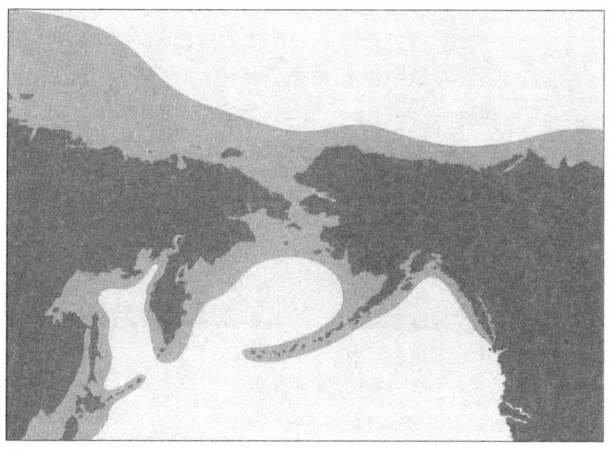

▲ 这张地图显示出了在上个冰河纪末，低海平线是如何令动物——当然也包括人类——从亚洲发展到北美洲的。其中绿色代表今天仍然存在的陆地；而浅褐色代表今天已经变成海洋的陆地。

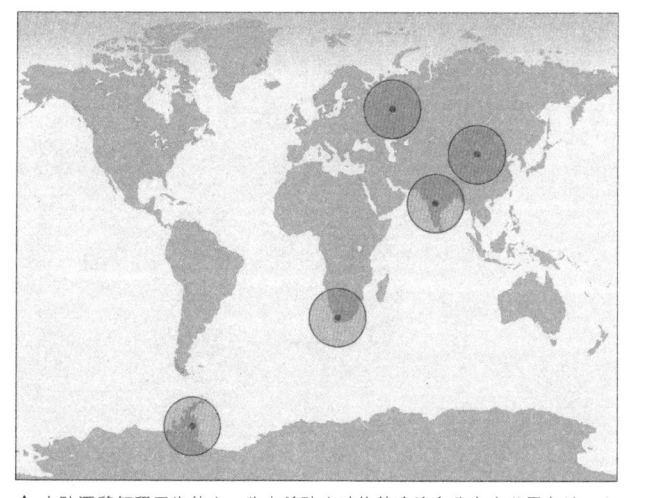

▲ 大陆漂移解释了为什么一些史前陆生动物的遗骸会分布在世界各地。上面的这张地图显示出了水龙兽化石的发现地。在2.2亿年以前的盘古大陆，这种动物到处都是。而自其绝迹以后，它们所生存的大陆就因漂移而分离了。

色动物，包括一些奇怪的有袋类动物和曾存在过的最大的啮齿类动物。但是在南美洲与北美洲相撞之后，由于动物可以在两个大陆间自由迁徙，很多南美洲土生土长的哺乳动物在生存压力下就渐渐被淘汰了。然而300万年过后，南美洲曾是个岛的事实也并不难发现：那里还有很多在地球上其他地方找不到的哺乳动物和鸟类。

☐ 大陆的分离

时间继续往前推移，大陆漂移对爬行动物的进化产生了更大的影响。爬行动物时代初期，盘古大陆还没有消失，所以很多爬行动物的种族都大片大片地分布在地球上。但是盘古大陆分离以后，某些族群便只在某些特定的地方产生了进化。角龙——装甲龙族群中的一种，就是这种"地域性爬行动物"的一个例子，它们跟现代更小一些的爬行动物一样，仅在北美洲一带活动。另一个族群就是慢龙——一种我们目前还不太了解的恐龙，人们只在亚洲和远东地区发现过它们的遗骸。

☐ 大陆的桥接

大陆漂移同样也塑造了世界的气候。大陆的漂移之所以会有如此效用，是因为这种漂移改变了洋流的路线，将温热的水汽从热带传到了世界上的其他地方。漂移的大陆还控制着世界上的冰层，因为冰盖只能在陆地上形成。如果极点附近没有大陆的话，极地海洋就只能冻结，而不能形成深层的冰盖。

地球上的冰层对动物来说非常重要。冰盖里的冰越多，世界的气候就越冷越干燥。同时，因为有太多的水被冻结，世界的海平面便会下降。如果海平面降得足够低，部分海床就会显露出来，那样一来，动物们即便不离开干燥的陆地，也可以在附近大陆之间到处游历。在上一个冰河纪，动物横穿白令海从亚洲扩散到北美洲。

灭顶之灾

化石记录表明，地球上的生命一直面临着重重困难，前途未卜。有些时候，大量物种会在相当短的时间内消失。

灭绝是地球生命的自然特征，即便速度并不稳定，但通常都会发生得比较缓慢。不过，总有一些外部事件会时不时地引发大范围的物种灭绝，而生命则需要再花上几百万年的时间才能够得到恢复。远古时代至少发生过 5 次物种大灭绝，期间还夹杂着一些小的灭绝风波。每一次灭绝都剧烈地冲击了生物界，改变了动物的进化过程。其中最著名的要属恐龙灭绝了，但在更遥远的过去曾有更大型的灾难袭击过动物界。

□ 毁灭性的撞击

大灭绝是非常少见的，而且一般都相隔几百万年。化石记录中的突变显示出，最近一次的白垩纪大灭绝发生在 0.66 亿年以前，距离其上一次三叠纪大灭绝有 1.4 亿年。尽管地质学家能够确定出这些灾难发生的时期，但要准确鉴定出它们的诱因却困难重重。

就白垩纪的大灭绝来说，恐龙绝迹最有可

▲ 巨大的熔岩流覆盖了数十万平方千米的面积，是史前巨型火山活动爆发的证据。

能的解释是，来自外太空的陨石突然撞击了地球。陨石撞击时有发生，但大部分陨石都只是些小型星体，要么在地球的大气层中已经燃烧殆尽，即便落地也损害微小。而 6600 万年前的那一次陨石撞击却是一次致命的例外：其爆炸性的坠落着地毁掉了大面积的天然栖息地，并终结了爬行动物时代。

□ 生命的艰难

白垩纪大灭绝似乎一直都是个例外，没有什么令人信服的证据能够显示出，更早些的大灭绝会与巨型陨石的撞击有关系。大部分的专家反

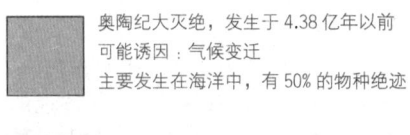

奥陶纪大灭绝，发生于 4.38 亿年以前
可能诱因：气候变迁
主要发生在海洋中，有 50% 的物种绝迹

泥盆纪大灭绝，发生于 3.6 亿年以前
可能诱因：气候变迁
有 40% 的物种绝迹

二叠纪大灭绝，发生于 2.45 亿年以前
可能诱因：火山活动，气候变迁，盘古大陆的形成
超过 70% 的物种绝迹

三叠纪大灭绝，发生于 2.08 亿年以前
可能诱因：气候变迁
45% 的物种绝迹

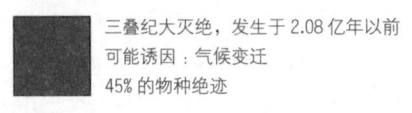

白垩纪大灭绝，发生于 0.66 亿年以前
可能诱因：陨石撞击地球，火山爆发
45% 的物种绝迹

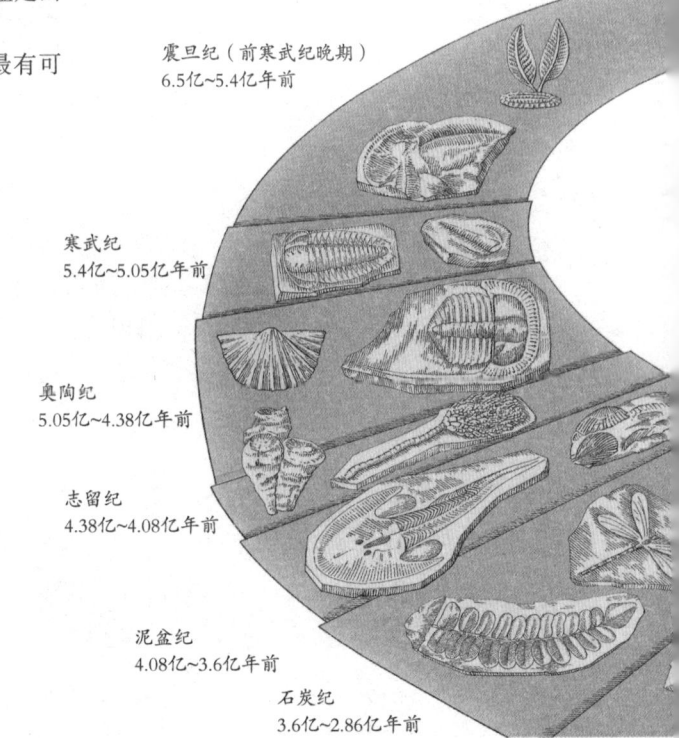

震旦纪（前寒武纪晚期）
6.5亿~5.4亿年前

寒武纪
5.4亿~5.05亿年前

奥陶纪
5.05亿~4.38亿年前

志留纪
4.38亿~4.08亿年前

泥盆纪
4.08亿~3.6亿年前

石炭纪
3.6亿~2.86亿年前

而相信，这些生物灾难是由地球上发生的自然过程引起的。

火山爆发对大部分的生命形式都有着致命的影响，而且大量来自古熔岩流的证据显示出，以前的火山爆发更普遍也更具有破坏力。海平线的影响就温和得多了，但是从长远来看，仍然是非常致命的。当海平线升高的时候，世界上的大陆架就会被淹没，而由此产生出来的海域浅滩能为海生生物提供丰富的栖息地。当海平线再次下降的时候，这些浅滩就又都消失了，同时也带走了很多栖居的动物。在 2.45 亿年前，海平线曾达到了历史最低点，这很可能在二叠纪末期的大灭绝（现已知的最致命的生命灾难）中起到了一定的作用。

▲ 气候变迁、冰层的形成和海平线的变化是连在一起的因素，会引起一波又一波的灭绝。

植物的生存，进而使得动物们难以找到食物。而今天，在灭绝诱因的清单上还要再加上一项：人类耗尽资源和空间的速度急剧上升。很多生物学家认为，第 6 次大灭绝一触即发，这将是一次非自然的、人类自己造成的灾难。

□ 第六次灭绝会不会即将来临

气候变迁是影响生命的一项重要因素，这是我们现在再熟悉不过的了。在过去，生命最主要的威胁是全球变冷，而不是全球变暖；但是无论气候类型往哪个方向发生突变，都将会干预到

▼ 这是自寒武纪以来几次主要的大灭绝。几乎可以肯定，在更远古的地球上还发生过另外的大灭绝，但由于早期动物都是软体的，它们并没有留下任何化石证据。

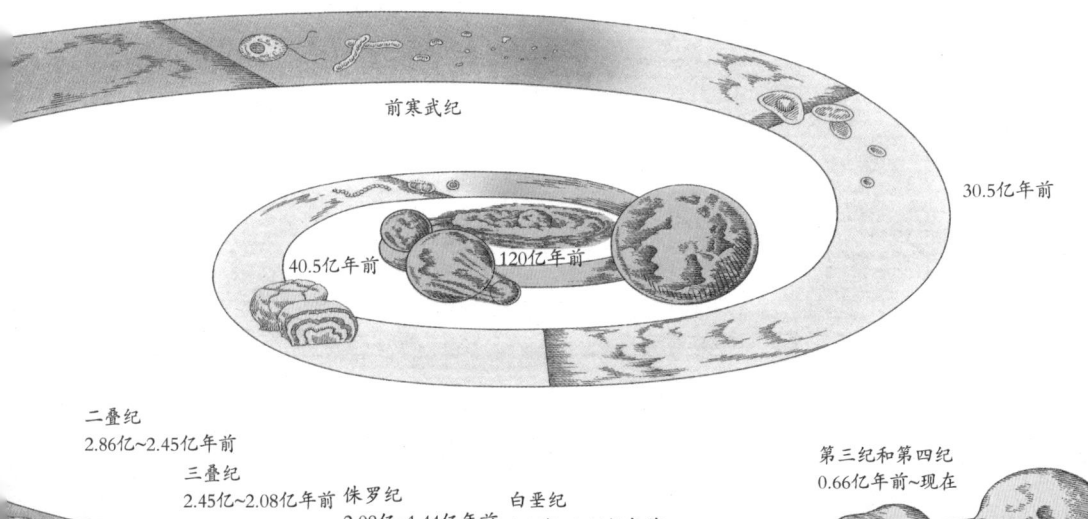

前寒武纪

30.5亿年前

40.5亿年前　120亿年前

二叠纪
2.86亿~2.45亿年前

三叠纪
2.45亿~2.08亿年前

侏罗纪
2.08亿~1.44亿年前

白垩纪
1.44亿~0.66亿年前

第三纪和第四纪
0.66亿年前~现在

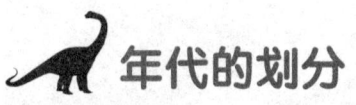 年代的划分

　　研究地球历史的一种方法是，将时间以等长的间隔进行划分，也就是以几十亿年为一个时间段。但是地质学家却并没有这么做，他们是按照沉积岩层形成的时间间隔来划分年代的。这些岩层的形成经过了几百万年，里面含有与之同时代的各种动物和植物的化石，将地球的过去永久地记录了下来。而岩层间的界限则标记了地球环境的突变，这些变化改变了沉积下来的岩石类型，很多生命也常常因此而绝迹。表1列出了各个时间段或者岩层的名称，最近的时代在表的最顶端，依次往下追溯到更早的时代。其中最大的时间段是"宙"，它被划分成了更小一些的"代""纪"。而这些"代"或者"纪"又经常会被分成"世"（这里只列出了最近的几个"世"）。表1中所显示的每个时间段的起始日期都只是一个近似值。

表1　年代的划分

显生宙	代（Era）	纪（Period）	世（Epoch）	日期（Dates）
显生宙	新生代	第四纪	全新世	0~1万年前
			更新世	1万~160万年前
		第三纪	上新世	160万~530万年前
			中新世	530万~2300万年前
			渐新世	2300万~3600万年前
			始新世	3600万~5800万年前
			古新世	5800万~6600万年前
	中生代	白垩纪		6600万~1.44亿年前
		侏罗纪		1.44亿~2.08亿年前
		三叠纪		2.08亿~2.45亿年前
	古生代	二叠纪		2.45亿~2.86亿年前
		石炭纪		2.86亿~3.6亿年前
		泥盆纪		3.6亿~4.08亿年前
		志留纪		4.08亿~4.38亿年前
		奥陶纪		4.38亿~5.05亿年前
		寒武纪		5.05亿~5.4亿年前
隐生宙（"前寒武纪"）	元古代 太古代 冥古代	震旦纪 前震旦纪		5.4亿~6.5亿年前 6.5亿~25亿年前
				25亿~38亿年前
				38亿~46亿年前

▼ 阿马加龙是叉龙科下的一个属，生活在白垩纪早期的南美洲。它有着长及扁的头颅骨及长颈，在它的颈背上有鬃毛状的长棘。

寒武纪

地球这段遥远的过去开始于 5.4 亿年以前，见证了生命大爆炸中第一种硬体动物的进化。

因为寒武纪距今太过遥远，对于那时候地球的样子，人们了解得还很少。那时候的大陆只有一个主大陆和几个小型大陆，对动物来说，海底才是它们的栖息之地。在寒武纪，气候温暖，海平面上升，大片陆地被洪水淹没。浅滩为新型的动物生命创造了理想的生存环境，从而出现了有壳体保护或者内骨支撑的物种。这些动物都易于形成化石，所以与之前的软体动物不同，寒武纪的动物群留下了大量的遗骸。

□ 壳体和骨架

寒武纪动物群的化石表明，在 2000 多万年的时间里，动物的躯体上很快就进化出了硬质。让生物学家困惑不解的是，既然软体动物一直存在了那么久，又为什么会向硬体进化呢。一种可能是，与地球的环境有关。由于蓝细菌和海藻的作用，空气中的氧含量稳定上升。到了寒武纪开始的时候，氧含量就已经高到了一定程度，能足以承受动物更加耗能的生活方式。氧含量的提高有助于动物们"燃烧"更多的食物，以提供足够的能量来构建新的躯体部位，如壳体和灵活的骨架。

□ 为何坚硬

动物绝对不会进化出没有用处的新特性，所以这些新的躯体部位肯定有它们存在的意义。对固着在海底的动物来说，产生坚硬的躯体部位是有好处的。例如，一些被称为古杯动物的类海绵动物，它们靠过滤寒武纪海洋中的食物微粒过活。体内长出骨架后，它们就能生长到离海底几毫米的高度。虽然这并不是一个多大的高度，但是却更有利于它们觅食。

对总是动来动去的动物来说，一个坚硬的外壳在很多不同的方面都有用处。对寒武纪的软体动物来说，它们的壳体或者外骨骼不仅仅是可移动的庇护所，在它们受到袭击的时候提供有效的保护，还能为柔软的躯体提供附着支架，使其得到更好的发展。对节肢动物——包括三叶虫和其他具有分节附肢的动物——来说，坚硬的躯体部位能起到两个独立的作用。它们体外所覆盖着的外壳，是由彼此分离的盾片组成的，一方面能够提供保护，另一方面因为能够弯曲，有助于它们的移动。

□ 寒武纪生命大爆炸

寒武纪见证了动物物种的一次爆增——可比作生命进化中的"大爆炸"。在这些新出现的物种中，有一些没能在寒武纪末期生存下来，如最早在著名的伯吉斯页岩中被鉴定为化石的动物。所有现存的主要动物族群也都是在寒武纪时期产生的，其中还包括人类所属的族群——脊索动物。

在生物进化中，这场令人惊讶的物种暴增被称为"寒武纪生命大爆炸"。这样的事情再也没有发生过，那当时又为什么会发生呢？科学家们对此提出了很多假设。一种观点认为，这次生命的爆增并没有看起来的那么具有爆炸性。这个理论指出，许多物种可能在这次爆发之前就已经存在了，但如果它们是软体动物的话，就不会留下什么遗迹。很多科学家都比较相信这种说法，但同时也认为，"寒武纪生命大爆炸"是真实存在的，只是没有最初看起来那么突然。这可能是由于氧含量或者海底布局发生了变化而引起的，也可能是因为生命到达了一个临界点，触发了一系列的连锁反应，从而形成了许多新的物种。

▶ 寒武纪被称为"三叶虫的时代"，因为这种动物是当时海底生命中不可缺的重要角色。图中是布满了花瓶状古杯海绵的海底，几种不同的三叶虫在海底爬来爬去，头顶上还漂着游动的水母。大部分三叶虫的视力都很好，但是古球接子虫（前面最小的三叶虫）却是个瞎子，它在自我防卫时会卷成一个球。肉红长虫（中间最大的三叶虫）一般有 20 厘米长，但有的也能达到 1 米长。

寒武纪动物群

虽然寒武纪的动物群都生活在海洋中，但却没有几只动物真正生活在开阔水域中。相反，动物们都紧紧贴着海底：蠕虫在沉淀物中钻来钻去；蜗牛状的软体动物在海底慢慢蠕动着，以腐败的生物遗骸为食。三叶虫也是在海底爬行，有时候留下的一些痕迹会形成遗迹化石。而海水本来则是寒武纪高速动物的领地，如奇虾——科学家最近刚发现的——和一些最早期的脊椎动物。

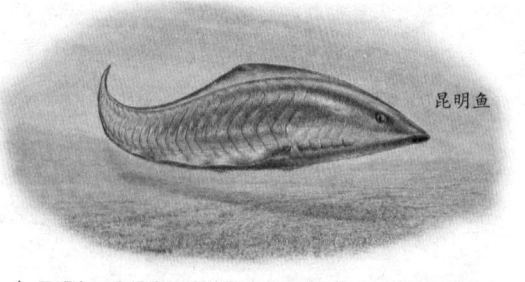

▲ 昆明鱼用它没有下颚的微型嘴来吸取食物。这种原始的鱼类拥有灵活的软骨骨架。

□ 脊椎动物和无脊椎动物

生物学家将动物分成了两大类——脊椎动物和无脊椎动物。脊椎动物是指有脊柱的动物，而无脊椎动物则是指没有脊柱的动物。如今，脊椎动物囊括了所有最大的和最快的动物，但无脊椎动物的种类却更加广泛，也更加普遍，占地球上所有动物种类的97%。

最先得到进化的动物无疑是无脊椎动物。例如，埃迪卡拉无脊椎动物，它们的化石可以追溯到寒武纪开始前的5 000多万年。在寒武纪，出现了大量的硬体无脊椎动物，包括海绵及其亲缘动物、节肢动物、软体动物和看起来与其很像的腕足动物。但是脊椎动物所属的族群——脊索动物，要比我们想象得古老得多。

最早的脊索动物应该是软体动物，所以没能够留下什么遗骸；但是当脊索动物开始长出坚硬的躯体部位（由软骨和骨骼组成）时，它们的化石记录就变得更加清晰了。1999年，中国的科学家宣布，他们在岩层中找到了两种脊索动物的化石，有5.3亿年的历史——接近寒武纪开始的时候。这两种动物，分别被命名为"昆明鱼"和"海口鱼"，是世界上已知最古老的鱼化石。它们不到3厘米长，是动物进化路上重要的一步，并最终产生了两栖动物和爬行动物——包括恐龙时代的巨怪们。

▲ 寒武纪的一些软体动物，如翁戎螺，拥有螺旋形的外壳——一种一直持续到现在还存在的结构。

□ 礁体上的海绵

在寒武纪，浅滩海底就像现在一样，通常都被各种生命覆盖着，而这些生命大部分都永久地固定在各自的位置上。在这些海底生物中，最古老的物种是蓝细菌——最早出现于30多亿年前的微生物有机体。和它们的远古祖先一样，很多寒武纪的蓝细菌都会从水中集聚碳酸钙，然后将这些硬质矿物沉积在自己周围，形成坚硬的垫子，最后就逐渐变成了礁体。

在蓝细菌刚进化出来时，动物还不存在。但到了寒武纪，动物们需要一个安全停靠的港湾，以更方便地收集食物，礁体因此吸引了不少动物。古杯动物即是那些动物中最早的一类，这种类似海绵的动物，虽然很少能长到10厘米高，但形状却是多种多样的。

和蓝细菌一样，古杯动物也会从水中收集碳酸钙，用来构建它们的网状骨架。在古杯动物

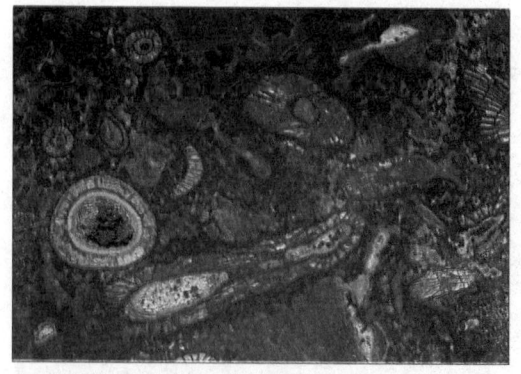

▲ 这块富含化石的岩石来自于澳大利亚，里面所含的海绵状古杯动物的遗骸，可以追溯到5亿年前的寒武纪。

中，有很多看起来像是中空的小花瓶，而其他的则像蘑菇或者嫩枝束。这些动物的大部分都生活在礁体表面，但也有一些藏在礁体的裂缝和洞穴中，滤选着从上面漂下来的食物。当它们在光明和温暖中不断向上生长的时候，它们的遗骸也会胶结在一起，慢慢沉积到礁体上去。跟海绵一样，古杯动物也是动物界中一个不同寻常的分支。它们不像大多数动物那样，用嘴来吞咽食物，而是通过身体上的孔洞，从水中吸取食物。当水流向这些孔洞的时候，任何能够被食用的东西都会被滤选出来，然后消化掉。

古杯动物生长在温带或者热带的水域中，但与真正的海绵不同，它们的盛行期相对比较短。只有一少部分的物种生存到了寒武纪末期，而在寒武纪结束的时候，整个族群都灭绝了。

▲ 腕足动物或者酸浆贝在寒武纪变得非常普遍起来。这些动物拥有类似海贝和其他蚌类的外壳，但却通常生在茎梗上。

▼ 这是一幅早寒武世的礁体剖面图，显示了 5.35 亿年前的生命景象。各种不同的古杯海绵生长在礁体的表面上，而在下面的裂缝中则有遗迹显示出，一些小动物曾在此躲避危险。

1. 蓝细菌的生存层
2. 古杯动物分枝
3. 放射杯动物
4. 张腔海绵
5. 古荔枝杯动物
6. 节肢动物遗迹
7. 胶结而成的礁基

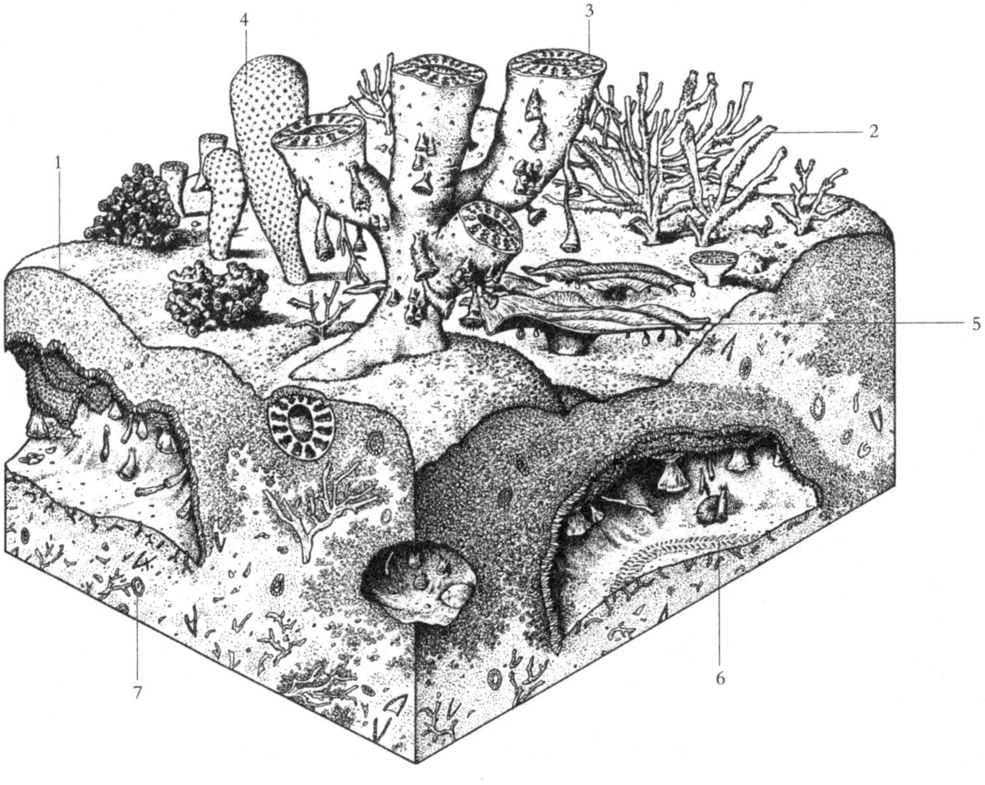

▼ 一个海底墓地

图中的奇虾——一种寒武纪巨型类虾肉食性动物，正直立着前身，蓄势扑向猎物。而它的目标———一种叫作马雷拉虫的动物——则正拍打着细长的腿加速逃跑。这两种动物跟图上的其他动物一样，它们的化石都是在传奇的伯吉斯页岩中发现的。

伯吉斯页岩

伯吉斯页岩在 1909 年发现于加拿大的落基山脉，里面含有成千上万种化石，而且有很多都保存得非常完好。所有的这些化石共同勾画出了一幅栩栩如生的寒武纪海洋生命图。

伯吉斯页岩是美国古生物学家查理斯德·沃尔科特在加拿大西北部搜寻化石的时候发现的。页岩中的动物都生活在海底或其附近，是水下"雪崩"的受害者，几乎顷刻间就都被困进了细沙泥之中。由于泥浆柔软而且含氧量少，故而能够很好地保存住那些受害者的遗骸。

□ 节肢动物的天下

伯吉斯页岩中最大的化石属于节肢动物，它们的外壳坚硬，在柔韧的关节处能够弯曲。今天最普通的节肢动物有昆虫、蜘蛛和甲壳动物。而在寒武纪，这些不同的族群都还不存在。寒武纪的节肢动物包括三叶虫和一些在伯吉斯页岩中发现的珍贵动物。

奇虾是伯吉斯页岩中的"顶级捕食者"，其名字意为"奇特的虾"。吉斯页岩中的奇虾样本最长可达 60 厘米，而最近在中国的寒武纪岩层中发现的化石却比它的两倍还大。奇虾在游动

▲ 欧巴宾海蝎以其古怪的口鼻捕捉艾姆维斯卡亚虫。欧巴宾海蝎有 5 只眼睛和成排的游泳侧翼，身体分成一节节的。而艾姆维斯卡亚虫的身体则是扁平的，有一条水平的尾巴。

的时候，侧翼会像波浪般飘动；而在捕食的时候，可用一对可怕的腿形口器来袭击猎物。奇虾的嘴为扁圆形，牙齿呈环状排列，用来压碎硬体的猎物。其他的捕食性节肢动物还有多须虫，它看起来就像是奇虾的缩小版，有一个比较钝圆的头部。

马雷拉虫是伯吉斯页岩中最常见的动物，也是一种节肢动物，但却更纤巧优雅。它有一条长长的头棘后延伸，呈现出一条优美的曲线，还有两对"触觉器"或者叫触角。这种动物很少能超过 2 厘米长，它们拥有很多对腿，靠着食取海床表面上的一些小动物或者尸骸为生。

伯吉斯页岩中还有很多三叶虫——一种节肢动物，它们的身体沿纵向被分成了三片。三叶虫继续演化，成为了古生代最成功的无脊柱动

物，它们也是终结古生代的大灭绝中伤亡最惨重的物种之一。

软体动物

伯吉斯页岩中还含有一些更为罕见的化石，它们展示出了软体动物的完整轮廓。其中一个典型的例子就是奥托亚虫——一种长达 15 厘米的穴居蠕虫。它的洞穴是 U 形的，而它就潜藏在里面，靠着尖端呈钉状的长鼻来感觉地表的猎物气息。它的长鼻子可以像象鼻那样伸长，当接触任何可以食用的东西时，它便会将其全部吞下。奥托亚虫的化石中含有食物残渣——包括一个个其他的奥托亚虫，这说明奥托亚虫是一种同类相食的动物。

这些页岩中还含有皮卡虫的化石。皮卡虫是一种软体动物，沿着身体往下有一根加强柱。这个特征意味着，它可能是一种早期的脊索动物。

神秘的动物

伯吉斯页岩中的某些动物，在现代已经没有与之相类似的物种了，这让科学家们不禁猜测，它们与动物界的其他部分有着怎样的联系。像怪诞虫、欧巴宾海蝎和威瓦克西亚虫这样的动物是非常奇异的。从怪诞虫最初的化石来看，它似乎有两排尖刺状的腿和一副从后背上长出

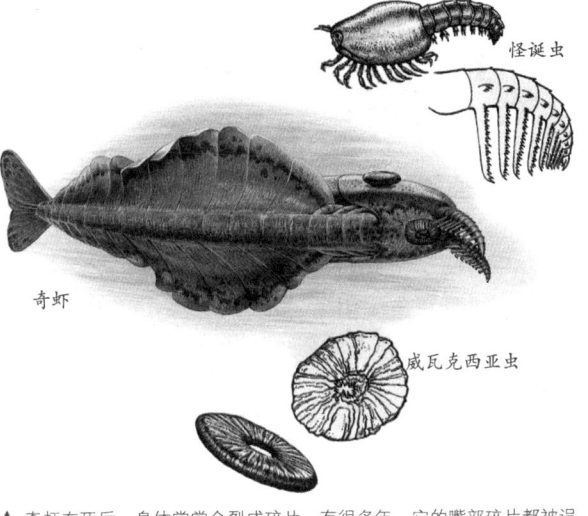

▲ 奇虾在死后，身体常常会裂成碎片。有很多年，它的嘴部碎片都被误认为是水母遗留下来的残骸，而它的前肢部分则被误认为属于虾类。直到 1985 年，它们才被真正地鉴定出来。

来的短触须。而有着这些特征的身体是短蠕虫状的，并且没有明显的头部。人们通过这些遗留下来的残骸重构了怪诞虫，认为它是一种靠脊柱行走、背上漂动着触须的动物。但是从那之后发现的化石来看，研究人员把这种动物的腹背给弄反了。事实上，怪诞虫有两套触须，而这些才是它真正的腿。

欧巴宾海蝎看起来像是虾的一种，但是口鼻部却很奇怪，因为口鼻尖端呈爪状，而威瓦克西亚虫则像是一个在海底巡航的装甲气垫。它们的祖先是谁至今仍然是一个谜，隐藏在那些还未为人所知的化石中，等待人们去发现。

◀ 多须虫用它强劲的口器来攻击海底的动物。图中，它正在追逐一种叫作林桥利虫的动物（最左边）；而在它的后面，另一只多须虫正在攻击一只威瓦克西亚虫。

奥陶纪

在 5.05 亿年前奥陶纪刚开始的时候，动物主要出现在海洋中；但到了奥陶纪结束的时候，动物已经开始尝试向陆地迁移了。

在奥陶纪，几乎世界上所有的陆地都在赤道南边。非洲覆盖着南极，与南美洲、南极洲和大洋洲连在一起，这些大陆一起构成了一个巨型的古大陆——冈瓦纳古陆。奥陶纪动物群在浅滩海域中发展得非常兴旺，但是气候的变迁却终结了这个美好时代。从冰川留下的古老痕迹来看，在冈瓦纳古陆上曾形成过一个巨大的冰盖，以致气候急剧转冷，使得全世界半数以上的动物物种都惨遭灭绝。

☐ 填补空白

与地球史上所有的主要篇章一样，在奥陶纪开始时，动物们正从上一轮的大灭绝中复苏。虽然这次灭绝与终结奥陶纪的大灭绝相比不在一个层面上，但对三叶虫——当时最重要的节肢动物——却有着极为深刻的影响。奥陶纪开始于生物的一大片空白，但不久之后就被进化填补上了。

鹦鹉螺目动物即是填补空白的动物族群之一，是一种与现代鹦鹉螺比较接近的软体动物，比章鱼和鱿鱼还要古老。鹦鹉螺目动物不像早期的软体动物那样都固着在海底生活，而是能够四处游动。它们能够在海底上面悬停着，凭借良好的视力寻找猎物，或者通过身体的空腔往后喷射水流，在海水中掠行。

鹦鹉螺目动物的外壳构造奇特，呈圆锥形或者卷曲状，但并非只有一个单独的内腔，而是像蜗牛的外壳一样，拥有一系列的腔室，中间由薄片隔开。动物的身体只是填在最大、最近的腔室中，而后面的腔室则是中空的，充满了空气。一只鹦鹉螺目动物能够自主地控制腔室中的空气含量，使自己像潜水艇一样在海中上升下降。

这种新式外壳是时代进步的标志。越来越多的动物开始到上层海域中冒险，而不仅仅只是固着在海底了。

▲ 爱沙尼亚角石，一种会游泳的软体动物，属于鹦鹉螺类群。

☐ "真空吸尘器"

尽管人们也曾经发现过寒武纪的类鱼动物，但奥陶纪才是鱼类化石广泛形成的时期。与鹦鹉螺目动物相比，这些早期的脊椎动物都很小，而且它们的嘴朝下，说明它们仍然从海底觅食。它们没有上下颚，但也有可能会动动"嘴"。最初，它们大部分都像是活生生的吸尘器，能够吸取沉积物和食物颗粒。

这些鱼属于异甲类，靠身体前部覆有的防护骨生存。这种强化装甲成为了早期脊椎动物的普遍特征，同时这也标志着，即将延续上亿年的水下"装备竞赛"开始了。

☐ 登陆避难

当海洋变得越来越拥挤也越来越危险的时候，一些动物开始在淡水和沿岸的浅滩湿地中寻找庇护场所。那里有正在生长着的食物——一些简单的植物，但是生命细胞在空气中很快就会变干，所以对大多数软体动物来说，走出潮湿的泥浆到干燥的陆地上去是非常危险的，而节肢动物却已经有了全身防护的外壳，可以免于风干的危险。这些先驱动物并没有留下直接的遗骸证据，但是在泥浆化石中留下的痕迹显示出，它们可能就是 4.5 亿年前第一种到达陆地的动物。

▼ 鹦鹉螺目动物是奥陶纪海洋中最大的动物。那时候的水下布满了海藻、珊瑚和海百合（海星的远古亲缘动物，拥有羽毛状的肢臂和细长的柄茎），风景一片旖旎。几只鹦鹉螺目动物正在寻觅食物，它们的外壳有的笔直，有的卷曲，如图中所示。虽然漂游动物或者浮游动物比较常见，但大部分动物仍然在海底或其附近觅食。图中，一只蜗牛似的软体动物正在前面的礁体上缓慢地爬着，而它的身旁是几只腕足动物，正从水中滤选食物。

奥陶纪动物群

在奥陶纪，无脊椎动物依然是海底至高无上的统治者。它们当中有的跟今天的无脊椎动物一样能四处移动，但很多其他物种依然是固着在海底过着独居或者群居的生活。这些固着动物靠着收集触手可及的漂流食物为生，而不需要眼睛或者大脑。但对于运动中的动物来说，生活有更多的需求，也更加危险。它们利用敏锐的知觉寻找食物，并依靠快速的反应来避免捕食者的攻击。

☐ 装甲节肢动物

节肢动物出现于寒武纪初期，刚开始身体很小，而且外壳——或者说外骨架——像纸一样薄。但在奥陶纪开始之时，节肢动物中几个群系的外壳已经进化成了能够保护它们免受攻击的防护甲。马蹄蟹即是奥陶纪一种普通的装甲节肢动物。

尽管名字叫马蹄蟹，但这些动物并不是真正的螃蟹，而是跟后来出现的蜘蛛及蝎子属于同一个群系。它们的身体前部有一个半球状的防护盾或者说防护甲壳，能够完全隐藏住它们的嘴和腿。而身体的后部则有另一个小防护甲保护，还有一条长而多刺的尾巴。这种特殊的构造在化石中显示得非常清楚，但还有另一种更简便的方式可以了解马蹄蟹的身体是怎样运动的，那就是直接观察他们，因为今天我们还能找得到这种动物。现在这些动物与奥陶纪时期的并不是同一个种类，但令人惊奇的是，它们在过去4亿多年的时间里并没有改变多少。

▲ 兰达甲鱼是一种装甲无颌鱼或者异甲类动物，和其他早期鱼类一样，它们也是依靠轻轻拍打尾巴进行游动，并没有任何鳍片。

奥陶纪马蹄蟹以海底的小动物为食，用腿部尖端的螯来抓取食物。它们的螯由于隐藏在防护头甲下面，尺寸便受到了限制。一些马蹄蟹的近亲动物，如板足鲎或海蝎，就拥有长在外面的螯。奥陶纪时期的大部分海蝎都相当小，但在接下来的志留纪中，它们却成为了当时最大的节肢动物。

☐ 神秘的牙形化石

一个多世纪以来，科学家们收集和编目了大量的微齿形化石，它们可以追溯到奥陶纪或者更早的时候。因为这些化石经常呈牙锥形，所以就被称作牙形刺。这些东西显然是属于某种动物的，因为它们的形状随着时间的流逝而进化。这些形状都颇具特色，使得地质学家经常可以仅凭岩层中所含的牙形刺，就能确定出岩层的年代。尽管人们寻找了很多年，但却始终没能找到长有这种微型齿的动物。

▼ 早期的马蹄蟹依靠5对足肢在海底爬行。现在，这种"活化石"在北美洲和亚洲的东海岸上还有4个物种。

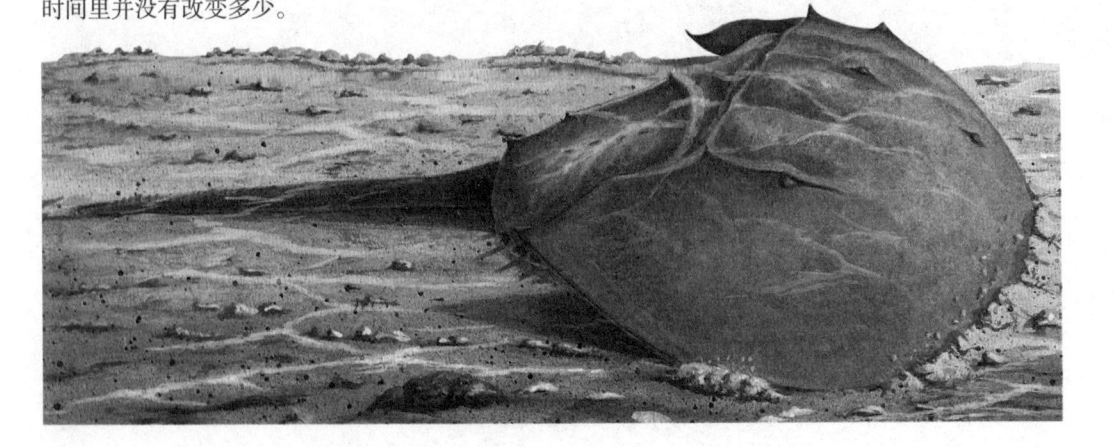

1993 年，人们的寻找有了突破性的进展，在苏格兰发现了完整的带有"牙齿"的牙形动物化石。后来在北美洲和南非洲又发现了更多类似的化石，其中包括普罗米桑虫——一种奥陶纪的物种。科学家证实，这种神秘的动物不仅有着像蛇一样柔软的身体，而且还拥有绝佳的视力。还有一些化石显示了 V 形肌肉块和脊索——可在脊椎动物及其亲缘动物身上发现到的特征——的痕迹。

很多科学家相信，牙形刺是一种脊椎动物，可能属于最早进化的物种之一。但是，在脊椎动物进化的主线上后来产生了四肢动物，而牙形刺却并没有存在太久。在三叠纪末期恐龙刚出现的时候，化石记录中就已经没有了牙形刺。这说明，这种动物族群已经灭绝了。

▲ 普罗米桑虫是一种长达 40 厘米的大型牙形虫，发现于 20 世纪 90 年代初期的南非。从它那鼓凸的眼睛就可以看得出，这是一个灵活敏捷的捕食者。

后出现的极少数物种之一。这些微型的无脊椎动物被称为苔藓虫，受到盒状骨架的保护。它们并排在一起成群地生长，经常会形成一种看起来像是植物的形状。事实证明，苔藓虫是一种非常成功的动物，直到今天它们的分布依然非常广泛。

奥陶纪的海底还是大量更大型植物、动物的栖息地，如海百合。海百合与海星及海胆属于同一个族群，它们有着白垩片构成的长茎柄以及各种脆弱的肢臂。后来，一些海百合打破了这种静态的生活模式，开始在海洋中过着自然放养的生活。至今，这两种海百合都还存在。

☐ 类植物动物

奥陶纪发生了一件很罕见的事：出现了一种完全不同的动物族群——寒武纪生命大爆炸之

▼ 这是一幅奥陶纪礁体视图，该礁体建基在纽芬兰的化石上，拥有接近 5 亿年的历史。图中，两只鹦鹉螺目动物正审视着海底，而它们下面的三叶虫和腹足动物（蜗牛状的软体动物）则在礁体表面慢慢地爬行。一簇簇的海百合在水流中摇曳生姿，并从中滤选出微小的食物颗粒。

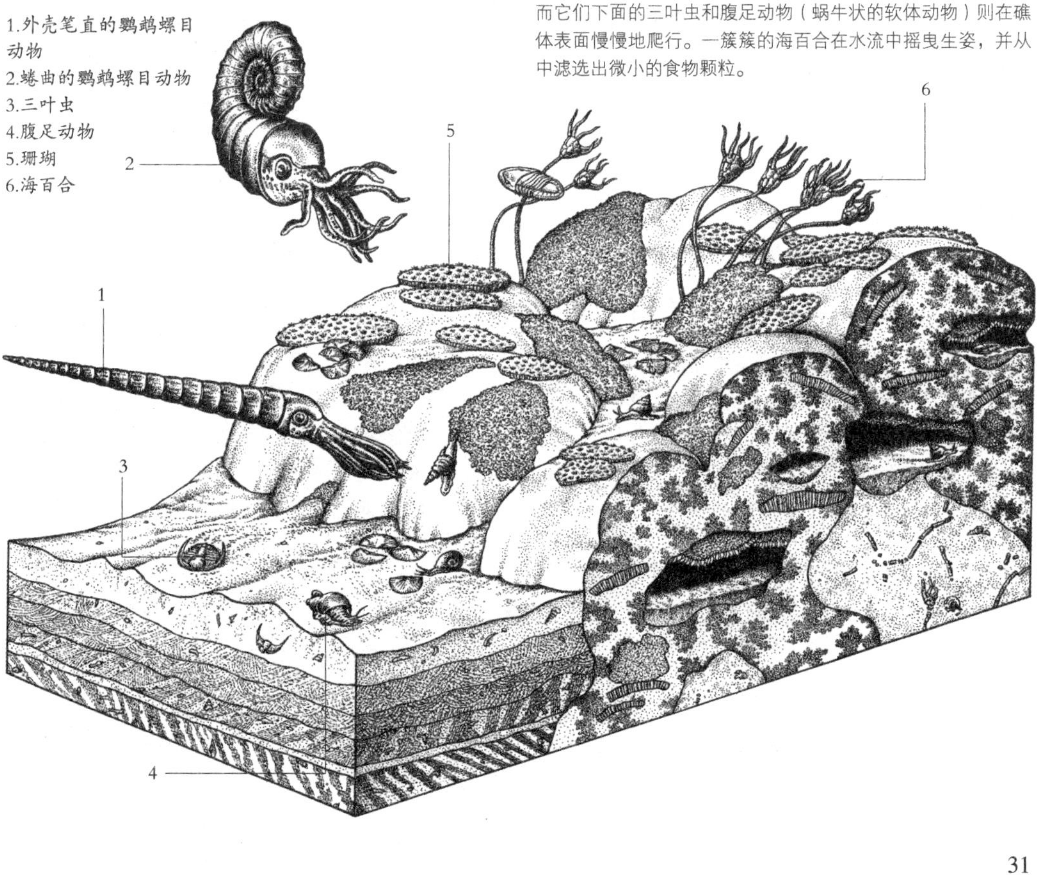

1.外壳笔直的鹦鹉螺目动物
2.蜷曲的鹦鹉螺目动物
3.三叶虫
4.腹足动物
5.珊瑚
6.海百合

志留纪

在志留纪，动物在海洋中得到了复苏，地球上的气候也变得更加温暖和稳定。同时，动物们也成功地加强了它们在陆地上的地位。

在 4.38 亿年前志留纪开始的时候，动物们正从目前为止最大的灾难当中复苏。志留纪的生存环境得到了一定的改善：气候温暖，海平线上升，出现了浅滩海域并引发了动物进化中的一个浪潮。陆地上也发生了巨大的变化。第一种真正意义上的植物出现了，它们生长在沼泽地上，形成了脚踝一般高的"灌丛"。仅仅 3 000 万年以后，在志留纪结束的时候，陆生动物已经变得非常普遍，虽然它们很少能超过几厘米长。

▲ 直笔石是常见的笔石类化石，其集群有两条平行的胞管。

板足鲎相匹敌。失去了水的浮力，沉重的巨型的装甲动物，几乎是不可能运动的。这就解释了为什么今天陆生的节肢动物仍然很小，如昆虫和蜘蛛；而相比之下有些水生物种要大得多，如龙虾。

□ 装甲捕食者

志留纪最大的海洋动物是巨型板足鲎，也叫海蝎——马蹄蟹的亲缘动物。有一种叫作莱茵翼肢鲎的物种，差不多 3 米长，当它们在海底漫游的时候，会给其他动物带来致命的威胁。和其他板足鲎一样，它们也有一副装甲躯体，并能在灵活的关节处进行弯曲。莱茵翼肢鲎的肢足有四对用来行走，而第五对——后面的那对——呈扁平状，可以像船桨一样工作。莱茵翼肢鲎的头部下面悬挂着一副强有力的螯，而头上则长有一对碟子大小的眼睛。当板足蝎在海底隆隆而过的时候，动物们便会因恐慌而四处逃散，只要被海蝎伸出的爪子一刺，它们就在劫难逃。

板足鲎既能生活在海洋中也能生活在半咸水域中。志留纪标志着板足鲎作为水中最高捕食者到达了全盛期。由于鱼的尺寸也在增大，终将会成为板足鲎生存的威胁；但在志留纪，事情还没有演化到那一步。

□ "生命的沉重"

当板足蝎还在浅滩捕食的时候，其他节肢动物就已经开始往陆地进化了。其中包括原始的唇足纲动物和蛛形纲动物——蜘蛛及其亲缘动物的祖先。这些陆生节肢动物继续发展，并取得了极大的成功，但是没有任何一种能在尺寸上与

□ 海上生活

从动物尺寸的另一个极端看，志留纪的海洋中充满了浮游动物——一种足够小、足够轻，能在开阔水域中漂浮的动物，其中包括软体动物、三叶虫的幼虫和一群叫作笔石的不同寻常的无脊椎动物。笔石出现于寒武纪，繁荣发展了 2 亿年，而之后整个族群都灭绝了。

单只笔石很少能超过几毫米，但是它们聚集成群落，就能够达到 20 厘米甚至更长。群落里的每一个成员都有一个坚硬的、防护性的杯罩，其构成物质与哺乳动物的足蹄和爪子相似。这些杯罩连在一起便形成了群落。群落的形状各种各样：有些看起来像是树叶或者枝条束，有的则像音叉、车轮甚至蜘蛛网。

虽然笔石的化石极为普遍，但科学家却一度难以确定它们到底是什么。有些人认为是植物化石，或者是在沉积岩上的自然结晶体。直到现在，人们才确定笔石是一种半索动物——今天某些罕见的蠕虫状动物的远古亲缘动物。

▶ 一只巨型的板足鲎——海蝎，正在海底爬行，捕捉食物。这种大型的节肢动物既能猎捕又食腐。跟现代的许多节肢动物一样，它们的眼睛是复合而成的——被分成了很多个隔间。板足鲎很可能极不善于记录细节，但却非常擅长对动作进行定位。

志留纪动物群

除了一些小型的节肢动物占据着陆地以外，志留纪的大部分动物群都栖息在淡水或者海洋中。水下的生命世界依然是以没有脊柱的动物为主，但是脊椎动物正在经历着一些重大的变化。其中之一便是进化出了第一种真正的有颚鱼类。事实证明，脊椎动物之所以能成为地球上分布最广泛的大型动物，颚的出现是一种决定性因素。但在志留纪，这还是后话，那时的有颚鱼类和无颚鱼类都只是在试用着不同的生活方式而已。

有颚鱼群

在志留纪伊始，存在的鱼类都是无颚的。通常说，"没有颚的嘴"本身就是自相矛盾的，但大量的无颚鱼化石却表明，这种结构非常有效。然而，无颚鱼的进食也因此受到了限制。当时，它们的进食有两种方式，一种是，嘴像勺子一样挖取沉淀物——莫氏鱼（当时一种比较普通的物种）很可能就是这样进食的。另一种是，嘴像吸管一样将鱼自身与它的食物粘到一起。寄生动物七鳃鳗——一种至今依然存在的少数几种无颚鱼之一——用的就是这种方式。

在早志留世，一种叫作棘鱼或者刺鲨的鱼群，有了可取代这两种方式的第三种全新的进食方式。它们骨架的一部分——支撑其第一对鳃的支柱——渐渐变成了一副颚。和无颚鱼不同的是，这些鱼能够利用它们的颚作为攻击猎物的武器。它们还可以用颚来撕咬食物，而不是将猎物囫囵地吞下去。

▲ 莫氏鱼属于缺甲类鱼群，拥有十几个鳃孔，就像船舶侧面的舷窗一样排列在一起。莫氏鱼体长30多厘米，有三个长鳍：一个在后背上，另外两个分列在身体两侧，还有一个短鳍在尾巴上。

刺鲨

尽管名字叫"鲨"，刺鲨并不是真正的鲨鱼，因为鲨鱼是直到泥盆纪才进化出来的。但刺鲨确实有骨脊支撑着自己的鳍。刺鲨是晚志留世一种比较普通的动物，跟典型的金鱼差不多大，但后来有的却长到了2米多长。它们的骨架是由软骨构成的，而非一般的硬质骨骼，而且它们的尾巴非常翘。跟真正的鲨鱼不同。刺鲨眼大鼻短，说明嗅觉对它们的捕食没有什么帮助。它们的牙齿非常小，换牙也比较频繁，但牙通常只是长在下颚上。不过它们还有另外一个"第一"——第一次产生了一副叫作鳃盖的结构，它们盖在鳃上，可以像抽水机一样工作，使得这些鱼儿们可以不必游动就能呼吸。刺鲨曾一度成为当时唯一的有颚类脊椎动物，但这并没有持续多长时间。志留纪一结束，就出现了一些新的有颚鱼群，而到了二叠纪初期，这些原始的先驱们就已经灭绝了。

珊瑚礁

在志留纪以前，海藻和海绵一直都是礁体上的常住居民，但是珊瑚却是罕见的动物。而到

◀ 像翼肢鲎这样的海蝎，对早期的鱼类来说有着莫大的危险性。但是经过不断进化，一些鱼游得越来越快，也越来越机巧，它们的生活渐渐远离了海底和那里的危险。

▲ 海百合在古生代成为一种越来越成功的动物。它们的白垩茎柄通常在其死后会脱落，但躯体的主要部分和进食用的肢臂常常能在化石中保存下来。

有坚硬的外壳或者杯罩，并会沉积在一起。当新的珊瑚群落开始发展的时候，下面年老的珊瑚就会死去，从而形成一层层坚硬的遗骨。这些骸骨在矿物质溶解后便胶合在一起，转变成为了坚固的岩石。

群落的生长方式使得每一种珊瑚都有其独特的形状。有些长着不断分叉的支束，看起来就像是鹿角。这种分支群落常常生长得非常迅速，但是因为它们非常脆弱，只能在不受海浪威胁，没有破碎危险的时候才能得以生存。其他那些长得就慢多了，呈圆形或者扁平形。这种类型的珊瑚在艰难的海水环境中能更好地生存下来，它们经常生长在礁体的外边缘地带，而那里时常都会有碎浪从外海中卷进来。

现代的造礁珊瑚通常都需要光才能茁壮成长，因为它们上面有与之共生的微藻利用光来制造食物。而早期的珊瑚却完全依靠捕捉微型动物得以生存，它们的触手上带有刺丝囊，方便诱捕食物。刺丝囊是一种非常高效的系统，在现代的珊瑚和水母身上依然可见。

了志留纪，事情有了变化：珊瑚变得普遍起来，并开始形成了最早的珊瑚礁体。虽然现在所知道的珊瑚在志留纪还没有进化出来，但是志留纪的珊瑚跟它们在很多方面看起来都比较相像。其中有一些物种是独居的，也就是说它们各自独自生活，但是造礁珊瑚却能形成大型的群落，它们带

▼ 这是一幅志留纪礁体的示意图，建基于一块英国发现的化石上，大约有 4.3 亿年的历史。其中含有床板珊瑚和四射珊瑚——两种在古生代末期灭绝的族群。志留纪礁体为其他无脊椎动物，如腕足动物、苔藓虫和海百合，提供了安全停靠的港湾。

1.床板珊瑚
2.床板珊瑚
3.床板珊瑚
4.独居四射珊瑚
5.苔藓虫
6.腕足动物
7.三叶虫
8.海百合
9.鹦鹉螺

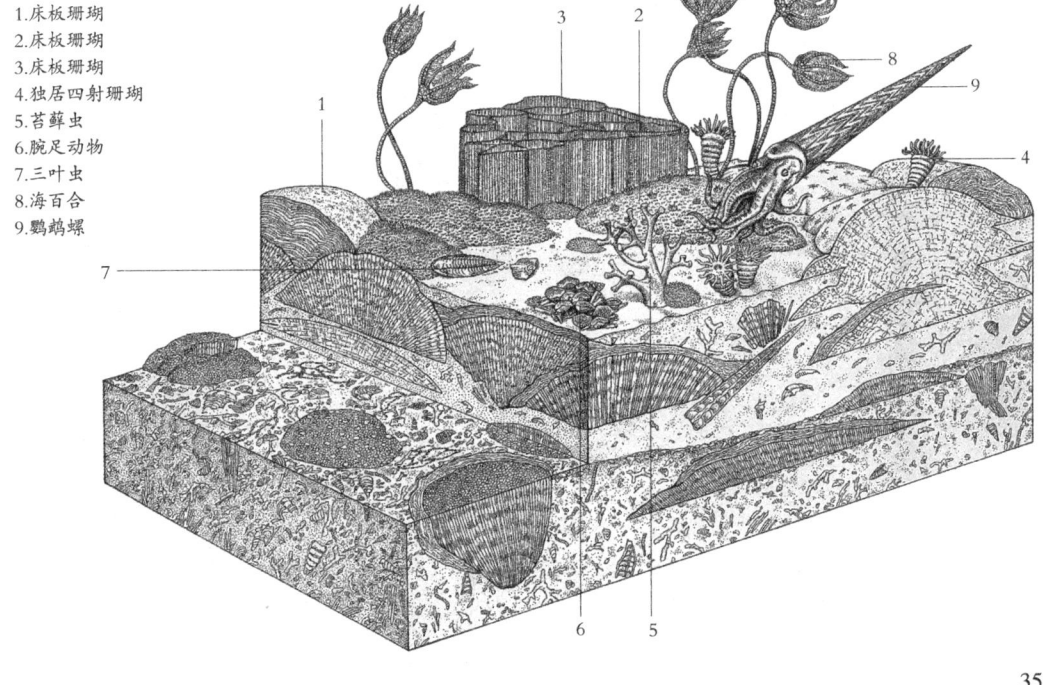

泥盆纪

泥盆纪被称为"鱼类的时代"，那时候脊椎动物开始成为海洋中的霸主，并且迈出了登上大陆的第一步。

泥盆纪开始于 4.08 亿年以前，是一个世界面貌正在经历巨变的时代。冈瓦纳古陆仍然屹立在南极附近，但却正在缓慢地向北移动，而欧洲及北美洲的一部分，和格陵兰岛连接到了一起，形成了一个横跨赤道的独立大陆。由于气候温热，陆地上那些志留纪简单的矮生植物渐渐消失，取而代之的是，那些能更好适应水外环境的植物。在泥盆纪要结束的时候，第一片森林形成了。

☐ 颚的再次造访

动物的进化常常会出现反复，同一种适应性会出现好几次，这在志留纪似乎就发生过。那是一种叫作盾皮鱼的鱼群，它们拥有强壮有力的颚——像轮机叶片一样的牙板构成了高效的牙齿。但是因为盾皮鱼并非第一种有颚鱼的直接后代，大部分专家认为，它们的颚是自己进化出来的。除了颚以外，这些鱼还有两个硬质防护甲——一个覆盖在头部，一个覆盖在躯体的前半部分。这些防护甲由一对铰状关节连接在一起，使得这种鱼在啃咬猎物的时候，头的前部能够抬起来。

一些盾皮鱼在海底生活，以软体动物和其他硬体动物为食；但到了晚泥盆世，另一些盾皮鱼变成了生活在开阔水域中的猎捕者。在那里，它们成为了动物生命史上目前最大的捕食者之一。其中有一个物种叫作邓氏鱼，接近 4 米长，它的口板能够将其他鱼类撕成两半。

☐ 鱼群分化

在志留纪，盾皮鱼和其他几种鱼群共同分享着整个海洋。其中包括无颚鱼群，身上长着奇形怪状的护甲；还有无装甲鱼群，看起来与今天所知道的鱼群更加相像。这些无装甲鱼群有两种：有一些鱼群的骨架是由软骨构成的，而另一

▲ 双鳍鱼属是一种肉鳍鱼类，它生有可以咬碎食物的大型牙齿。

些鱼群的骨架则是由硬骨构成的。

那些软骨鱼就是今天鲨鱼和鳐鱼的祖先。它们的躯体被一些称为小齿的小而粗糙的鳞甲覆盖着，而在它们的嘴里，一些专门扩大了的小齿在源源不断地构造着尖牙利齿。甚至还在较早的时候，其中很多鱼类就已经拥有了鲨鱼常见的形状；等到了晚泥盆世的时候，其中一种叫作裂口鲨的鱼种，已经有 2 米长了。硬骨鱼一般比较小，随着时间的演化，它们周身所覆盖着的鳞甲也越来越薄、越来越轻。这些鱼进化出了充满气体的鱼鳔——用于控制自身的浮力，和可移动的鳍片——增加自身的灵动性。

有一种硬骨鱼叫肉鳍鱼，它的鳍片基部是肉质的，含有肌肉和骨骼。这些引起了科学家们极大的兴趣，因为四肢脊椎动物就是从它们进化而来的。并不是所有的肉鳍鱼都离开了海水，其中有几个物种——包括肺鱼和腔棘鱼——直到今天都还生活在淡水或者海洋中。

☐ 陆地生命

尽管专家们已经研究了很多年，但到底是哪一种肉鳍鱼产生了原始的两栖动物——第一种半陆栖脊椎动物，一直都还是个谜。但能够确定的是，在泥盆纪结束的时候，这种转变就已完成了。在第一种两栖动物出现的时候，跟其他陆生生物相比，它们看起来既缓慢又怪异，但那却是改变了整个动物生命历程的一步。

▶ 这只巨型盾皮鱼——邓氏鱼，正在迫近一头幼年裂口鲨——属于原始鲨鱼的物种。邓氏鱼有一套一生不需要更换的牙板，而裂口鲨，像今天的鲨鱼一样，有 12 颗三角形的牙齿生长在颚的内边缘上，呈一条不间断的流水线。这两种早期鱼类都是靠摆动尾巴游动的，它们其他的鳍片都比较坚硬，像平衡器一样保证它们的正常航向。

泥盆纪动物群

在泥盆纪，无脊椎生命继续发展，只是进化速度没有志留纪那样紧张了。从鹦鹉螺目动物发展出来的螺旋壳菊石，成为了一种能在化石中得到完好保存的软体动物。三叶虫和海蝎逐渐退化，虽然在泥盆纪结束的时候，这两种族群仍然得以继续存在了1亿年。但对整个动物生命来说，志留纪关键性的进展发生在脊椎动物中，特别是那些排除万难开始登陆的先驱动物们。

□ "行走的鱼"

泥盆纪显著的特征之一就是，大量鱼群的头部都有重甲防护。装甲鱼群如今比较罕见，但在泥盆纪，却是种类繁多，生活在海底和河流湖泊中。它们大部分都是底栖生物，因为它们的防护甲在有利于对抗捕食者的同时，也使其在开阔水域中的游动变得困难起来。

在盾皮鱼中，化石比较常见的物种中包括沟鳞鱼。它拥有一个半圆状的防护头盾和狭窄的胸（前）鳍。这种鱼可能会利用胸鳍来保持海底游动时的平衡性，也可能会用来在河床上"行走"。还有一个物种叫作兵鱼，看起来像是一只游进了骨盒的鱼，只把尾巴留在了外面。这种鱼也有着细长的胸鳍，可能用来在湖底的泥浆中爬行。戈尔兰鱼是一种生活在淡水中的物种，跟人的手指一般大，分布极其广泛。这种小鱼的化石

不仅在格陵兰岛发现过，甚至在遥远的澳大利亚和南极洲也可以找到。

□ 末路装甲

在泥盆纪，无颚鱼群还发展出了特殊的防护装甲。有一个被称为骨甲鱼的族群，以其扁平的马蹄形头部而著称，它们常常能留下保存完好的头部化石。其中一个比较典型的物种是头甲鱼——一种淡水鱼，它们的头盾末端有两个朝后的尖角。这种头盾是由一块单独的骨头构成的，也就是说头盾一旦完全形成很可能就无法再继续生长了。所以，它们的头盾很可能是在成年后才发展起来的。与其亲缘动物一样，头甲鱼还有另外一个奇异的特点——在头盾的两侧和顶端有小区块的感觉神经。这些神经可以通过感知振动或者微弱的电场，为头甲鱼导航或者帮助它们寻找食物。

无颚类装甲鱼还包括镰甲鱼和鳍甲鱼。镰甲鱼的护盾几乎是圆形的，而鳍甲鱼是一种生活在开阔水域中的物种，口鼻部比较尖锐。在几千万年的时间里，这些装甲鱼类一直都非常成功，但是当它们周围进化出其他种类的鱼群时，速度和灵活度在生存斗争中占了上风。

□ 呼吸空气

在泥盆纪初期，热带湖泊和河流成为了世界上第一种肺鱼的生存家园。这种鱼具有鱼鳃，但却能够在水中含氧量比较低时呼吸空气。这

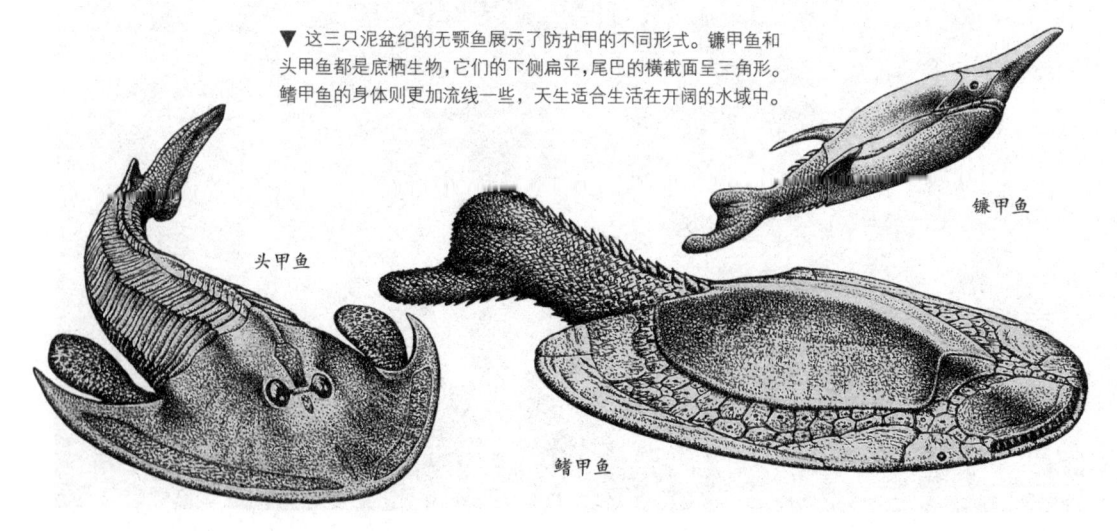

▼ 这三只泥盆纪的无颚鱼展示了防护甲的不同形式。镰甲鱼和头甲鱼都是底栖生物，它们的下侧扁平，尾巴的横截面呈三角形。鳍甲鱼的身体则更加流线一些，天生适合生活在开阔的水域中。

头甲鱼

镰甲鱼

鳍甲鱼

在温热的死水域中显得尤为重要，因为在那里，其他鱼群有窒息而死的危险。最早的一种肺鱼是双鳍鱼，因其在欧洲和北美洲的化石而为人所知。它的体长大约有 50 厘米，身体呈圆柱状，尾巴笔直地往上翘着。

□ 鳍片和足肢

　　肺鱼是一种肉鳍鱼，它的鳍片中含有骨头和肌肉，看起来与足肢有点像。这样的肺和足肢状鳍片让一些生物学家相信，这种鱼就是两栖动物的祖先，当然也就是所有四肢脊椎动物的祖先。但是进一步研究却发现，肺鱼很可能并没有登上过陆地。

　　今天的人认为，另一种肉鳍鱼——扇鳍目鱼，最有可能占据脊椎动物群谱上这一重要的位置。真掌鳍鱼即为扇鳍目鱼的一种，是一种体长 1.2 米的钝头鱼，它的鳍骨排列方式，与两栖动物腿骨的排列方式特别相像。真掌鳍鱼的头盖骨也跟早期两栖动物身上所发现的很像。这进一步证明，真掌鳍鱼或者其某种亲缘动物就是后来那些登陆动物的祖先。

□ 第一种两栖动物

　　泥盆纪留下来的大多是鱼类化石，两栖动物化石极少。其中最知名的两个例子是鱼石螈和棘螈，均发现于格陵兰岛。它们虽然长有四条腿，但是长长的躯体和蹼状的尾巴都跟鱼很像。尽管它们都是从鱼类进化而来的，但却能很好地适应陆地。它们既能通过肺呼吸，也能通过皮肤呼吸，并且骨架也有所强化，用以承担离开水后增加的负重。复原后的鱼石螈和棘螈化石常常显示出，这两种动物是在陆地上捕食猎物的，它们半爬半滑地在泥盆纪的湿地上经过。但是最近的化石研究表明，它们的腿有可能根本无法承担起它们的重量，这使得一些科学家怀疑，它们是否能够像人们预想的那样灵活。鱼石螈和棘螈生活的真实图景，也许并不像陆生动物那样只偶尔去一趟水里，而完全是另一番样子：它们在淡水环境中进食和繁殖，而当那里出现了捕食性鱼群的时候，它们才会到陆地上避难。

▲ 包括蹼状尾巴在内，棘螈的体长可达 60 厘米，它的蹼状脚上有 8 个脚趾。除此以外，它还与今天的火蜥蜴非常相像。但是，它也有很多鱼的特征，其中包括呈流线型的头部和一个称作测线器的感觉系统——今天的鱼以此来探测水中传播的振动。

▲ 图中，一只鱼石螈用它的两颚紧紧地钳制住了一只蜈蚣，正准备着将这个猎物一口吞掉。理论上，以其 1 米的身长，鱼石螈足可以制伏当时很多陆生动物。然而，它是否能够进行这样的捕食还有争议。一些专家认为，它在离开水之后的进化比较缓慢。

石炭纪

在石炭纪，陆地生命有了重大发展，不仅出现了大片的矮生丛林，还进化出了第一种爬行动物和第一种能够飞行的动物。

石炭纪开始于 3.6 亿年前，在那之前生命刚经历了一场大灭绝——被认为是由气候变冷引起的——有 70% 的海洋生命因此而绝迹。在西半球，陆地几乎是从南极一直延伸到北极，而东半球的大部分则是被一个太平洋大小的海洋覆盖着。在石炭纪，海平线上升，气候也变得温热湿润，为巨型石松和蕨类植物的丛林创造了绝佳的生存条件，因为这些植物都比较适合在低洼的湿地中生长。这些丛林的遗迹最终转变成了煤层，石炭纪也因此得名。

□ 适应陆地生活

在石炭纪初期，早期两栖动物的生活还被局限于水环境之中。跟今天的青蛙和蟾蜍一样，它们也将卵排在池塘和溪流中。它们的幼体会经历一个水生蝌蚪的阶段，最初用羽状鳃进行呼吸。而即便到了成年，它们也还是生活在离水域比较近的地方，因为它们的皮肤很薄，时刻需要保持湿润。

在石炭纪，那些广阔的湿地意味着，这一类的动物几乎不会缺少繁殖的地方。但是这种水生动物还是会遇到危险。鱼类吃掉了大量幼年和成年的两栖动物，两栖动物还面临着激烈的食物竞争，它们不仅要与鱼和水蝎竞争，彼此之间也相互竞争。这也部分地解释了，大自然为什么会优先选择那些适合在干燥陆地生活的两栖动物。

□ 水密外套

对薄皮肤的水生动物来说，在陆地上的最大危险就是缺水。但这在两栖动物进化出更厚的皮肤且有鳞片保护的时候就不成问题了。这种皮肤就像一件水密外套，能保住体内大部分的水分不外流。最重要的是，它们进化出了一种新型的幼卵——在多孔外壳内，还有一层叫作羊膜的坚

▲ 蛛形网属于节肢动物，在石炭纪的化石记录中相当完备，许多新种类也在此时首次出现。

硬膜层包围着整个卵。它们的膜层和外壳能够允许氧气进入，使发育着的胚胎可以呼吸，但几乎不允许内部的水向外流出。这种"羊膜卵"是进化中一个巨大的进步，因为这使得脊椎动物能够脱离水环境进行繁殖。它们的卵胎孵化出的不再是游泳的蝌蚪，而是跟双亲形态一样的幼体，完全适合陆地上的生活。

□ 从两栖动物到爬行动物

在搜寻第一种爬行动物的过程中，科学家们检验了大量的化石，以找到在两栖动物—爬行动物分水岭处偏向爬行的第一种动物。化石记录中常常会漏掉有关皮肤和卵胎的信息，但还有另一个鉴定爬行动物的标志，那就是一个可以扩展的胸腔。爬行动物呼吸时不像两栖动物那样大口地吞咽空气，而是利用胸腔将空气吸到肺里。

现在看来，能够符合所有这些标准的最早动物就是古兽和林蜥，它们发现于加拿大的新斯科舍，是两种像蜥蜴一样的动物。它们的体型修长灵活，足肢发展较好，脚上没有足蹼，而且尾巴也由扁平状转变成了圆柱状。古兽和林蜥生活在石炭纪丛林附近的湿地中，但是随着爬行动物的进化，它们的生活地离潮湿的环境越来越远，最终——恐龙时代到来之前——它们散布到了地球上最干燥的地方。

▶ 林蜥是世界上最早的爬行动物之一，体长约有 20 厘米，是完全的陆生动物。它的遗骸和很多其他石炭纪动物的遗骸都是在树桩化石中发现的。这可能是因为，林蜥在捕食的时候掉进了树桩里，而最终没能够逃出来。

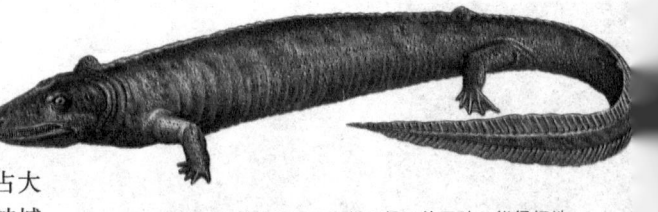

石炭纪动物群

在石炭纪的陆地上，无脊椎动物仍然占大多数，但是它们在生命中的最高地位已经被撼动了。四肢脊椎动物，或者叫四足动物，进化神速，到晚石炭世就已经成为了当时最大的捕食者。同时，在淡水和海洋中，无颚鱼数量的持续下滑反映出，软骨和硬骨鱼类越来越成功。在地球史上的这个时期，海百合也继续繁荣发展，甚至在一些地方形成了遍布海底的大型"水下丛林"。

早期的四足动物

在石炭纪，很多大型的捕食者都像今天的鳄鱼和短吻鳄一样，在湖泊和浅滩中袭击它们的猎物，但有时候也会将猎物拖到干燥的陆地上去。其中最大的一种就是始螈，它从口鼻末端到蹼状尾巴的尖端有4米多长。始螈属于两栖动物中的石岩蜥类——名字意为"煤蜥蜴"——一直生存到二叠纪才灭绝。人们认为爬行动物就是从石岩蜥进化而来的。

另一种石岩蜥是西蒙螈，能更好地适应陆地上的生活，比始螈有着更加强壮的四肢，而且尾巴上也没有蹼网。尽管成年的西蒙螈看起来像是爬行动物，但在它们的幼年化石却显现出了一条侧线——它们生活在水中的时候使用的感觉系统。就因为它们是在水中长大的，西蒙螈没能够通过科学家们的"爬行动物测试"。

两栖动物

石炭纪的湖泊和湿地由几个不同的族群和它们的石岩蜥亲缘动物共享着，只是它们现在都已经灭绝了。其中有种叫作离椎动物的两栖动物，可能是青蛙和蟾蜍的祖先。蚓螈即是其中最大的动物之一，它看起来像是一只长着青蛙眼睛的鳄鱼，由4条短而粗壮的腿支撑着。蚓螈大约有2米长，并和所有的两栖动物一样，皮肤薄而无鳞。它的后背上也长有骨板，在它离开浅滩上岸的时候可以提供有效的保护。虽然蚓螈体型庞大，但它的个头还不是族群中最大的。有一个叫

▲ 始螈，具有很小的蹼状尾巴和相隔很远的四肢，能很好地在浅水域中捕食，但却并不适合在陆地上生活。而其他一些石炭纪两栖动物——尤其是那些体型较小的种群——和现在大部分两栖动物一样，其成年时期的大部分时间是在水外度过的。

作虾蟆螈的种群，光颅骨就有1米多长——足以成为周围许多两栖动物的威胁。

多年以来，古生物学家们找到了许多蚓螈及其亲缘动物的蝌蚪化石。现在，它们已经得到了准确的鉴定，但在早些时候它们却被分成了不同的物种。

爬行动物及其颅骨

最早的爬行动物出现于晚石炭世，包括古兽和林蜥。尽管这两种动物位于爬行动物族谱的低端，但它们却跟蜥蜴非常相像，如果它们今天还活着的话，应该是很容易被认错的。然而从内部结构上说，它们具有一些独特的特征。其中最重要的一点就是，它们的颅骨上除了鼻孔及眼窝之外，就没有别的开口了。具有这种构造的爬行动物被称为无弓动物，顾名思义，就是"没有弓洞"的意思。无弓动物的这种颅骨是从它们的两栖动物祖先那里遗传来的。在今天的动物中，只有海龟和陆龟的颅骨还有这种特点。其他的爬行动物继续发展出了附加的开口，不仅减小了重量，也为它们的颌肌提供了固着结构。单弓动物在眼睛后面进化出了一对附加的开口，而双弓动物则进化出了两对。

这些"窝"是很有价值的，因为它们帮助我们把各种进化方式都拼接到了一起。单弓动物中的一些动物后来进化成了哺乳动物，而双弓动物则包含着爬行动物之霸或者说祖龙——恐龙的祖先。

向空中进军

对所有厌恶爬虫类动物的人来说，石炭纪的自然景观简直就是一场噩梦。在地上，长达75厘米的蝎子爬行着寻找猎物，巨型蟑螂和千

足虫激烈地争夺着那些腐败了的植物残骸，而蜈蚣则会在天黑以后用它的毒牙捕食其他陆生动物。

在天上，原始蜻蜓拍动着 60 多厘米长的翅膀，窸窣作响，突然就冲向了在水池上空和林间飞行着的昆虫。昆虫是第一种能够飞行的动物，

▼ 大蜻蜓是一种在湿地上空飞行的巨型蜻蜓。和今天的蜻蜓一样，它的两对翅膀可以向相反的方向拍打，使其能像直升机一样，在空中盘旋，寻找它的猎物。

在石炭纪时期它们也有属于自己的"空中领地"。但直到今天，科学家们还是没能弄清楚第一种有翅类的动物是在什么时候，又是怎样进化出现的。

有一种理论认为，昆虫的翅膀可能是从扁平爪垫发展而来的，而某些物种化石的体节上就附有这种爪垫。最初，这些爪垫可能是用来调节温度或者求偶展示的；但是如果它们变得足够大了，就可以用于滑行了。而要成为真正的翅膀，它们可能还需要在连接身体的部位上进化出铰合点。这些爪垫的主人们也要修正躯体中央或者胸部现有的肌肉，以进化出适于飞行的肌肉来。当这些事情慢慢发生的时候，它们也就从滑行者转变成为了真正的飞行者。

因为到石炭纪时，有翅类昆虫已经发展得相当好了，所以它们很有可能最早出现于泥盆纪。但到目前为止，人们都还没找到如此久远的化石。

▼ 陆生蝎子的祖先来自水中。水蝎是用鳃呼吸的，而陆居蝎则在体内发展出了"书肺"。"书肺"中的空气是经由薄薄的副翼进入的，而这些副翼堆叠起来就像一本书的书页。

二叠纪

二叠纪是古生代的最后一个纪，以其戏剧性的结束方式——地球生命史上最大的大灭绝——而著称。

在2.86亿年以前，二叠纪刚开始的时候，地球上的各大陆地板块是连接在一起的，形成了一个超级大陆——盘古大陆。因为盘古大陆太过广阔，所以陆地上的气候条件便会有很大差异。在盘古大陆的南极，是一座从石炭纪遗留下来的冰盖，但在整个热带地区和大部分北方地区，却炎热少雨。在这样干旱的条件下，石炭纪的喜湿性树木就退化了，取而代之的是更加抗旱的针叶树和其他一些种子植物。

□ 水分和温度

进化是无法预先做好计划的，所以面对二叠纪的环境变化，动物们也无法做好准备。但结果证明，爬行动物很好地适应了二叠纪开始时更加干燥的环境。它们遍布整个超级大陆，可以栖息在两栖动物不能生存的地方。随着进化，它们变得越来越善于节约水分，直到像现在的很多爬行动物那样可以生活在沙漠环境里。

爬行动物还得去应付陆地上经常发生的大幅度的温差变化。在海洋和湿地中——第一种四肢脊椎动物进化出现的地方，温度的变化是循序渐进的，而且也不会升到多高的地步。但是盘古大陆上的温度，在黎明时候接近零点，而到了中午却会超过40℃。因为那时候的爬行动物是变温动物（今天仍然是），或者说是冷血动物，它们的体温会随着周围的温度变化而变化。黎明时候它们可能就要被冻住了，而到了中午它们又会有过热的危险。

□ 内部进化

早期爬行动物处理温度问题的方式跟今天一样：冷的时候沐浴在阳光中，太热的时候则躲藏在阴凉处。当时的一些爬行动物——尤其是盘龙——进化出了"脊帆"，可以像热交换器一样工作，帮助它们暖身，从而可以更早地开始一

◀ 辐鳍鱼类在泥盆纪进化出现，在二叠纪持续超多样化发。图中古鳕鱼是原始的辐鳍鱼类。

天活动。但是在二叠纪晚些时候，盘龙的后代——兽孔目动物，进化出了一种非常不同的温度处理方式。它们开始利用分解食物来使自身产生能量，而不是靠着太阳的温暖获取能量。也就是说，它们是恒温动物，或者说温血动物。为了保持热量，它们利用了一种非常新型的结构——毛皮。

□ 温血脊椎动物

毛皮在化石中很少见，也没有直接的证据可以证明在二叠纪时期或者之后曾出现过带毛皮的兽孔目动物。但有几项证据都显示极有这个可能。一个是，兽孔目动物出现了一些适应性变化，以提高呼吸频率和增加氧气供应——动物"燃烧"大量食物所必需的条件。另一个是，兽孔目动物居住在盘古大陆的南方，非常寒冷。这种条件并不可能成为冷血爬行动物的栖息之地，但对那些能够通过"燃烧"食物来保持自身体温的动物来说，就容易得多了。

哺乳动物是从兽孔目动物中进化出来的，但兽孔目动物本身并不是哺乳动物。即便二叠纪的动物可能会长有毛皮，但它们跟今天所知道的哺乳动物也还是不一样的。成为温血动物是一项重大的革新，最终使得四肢脊椎动物可以征服地球上所有的生态环境，包括高山和极地冰川。

▶ 盘龙们沐浴在清晨的阳光中，用它们竖直的"脊帆"吸收能量。这里显示的两个物种——异齿龙（前面）和棘龙（后面）——都生活在二叠纪初期，它们大约能长到3米。异齿龙是一种肉食性动物，有尖利的牙齿，而棘龙则是植食性动物。这两个物种的脊帆都由骨质支柱支撑着，呈竖直状。

二叠纪动物群

在二叠纪，兽孔目动物——或者类哺乳爬行动物——在陆地生命中变得越来越重要。虽然它们从未达到过中生代爬行动物那样的巨型身躯，但也足以成为同时代动物中的"恐龙"。自出现之日起，它们就得到了迅速的进化，成为了各种各样的肉食性动物和植食性动物，体长达到了5米，体重足有1吨多。二叠纪的四肢脊椎动物还包括各种各样的两栖动物、盘龙和祖龙，而后世进化出现的恐龙就属于祖龙。

□卡鲁的兽孔目动物

人们对二叠纪兽孔目动物的大部分了解，都来自于欧洲中部、俄罗斯和卡鲁（位于南非）的化石发现。卡鲁化石中常常都包含着完整的骨架，使得人们对动物的复原工作能够精确到最小的细节。

麝足兽是卡鲁最大的植食性动物之一，大约能长到4米。它的尾巴比大多数最初爬行动物的都要短得多，有着一个典型的大型植食性动物筒状躯体，以其强健的四肢着地。麝足兽还有一个非常厚的颅骨。一些古生物学家认为这可能是用来进行"顶头比赛"的，尽管有的人提出这种骨质增生可能只是疾病的后遗症。尽管这种动物

▲ 巨头螈属于二叠纪时期的一种装甲两栖动物，大约有40厘米长，对陆地生活具有很好的适应性，但很有可能依然会在海水中产下幼卵。

的身型比较大，但它们的生活并没有因此而平静多少，因为卡鲁还是一些可怕的肉食性兽孔目动物的家园，其中就包括安蒂欧兽，其大小完全可以匹敌麝足兽。从结构上来说，这两种动物还是蛮像的，但麝足兽的牙齿是凿子状的，而安蒂欧兽前颚处的牙齿则是加长的尖刺状——一种肉食性动物的标志。

□俄罗斯的兽孔目动物

在俄罗斯的兽孔目动物中，有一些动物的模样确实很奇怪。其中最古老的一种是冠鳄兽，顾名思义，就是"有冠鳄鱼"的意思。冠鳄兽体型庞大、尾巴短小，跟鳄鱼长得并不像，但它的头

▼ 这是冈瓦纳古陆上的一个角落，位于今天南非的卡鲁盆地，一只安蒂欧兽正在向一只麝足兽发起进攻。

冠是由四个犄角状凸起物组成的——两个从面部两侧伸出来，两个从头顶伸出来。这些凸起物可能是用于防御的，但从它们短小钝圆的形状来看，一个更可能的解释是，它们主要被用在求偶展示中来彰显地位。成年动物的"犄角"最大，尤其是成年的雄性动物。

对冠鳄兽是不是一种肉食性动物，科学家们还莫衷一是，但另一种大型兽孔目动物——晚二叠世俄罗斯始巨鳄，则一定是肉食性动物，因为它的头骨上既有狭窄有力的两颚，又有剑状的犬齿。

▲ 一群冠鳄兽漫步来到湖边喝水，一只独居始巨鳄密切地关注着它们的一举一动，伺机饱餐一顿。

□二叠纪盘龙

虽然兽孔目动物是从盘龙中产生的，但在二叠纪，盘龙仍然继续同兽孔目动物一起繁荣发展，其中最知名的就是背脊类物种，但实际上盘龙还包括一些跟今天的爬行动物颇为相像的物种。其中的一种肉食性动物即为蜥代龙，

因为跟现在的巨蜥相似而得名，而且也像巨蜥一样，身长超过 1.5 米。另一个物种叫作卡色龙，属于植食性动物，是盘龙中出现的最后一个家族成员。它那肥胖的躯体笨拙地伸展着，有点像今天的鬣蜥蜴——头小并且尾巴细长。它的齿系生得很奇怪，上颚长有尖钉状的牙齿，而下颚则完全没有牙齿——与很多大型植食性动物的齿系排列恰好相反。这种奇怪的特征肯定不是什么缺陷反而是种资本，因为卡色龙的子孙兴旺，而且一直延续到了二叠纪最后的大浩劫。

▼ 在一只蜥代龙的注视下，两只卡色龙悠然地躺在沙岸上，沐浴着温暖的阳光。卡色龙笨拙的步伐意味着，它只能将身体靠在地上休息，而不像晚些时候的植食性动物那样，大部分时候都是四肢站立。

一个时代的尾声

2.45 亿年前，二叠纪在一场动物生命史上最大的灭绝中结束了。这场灾难在海洋中的影响是最恶劣的，大约有 96% 的海洋生命灭绝了，而陆地上则有 75% 的物种遭到灭顶之灾。在这场浩劫中遇难的有三叶虫、古生珊瑚和一大群其他的脊椎动物以及盘龙——二叠纪陆地上曾经最具优势的爬行动物之一。一下子灭绝了这么多物种，这场大范围的巨变对以后的动物进化产生了深远的影响。

▲ 一些科学家相信，是一个独立大陆——盘古大陆——的生成引发了二叠纪末期毁灭生命的环境巨变。

□ 遗失的真相

人们提出了很多理论来解释二叠纪的大灭绝，但最为大家熟知并接受的理论有三四种，也可能是其中几种情况共同作用的结果。第一个也是作用最快的一个，是小行星或者其他外太空物体的影响。如果外来星体足够大，那么就会在全世界引起毁灭性的冲击波，这正是恐龙毁灭事件的最可能原因。最近的化学证据支持了这个观点，但大多数人还是认为大灭绝是由地球上的自然变化引起的。

□ "祸起萧墙"

一种主流的"地心说"理论认为，火山爆发产生的巨大冲击将数十亿吨的火山灰炸得漫天都是。如果爆发持续了很长时间，火山灰就可能会遮挡了植物生长所需的大部分阳光。失去了陆地上的植物和海洋里的海藻，大部分动物都会很快灭亡。人们曾在西伯利亚发现大型火山曾爆发的迹象。另一种可能是，晚二叠世末的海平线下降，大量近海岸的浅滩消失，使得大量海洋生命失去了赖以生存的家园。因为盘古大陆的海岸线相对较短，这迅速缩减了珊瑚和其他无脊椎动物的栖息地。但这一理论无法解释动物生命的大量毁灭，所以海平线下降可能只是大灭绝中的一个附加因素，而不是主要原因。

很多科学家认为第四个推测——气候变迁——可能是致命的一击。有证据显示，在临近二叠纪末尾的时候，气候变暖又突然转冷，使得陆地动物和海洋动物的处境变得非常艰难。再加上海平面下降和火山爆发，结果可能就出现了化石记录中的那场生命浩劫。

▼ 三叶虫历经 2.6 亿年，从两次大灭绝中死里逃生，最终还是灭绝了。

▶ 火山爆发后放出的气体可能带有大量的热量，使得温度螺旋上升。

第二篇
恐龙时代

恐龙时代地球的变化

恐龙时代的地球与现在的地球迥然不同。从那时候起，新海洋形成了，大陆改变了位置，新山脉从平地隆起。这些都是由组成地球表面的巨型岩石——板块的运动所引起的。

□ 漂移的大陆

地球由不同的地层组成。板块组成了地球的表面或者说地壳，它覆在地幔的上面。地幔的一部分是熔融的，它们在不停地运动，带动上面的板块。板块的移动速度大约每年 5 厘米，但经过数百万年的时光，这足以令大陆漂移一段极远的距离。在恐龙生活的年代，这些大陆所在的位置与今天大不相同。

□ 运动的山脉

在恐龙存活的时候，今天的一些山脉还尚未形成。比如说，喜马拉雅山脉在恐龙灭绝 500 万年之后才形成，是由亚洲板块和印度洋板块相互碰撞产生的。地壳产生褶皱隆起，从而诞生了世界上最高的山脉。像这样由两个板块碰撞而形成的山脉被称为褶皱山。

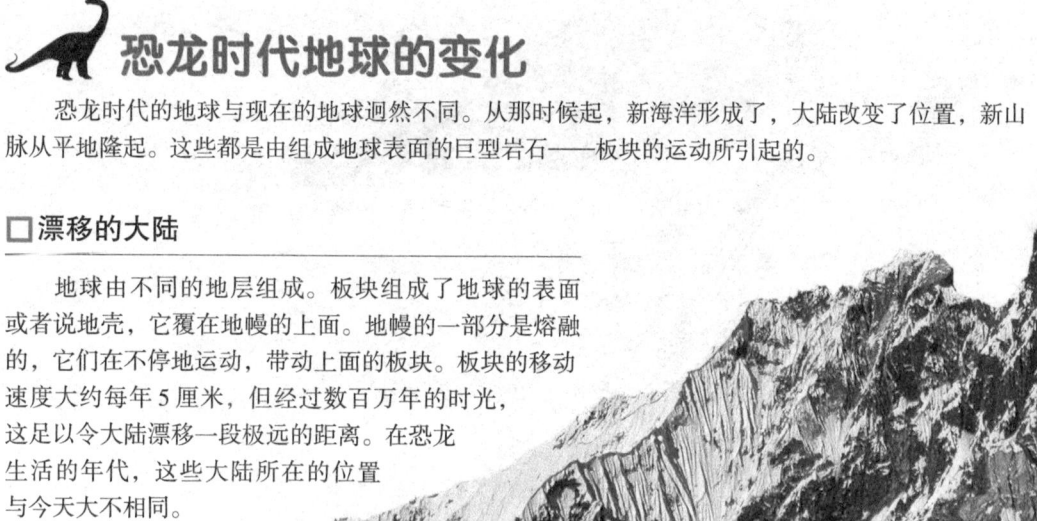

▶ 图中地球的各个板块和谐地结合在一起。为了表示板块下面的地幔，我们将一个板块移到了旁边。

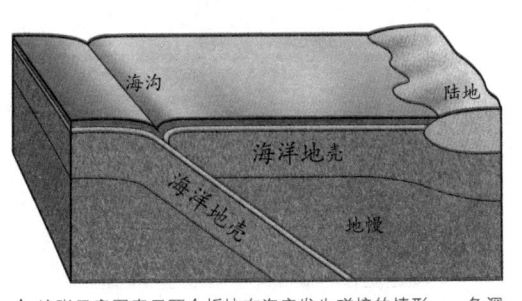

▲ 这张示意图表示两个板块在海底发生碰撞的情形。一条深深的裂缝，也就是人们常说的海沟，在两个板块之间形成。

☐ 海洋的改变

板块运动也改变了海洋的形状和大小。当两个板块在海底相互碰撞时，其中一个板块会被挤到另一个板块底下，并在那里融入到地幔中。而在其他地方，板块与板块互相漂离，产生裂缝。岩浆从裂缝处溢出，并把它填满，从而加宽了海洋。

☐ 化石证据

化石可以帮助我们推测大陆是如何漂移的。古生物学家们经常能在几个被海洋分离的大陆上发现同一种动物的化石。之所以该种动物分布在各个大陆，是因为这些大陆在它们存活的时候是连在一起的。

▼ 这些山是喜玛拉雅山的一部分。喜玛拉雅山沿着今天的印度与中国边界分布。

▶ 这是一具棱齿龙化石。这种化石同时在北美洲和欧洲被人发现，表明欧洲和北美洲曾经是相连的。

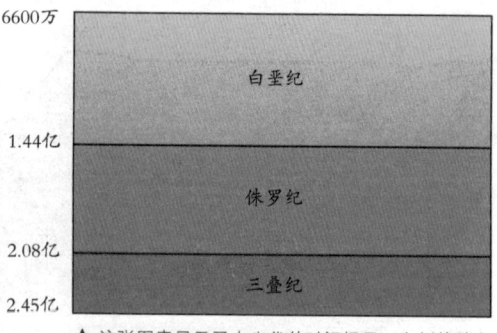

中生代的世界地图

这些地图揭示了中生代海洋和陆地所在的位置，它们涵盖从三叠纪到白垩纪晚期各个时期的世界地图。在这个过程中，各大陆不断改变位置直至趋近于今天的大陆分布。

▲ 这张图表显示了中生代的时间标尺。左侧的数字表示每个时期在距今多少年前。

□ 超级大陆

刚进入三叠纪的时候，大多数大陆是连成一片的，就像一块辽阔无比的超级大陆，被称为"泛古陆"。泛古陆的周围是一望无际的泛古洋，它覆盖了地球2/3的表面。那时只有中国和东南亚的一部分与泛古陆相分离。

□ 大陆的分裂

在三叠纪晚期，组成泛古陆的大多数大陆依旧连成一片。但是，非洲、北美洲和欧洲的某些部分开始相互漂离。北非和北美洲东海岸之间的裂隙成了北大西洋的雏形。

▲ 这幅图表示的是三叠纪早期时的泛古陆。白线环绕的地方形成了今天的大陆。部分现在的大陆当时被水覆盖着，这就是为什么白线画在海里的原因。

□ 大陆的离析

进入侏罗纪时期，泛古陆一分为二，形成了北面的劳亚古陆和南面的冈瓦纳古陆。海平面上升，浅海淹没了部分大陆。北大西洋继续扩大，而北美洲和非洲则继续漂离。

▶ 某些板块的地壳在北美洲和欧洲之间互相碰撞，形成了一连串的深邃宽广的谷地，即通常所说的"地堑"。

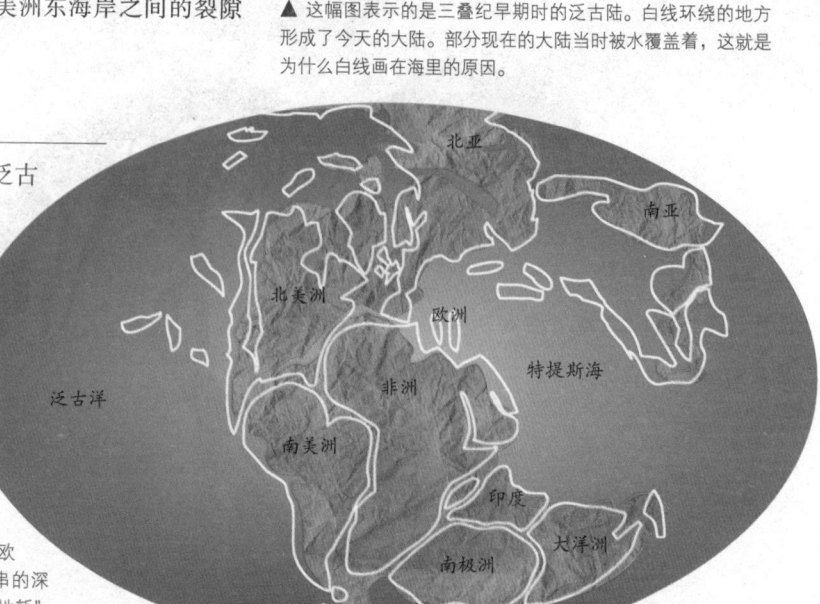

□ 分散的大陆

在白垩纪早期，浅海继续把原本相连的大陆分成相互隔离的岛屿。南极洲和大洋洲变得更加远离非洲和南美洲，而大西洋持续扩大。

□ 上升的海洋

在白垩纪晚期，海平面要比今天的高很多。一个内海把北美洲分成东、西两部分，而大部分的欧洲已被海水淹没。北非也被一个巨大的内海分割。多数的主要大陆都被海洋隔离开来。

▲ 在侏罗纪的大多数时期，欧洲被划分为一连串的岛屿。

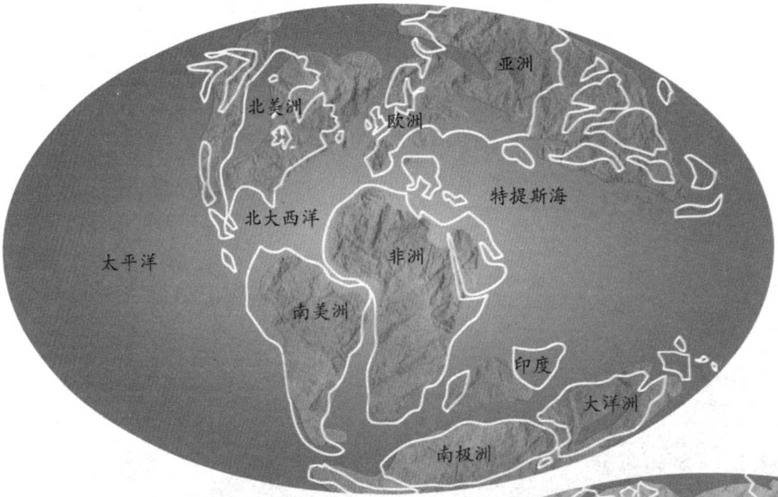

◀ 印度继续向远离非洲、南极洲和大洋洲的方向漂移。

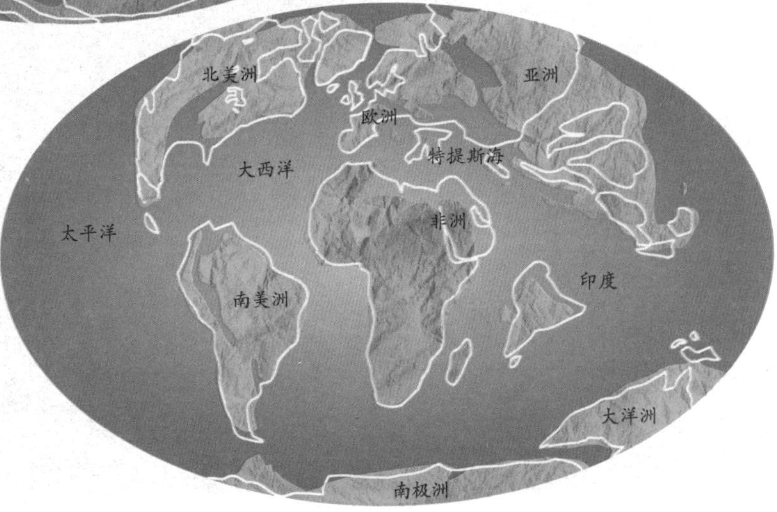

▶ 在白垩纪时期，在北美洲和亚洲之间曾经存在过临时的大陆桥。

生物进化与恐龙的起源

大多数科学家认为生物在漫长的岁月里逐渐改变，这种思想被称作"生物进化论"。科学家们试图用生物进化论来解释恐龙的起源和它们的灭绝。

□ 化石档案

至今发现的全部化石统称为化石档案。化石档案向我们表明，在漫长的年代里动物和植物是如何演变的。从化石档案我们得知，最早的生物是一种细菌，它们在 35 亿年前就在地球上出现了。经过千百万年的演化，这些细菌最终进化成了最初的动物和植物。

▼ 这是三叶虫化石，它们是最早长有骨骼的动物之一。它们已有 5.5 亿年的历史。

□ 进化的过程

生物是从单细胞开始的，经过上亿年的时间，海洋中聚集了各种各样的生物，包括蠕虫、水母，带壳的软体动物以及晚些出现的带骨架的鱼类。陆地也逐渐被各种生物占据，一开始是简单的单细胞植物，如藻类；后来则出现了更为复杂的动物——蠕虫，节肢动物和软体动物。

在 2.45 亿年前，陆地上居住着许多爬行动物，其中包括后来进化成哺乳动物的似哺乳爬行动物——缘头龙和祖龙类。最早的祖龙都是肉食者，有一些是长得像鳄鱼的生有能匍匐前进的腿的动物，有一些则发展出半匍匐的站姿和特殊的可旋转的踝关节。

体形小一些的、轻盈的祖龙类动物是最早发展出可以用下肢进行短距离奔跑的动物。其中

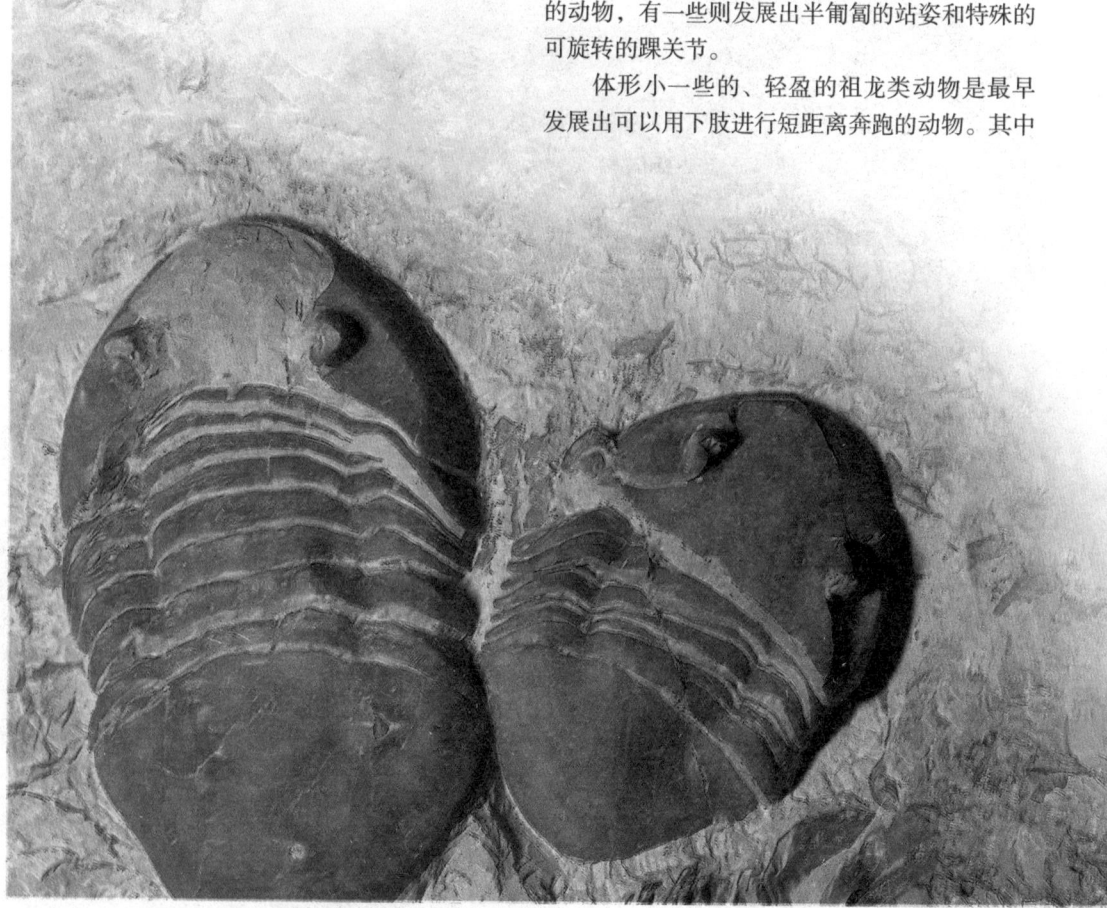

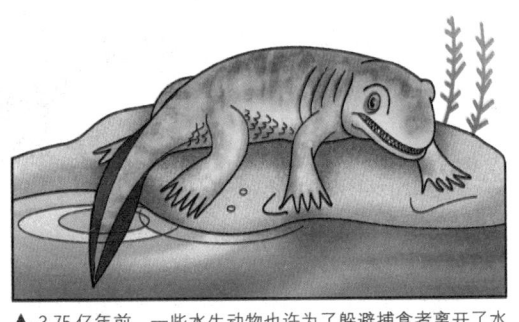

▲ 3.75 亿年前，一些水生动物也许为了躲避捕食者离开了水体。它们是最早的两栖动物。

▲ 5 亿年前，出现了鱼类。它们拥有粗厚的皮肉，没有颚部。当时，地球上还不存在陆生动物。

▲ 3 亿年前，诞生了爬行动物。它们的身体更适合陆生生活。它们长有龟裂的鳞状皮肤，用来防止强烈阳光的照射。

▲ 大约 2.4 亿年前，一些爬行动物进化出足以支撑它们的身体离开地面的腿部，成了最初的恐龙。

有一些发展出成熟的站姿，它们依靠身体下方直立的腿永久地站了起来。来自阿根廷的体长 30 厘米的祖龙类兔鳄在解剖学上处于这些完全直立的祖龙类及两类由它们发展出来的动物——会飞的爬行动物（翼龙）和恐龙之间。

□ 变化的世界

生物随着时间改变是因为环境总是在发生变化。物竞天择，适者生存，存活下来的动物将它们的优良基因遗传给后代。这就是著名的"自然选择"。一些至今存在的动物能很好地支持这一学说。例如，许多生活在寒冷气候条件下的动物为了适应环境进化出了厚厚的皮毛，这样可以帮助它们保持体温。

▲ 北极熊生活在寒冷的北极，它们进化出厚厚的皮毛，帮助它们在冰天雪地里生存。

▲ 进化的过程

早期匍匐前进的祖龙类（1），进化成带有可旋转脚踝的不完全进化的行走者（2）。小型、轻盈的祖龙，例如兔鳄（3），进化成能够完全直立的两足动物。由它们进化出早期的恐龙，例如艾雷拉龙（4）和始盗龙（5），它们是目前所知最原始的肉食恐龙。所有的兽脚亚目恐龙都是由长相相似的祖先进化来的。

□外形和大小

大陆漂移同样影响了恐龙的进化。在三叠纪时期，各个大陆连成一片泛古陆，全世界的恐龙都很相似。当泛古陆分裂成各个大陆时，恐龙们为适应不同的环境进化出不同的外形和大小。

□进化的特征

一些恐龙的特征是因为环境中的其他动物而衍生的。例如，甲龙为了抵御肉食恐龙的袭击，逐渐地进化出骨板和骨钉。古生物学家们还认为，恐龙为了繁衍后代会进化出某些特性。长角的恐龙，如五角龙和开角龙，可能是为了吸引异性才进化产生角的。

▲ 从加斯顿龙（甲龙的一种）的骨骼化石可以看到，它有着坚不可摧的骨板和骨钉。有的骨钉长达 1 米。

三叠纪——恐龙出现时代

三叠纪初期，动物生命刚从二叠纪大灭绝的余波中复苏。而到三叠纪结束的时候，第一种恐龙出现了。

"三叠纪"这个名字来源于拉丁语中的"三"，因为这个年代是从在德国发现的三层岩石中鉴定出来的。三叠纪开始于2.45亿年前，世界上大部分陆地都还锁连在盘古大陆上，但到了三叠纪末期，盘古大陆已经开始分离了。而在此之前，西半球的大部分都被陆地覆盖着，海平面则位于历史最低点。盘古大陆大部分地区的气候都温热干燥，但在南北大陆开始分离的时候，气候就开始转冷了。

▲ 双尾鱼是三叠纪重要的掠食性动物，发现于南非。

□ 兽孔目动物的衰落

三叠纪的世界与二叠纪时并没有什么不同：动物们没有被海洋互相隔离开，可以到处游荡，相同物种的化石在相隔很远的地方都有发现。在二叠纪得到进化的兽孔目动物就充分利用了这种陆地上的行动自由，向四周不断蔓延。水龙兽是一种躯体呈桶状的植食性动物，人们在相隔甚远的欧洲和南极洲发现了它们的化石，这说明这些大陆曾经是连在一起的。

然而，对整个兽孔目动物群来说，三叠纪是一个艰难的时期。尽管它们在二叠纪成为了陆地生命的主宰，但在终结二叠纪的大灭绝中，却没能够保住自己的地位。爬行动物的一个新族群——祖龙，经过一场迅速的进化爆发之后，慢慢地将兽孔目动物挤出了历史舞台。兽孔目动物在衰落的过程中，渐渐产生了最早的哺乳动物，不过它们还比较小也不太起眼。这些哺乳动物就一直用这样的方式，生存了数百万年，直到爬行动物时代残酷剧终。

□ "爬行动物之霸"

第一种祖龙——又被称为"爬行动物之霸"——出现于三叠纪即将开始的时候，它们源自于一种跟鳄鱼相像的长躯体动物，但却能很好地适应陆地生活。与早期的爬行动物不同，它们的后肢比前肢长，并且进化出了专门的足踝，使其能够以一种更加直立的姿势行走，而不再向外伸着四肢笨拙地爬行。

早期的祖龙族群包括长颈龙——一种拥有怪异长颈的食鱼动物，和舟爪龙——一种喙龙科动物，又叫"具喙蜥蜴"。在晚三叠世，祖龙自身演化成为了一个更加广泛的动物集群。其中有大量新兴的爬行动物族群，包括可飞行的翼龙、恐龙和鳄目动物——其中唯一一个生存到现在的物种。

在三叠纪，大部分的祖龙都是肉食性动物，其中包括一些可怕的动物如蜥龙鳄。虽然蜥龙鳄还不是一种恐龙，但其可怕的体型却显示出了未来恐龙所具有的特征。相比之下，有些早期恐龙很小，如始盗龙，可追溯到晚三叠世，体长只有1米。

□ 海洋巨怪

在三叠纪，爬行动物包括幻龙，一种可能大部分时候都待在岸边的类蜥蜴动物；长着鳍肢而无足爪的和皮氏吐龙，爬行动物的一个族群；鱼龙，就像现在的鲸鱼和海豚一样，成为了一种非常适应海洋生活的动物。秀尼鱼龙——一种晚三叠世的物种，是海上最大的爬行动物，差不多有20吨重。

▶ 在盘古大陆的中心地带，喜湿植物在这样干旱的不毛之地创造出了一片葱郁。在三叠纪，这些植物包括树蕨、问荆和针叶树，它们常常生长在较干燥的地方。这些绿化带对植食性爬行动物来说是至关重要的，进而对那些以植食性动物为食的动物来说也是非常重要的。

□燥热的气候

地球的赤道部分最为炎热，恐龙出现的时候，赤道从泛古陆的中部穿过。这意味着陆地的大部分都受到太阳光的直射，因而比今天的陆地更炎热。大片的沙漠在泛古陆的中部延展，极地也没有积雪。

□在海边生存

近海的地方有着比内陆更温暖湿润的气候。泛古陆巨大的面积意味着大部分陆地都位于远离海岸的地方。这些内陆地区罕有降水。三叠纪时期的化石表明，大部分恐龙生活在泛古陆靠近海岸相对潮湿的地区和灌木丛林地，只有少数在沙漠里生存。

▼ 被称为翼龙的会飞的爬行动物，首次出现在三叠纪。

▼ 这是一幅典型的三叠纪时期的场景，一只后鳄龙（一种似鳄祖龙）正在湖边捕猎。

▼ 腔骨龙是一种小型肉食恐龙。它们成群活动，以抵御更强大的肉食动物的袭击。

三叠纪爬行类

在三叠纪时期，陆地上有3类最主要的爬行动物：恐龙、似鳄祖龙和翼龙。似鳄祖龙是四条腿行走的庞大动物，在三叠纪晚期，它们在陆地上曾普遍存在。这时，恐龙只占陆生动物的5%。

时代的更替

最初的恐龙十分弱小，被体形大过它们数倍的似鳄祖龙捕食。但到了三叠纪末期，恐龙的体形开始增大，而似鳄祖龙开始减少。恐龙的时代来临了！

▼ 苏铁树是三叠纪最常见的植物。

▲ 板龙属于植食性恐龙，它们能用后肢支撑起身体，从而吃到高处的树叶。

三叠纪动物群

在三叠纪，爬行动物在陆地生命中的主控地位得到加强。恐龙出现在晚三叠世，而在那之前，一系列不同种类的爬行动物相互竞争以取得优势发展。其中很多都是肉食性动物——捕食小一些的爬行动物和鱼类，而其他一些则是长有牙齿或者尖利下颚的植食性动物。随着祖龙的崛起，这些今天哺乳动物的祖先受到了越来越大的威胁。

□ 古鳄（Proterosuchus）

最大长度：2 米
生活年代：早三叠世
化石发现地：非洲（南非）、亚洲（中国）

祖龙中发现最早的具有完整骨架的化石即是古鳄。像今天的鳄鱼一样，它拥有向两侧伸展的四肢，而且很可能大部分时间都生活在水里，用有力的下颚来抓捕鱼类或者其他动物。它有尖利的锥状牙齿，嘴的顶部还有次生牙齿——早期祖龙共有的特征，后来在进化中消失了。

□ 铁沁鳄（Ticinosuchus）

最大长度：3 米
生活年代：中三叠世
化石发现地：欧洲（瑞士）

这种祖龙的化石显示出，它非常善于追捕高速猎物。虽然它的躯体类似鳄鱼，但它的四肢是直立的，而非向两侧伸展，并且脚上还有非常发达的脚踝和脚跟。这种足部结构非常重要，使动物可以通过抬高脚跟，往下推压脚部，从而产生跑动的助力。

▲ 与其他早期的祖龙一样，古鳄很可能在休息的时候将腹部伏到地上，而要运动时再抬起来。

▲ 铁沁鳄的站立姿势跟后来的恐龙相似。

◀ 沙洛维龙，是第一种能够飞行的脊椎动物，可以在树丛间自由滑翔。它拥有巨大的后翅，还可能有一对较小的前翅用于导航。

□ 沙洛维龙（Sharovipteryx）

最大长度：19 厘米
生活年代：晚三叠世
化石发现地：亚洲（俄罗斯）

　　沙洛维龙发现于 20 世纪 70 年代。它是人们已知的最早的滑翔爬行动物之一，也是最奇怪的动物之一。在它的后肢上（前肢上可能也有）附着由弹性皮肤构成的副翼，能够伸展开去形成翅膀。它的主翼位于躯体的后部，所以尾巴对于在空中保持平衡是至关重要的。

▼ 长鳞龙可能会利用其长鳞滑翔于树丛之间，但是着陆后就会向后合起来。至今，这种动物的化石就只找到了一块。

□ 长鳞龙（Longisquama）

最大长度：19 厘米
生活年代：晚三叠世
化石发现地：亚洲（俄罗斯）

　　自从 1969 年发现了长鳞龙的遗骸化石后，人们对于这种小型的神秘动物就一直争论不休。长鳞龙拥有一个蜥蜴状的躯体，在后背上有两排看起来像是羽毛的结构。如果这些是真正的羽毛——正如一些专家们相信的——则表明了这种动物就是鸟类的直系祖先，而且很有可能会飞行。但是大部分古生物学家并不以为然。他们认为这些羽毛实际上是些长鳞，可能会被用于调节动物自身的温度，或者在求偶中用来展示。长鳞龙的嘴里镶有小型的尖利牙齿，说明它们可能是以昆虫为食的。

□ 长颈龙（Tanystropheus）

最大长度：3 米
生活年代：中三叠世
化石发现地：欧洲（德国）、亚洲（以色列）

　　长颈龙是有史以来最著名的脊椎动物之一。它的头很小，但柔韧的脖颈比躯体的其他部位加起来还要长。它躯体的前半部分和后半部分差异太大，以至于人们第一次发现它的化石断片时，误认为属于两种完全不同的动物。某些长颈龙物种的脖颈只有 13 节椎骨，还有只有 9 节的——极大地限制了它们弯曲的能力。这种怪异的爬行动物属于原蜥形类，灭绝于三叠纪末。

◄ 长颈龙可能会利用其惊人的长脖子来捕鱼，而不用非得进到水里去。

□ 引鳄（Erythrosuchus）

最大长度： 5 米
生活年代： 早三叠世
化石发现地： 非洲（南非）

　　引鳄，意思是"红色的鳄鱼"，属于古鳄的一种近亲动物，但却能够很好地在陆地上捕食。它是早三叠世陆地上最大的肉食性动物之一，体重达半吨，头部大约有 1 米长。引鳄主要以植食性动物为食，用它那大型的后弯状牙齿来捕杀猎物，其中包括兽孔目动物，如水龙兽。

□ 水龙兽（Lystrosaurus）

最大长度： 1 米
生活年代： 早三叠世
化石发现地： 非洲（南非）、亚洲（印度、中国、俄罗斯）、南极洲

　　与上述动物不同，水龙兽属于一种叫作二齿兽的植食性动物——进化于晚二叠世，灭绝于三叠纪末期。它只有两颗牙齿，长在上颚处。这种动物主要用其锋利的嘴来撕裂食物，就像今天的乌龟一样。

□ 派克鳄（Euparkeria）

最大长度： 60 厘米
生活年代： 晚三叠世
化石发现地： 非洲（南非）

　　与锹鳞龙一样，这种躯体柔软的祖龙看起来也像是小型的鳄鱼，颌骨上长着凶狠的牙齿，后背上有一系列的骨质鳞片，并且尾巴长而有

▼ 水龙兽的上颚不仅可以上下运动，还可以往后运动以撕裂巨型问荆（一种植物）。

▶ 派克鳄，体态轻盈，行动敏捷，拥有尖利后弯的牙齿，善于捕杀猎物。它后背上的骨板可以使其免受更大型肉食性动物的伤害，不过，利用迅捷的后肢逃跑可能才是它求生的上策。

力。但它的四肢与鳄鱼的四肢非常不一样，除了更加直立外，它的后肢也比前肢大许多。从这种不同寻常的构造来看，派克鳄能够用后肢来进行奔跑——无论是为了躲避危险还是追捕猎物。这种移动方式在早期的爬行动物中比较少见，但在恐龙时代就变得比较普遍了。

□ 蜥鳄（Saurosuchus）

最大长度：7 米
生活年代：晚三叠世
化石发现地：南美洲（阿根廷）

蜥鳄——一种重达两吨的祖龙，是晚三叠世时期最大的陆生肉食性动物之一。单单它的头就有 1 米长，而它的牙齿像鳄鱼一样，能从猎物身上撕下大块大块的肉。虽然蜥鳄并不是恐龙，但是却和霸王龙及其他掠食者有着惊人的相似之处；特别是双颚和牙齿的形状，以及四肢的排列方式——几乎是竖直地立在躯体下面。与霸王龙不同的是，它们主要以四肢着地进行运动，但在发动攻击的时候也能单以后肢进行奔跑。蜥鳄属于祖龙中的劳氏鳄目，而前面提到铁沁鳄也属于这个群体。这些动物是爬行动物体型加大的早期

例子，而在三叠纪即将结束之时，爬行动物走向了鼎盛。

□ 锹鳞龙（Stagonolepis）

最大长度：3 米
生活年代：晚三叠世
化石发现地：欧洲（英国）

锹鳞龙腿短、躯体长并长满鳞片。和很多早期的祖龙一样，这种动物看起来像是一种早期的鳄鱼。但是它的双颚并不够长，无法进行肉食性的生活，反而比较短，适合以植物为食。它的牙齿呈钉钩状，位于嘴的后部。它的鼻子末端形状像个泥铲，可能会用于铲起地表或地表以下的食物。锹鳞龙行动比较缓慢，但全身长有鳞片护甲，有助于保护自己免受袭击。

□ 兔鳄（Lagosuchus）

最大长度：40 厘米
生活年代：中三叠世
化石发现地：南美洲（阿根廷）

四副遗骸骨架——只遗失了部分的颅骨——

显示出，兔鳄是一种腿长、尾巴长、柔韧性好的
祖龙，能够以后肢支撑自身而进行奔跑。那瘦长
的胫骨和轻盈的体型意味着，它是一个有力的短
跑健将，可以捕捉昆虫和小型的爬行动物。它的
足部构造还适于高速奔跑，因为它的脚上长有长
长的跖骨（构成人类脚底板的一部分骨骼），并
且离开地面，有助于增加行动时的步幅。

▲ 兔鳄的脚比较细长，只有脚趾是接触大地的。这种解剖学
结构后来在肉食性动物和很多哺乳动物中变得比较普遍。

□ 舟爪龙（Scaphonyx）

最大长度：2米
生活年代：中三叠世
化石发现地：南美洲（巴西）

　　舟爪龙是一种典型的喙龙科动物——桶状祖龙的一种植食性亲缘动物，在这种恐龙狭窄的喙状
嘴中，有獠牙和极不寻常的牙齿。上颚两侧的牙齿形成了一个带凹槽的平板，而下颚处的牙齿则非
常尖利，嘴巴闭合的时候，正好可以咬合到凹槽中。大部分古生物学家都认为，喙龙科动物会利用
这些奇异的牙齿进食植物，就像剪刀一样将食物切碎，并可能会利用獠牙将植物连根拔起。除了澳
大利亚，喙龙科动物的化石在各个大陆都有发
现，其庞大的数量说明，它们跟今天的放牧哺乳
动物一样，在当时是非常普遍的。

▼ 三叠纪的舟爪龙及其亲缘动物相当于今天的猪，它们体格
健壮，到处拱土寻找植物。对蜥鳄来说，这些健壮结实的植食
性动物会是一顿理想的美餐。

早期的恐龙

最早的恐龙出现于晚三叠世——爬行动物时代来临后的1.5亿年以后。这种动物最初比较罕见，但到了侏罗纪开始的时候却已经成为了陆生动物的一代霸主。

恐龙解剖学的研究发现，恐龙都有一些相同的主要特征，这说明它们一定有着相同的祖先。而这个祖先基本上可以肯定是一种槽齿类动物，或者说原始的祖龙，后来发展出了一支新的爬行动物族系，它们能以两后肢行走。至于鸟臀目和蜥臀目是什么时候，又是怎样产生分化的还不清楚，但结果就是，形成了一系列在躯体形状和生活方式上都有很大不同的爬行动物。

□ 恐龙的祖先

恐龙起源于一群名叫祖龙的爬行动物，这群动物中包括鳄鱼和现在已不复存在的几种爬行动物。有一种早期祖龙与恐龙的祖先有一定的关系，它约有4米长，拥有强健的肌肉，以捕猎其他动物为生。

□ 早期的恐龙

古鳄看起来更像是鳄鱼而非恐龙——但事实上，鳄鱼和恐龙都是由这种动物进化而来的。

以"石"为证

早期的恐龙行走的时候，只有三根脚趾是与大地接触的，而非四根或者五根。所以，三趾形的脚印是运动中恐龙的有力证明。在发现的样本中，有一两个物种是源于早三叠世的，但大部分的古生物学家都相信，最早的可靠的恐龙脚印来自于晚三叠世——艾雷拉龙和始盗龙生存的年代。

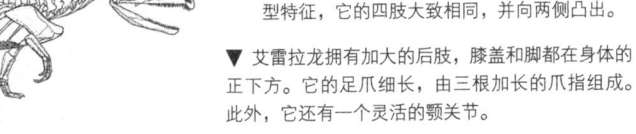

鳄鱼保持了古鳄向两侧伸展的四肢步态，而恐龙则向不同的方向发展起来。它们的后肢变得比前肢要大，并且股骨或者说大腿骨，在连接躯体其余部分的地方形成了一个急弯结构。此外，股骨头在髋部还形成了一个球窝关节。所有这些改变加在一起就意味着，这种新型的肉食性爬行动物族群可以凭借后肢直立行走，而不再用向外侧伸的四肢来进行运动。

恐龙有一些特征可以将其与其他爬行动物区别开来。其中一点是，前脚第四趾（如果存在的话）上的骨头数量减少，并且髋骨窝处有一个中心孔或者"窗口"。与此相反，典型的髋骨窝——包括人类的——都是闭合的，像一个杯子。

古鳄

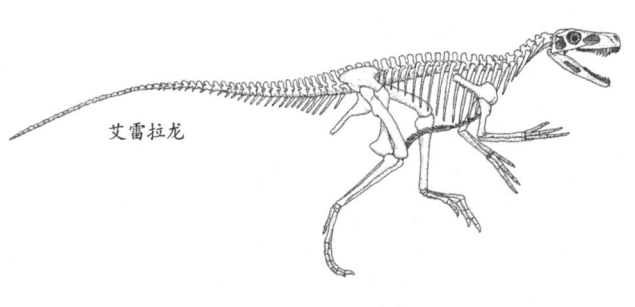

艾雷拉龙

◀ 古鳄（上）的骨架显示出了一只原始祖龙的典型特征，它的四肢大致相同，并向两侧凸出。

▼ 艾雷拉龙拥有加大的后肢，膝盖和脚都在身体的正下方。它的足爪细长，由三根加长的爪指组成。此外，它还有一个灵活的颚关节。

□最早的数目庞大的恐龙

腔骨龙是一种数目庞大的恐龙。在北美已经发掘出数百具腔骨龙的化石，最引人注目的考古发现当数1947年在美国新墨西哥州幽灵牧场的考古行动。科学家发现了这种恐龙整个群落的化石，大约有100具，其中包括年龄各异（从幼小到年迈）的腔骨龙。成年腔骨龙约有3米长，下肢强健有力，上肢虽短小却有着锋利的爪子。科学家认为这群恐龙是在沙暴中丧生的。

□腔骨龙的捕食

腔骨龙以捕猎植食性恐龙和其他动物为生。它们可以快速奔跑，长长的尾巴有助于快速奔跑中要改变方向时保持身体平衡。腔骨龙还捕食蜥蜴等小型动物，甚至从一只腔骨龙的化石中发现它的胃中有一只幼小的腔骨龙，据此推断，它肯定吃了它的同类。这种现象被称为嗜食同类，在动物中极为罕见，但现在还不确定腔骨龙是捕食同类作为日常饮食，还是一种个别的行为。这个化石的发现地当时是一处沙漠，因而成年动物吃幼崽可能仅仅是因为食物短缺，不过只有科学家发现更多的证据后才能对此下论断。

▲ 腔骨龙是早期恐龙中最为敏捷的，依靠速度捕猎蜥蜴和其他小型动物。进食猎物前，它们会用牙齿和颌将猎物的肉撕开。

▶ 艾雷拉龙是一种庞大而有力的肉食恐龙，也是已知最早的恐龙种类之一。

□鳄鱼和恐龙的关系

最早的爬行动物祖龙是鳄鱼和恐龙的共同祖先。腔骨龙生活在大约 2.2 亿年前的南非，它大约可以长到 4.5 米长，在捕猎其他爬行动物时可以以相当快的速度奔跑。其颌内布满几十颗锋利的圆锥形牙齿，专用于攻击其他动物。腔骨龙和许多类似的动物已经拥有长长的下肢，这成为后来几乎所有的恐龙和鳄鱼的显著特征。

□全球搜寻

这些动物最早是在什么地方出现的还不清楚，部分是由于三叠纪时期世界上大部分的陆地都还连在一起。但阿根廷"西部荒原"产出的大量的化石中，就包含着一些有史以来最早的恐龙。

20 世纪 50 年代末，人们发现了艾雷拉龙的化石碎片，接下来人们又发现了其骨架的部分化

艾雷拉龙的发现过程

艾雷拉龙是目前已知的世界上最早的恐龙之一。它的第一块骨骼化石是阿根廷一位叫艾雷拉的农民无意中发现的。为了纪念他，这种恐龙就以"艾雷拉龙"命名。

直到 1980 年，人们才发现了比较完整的骨骼化石。这次出土了一具较完整的艾雷拉龙骨骼化石，还有一些较零碎的碎片。1988 年，美国古生物学家瑟里诺博士到阿根廷西北部的月亮谷考察，在一次饭后散步时，发现了第一具艾雷拉龙的头骨化石。这具颅骨保存得非常完好，甚至连眼窝里面的巩膜环都完好无损。艾雷拉龙身长 3~6 米，重达 360~450 千克，比现在陆地上最大的肉食性猛兽狮子和老虎大多了。

石,显示出艾雷拉龙是一种长达6米的两足类肉食性动物,嘴长而且牙齿后弯。这种动物看起来像是一种兽脚亚目恐龙,前脚上的爪指较长,便于抓取猎物。

1991年在同一个地方,人们又发现了始盗龙的化石。始盗龙有"曙光盗贼"之称,是一种只有1米长的两足类猎捕者。始盗龙生活在2.28亿年前,进化程度不及艾雷拉龙,故而更加接近最初的"恐龙原型"。但1999年,在马达加斯加工作的古生物学家找到了两种更早的恐龙颚骨化石,暂时鉴定出的年代可以追溯到2.3亿多年以前。这些骨骼说明这些恐龙不是肉食性的而是植食性的,被称作原蜥脚龙,一些人认为它们便是从肉食性动物祖先进化而来的。

□ 变化着的时代

很久以前植食性恐龙就存在的事实说明,在中三叠世结束晚三叠世开始的时候,恐龙已经呈现出了多样化。很多曾经存在的动物族群,如类哺乳动物的爬行动物和兽孔目动物,不是衰落了就是消失了。这些变化可能是由于恐龙们争夺资源而引起的,但还有另外一种可能就是,当时的气候发生了突变,而引发了一波大灭绝,为恐龙的蓬勃发展扫清了道路。

▼ 从很多保存完好的化石来看,板龙属于晚三叠世的一种植食性原蜥脚龙。与最近在马达加斯加发现的小型原蜥脚龙相比,板龙是一种比较大的动物,大约有7米长。原蜥脚龙看起来与蜥脚龙相似,但是它的脚趾要更长一些。

▲ 艾雷拉龙可能是一种早期的兽脚亚目动物——一种包含了所有肉食性恐龙的动物族群。这种两足运动的姿势是非常有利于捕食的，到了白垩纪，兽脚亚目动物中就出现了空前的肉食性恐龙。

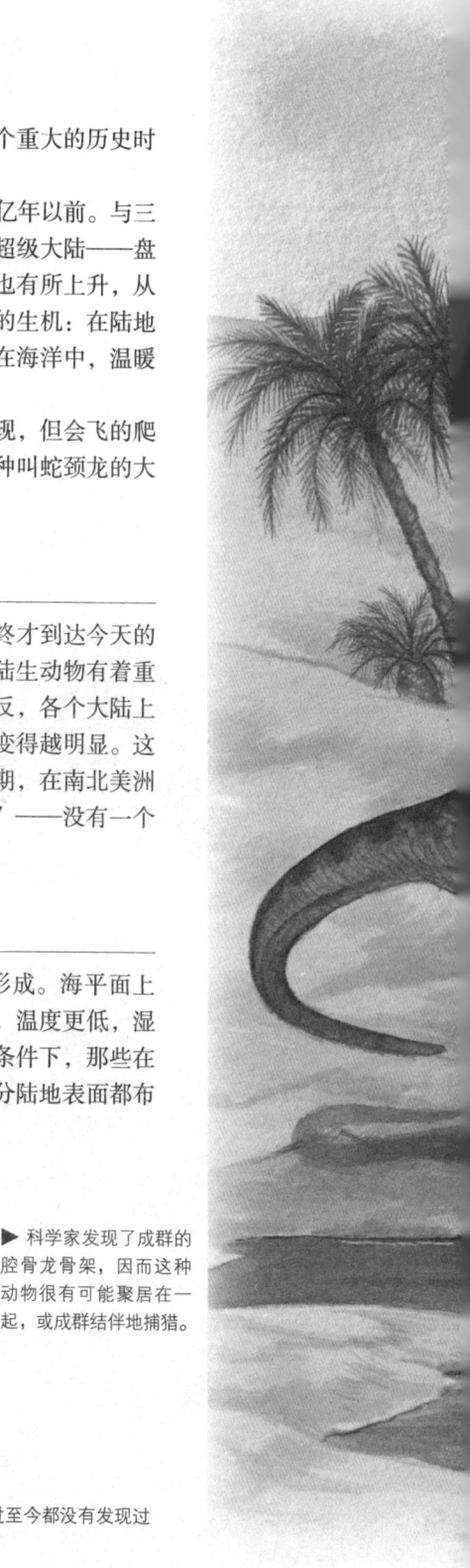

侏罗纪——恐龙繁荣时代

　　侏罗纪因恐龙而著名，对整个爬行动物来说，可谓是一个重大的历史时期。当时，爬行动物第一次同时称霸了陆地、海洋和天空。

　　侏罗纪，是以欧洲连绵不绝的山脉命名的，开始于 2.08 亿年以前。与三叠纪相比，此时的地壳正在发生着巨大的变化，存在已久的超级大陆——盘古大陆，正在开始分离。气候变得越来越温暖湿润，海平线也有所上升，从而淹没了大片低洼地带。这些气候变化为动物生命带来了新的生机：在陆地上，更加湿润的气候意味着植物性食物变得越来越好找；而在海洋中，温暖的浅滩也为珊瑚礁创造了绝佳的生存环境。

　　在侏罗纪时期，恐龙开始遍布整个大陆，鸟类也开始出现，但会飞的爬行动物仍掌握着天空的主导权。河里栖息着大量的鳄鱼和一种叫蛇颈龙的大型爬行动物，外形酷似海豚的鱼龙和鲨鱼则在海洋里遨游。

□大陆的分离

　　随着盘古大陆的分离，各个大陆开始了漫长的漂移，最终才到达今天的位置。大西洋开始形成，南北美洲分裂了开来。这些变化对陆生动物有着重要的影响，因为这意味着它们不能再随意地进行杂交了。相反，各个大陆上新生出来的野生动物各有特色，而且随着分离的时间越久就变得越明显。这种隔离经常可以在化石的发现地有所显现。例如，侏罗纪时期，在南北美洲都生活着巨型的蜥脚龙，但是每个大陆都有其独特的"品牌"——没有一个不是独一无二的。

□暖湿的气候

　　当泛古陆在侏罗纪四分五裂时，汪洋大海在大陆之间形成。海平面上升，大片的陆地被海水淹没。那时的地球与三叠纪时期相比，温度更低，湿度更大，但仍比今天的地球温度要高。在温暖、湿润的气候条件下，那些在三叠纪时期还是沙漠的地区已被繁茂的植被覆盖，地球大部分陆地表面都布满了森林。

▶ 科学家发现了成群的腔骨龙骨架，因而这种动物很有可能聚居在一起，或成群结伴地捕猎。

▲ 蛇颈龙有很多化石保存了下来，不过至今都没有发现过它的蛋壳，所以它可能是胎生的。

□海洋和空中的生命

在侏罗纪，出现了几种新的海洋爬行动物。其中有长脖颈的蛇颈龙和薄板龙（依拉丝莫龙），以及上龙——包含着一些海洋中最大的肉食性动物。侏罗纪的海洋生命特别丰富，因为当时的海平线比今天普遍要高。被阳光照射的浅滩处，有着丰富的沉积物，其中充满了各种各样的软体动物和其他一些小动物。

空中发生的变化更加巨大。在晚三叠世，进化出现了第一种可飞行的爬行动物，称为翼龙，它们用坚韧的翅膀取得了整个侏罗纪的制空权。但同时在恐龙世界的某一分支——兽脚亚目中，一种完全新型的飞行动物族群正在形成。它们飞行用的翅膀不是皮质的而是由羽毛组成的，而且在侏罗纪结束之时它们很快就变得多种多样了。这就是我们所熟知的鸟类——今天唯一还活着的恐龙。

▶ 侏罗纪气候温暖，在极地都几乎没有冰层。这幅插图显示了当时的典型景观，大地被大片的针叶林和零散的苏铁植物及树蕨覆盖着。苏铁植物很可能利用恐龙来散播种子，就像今天很多植物利用哺乳动物来散播种子一样。

□气势如虹的恐龙

在侏罗纪伊始，恐龙就成为了陆地上的霸主。它们已经分化成了几个群系，大部分都一直持续了近1.5亿年，直到爬行动物时代突然结束。但是，在这个发展过程中也还是有一些伤亡的。例如，在蜥脚亚目中，鲸龙科在侏罗纪末期就灭绝了，另外的几个恐龙科类也都消失了。

侏罗纪大部分时候，气候温暖湿润，有大量的食物供应，为大型植食性动物的进化提供了理想的环境。随着植食性动物的体型增大，以之为食的肉食性动物也开始增大。从一个比较适中的体型开始，肉食恐龙逐渐演化成了巨怪，如斑龙，长达9米。从外表看，斑龙与更广为人知的霸王龙相似，但其进化时间却早了上百万年。

这些巨型的肉食性动物没有天敌，但并不是所有的恐龙都有一个庞大的身躯。生活在晚三叠世的秀颌龙，也是一种肉食性动物，但它的体重却只有3千克。

▼翼手龙以昆虫为食。和所有其他翼龙一样，它具有敏锐的视力，用来定位捕杀猎物。

□素食恐龙

新的、独特的植食性恐龙在侏罗纪时期迅速崛起。例如，剑龙和甲龙，它们身上长有保护性的骨板和骨钉。

在侏罗纪中期诞生了名为棱齿龙的植食性恐龙。它们小巧敏捷，依靠速度逃避掠食者，是最迅捷的恐龙之一。

▼华阳龙是一种剑龙，它们尾部长有尖刺，能帮助它们抵御敌人的进攻。

▼ 这具兽脚亚目气龙的骨架展示
了它巨大尖锐的牙齿，可以用来
撕咬猎物身上的肌肉。

□ "恐龙中的巨人"

体型庞大、以植物为食的蜥脚亚目恐龙最早出现在三叠纪时期，但直到侏罗纪时期，它们才开始遍布整个世界。蜥脚亚目恐龙是动物史上最大的动物，它们生有极长的脖颈，这让它们可以吃到其他恐龙无法够到的高树上的叶子。

□ "侏罗纪杀手"

许多侏罗纪时期的兽脚亚目恐龙都是巨型的。它们有的长达 12 米，能够杀死最庞大的蜥脚亚目恐龙，其尖锐、致命的牙齿和强有力的下颚能够击溃几乎所有对手。小型兽脚亚目恐龙可能比较常见，但它们的化石并没有大型兽脚亚目恐龙多，这是因为它们轻巧、中空的骨

气龙脚上长有锋利的爪子，能轻易地抓伤猎物。

骼容易粉碎、消散。它们主要依靠速度和利爪来捕杀猎物，有的则依赖集体行动。

白垩纪——恐龙极盛时代

在白垩纪，世界大陆产生了剧烈的漂移，当时的海平线也是史上最高的。白垩纪的生命经历了一场爆炸式的生长之后，最终在一场灾难性的剧变中消失了。

白垩纪始于 1.44 亿年前，那时的盘古大陆已经分裂了。其中最主要的两个大陆裂片为北方的劳亚古陆和南方的冈瓦纳古陆，它们轮番撞击破碎，从而形成了今天的大陆。这种大陆漂移造成了地球上气候的重大变化，并使得海平线比现在高出了 200 米。海洋中充满了微生物，海床广阔的浅滩上集聚着微小的贝壳，而最终都变成了白垩。"白垩"一词来源于拉丁文，并因此成为了这一时代的名字。

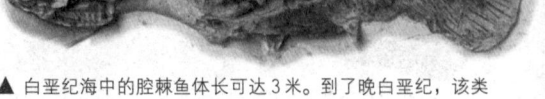

▲ 白垩纪海中的腔棘鱼体长可达 3 米。到了晚白垩纪，该类群逐渐没落。

□ 陆地上的生命

与三叠纪或者侏罗纪不同的是，白垩纪与人们现在所知的世界有些相似之处。开花植物很可能出现于晚侏罗世或者早白垩世，但在白垩纪才真正进入鼎盛期。这些植物包括最早的阔叶树，慢慢地，在世界上的很多地方阔叶树都取代了针叶树。随着开花植物的进化，花粉媒虫也产生了进化，如蜜蜂。这种非常成功的相伴关系就这样产生了，并一直持续到了现在。

白垩纪的天空下也生活着哺乳动物，它们与贯穿三叠纪始末的生命非常接近。与它们的三叠纪祖先一样，这些动物大部分都很小，并且没有接触过恐龙及其他的爬行动物。然而并非所有的白垩纪哺乳动物都是如此。2004 年，中国和美国的研究者们出土了一块哺乳动物化石，被称为爬兽，并在其胃中发现了一只幼年恐龙的残骸，这是一项令人惊讶的发现，人们也是第一次发现类似的化石。但在白垩纪，爬行动物仍然处于旺盛期。白垩纪拥有巨大的翼龙，以及世界上曾存在过的最大、最快也最聪明的恐龙。

□ 后来者居上

到白垩纪初，恐龙已经有了长达 8 000 多万年的历史。在爬行动物最后这段漫长的时光里，有的恐龙族群刚刚形成，有的则已迅速地扩展开来。这些新形成的恐龙包括甲龙、鸭嘴龙以及泰坦巨龙——南方蜥脚龙的一个族群，其中可能包

含着最重的恐龙。除了这些植食性恐龙，晚白垩世还见证了暴龙的出现，暴龙科中有着陆地上最大的掠食者，它们曾遍布全球。

在海洋中，占统治地位的动物依旧是爬行动物。其中有蛇颈龙、鱼龙以及一种新的族群——沧龙。沧龙是一种巨型的海生蜥蜴，在白垩纪即将结束之时，成为了称霸海洋的爬行动物。海龟是比较普通的，在 2 亿多年间都没发生什么变化。所有这些动物与一种叫作硬骨鱼的鱼类生活在同一片海洋中。硬骨鱼的鱼鳞比早期鱼类要更细更轻，所以游动起来也更迅速、更灵活。

□ 白垩纪的尾声

如果白垩纪的世界能够继续下去，也许爬行动物还会是地球上的霸主，而哺乳动物则可能就会消失。但在 6 600 万年前，一些灾难摧毁了陆上及海中的生命，扫除了所有恐龙及很多其他的爬行动物。大部分专家都相信，这场大灾难是由外太空的冲击引起的，但其他因素，如火山爆发，可能也加速了其发生的进程。无论如何，中生代就在这样复杂的大灾难中走到了尽头，而爬行动物的时代也就随之结束了。

▶ 由于远方的火山爆发，晚白垩世的植物生长繁茂，吸引着传播花粉的媒虫。火山活动频繁是白垩纪的特色，那时候的平均温度比现在要高出很多。就像右页的这幅图中所显示的那样，亚热带的风景地貌向北扩展，一直到达了现在的纽约。

▲ 这是白垩纪晚期常见的一幕，其中有胁空鸟龙（一种原始鸟类）和犸君颅龙（一种大型阿贝力龙）。

在白垩纪时期，恐龙已遍布整个世界，并有很多新的种类诞生。许多至今存在的动物和植物也在那个时期首次出现，包括哺乳动物和昆虫的全新类群，同样也有各种鸟类的出现。

变化的气候

白垩纪时期的气候温暖，干湿季交替。热带海洋向北延伸，直到今天的伦敦和纽约，而温度从来不会降到零度以下。然而，就在白垩纪末期，气候发生了剧烈的转变。海平面下降，气温变化，火山喷发。这些气候的变化也许是恐龙最终灭绝的原因之一。

海生动物

海洋里，现在的鳐鱼、鲨鱼，和其他硬骨鱼也常见了。海生爬行动物则包含：生存于早至中期的鱼龙类、早至晚期的蛇颈龙类、白垩纪晚期的沧龙类。

杆菊石具有笔直的甲壳，属于菊石亚纲，与造礁生物厚壳蛤同为海洋的繁盛动物。在白垩纪，海洋中的最早硅藻（应为硅质硅藻，而非钙质硅藻）出现；生存于淡水的硅藻直到中新世才出现。对于造成生物侵蚀的海洋物种，白垩纪是这些物种的演化重要阶段。

迥异的恐龙

在白垩纪晚期，地球上的恐龙种数比其他任何时代都要多。蜥脚亚目仍是最常见的植食性恐龙之一，而鸟脚亚目恐龙，比如鸭嘴龙，则分化出许多不同的种类。

兽脚亚目更是多种多样，包括南方大陆的长角的阿贝力龙、北方的巨型暴龙，以及迅捷无比的驰龙等。

◀ 这是一具驰龙骨架，它是一种小马大小、迅捷无比的肉食恐龙。"驰龙"的意思是"奔跑的蜥蜴"。

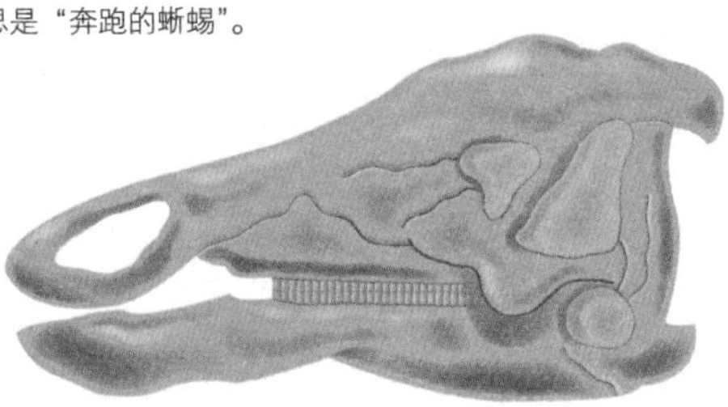

▲ 鸭嘴龙之所以是一类成功的植食性恐龙，是因为它们长有几百颗臼齿。图中显示了位于鸭嘴龙颚部后端的牙齿。

生物进化年表（单位：百万年）

代	纪		
新生代	第四纪		现代人类
	第三纪		哺乳动物时期
中生代	白垩纪		最后的恐龙
	侏罗纪		恐龙统治了世界
	三叠纪		恐龙的起源；最早的哺乳动物
古生代	二叠纪		似哺乳爬行动物时期，包括最早的植食性动物
	石炭纪		两栖动物时期，最早的爬行动物
	泥盆纪		鱼类时期，最早的陆生脊椎动物
	志留纪		最早的陆生植物
	奥陶纪		最早的脊椎动物
	寒武纪		最早的有硬组织的动物
元古代	文德纪		最早的软体动物 最早的多细胞动物
太古代			最早的细菌和藻类
			地球的起源

现在
1.6
66
66
144
208
245
245
286
360
408
438
505
540
540
650
2 500
2 500
3 800
3 800
4 600

第三篇

恐龙的种类

难以置信的恐龙

独特的恐龙

大约在 2.4 亿年以前，在人类还没出现的遥远年代里，一群前所未有的生物——恐龙，出现在了地球上。它们中既有史上最大的陆生动物，也有最致命的掠食者。从来没有人见过活着的恐龙，因为它们早在 6 500 万年前就已经灭绝了。

☐ 独特的爬行动物

恐龙属于爬行动物。和其他的爬行动物如鳄鱼和蜥蜴一样，恐龙也是卵生，并且全身覆有鳞状、隔水的表皮。大多数爬行动物的四肢都从身体的侧面伸出来，而恐龙的四肢则从身体下面把自己支撑起来。这意味着恐龙的四肢比其他爬行动物的要强壮得多。

前寒武纪时代

出现软体生物

5.4亿年前 寒武纪

出现拥有骨骼的生物
5.05亿年前

出现陆生植物
出现鱼

奥陶纪 4.38亿年前

出现陆生动物

志留纪 4.08亿年前

出现两栖动物
泥盆纪

3.6亿年前

出现会飞的昆虫

青岛龙长有骨质头冠。

肉食性牛龙头上长有硬角。

似鸡龙长有无齿的喙。

□ 恐龙的多样性

迄今已发现各种各样（或属生物分类学上的不同种）的恐龙。它们有的和一只母鸡差不多大，有的却有 10 头大象那么大。肉食恐龙拥有锋利的牙齿，而某些植食性恐龙则长有无齿的喙。还有脸部长角，头上长冠，甚至脖子上环有颈饰的恐龙。

□ 恐龙生活在什么时代

恐龙生活在中生代，即距今 6500 万 ~ 2.5 亿年前的那段时期。中生代又被分成 3 个纪：三叠纪（恐龙出现的时代）、侏罗纪和白垩纪。每种恐龙都在地球上繁衍生息了数百万年，而每时每刻又会有新的种类诞生。恐龙曾经统治地球长达 1.75 亿年，是自地球形成以来最成功的动物种类之一。

三叠纪

侏罗纪
2.08亿年前
出现大型肉食恐龙
出现鸟类
出现哺乳动物
1.44亿年前
出现有花植物
白垩纪

出现恐龙
2.45亿年前

二叠纪
出现会游泳的爬行动物
2.86亿年前

出现爬行动物

出现森林
石炭纪

6600万年前
最后的恐龙

出现马

出现大象
第三纪
出现原始人类
出现猫科动物

160万年前
第四纪

▲ 这个时间轴展示了从最初的植物和动物的诞生到今天的人类文明的地球编年史。

伶盗龙全身覆有羽毛。

恐龙的分类

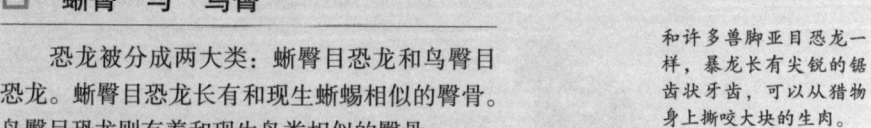

迄今为止，人们已经发现超过 900 种不同种类的恐龙。为了研究这些形形色色的恐龙之间的相互联系，古生物学家们根据某些共同特征对它们进行了分类。

□ "蜥臀" 与 "鸟臀"

恐龙被分成两大类：蜥臀目恐龙和鸟臀目恐龙。蜥臀目恐龙长有和现生蜥蜴相似的臀骨。鸟臀目恐龙则有着和现生鸟类相似的臀骨。

□ 最大的类群

鸟臀目恐龙组成了恐龙里面最大的类群。它们都属于植食性动物，并且大多数喜欢群居。鸟臀目又可划分成 5 个亚目：剑龙亚目、肿头龙亚目、鸟脚亚目、角龙亚目和甲龙亚目。

鸟脚亚目恐龙是最常见的鸟臀目恐龙。它们中最小的棱齿龙科大约只有 1 米长，最大的禽龙科和鸭嘴龙科可以长到 15 米长。

和许多兽脚亚目恐龙一样，暴龙长有尖锐的锯齿状牙齿，可以从猎物身上撕咬大块的生肉。

▼ 这幅示意图显示了两种不同的恐龙臀骨。恐龙臀骨由 3 块独立的骨头组成。

鸟臀目恐龙生有指向后方的耻骨（用粉红色显示）。

蜥臀目恐龙生有指向前方的耻骨。

剑龙
剑龙亚目身上长有骨板。这些骨板并非十分牢固，可能仅仅是用来装饰。

肿头龙
肿头龙亚目生有厚厚的圆顶头骨。它们移动迅速，用两条腿行走。

棱齿龙
棱齿龙属于鸟脚亚目恐龙。鸟脚亚目恐龙用强有力的牙齿来咀嚼植物。它们靠两条腿或四条腿行走。

三角龙
和大多数角龙一样，三角龙的头骨背面长有骨饰，面部长有尖角，用来吓唬敌人。

甲龙
甲龙亚目是最具防御力的鸟臀目恐龙。它们全身覆有骨钉和粗厚的骨板。

兽脚亚目恐龙的利爪帮助它们捕捉猎物。

暴龙用两条强有力的后腿行走。

兽脚亚目恐龙的足部长有四个脚趾，但只有三个用于行走，大脚趾稍稍抬起正好不接触地面。

□植食性恐龙和肉食性恐龙

　　蜥臀目恐龙被分为蜥脚亚目和兽脚亚目。大部分蜥脚形亚目恐龙都是植食性动物，它们大部分时间用四条腿行走，并拥有长长的脖子和尾巴。蜥脚亚目恐龙中有恐龙世界最大和最重的恐龙。

　　兽脚亚目恐龙是恐龙世界中的杀戮者。它们是靠两条腿行走的、迅捷无比的动物。它们中的大部分是肉食动物，长有尖锐的牙齿和锋利的爪子，用来捕食猎物。

恐龙关系图

这张图表显示了不同类别的恐龙的相互关系。每个分支的末端画着的恐龙代表了这个类别包含的不同的物种。

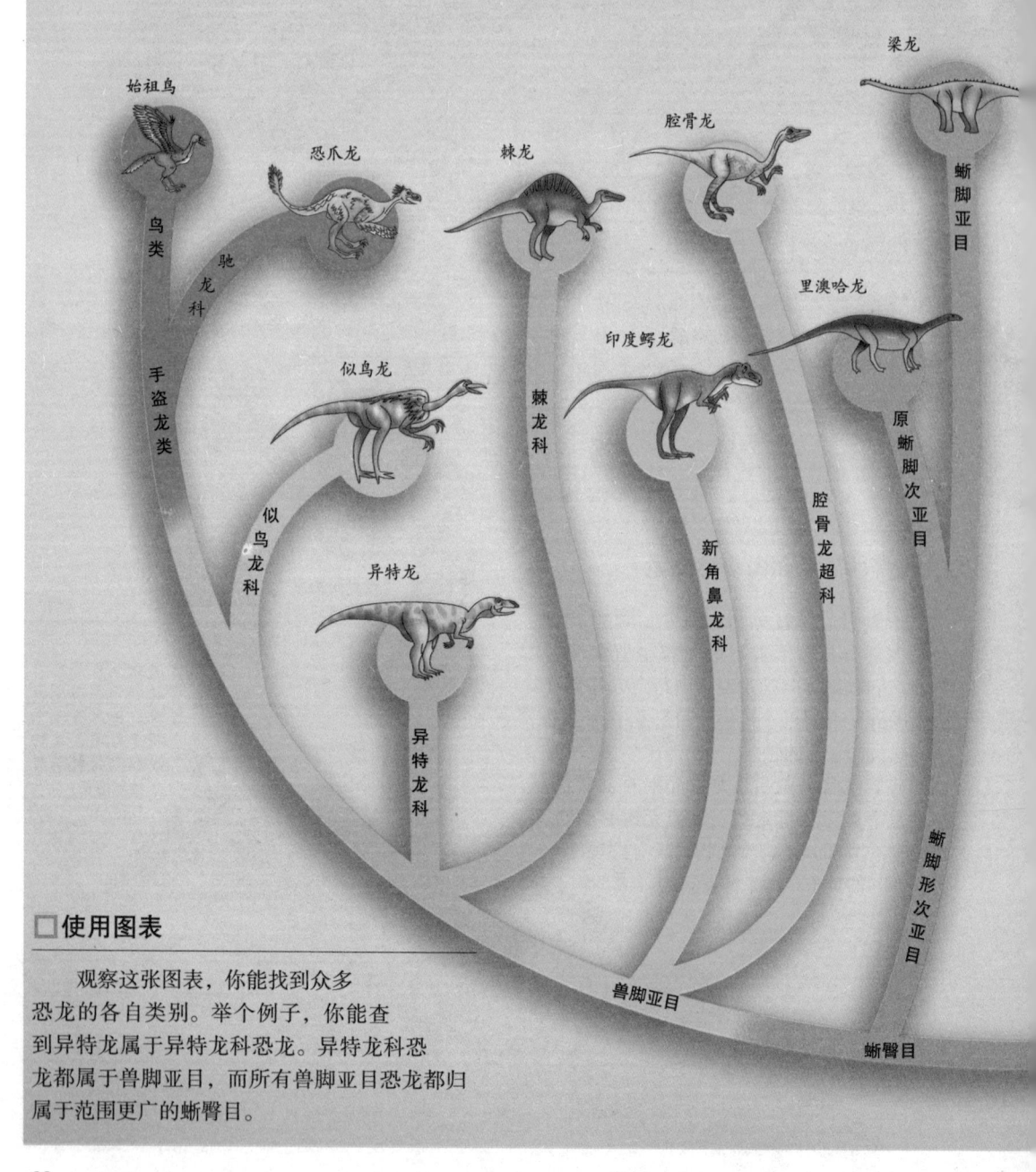

□ 使用图表

观察这张图表，你能找到众多恐龙的各自类别。举个例子，你能查到异特龙属于异特龙科恐龙。异特龙科恐龙都属于兽脚亚目，而所有兽脚亚目恐龙都归属于范围更广的蜥臀目。

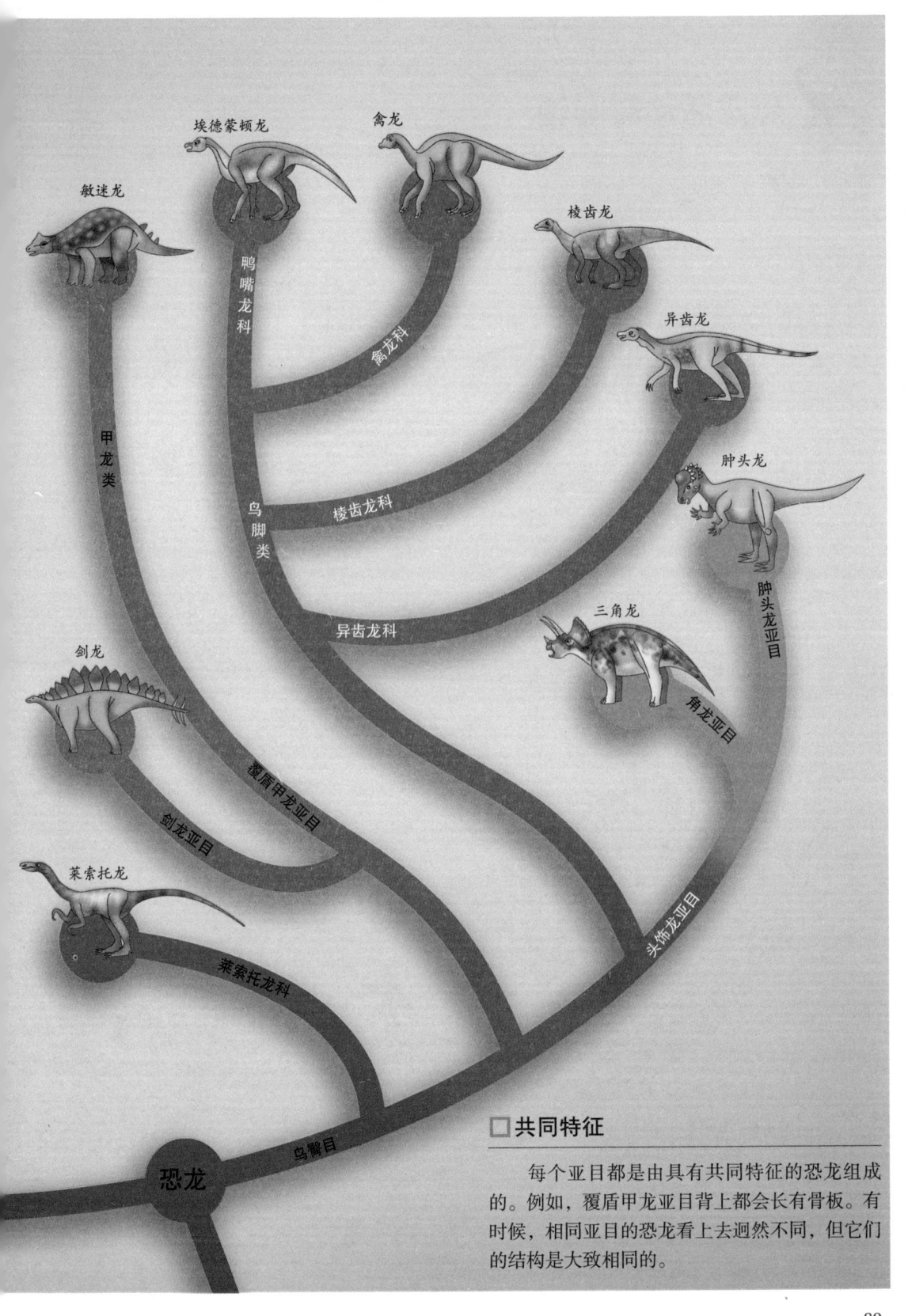

敏迷龙

埃德蒙顿龙

禽龙

棱齿龙

异齿龙

肿头龙

三角龙

剑龙

莱索托龙

甲龙类

鸭嘴龙科

禽龙科

鸟脚类

棱齿龙科

异齿龙科

覆盾甲龙亚目

剑龙亚目

莱索托龙科

角龙亚目

肿头龙亚目

头饰龙亚目

恐龙

鸟臀目

□共同特征

　　每个亚目都是由具有共同特征的恐龙组成的。例如，覆盾甲龙亚目背上都会长有骨板。有时候，相同亚目的恐龙看上去迥然不同，但它们的结构是大致相同的。

恐龙活动时间轴

恐龙大约生活了 1.75 亿年。它们总在随着时间推移而进化：新物种出现、旧物种灭绝。这个时间轴显示了不同种类的恐龙存活的年代。

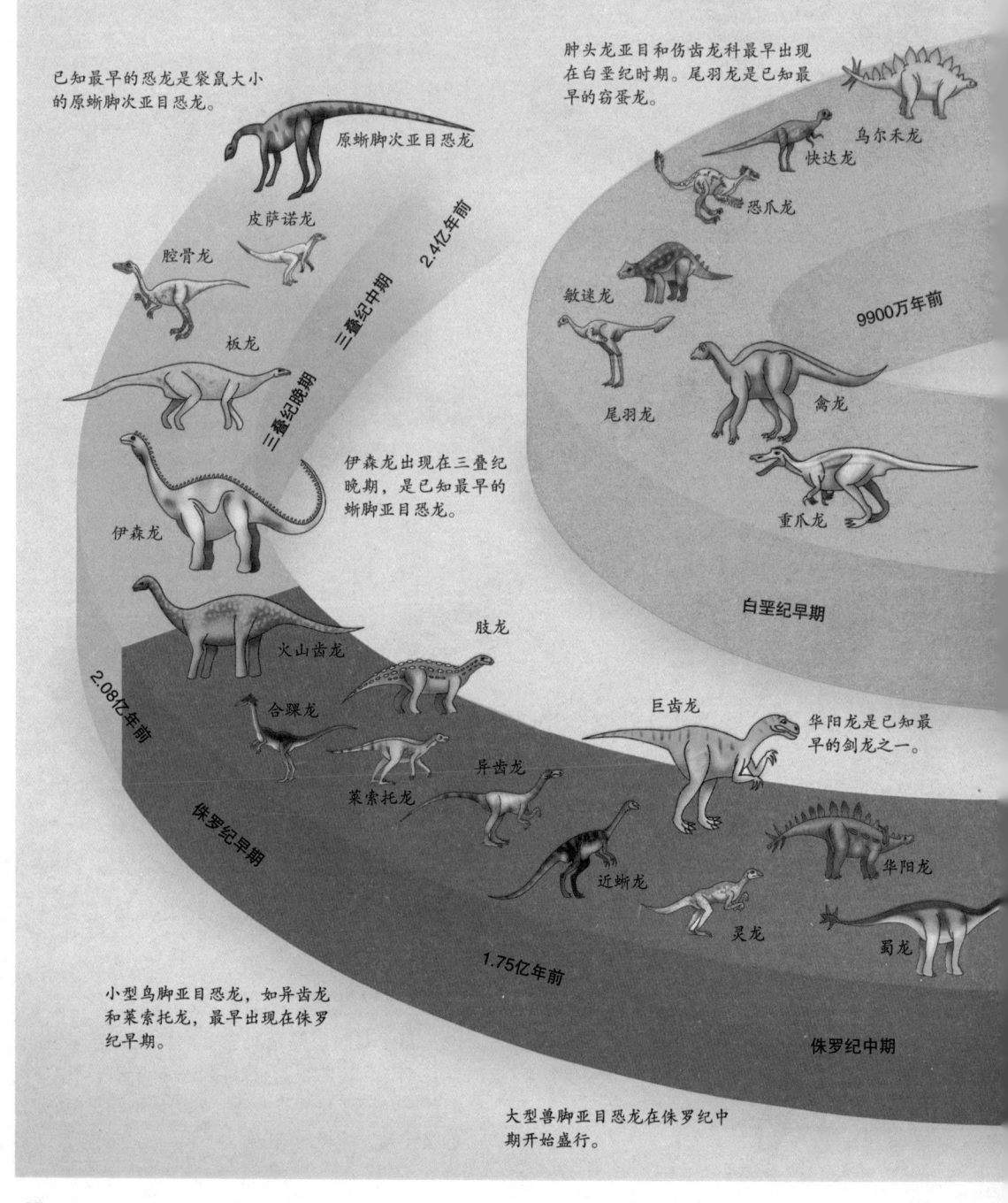

已知最早的恐龙是袋鼠大小的原蜥脚次亚目恐龙。

原蜥脚次亚目恐龙

皮萨诺龙

腔骨龙

板龙

三叠纪中期

三叠纪晚期

2.4亿年前

伊森龙出现在三叠纪晚期，是已知最早的蜥脚亚目恐龙。

伊森龙

肿头龙亚目和伤齿龙科最早出现在白垩纪时期。尾羽龙是已知最早的窃蛋龙。

乌尔禾龙

快达龙

恐爪龙

敏迷龙

9900万年前

尾羽龙

禽龙

重爪龙

白垩纪早期

2.08亿年前

火山齿龙

肢龙

合踝龙

莱索托龙

异齿龙

巨齿龙

华阳龙是已知最早的剑龙之一。

近蜥龙

灵龙

华阳龙

蜀龙

侏罗纪早期

1.75亿年前

侏罗纪中期

小型鸟脚亚目恐龙，如异齿龙和莱索托龙，最早出现在侏罗纪早期。

大型兽脚亚目恐龙在侏罗纪中期开始盛行。

白垩纪晚期是恐龙最具多样性的时代。剑龙亚目在这个时期灭绝了，但更多新的种类出现了。

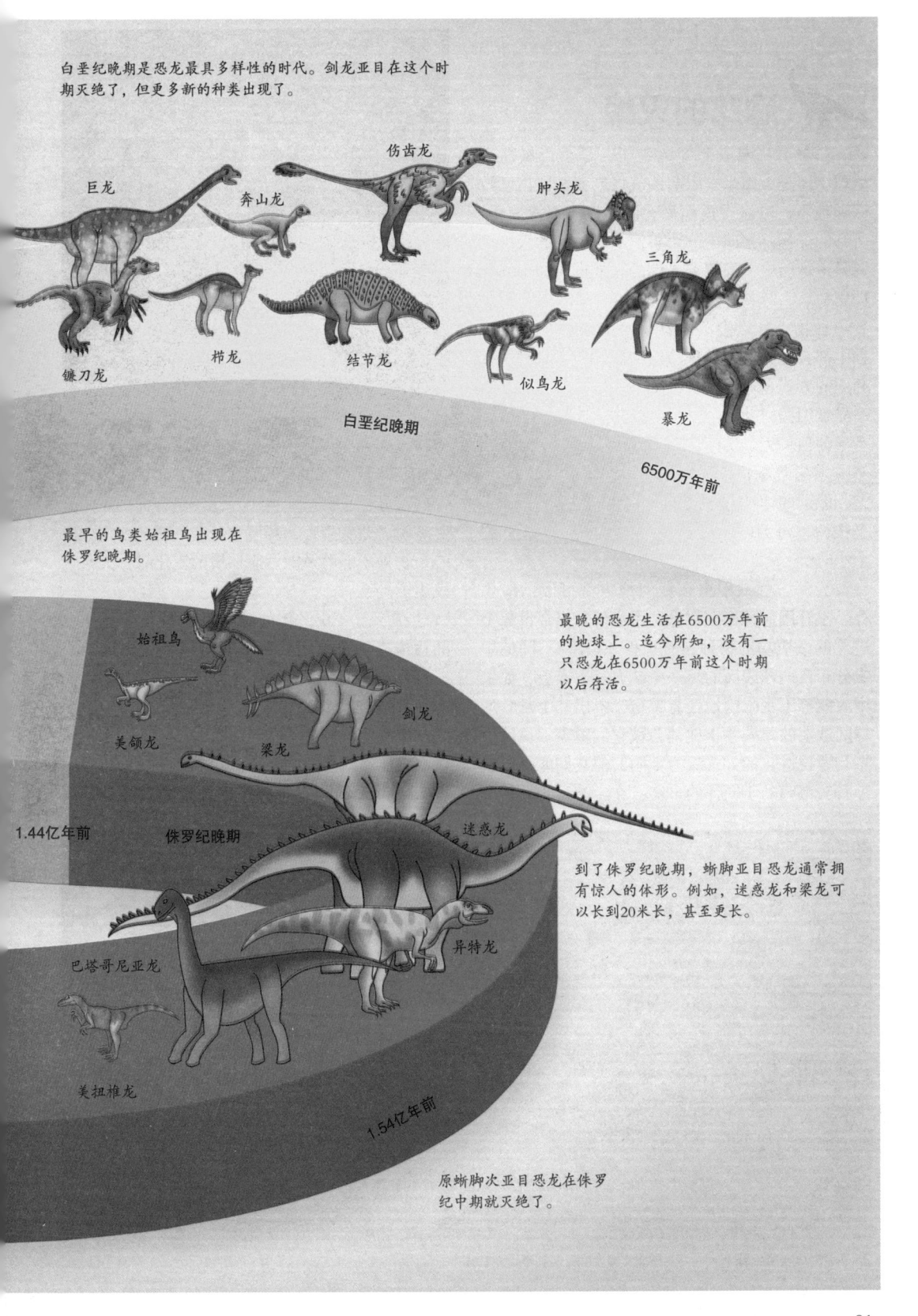

巨龙

奔山龙

伤齿龙

肿头龙

三角龙

镰刀龙

栉龙

结节龙

似鸟龙

暴龙

白垩纪晚期

6500万年前

最早的鸟类始祖鸟出现在侏罗纪晚期。

始祖鸟

美颌龙

梁龙

剑龙

最晚的恐龙生活在6500万年前的地球上。迄今所知，没有一只恐龙在6500万年前这个时期以后存活。

1.44亿年前

侏罗纪晚期

迷惑龙

巴塔哥尼亚龙

异特龙

到了侏罗纪晚期，蜥脚亚目恐龙通常拥有惊人的体形。例如，迷惑龙和梁龙可以长到20米长，甚至更长。

美扭椎龙

1.54亿年前

原蜥脚次亚目恐龙在侏罗纪中期就灭绝了。

恐龙的灭绝

　　一场大灾难使恐龙灭绝了。是小行星撞击地球，还是火山爆发引起的气候剧变？证据已被深埋地下，难以捉摸而又充满争议。不管怎样，所有的证据都指向了一个事实——恐龙的灭绝无疑是地球历史上最富灾难性的大规模物种灭绝事件之一。

　　动物为什么会灭绝？每一个物种在进化过程中都会充分利用某种特定的环境，有时候这种利用的方式是非常特别的。举例来说，考拉是唯一靠食用桉树叶为生的哺乳动物，这是因为它们有一种独一无二的消化系统和格外长的肠子。虽然这意味着考拉的生活被限定在生长桉树的地方，但别的物种却不会与它们争食。考拉可以独享桉树，每天吃下 1 千克的树叶，然后睡上 22 个小时。

　　另一方面，甲虫在任何地方都可以适应生存。不管用何种标准衡量，甲虫都是当今世界上进化的最成功的物种，有至少 50 万种不同的甲虫分布在地球表面的每一个地方。事实上，如果甲虫能够不受限制地任意繁衍，不出几个月，地球陆地上的每一寸土地都会被它们覆盖。虽然甲虫和考拉进化的方式颇为不同，但它们能得以生存其实都归功于同样的事实：在生态系统的某个

▲ 会是 6500 万年前的火山活动改变了全球的环境，从而导致恐龙灭绝的吗？

特定部分，它们适应得比其他任何物种都好。优胜劣汰，适者生存，环境本身在不断地变化。当一个物种不能够及时适应环境的变化时，灭绝就发生了。

　　在超过 1.6 亿年的时间里，恐龙都是最好的适应者。虽然每一种恐龙可能仅仅生存了两三百万年，但恐龙作为一个整体，是非常善于适应新环境的。在大陆漂移，海平面上升又下降，火山爆发，气候变迁，新的植物出现，这种种变化都没能影响恐龙的繁衍。它们种类繁多，在每块大陆上都能生存，并且完全统治了陆地。然

▲ 恐龙时代晚期的恐龙之一——埃德蒙顿龙的骨架被半埋在石头中。

后，突然之间，它们全都消失了。发生了什么？现在几乎每个人都相信，恐龙的灭绝是一个或一系列突然的、灾难性的事件，是引发地球气候改变的结果。这一变化来得如此剧烈而突然，让恐龙根本没有机会在灭绝前适应它。没有人能肯定，这一变化到底是如何发生的。

□恐龙时代的终结

我们能肯定这一点：在恐龙时代最后的几百万年间，季节性的气候变化更加剧烈，夏天更热，而冬天更冷，在高纬度地区尤其如此。这是大陆漂移导致的海洋变化所引发的。化石记

▲ 面临绝种

当环境改变的速度超过动物适应的速度时，急剧的环境变化便会将物种推向灭绝。左下图中的麝鼠在马丁尼克岛上生存。1922 年，贝利火山爆发，摧毁了麝鼠的生活环境，造成了这个物种的灭绝。右下图中的爱尔兰麋鹿曾经一度遍及欧洲。在爱尔兰，一段小型的冰期截断了它们的食物来源，最后的幸存者也死去了。而毛里求斯的渡渡鸟（上图），则因为水手的猎杀而灭绝。由于对环境的污染和破坏，人类成为现在绝大多数物种灭绝的始作俑者。使恐龙灭亡的环境灾难的范围比这些都要大得多，是全球性的。

录显示，白垩纪晚期恐龙群唯一持续生活过的地方——北美洲西部的气候变化最剧烈的时期是在7 600万～7 400万年前。但是在6 700万年前，一小部分植食性恐龙统治了这一地带。其中包括一种叫爱德蒙顿龙的鸭嘴龙和一种叫三角龙的角龙。肉食性恐龙，如暴龙和啮齿龙只能在这些植食性恐龙群落的边缘捕食或者吃些腐肉。现在看来，这些恐龙迁徙的距离比科学家们原本设想的要远得多。1986年在阿拉斯加的北部，人们发现了很多爱德蒙顿龙、厚鼻龙和暴龙的遗骨，而这个地区在7 000万～6 500万年前就已经在北极圈里了。这一发现证明，恐龙可以在高纬度地区生存，即使气候寒冷且冬季黑夜漫长（但没有现在存在的极地冰帽）。一起被发现的植物遗迹表明当时的温度在最暖的月份有10℃～12℃，而在最冷的月份有2℃～4℃。这些恐龙是否常年在此生活，包括黑暗寒冷的冬季？这似乎不太可能。更合理的解释是，植食性恐龙和它们的捕食者，为了找寻新鲜的食物，在春季经由加拿大西部向北迁徙。现代驯鹿也有这样的习性。

化石记录表明，恐龙只是6 500万年前那场大灾难的众多受害者中的一部分。其他动物也都大量减少或者灭绝了。

在海洋中，蛇颈龙和沧龙全部消失，水生的爬行动物也只有海龟幸存了下来。菊石和箭石（章鱼和乌贼的近亲）也彻底灭绝，一同消失的还有大多数白垩纪浮游生物、腕足动物和蛤蜊。在天空中，翼龙不复存在，而鸟类却存活了下来。在陆地上，哺乳动物和恐龙之外的爬行动物（鳄鱼等）、两栖动物、昆虫和其他无脊椎动物都逃过一劫。这场大灭绝对植物的影响也不同，开花植物受害最深，针叶植物其次，蕨类植物和苔藓最少。

以上就是所有的事实了。除了这些，所有的猜想都没有完整或确定的证据来证明。这就好像去调查一起6 500万年前的谋杀案，没有活着的目击者，而大部分的犯罪现场还深埋地下。下面的部分是对几种最有可能是真相的理论的阐述。

解读证据

正如上面所提到的，要做恐龙时代终结的集中研究，世界上只有一个地方最适合——北美洲西部。在这里，白垩纪晚期和第三纪早期的化石记录最为完整，岩石的暴露程度也最高。在这一地区，人们采用新式采集技术对恐龙的灭绝作出了一些惊人的解释。

▲ 分离造成死亡

在北美洲，气候越来越潮湿寒冷，沼泽与河流也许造成了恐龙生活环境的割裂。相互分离的植食性恐龙群也许就是这样一个接一个灭亡的。

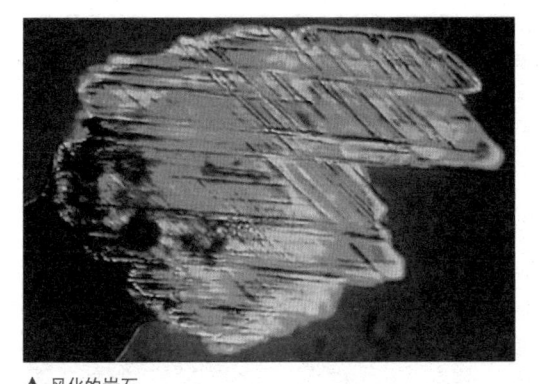

▲ 风化的岩石

在这块经历冲撞的石英石上，有明显的平行划痕。这表明，这块石头是在高温高压的严酷条件下形成的，比如陨星的撞击或核爆炸。在 K-T 分界期的岩石中，也含有类似的晶石。

过去，古生物学家们总是寻找挖掘新的或相对完整的骨架化石。在同一现场的小块骨骼化石则被忽视了。挖掘的重点在样本的质量上，而不是数量上。然而，这些被忽视的化石也传递了重要的信息。它们是对在某时某地的恐龙数量和种类做出估计的基础。采集并辨认这些化石就好像做人口普查——也许资料会有小的错误，但总的情况和变化是能够得到确认的。

最近几年，美国的古生物学家对在美国蒙大拿州西北部的地狱溪地层发现的白垩纪末期岩石进行了系统的数据分析。他们统计出了每吨岩石中的牙齿含量及每立方米中的物种数量等具体数据。结果显示，至少在这一地区，恐龙的多样化（不同恐龙种类的数量）在白垩纪末期呈下降趋势。而哺乳动物在数量、种类及体形上都有所增长。也就是说，在恐龙时代最后大约 500 万年的时光里，恐龙是逐渐灭亡的。然而，最后灭亡的恐龙似乎的确遇到了一个相当突然的结局——"突然"是从地质学的角度来说的。化石并不能表明最终灭绝的发生时间是几周、几个月、几年还是几个世纪。

一个可能的原因是：

在这一地区的气候变化将恐龙习惯的进食地区破坏分割成了若干互相分离的小块。总的来说，气候变得越来越潮湿，曾经是山脉的地方出现了沼泽与河流。可能出现的状况是，大群的植食性恐龙发现生存变得越来越难，互相之间逐渐割裂，为了小块领土而相互竞争。因为植食性恐龙是整个恐龙食物链的基础，它们的减少会直接影响到所有的捕食者和食腐者的生存。在这一假设下，我们可以想象恐龙群体四分五裂，分别在极小的地域中生存，最终一个接一个地死掉。哺乳动物开始接管多出来的空间。然而直到最后一只恐龙死去了相当长的一段时间之后，哺乳动物才繁衍出它们晚些时候拥有的种类和数量。

在地球的历史变迁过程中，恐龙的灭绝发生在白垩纪的岩石被第三纪的化石覆盖的时期。这一时期被称为 "K-T 分界期（字母 K 来源于白垩的希腊语 kreta，字母 T 来源于第三纪的英语 tertiary）"。对世界各地的 K-T 分界时期岩石的细致勘查为恐龙的灭绝提供了很多新理论。

□ 小行星理论

1978 年，美国加利福尼亚大学伯克利分校的地质学家路易斯·阿尔瓦雷斯和沃尔特·阿尔瓦雷斯领导的研究小组在意大利的谷比奥地区进行了 K-T 分界期岩石的研究。一块大约 2 厘米厚的红色土层吸引了他们的注意。检测结果表

▲ 这个在美国亚利桑那州的坑洞直径为 1.2 千米，有 170 米深。这是一颗小陨星撞击的结果。然而，K-T 分界期的小行星撞击地球表面形成的坑洞，直径应在 180 千米左右。

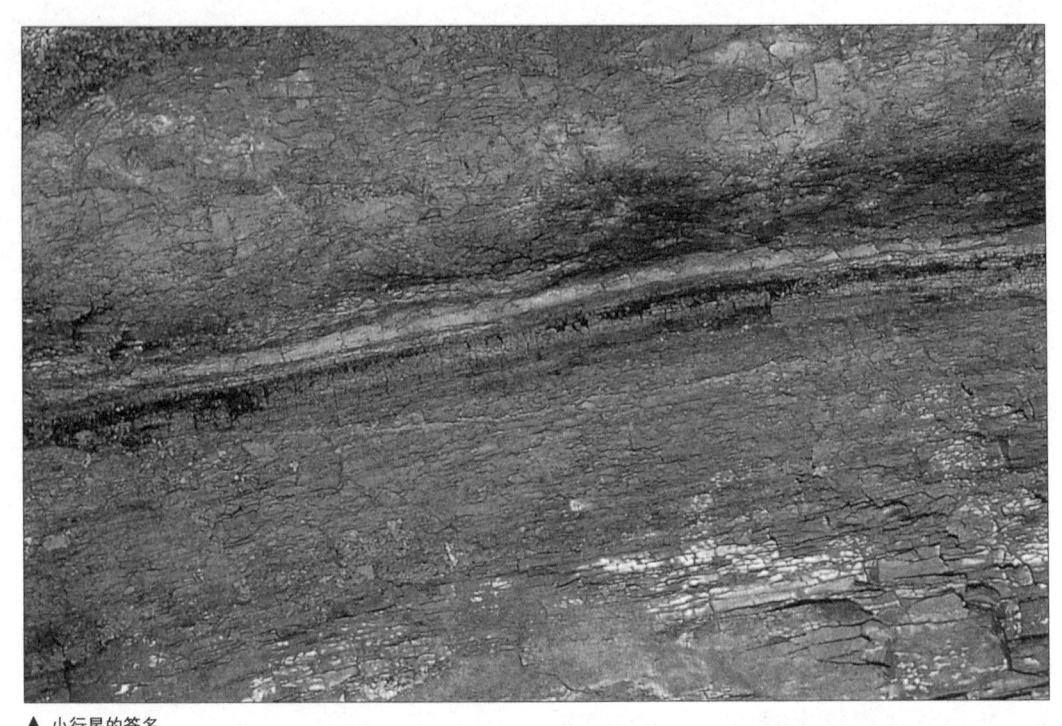

▲ 小行星的签名

一层铅笔粗细的黏土层标志了白垩纪和第三纪岩石的分界。其中高含量的铱元素只可能从一两个地方来——通过大规模的火山爆发从地球内部的岩浆中喷涌而来；通过小行星的撞击，从太空中来。这两种情况都会给恐龙带来巨大的灾难。

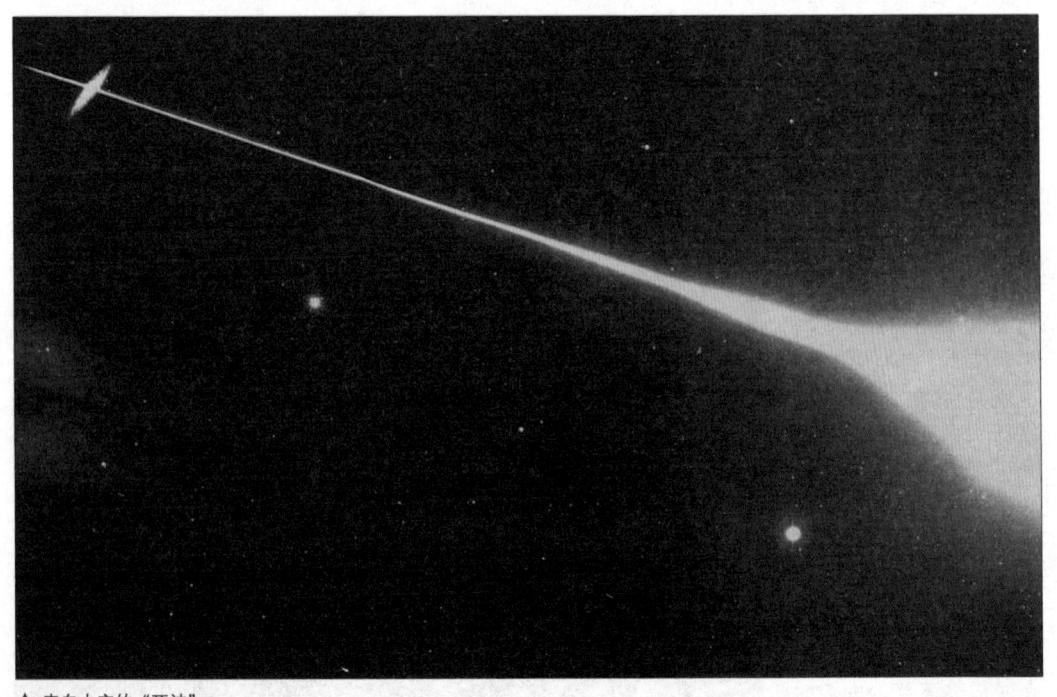

▲ 来自太空的"死神"

穿过地球大气层的火球留下一条尾迹，逐渐变亮，最后在视野的边缘爆炸。这是 1991 年 9 月时南银极的图片。这种陨星撞击地球的结果可能是：相当于上千颗核弹爆炸产生的冲击波；火山爆发的连锁反应；灰尘和气体充满大气层，阻挡阳光长达数月并下酸雨；潮汐对海岸的反复冲击。

▲ 蕨类植物的入侵

K-T分界期的化石显示，在恐龙灭绝后，有一个短暂的蕨类植物繁盛期。类似的情况在今天也可能出现在火山爆发之后。这种情况表明环境发生了重大变化。

明，这块黏土层中，铱的含量比平均水平高了30倍。在地球表面，铱是一种极为罕见的元素。这种元素一般只在不断飘洒向地球的宇宙灰尘中出现，或者在某种火山爆发时由地心涌出。他们认为，铱元素的高含量表明，在6 500万年前，一定有一颗直径约为10千米的小行星撞击了地球，在K-T分界期的岩石上留下了它的"签名"——铱元素。

这样的事故对于恐龙来说一定是毁灭性的。

小行星以每小时10万千米的速度撞击地球，造成的冲击波会毁灭半径400～500千米范围内的一切物体。撞击还会使海浪冲击所有大陆，并会引发火山爆发等连锁反应。小行星本身可能蒸发，形成庞大的蒸汽云，其中包含大量的灰尘、气体和水蒸气。灰尘可能逐渐扩散，造成全球性的黑暗寒冬，时间可能长达3个月。小行星还可能造成大气升温，导致化学反应，产生酸性气体，如氮氧化物，从而形成酸雨。

在这种条件下，任何大型动物，包括所有恐龙，都无法存活。陆生动物中，最可能在这种环境灾难中生存下来的是体形较小的食腐动

物，这些动物的食物来源很多，包括哺乳动物和鸟类。在海洋中，浮游生物会灭绝，支撑大型水生爬行动物的食物链也会随之崩溃。同时，含氧量很低的海水从深海被搅动翻涌而上，酸雨从天而降，由此对大陆架形成的干扰，是造成从浮游生物到菊石等有壳类海洋生物灭绝的原因。

1979年，这一说法被公之于众（公布的那天很快被冠以"历史上最糟的周末"称号），自此对K-T分界线的相关研究传达了更多信息。最重要的是，阿尔瓦雷斯在谷比奥发现的铱元素过量现象在全世界超过50个地方都出现了。毫无疑问，在这一时期的确发生了一些不同寻常的事件。对沉积物的显微镜检验也显示出细小的石英颗粒上有十字形的划痕。这种被称为"石英冲撞"的现象在核爆炸的现场也被发现过。这种现象在K-T分界期出现，证明当时很可能发生了核爆炸性的撞击。

北美洲K-T分界期的植物化石也是发生了短期剧变的证据。在分界线的上层，也就是说，就在事件发生后，沉积物中蕨类孢子植物的数量大幅度增加。我们认为，这是借风力传播种子的蕨类植物，从被摧毁的大陆中部地区快速转移的结果。树木与灌木很快恢复了元气，虽然种类上

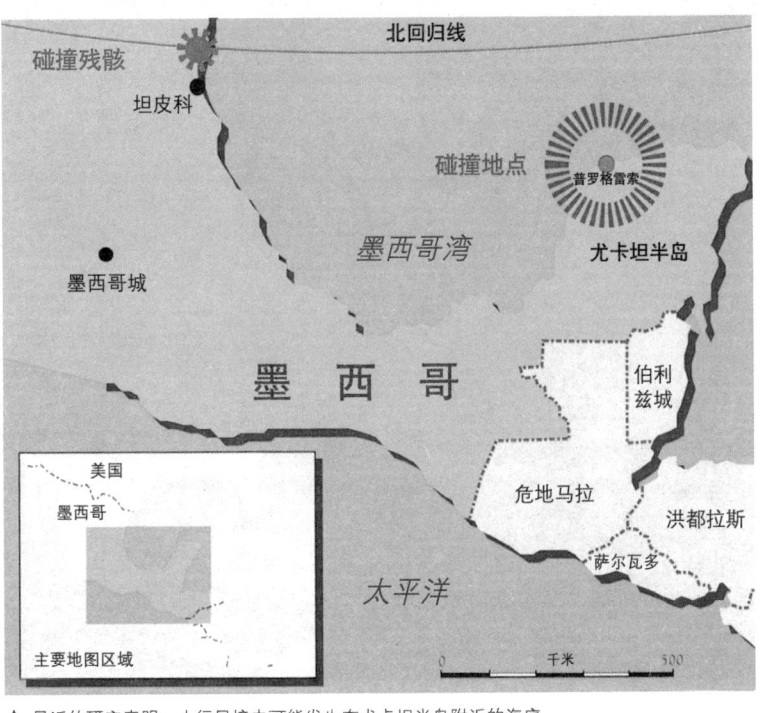

▲ 最近的研究表明，小行星撞击可能发生在尤卡坦半岛附近的海底。

并不一定是灾难发生前的那些。本来稀少的，以及原先在少数地区生长的物种反而在恐龙灭绝后的土地上占据了统治地位。1980年5月，圣海伦斯火山的爆发表明了现在的火山爆发会导致什么样的结果：周围的植物急剧减少，生存力强的蕨类植物控制了这一地区。过了一段时间，被深埋地下的一些植物的种子和根系开始生长，从其他地区传来的种子也在此生根，又恢复了之前的平衡。K–T分界期传递的信息，也只是能够做出猜测，却不足以予以肯定。南半球高纬度地区的K–T分界期植物生长情况并没有明显的变化，但是恐龙在这一地区也灭绝了。

如果真的有小行星撞击地球的话，它究竟撞在了哪里？据估算，撞击造成的大坑直径应该在180千米左右，但当阿尔瓦雷斯的理论公布时，并没有这种坑洞的迹象，甚至动用卫星拍摄照片也没有发现任何迹象。因此有人猜测撞击点是在海底的某处，所以没有被发现。直至1990年，一处撞击产生的坑洞在墨西哥尤卡坦半岛西北端的海底被发现了。

在这一地区周围800千米的范围内发现了可能是爆炸产生的残片（石英冲撞，树木化石与海底岩石混合在一起），显示了大爆炸的可怕威力。

□火山爆发理论

在K–T分界期上下的岩石标本显示，阿尔瓦雷斯发现的铱元素爆发现象只是若干次中的一次。这些铱元素每两次爆发之间相隔约50万年。地球在这段时期几乎不可能被小行星连续撞击，因此一些科学家相信，我们应该从铱元素的另一处来源——地心中寻找答案。

这些科学家认为，持续的火山爆发是足以引起导致恐龙灭绝的气候剧变的。大规模火山活动与小行星撞击地球对环境造成的影响在很大程度上是一样的。在大约6 600万年前，印度的德干地区曾经发生过大规模的火山爆发，断断续续地持续了100万年之久，形成了高达2400米的德干暗色岩群。也可能是这样的火山爆发把铱含量丰富的熔岩推向了地面，同时向大气中排放了大量的二氧化碳，最终使得海水酸化，水生态系统崩溃，导致气候模式的改变。这种改变大大超出了恐龙能够适应的范围，使之无法继续生存。

火山活动对恐龙的影响也许是以一种相当独特的方式发生的，那就是毁掉它们巢里的卵。显然，恐龙一生中最脆弱的阶段就是在卵中还没有被孵化的时期。因此

▲ 大冲撞时刻
像这样的场景，如同大型的核爆炸，可能于K–T分界期在墨西哥附近发生了。

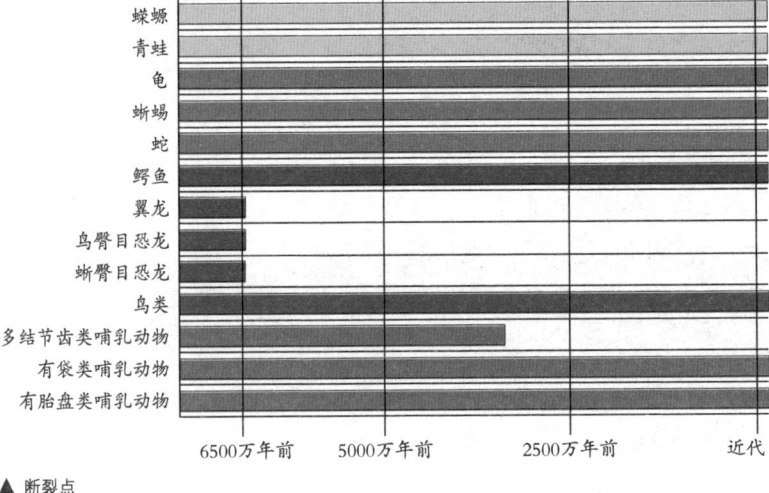

蝾螈
青蛙
龟
蜥蜴
蛇
鳄鱼
翼龙
鸟臀目恐龙
蜥臀目恐龙
鸟类
多结节齿类哺乳动物
有袋类哺乳动物
有胎盘类哺乳动物

6500万年前　　5000万年前　　2500万年前　　近代

▲ 断裂点
唯独没能在白垩纪末期以后活下来的陆生脊椎动物是 3 种恐龙（红色）。两栖动物（黄色）、爬行动物（绿色）和 3 种哺乳动物类型中的两种（棕色）至今仍然存在。

有人把卵视为导致恐龙灭绝的脆弱环节。

之所以有人认为卵可能受到火山活动的影响，是因为火山爆发从地球深处带出的稀有元素之一是硒。丹麦的 K–T 分界期的沉积岩中以及法国的白垩纪末期蜥脚亚目恐龙的蛋壳上，都发现了高含量的硒。临近 K–T 分界线的蛋壳中硒的含量大增，这些卵被成功孵化的几率很低。硒元素的毒性很强，对生长中的胚胎来说尤其如此。鸡蛋中含有非常少量的硒就可以导致小鸡死亡。丹麦哥本哈根大学的汉斯·汉森博士做了这项研究，结果显示，植食性恐龙由于食用了大量被富含硒元素的火山灰污染的植物，导致孵化率大大降低。这种繁殖的下降最终会导致食物链的彻底崩溃。

□死于巢穴

另一种现在被认为不太可靠的理论是：一些小型的哺乳动物进化出了打破并吃掉恐龙蛋的能力，就如现代的猫鼬会破坏鸟类或爬行动物的蛋一样。整整一代恐龙就会因此在离开巢穴前灭绝。虽然这个理论看上去挺吸引人，但它经不起进一步的推敲。某些哺乳动物，甚至一些恐龙，确实可能是吃恐龙蛋的。比如窃蛋龙，它十分有力的下颌可以打破蛋壳。而在一窝原角龙的蛋旁边，也发现过一具迅猛龙的骨架。然而，现代的食卵动物从来没有真的毁灭过被吃的物种，因为这样便会使它们的食物断

了来源。很难相信，白垩纪的哺乳动物会违反这样一条生存的基本法则。

那么到底发生了什么呢？没有人能肯定。证据清楚地表明，在白垩纪的末期，地球的气候发生了变化。两种灾难性的事件发生了——突然的小行星撞击（在墨西哥）和长期的火山活动。也许是上述 3 种事件的效果结合起来（在不同地区这 3 种因素的比例也不同）让恐龙无法继续生存的。

我们可以肯定的是，任何对恐龙灭绝所做出的解释都不是全面的。白垩纪晚期发生的大灭绝是如此神秘，一次完全灭绝或者长期逐渐减少都不是完全合理的。什么样的事件，或几个事件，能够对像暴龙这样的大型肉食性恐龙，像爱德蒙顿龙这样的中型植食性恐龙和像恐爪龙这样的小型猎食者，造成同样的毁灭性打击？什么样的事件，能够使所有的恐龙绝种，却唯独留下鳄鱼，更奇怪的是，连两栖类也安然无恙？要知道，青蛙和蝾螈对环境的变化是非常敏感的，在酸性条件下根本无法繁殖。什么样的事件，杀光了像翼龙这样能够飞行的爬行动物，却放过了鸟类？什么样的事件，灭绝了无数水生动物，而海龟和珊瑚却得以幸免？也许，唯一的共同解释是：体型过大是致命的。不论在陆地上，空中还是海里，任何超过 1 米长或 30 千克重的生物，都成为了白垩纪大灭绝的牺牲品，只有极少数的例外。

当我们进行更多的工作，来解开这 6500 万年前的灭绝之谜时，需要谨记的是，如果这场灭绝没有发生，我们也就不会有机会来调查它了。正是由于恐龙的灭绝在生态系统中留下了大量空间，哺乳动物才有机会快速地进化。哺乳动物很快统治了陆地，占领了大海，控制了天空。终于，在大约 400 万年前，人类最早的祖先出现了。

生物大灭绝的幸存者

并非所有生物都被"K–T"分界期的大灭绝抹杀。小型蜥蜴、鸟类、昆虫、哺乳动物和蛇都存活了下来，虽然所有的恐龙都灭绝了。科学家们仍对为什么一些生物存活而另一些灭绝的原因抱有怀疑。

□ 小生还者

科学家们认为体形相对较小的动物从大灭绝中存活下来的一个原因是它们的饮食习惯。小型动物的食物构成非常复杂，而大型动物往往依赖某种固定的食源。如果这种食源灭绝了，以之为食的大型动物也将面临灭绝。

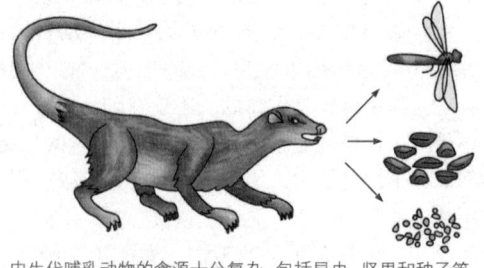

▲ 中生代哺乳动物的食源十分复杂，包括昆虫、坚果和种子等。这一点帮助它们在大灭绝中得以存活。

▲ 大型肉食恐龙只以植食性恐龙为食。一旦它们的捕食对象灭绝了，它们也会消亡。

□ 新生命

地球上每次生物大灭绝之后，紧随其来的都是物种进化的大爆发。中生代之前的二叠纪以造成 95% 的地球物种大灭绝而告终。这次大灭绝导致了恐龙的进化，而恐龙的消亡则给其他动物的发展留出了空间。从此，哺乳动物和鸟类在地球上兴起，发展演化成许多不同的种类。

□ 中生代哺乳动物

哺乳动物大约在 2.03 亿年前出现，但与恐龙相比，它们只是矮小的侏儒。最早的哺乳动物能够存活下来的原因是它们体形很小，并且大体上只在夜间活动。与恐龙不同，哺乳动物在中生代并没有太大的变化，在超过 1 亿年的岁月里，它们始终保持着矮小的个头。

□ 哺乳动物的崛起

恐龙消亡之后，哺乳动物逐渐进化直至占据了地球上几乎每个角落。一类以昆虫为食的哺乳动物进化成为蝙蝠，它们长长的趾骨之间长出了翼状的表皮，使它们能够飞翔。一些陆生哺乳动物迁徙到了海洋，为了适应水生生活演化为流线型的身体。哺乳动物还占有食源丰富的优势。它们中的一些依旧以昆虫为食，另一些则转为植食性或肉食来适应环境。

▶ 依靠高度适应的手脚，小黑猩猩正在树枝之间悬荡、穿行。黑猩猩是猿的一种，大约3 000万年前在地球上首次出现。

□ 人类的起源

有一类哺乳动物被称为灵长类，它们在树上生活。经过几百万年，灵长类进化成猿，然后又进化成为人类。最早的人类出现在距今230万年前。相比曾经统治地球长达1.75亿年的恐龙，人类在地球上还只是存在了很短的一段时间。

恐龙的后代

通过比较已知最早的鸟类和小型兽脚亚目恐龙的骨骼化石，科学家们得出结论：鸟类是恐龙的直系后代。鸟类和恐龙有如此多的相似之处，因而许多科学家把鸟类称为"鸟恐龙"。

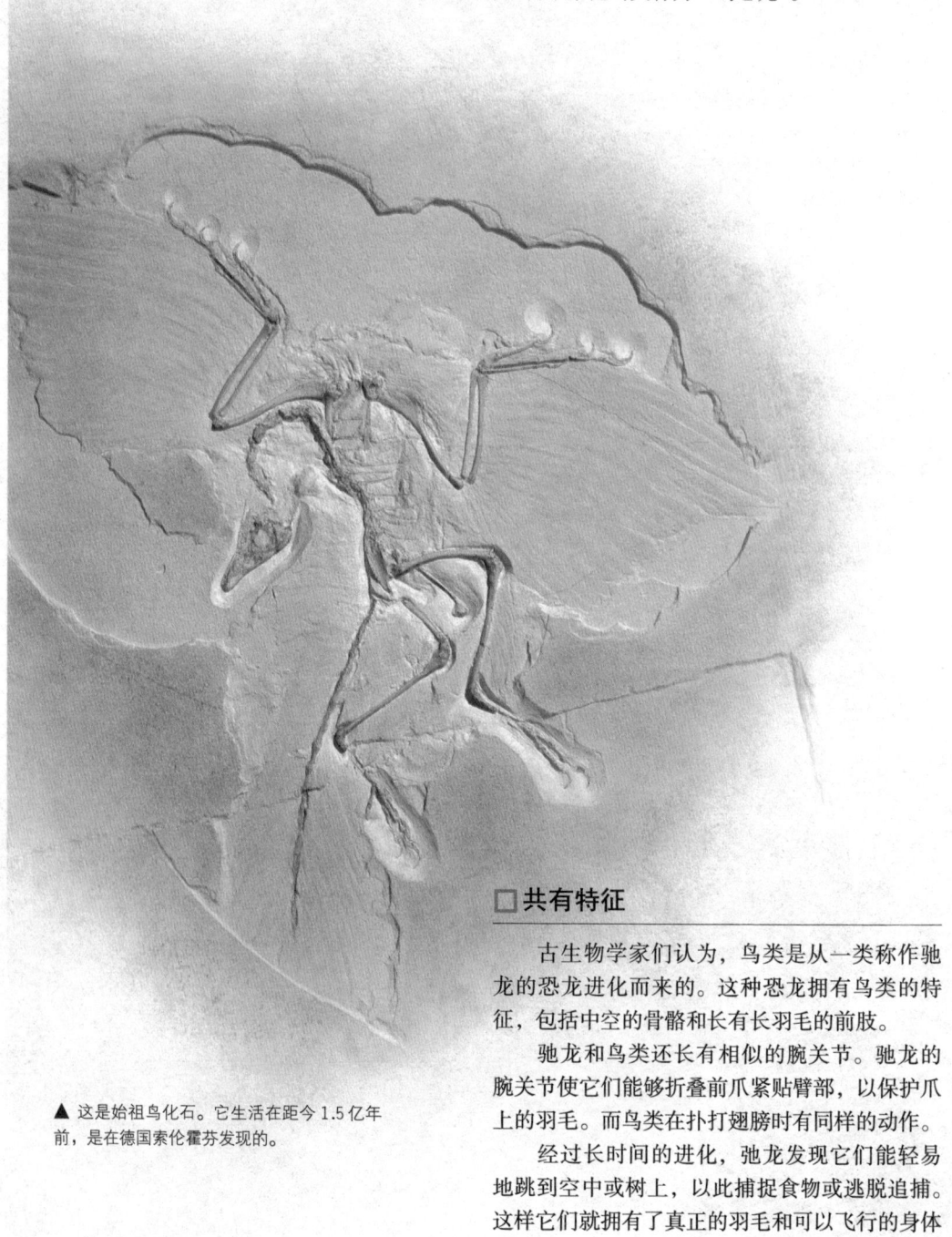

▲ 这是始祖鸟化石。它生活在距今 1.5 亿年前，是在德国索伦霍芬发现的。

□ 共有特征

古生物学家们认为，鸟类是从一类称作驰龙的恐龙进化而来的。这种恐龙拥有鸟类的特征，包括中空的骨骼和长有长羽毛的前肢。

驰龙和鸟类还长有相似的腕关节。驰龙的腕关节使它们能够折叠前爪紧贴臂部，以保护爪上的羽毛。而鸟类在扑打翅膀时有同样的动作。

经过长时间的进化，驰龙发现它们能轻易地跳到空中或树上，以此捕捉食物或逃脱追捕。这样它们就拥有了真正的羽毛和可以飞行的身体结构。

▼ 这些图片告诉我们，恐龙在经历了怎样一连串的变化之后，进化成为鸟类的。

驰龙的身体上进化出了羽毛，特别长的羽毛长在上肢上。

▲ 雄性孔子鸟长有两根长长的尾羽，帮助它们吸引异性。

长羽毛的上肢进化成为翅膀。与恐龙相似，早期的鸟类长有牙齿，并有着沉重的身体。它们几乎可以飞行。

现生鸟类没有牙齿。它们的身体更轻，可以帮助它们更好地飞行。

□ 早期鸟类

已知最早的鸟类是始祖鸟，出现在侏罗纪晚期。古生物学家视始祖鸟为恐龙和鸟类中间的分界点。

和恐龙一样，始祖鸟长有长长的、由骨节连成的尾部，并长有尖利的牙齿和纤长的弯爪脚趾。但是，它的特征相对更接近现生鸟类，并已进化出飞行的本领。由于与翅膀连接处缺乏强健的肌肉，它可能并不擅长飞行。

□ 进化的断链

某些化石，如在中国发现的白垩纪时的孔子鸟，揭示了中生代似恐龙鸟类是如何逐渐演变成为现生鸟类的。与现生鸟类不同，孔子鸟的翅膀上长有爪子，也没有现生鸟类特有的扇状尾羽。但它长有和现生鸟类一样的脚趾，令它能够栖停在树枝上。孔子鸟也是已知最早长有无齿喙的鸟类。

▲ 早期的鸟类跳起来捕食昆虫，能趁势从地上扑飞起来。

▲ 通过拍打翅膀，鸟类能推动自己爬上陡坡。早期的鸟类可能是通过这样学会飞行的。

□ 学习飞行

古生物学家对于鸟类最初是如何起飞并飞行的不太确定。有的认为鸟类进化出翅膀，帮助它们从一棵树滑翔到另一棵树，然后才进化出了拍翅飞行的能力。另一种理论则认为，鸟类在陆地上助跑然后跳起来扑食猎物，在这个过程中它们学会了飞行。最新的一种观点是，它们起初是为了爬上斜坡而拍打翅膀的。

□ 成功的物种

据说，从地球上第一种鸟类出现至今已有 15 万种鸟类存活过。如今，世界上生活着超过 9000 种的数千亿只鸟。鸟类是数量最多、种类最丰富的动物之一。它们全是小型兽脚亚目恐龙的后代，这一点让人难以置信。

▶ 这是一只麝雉。和始祖鸟、孔子鸟一样，它的翅膀上长有爪子。它是唯一在翅膀上长有爪子的现生鸟类。

植食性巨龙

　　蜥脚龙有着巨型的脖颈和圆筒状的躯体，一直都是恐龙世界中无与伦比的巨怪。这些行动缓慢的植食性动物进化自三叠纪，而在接下来的5000多万年中，它们进化成为了世界上空前庞大的陆生动物。有些蜥脚龙的体重甚至达到了80多吨——接近所有靠腿行走的动物的极限体重。蜥脚亚目下属的科类有：鲸龙科、腕龙科、圆顶龙科、梁龙科和泰坦巨龙科，这些植食性动物的进食量多到令人咋舌。

鲸龙科

　　鲸龙科恐龙，生活在早侏罗世，是蜥脚亚目中最早开始进化，也是最早为人们发现的恐龙。它们的四肢像柱子一样粗壮以便支撑其庞大的身躯。它们的头很小，但脖子和尾巴却极其长。它们以啃食树木和矮生植物为生，而且会把食物整个吞下，因为它们和大部分的植食性恐龙一样，没有咀嚼的机能。所有鲸龙科的恐龙都有一个关键的共同特征——脊椎几乎完全是实心的。这是一个比较原始的特征，随着蜥脚龙的进化，脊柱也变得越来越中空，从而有效减轻了体重。

□ 鲸龙属（Cetiosaurus）

最大长度：18米
生活年代：从中侏罗世到晚侏罗世
化石发现地：欧洲（英国）、非洲（摩洛哥）

　　鲸龙的化石最早发现于18世纪初期，而在几十年之后，人们才开始关注恐龙的存在。1841年，这种恐龙被命名为鲸龙，意思是"酷似鲸鱼的蜥蜴"——很多恐龙的名字都是这样，容易让人把恐龙和其他动物混

◀ 长久以来，鲸龙一直都被科学界视为最大的陆生动物。但后来，人们又发现了很多其他种类的蜥脚龙化石。化石显示出，虽然鲸龙体型巨大，但在蜥脚龙族群中，它的体重事实上只算得上是中等水平。

▼ 恐龙中的庞然大物
一只肉食性恐龙——角鼻龙，正潜藏在山坡上，眺望着一群迷惑龙；而温顺的迷惑龙则在森林中一边前进，一边啃咬着周围的植物。迷惑龙很可能会利用它们长长的鞭状尾巴和巨大的前肢来抵御角鼻龙的袭击。

淆。一开始人们认为它是一种巨型的海生爬行动物，直到 1869 年才将其鉴定为恐龙。鲸龙是一种体型庞大的动物，重达 27 吨。它的脖颈和尾巴都相当短，但四肢却令人印象深刻：股骨接近 2 米长。它的前肢和后肢看起来差不多长，也就是说它的后背基本上是水平的。这与后来的很多蜥脚龙是不一样的——大部分蜥脚龙的前肢和后肢都不一样长。人们至今还没有找到任何与鲸龙颅骨有关的线索，所以科学家们还不知道鲸龙是怎样进食的，但它的牙齿可能会像耙子一样，从树和其他植物上掠取叶子食用。

❑峨眉龙属（Omeisaurus）

最大长度：20 米
生活年代：晚侏罗世
化石发现地：亚洲（中国）

峨眉龙是一种在中国发现的鲸龙科恐龙，于 1939 年得到鉴定，因其化石的发现地——峨眉山——而得名。峨眉龙大部分的骨架断片都已找到，因而它们的外形特征也就非常清晰地展现在了我们眼前。峨眉龙脖颈很长，头部很小且呈楔形，而臀部高于双肩，行走时身体会略微前倾。它的尾巴相对较短——尽管以今天的尺寸标准来说仍然很长——并且尖端可能呈棒状，但这并非是所有种群的特征。跟所有蜥脚龙一样，峨

眉龙不会总是把尾巴拖在地上行走。相反，它们在行动中很可能会让尾巴保持水平状态，以维持身体平衡，甚至有时它们会将尾巴作为武器来使用。

❑蜀龙属（Shunosaurus）

最大长度：10 米
生活年代：中侏罗世
化石发现地：亚洲（中国）

与鲸龙科的某些恐龙相比，这种中国恐龙的发现时间比较晚，其最早的化石发现于 1977 年。蜀龙只有 10 米长，以蜥脚龙的标准来说算是比较娇小的了，很可能跟一只成熟的雌性象差不多重。除了体型小之外，它最有趣的地方就是，尾巴的尖端呈骨棒状，是一种很有效的武器。后来在一个完全不同的植食性族群——甲龙中，也出现了类似的攻击系统。人们发现了 20 多具几乎完整的蜀龙骨架，从而能很好地推断出它具体的样子。与大部分的蜥脚龙相比，蜀龙的鼻孔在口鼻部比较靠下的位置，而且牙齿小，牙冠细长。

▶ 峨眉龙差不多就是一种植食性动物。尽管它的体型比较大，但却很容易受到肉食性动物的伤害，所以需要从群居生活中获得保护。

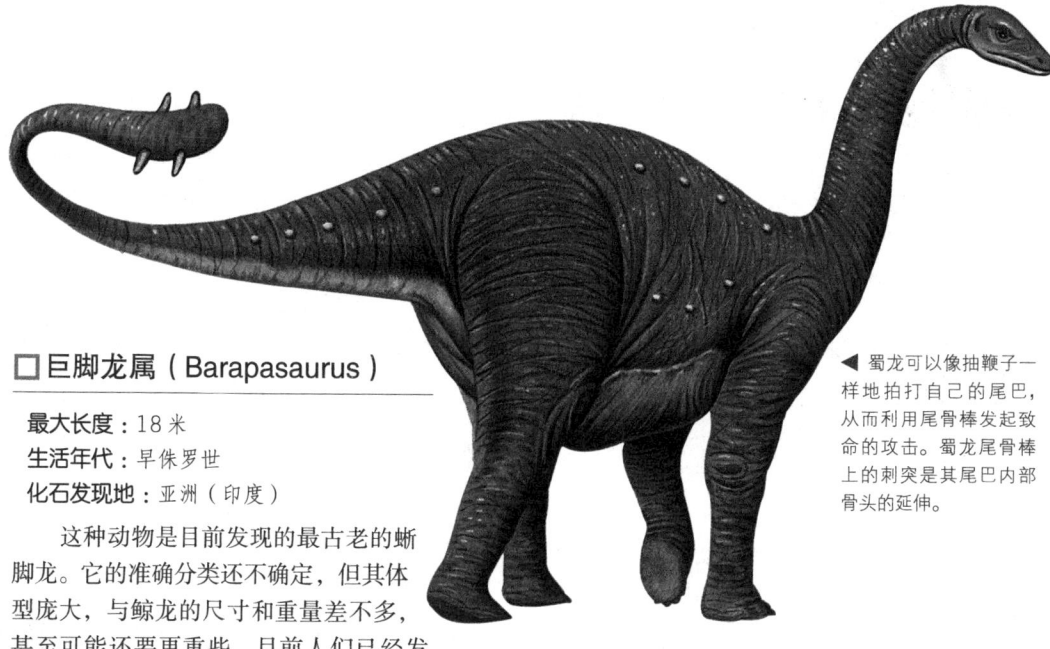

▲蜀龙可以像抽鞭子一样地拍打自己的尾巴，从而利用尾骨棒发起致命的攻击。蜀龙尾骨棒上的刺突是其尾巴内部骨头的延伸。

□巨脚龙属（Barapasaurus）

最大长度：18 米
生活年代：早侏罗世
化石发现地：亚洲（印度）

　　这种动物是目前发现的最古老的蜥脚龙。它的准确分类还不确定，但其体型庞大，与鲸龙的尺寸和重量差不多，甚至可能还要更重些。目前人们已经发现了巨脚龙的六具局部骨架和大量更不完整的遗骸，但里面都不含颅骨和脚。不过，古生物学家们却发现了它的牙齿化石，呈调羹状，边缘带有锯齿，非常适合撕扯树叶。从巨脚龙来看，在侏罗纪初期，蜥脚龙就已经是非常巨大的动物了。一些科学家将这种动物单独归于一个非常原始的蜥脚龙科——火山齿龙科。这个科类里最早的成员即为火山齿龙，发现于非洲。

□简棘龙属（Haplocanthosaurus）

最大长度：22 米
生活年代：晚侏罗世
化石发现地：北美洲

　　简棘龙最早的化石出土于一个世纪以前，是北美洲发现的最原始的蜥脚龙。它的脖颈和尾巴很长，与腕龙和梁龙有一些相似。简棘龙跟鲸龙科其他的很多恐龙一样，人们至今也没发现它任何的颅骨残骸，所以很难准确地鉴定出它的类别。在进化的历程中，简棘龙貌似是一种倒退，因为它出现在侏罗纪末期——其他大部分的鲸龙都已经灭绝的时期，并被人们称为是那个年代的"活化石"。

◀巨脚龙是已知的最早的蜥脚龙，其体重可达 30 吨。

腕龙科和圆顶龙科

腕龙科恐龙的脖颈都特别长，而圆顶龙科恐龙的脖颈和尾巴都比较短。虽然这两个族群都属于蜥脚亚目，是植食性动物，但它们的身体形状和牙齿构造都不相同，说明它们食用的植物也不可能是同一种。腕龙科恐龙的前肢惊人的长，牙齿像凿子一样。而圆顶龙科恐龙与其他蜥脚龙看起来更加相像些，但它们的牙齿朝前，并嵌在如斗牛犬一样不同寻常的口鼻上。

☐ 腕龙属（Brachiosaurus）

最大长度：26 米
生活年代：从中侏罗世到晚侏罗世
化石发现地：北美洲、非洲、欧洲（葡萄牙）

腕龙，重达 80 吨，不仅是恐龙中最重的物种之一，也是博物馆中组合骨架最大的物种。它的前肢要比后肢长得多，再加上长长的脖颈，其高度能达到 16 米，比长颈鹿的 2.5 倍还要高。它的头相对较小，在肉冠的圆顶上还有两个向上扬着的大鼻孔。这样的鼻孔曾让古生物学家们一度认为，腕龙从湖泊中寻找食物。但这是不太可能的，因为腕龙在水下的深度超不过几米，肺就会衰竭。尽管腕龙的体型很大，但它们仍然不是其科系中最大的。1994 年，一支美国考察队出土了一具更大的动物化石——波塞东龙，它的站立高度超过了 18 米。

☐ 圆顶龙属（Camarasaurus）

最大长度：18 米
生活年代：晚侏罗世
化石发现地：北美洲（美国）、欧洲（葡萄牙）

圆顶龙，大约重 20 吨，比腕龙要小得多。其大部分的化石都已被人们发现，其中包括几具完整的骨架——这在蜥脚龙中是很特殊的。圆顶龙很可能过着群居的生活，以获得

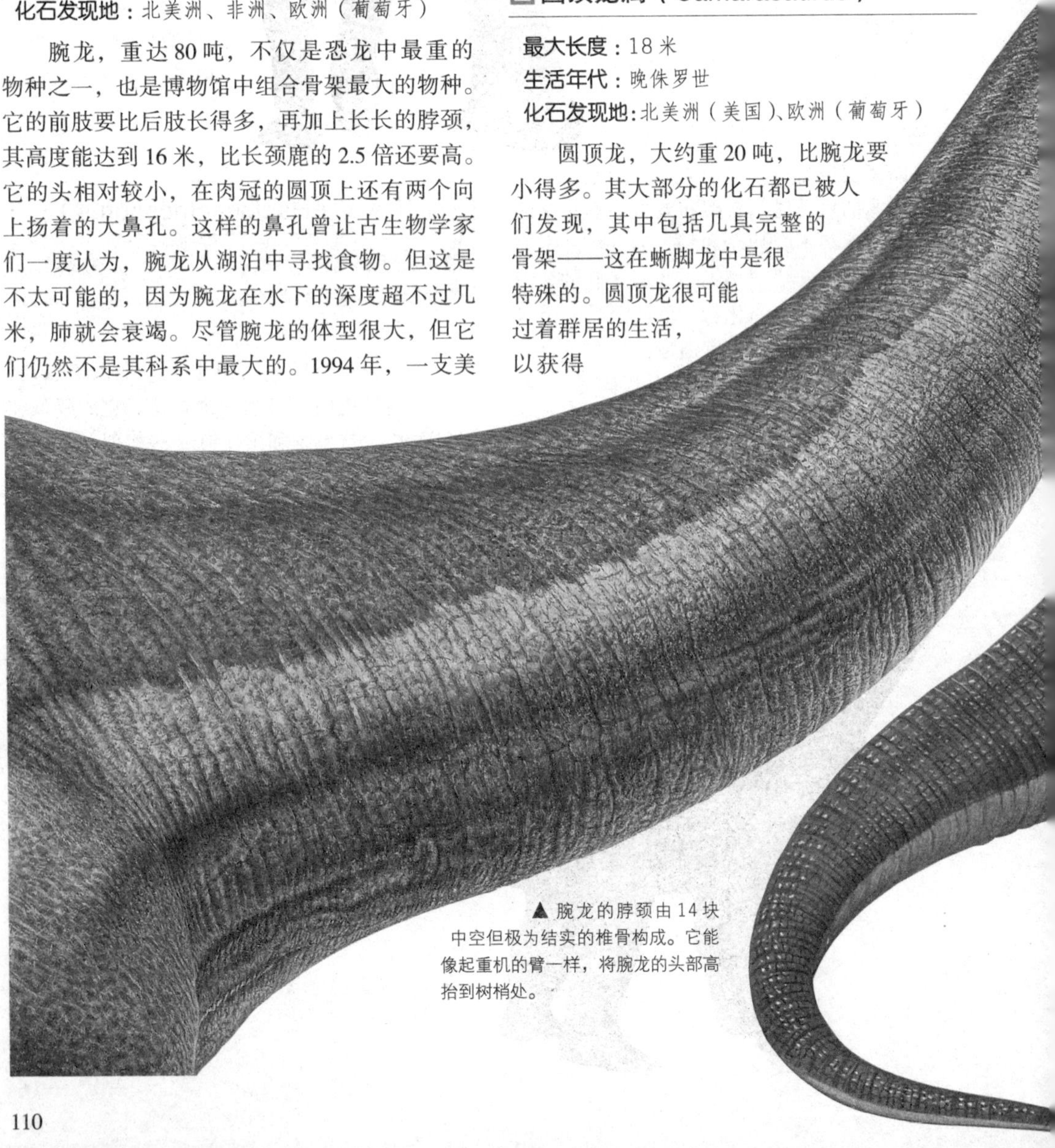

▲ 腕龙的脖颈由 14 块中空但极为结实的椎骨构成。它能像起重机的臂一样，将腕龙的头部高抬到树梢处。

保护；但是它们也可以像腕龙那样，利用拇指上加长的爪子来痛击敌人。圆顶龙的鼻孔很大，故而很可能具有敏锐的嗅觉。其鼻孔和盒状头的尺寸曾让科学家们认为，它们的鼻子可能会跟象鼻一样。但象鼻完全是由软组织构成的，在化石中很罕见。所以，这个有趣的想法——其他蜥脚龙可能也有这种特点——很难被证实。

▶ 腕龙相当于恐龙中的长颈鹿，只是体型要更加巨大一些。它的血压格外高，以保证氧气能更好地运送到大脑。

▼ 圆顶龙意为"隔成房间的蜥蜴"，因其椎骨上的空腔而得名，这让它的体重相对于体型来说较轻。

□后凹尾龙属（Opisthocoelicaudia）

最大长度：12 米
生活年代：晚白垩世
化石发现地：中亚

　　后凹尾龙唯一已知的一具骨架发现于 1965 年，其中少了头和脖子。所以，人们只能去猜测它真正的样子，以及它在蜥脚亚目中的位置。这种恐龙有一个极为与众不同的特征：尾椎骨的后部有凹洞，而在蜥脚亚目中更普遍的特征却是尾椎骨的前部有凹洞。这种构造让后凹尾龙的尾巴极其结实，使其能够以尾巴作为支撑，依靠两后肢站立起来。

□盘足龙属（Euhelopus）

最大长度：15 米
生活年代：晚侏罗世
化石发现地：亚洲（中国）

　　盘足龙比圆顶龙的个头小，但总体上形状相似。由于盘足龙生活在远东，因此很难与美洲的亲缘动物有什么交汇。盘足龙的脖颈要长得多，头也更长更尖，但身体前部依然倾斜得厉害。盘足龙的颈椎骨达 19 节，而圆顶龙只有 12 节——这是圆顶龙有时候会被单独划在一个科中的原因之一。

▼ 后凹尾龙可能属于圆顶龙科，但一些古生物学家认为它更像是一种泰坦巨龙。

▼ 盘足龙的体重很可能有 15~20 吨。它的口腔四周都长满了牙齿，而大多其他蜥脚龙都只在口腔的前部才长有牙齿。

以植物为食

虽然最初的恐龙都是肉食性的，但随着爬行动物时代的推移，植食性恐龙的数量开始稳定地增长，并最终超过了肉食性恐龙的数量。植食性恐龙中有很多物种都不能咀嚼，而只能将食物整个地吞下。

植食性恐龙最早进化于晚三叠世，当时开花植物还没有出现，所以也就没有青草。因此，早期的植食性恐龙跟很多现在的有蹄类哺乳动物不一样，它们并非以牧草为生，而是以针叶树，或者具有坚韧叶子和高大茎干的植物为食。在侏罗纪，大多数情况下也是如此；但到了白垩纪，开花植物开始变得到处都是，矮生的多汁植物遍地铺展开来，使得地面或者近地面的取食变得更加简单易行。

☐ 食谱的变化

植食性恐龙的进化步调与其周围的植物保持一致。在三叠纪和侏罗纪，大部分植食性恐龙都有较长的脖颈，可以吃到距地面较高的植物。它们的脖颈可能也能像水平吊杆一样工作，以便从矮生植物区取食。但很多古生物学家都质疑这种情况是否会比较普遍，因为那时候很可能并没有足够的矮生植物，这样的取食方式也许并不值

▼ 蕨类、苏铁类和木贼类植物（从左到右）是侏罗纪恐龙的重要食物。

以"石"为证

这些化石是在一只植食性恐龙身上找到的胃石。恐龙吞下这些东西后用以磨碎食物，这对没有咀嚼齿的动物来说，是一项辅助消化的重要手段。磨碎的食物随后会通过消化系统排出，而这些石头由于较重则留在了胃里。现今的鳄鱼、鸵鸟和某些鸟类也具有这样的特点。

得使用。随着开花植物的进化，情况开始有所转变。近地面植物开始大量涌现，而且由于开花植物的生长速度都很快，它们在被吃掉后能快速恢复。这种新的供给食物完全不同于之前的植被，这或许能解释，为什么体型小一些的鸟脚龙和装甲龙会在白垩纪变得如此普遍。

☐ 蜥脚龙如何进食

植食性哺乳动物的牙齿类型主要有两种：门牙，位于下颌的前部，用于撕裂食物；白齿，位于下颌的后部，用于咀嚼食物。相比之下，蜥

脚龙——目前最大的植食性恐龙——的牙齿排布简单得多，从而也形成了一套相应的齿系：牙齿通常位于下颌的前部，只能用于收集食物而不能进行咀嚼。蜥脚龙会将食物整个吞下，然后在胃中将食物磨碎，得到的植物浆随后会被胃中的微生物进一步分解。一旦微生物的工作完成，恐龙就可以吸收释放出来的养分了。

□咀嚼齿

　　鸟脚亚目的进食方式更接近哺乳动物。其中很多恐龙都会用位于下颌前部的无齿"喙"来收集食物，然后再把食物运送到口腔后部，那儿有一组可将食物撕裂磨碎的牙齿。在食物进到胃里时，已经可以直接由微生物进行分解了。鸟臀目的某些恐龙只有几颗牙齿，而鸭嘴龙却有上百颗牙齿。

▲ 木兰花是开花植物最早的种类之一。跟其他史前植物相比，木兰花的叶子多汁而且富含营养。

▶ 一只完全成熟的迷惑龙每天大约需要吃掉半吨的食物——小于其体重的 1/50。因为迷惑龙是冷血动物，所以这样的进食量已经足以维持它的生命了，但现代的植食性温血动物则需要更多的进食量。

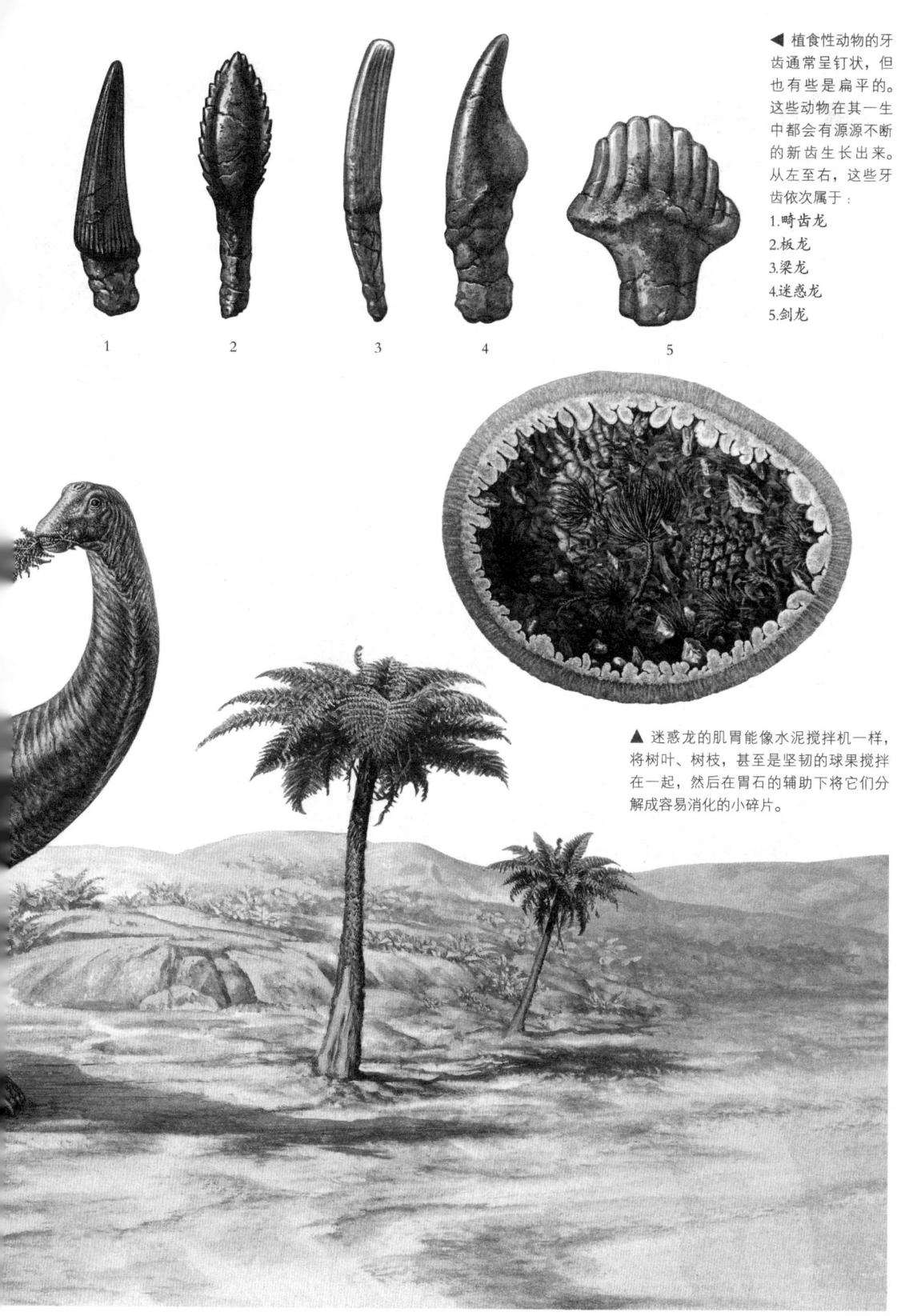

◀ 植食性动物的牙齿通常呈钉状，但也有些是扁平的。这些动物在其一生中都会有源源不断的新齿生长出来。从左至右，这些牙齿依次属于：

1.畸齿龙

2.板龙

3.梁龙

4.迷惑龙

5.剑龙

▲ 迷惑龙的肌胃能像水泥搅拌机一样，将树叶、树枝，甚至是坚韧的球果搅拌在一起，然后在胃石的辅助下将它们分解成容易消化的小碎片。

梁龙科

从已发现的完整骨架来看，梁龙科中含有最长的恐龙。其中最知名的恐龙是梁龙，长达27米，但地震龙残留下来的部分遗骸显示出，还有比这更长的梁龙科恐龙。如果真是这样的话，它们便会成为地球上存在过的最长的脊椎动物。梁龙科的恐龙就像一座座活的吊桥，四肢像柱子一样粗壮，脖颈极长，而尖端狭窄的尾巴还要更长。尽管它们的身体很长，但体重却比不上很多其他蜥脚龙，因为它们的骨架形状特殊，减轻了体重。梁龙科恐龙拥有加长的头部，并且在头顶靠近眼睛的地方有两个大鼻孔，但它们的牙齿却出奇得小，呈棒状。

▲ 梁龙的牙齿细长，可像梳子一样将植物的柔软部分聚到嘴里。它们可能既吃高大的树木也吃矮生的植物。

◀ 迷惑龙的第一具化石发现于1877年，里面少了颅骨，而它的第一具完整骨架直到1975年才组合完成。

□ 梁龙属（Diplodocus）

最大长度：27 米
生活年代：晚侏罗世
化石发现地：北美洲（美国西部）

　　梁龙意为"具有双梁的恐龙"——很好地描绘了这种恐龙的尾巴。它们每节尾椎骨的下面都有一段骨头，有的向前延伸有的向后延伸，用来加强尾巴并保护内部的血管。如果遭到了袭击，它们便会用尾巴的尖端发起猛攻。梁龙的长度带来了很多移动和进食方面的问题。一些科学家相信，它们在移动时，头部和尾巴几乎保持在一个水平线上。它们还可能以后肢站立起来，从而将头部抬到树丛高处进食。与它们的亲缘动物一样，梁龙也只在口腔的前部长有牙齿。

□ 迷惑龙属（Apatosaurus）

最大长度：25 米
生活年代：晚侏罗世
化石发现地：北美洲（美国西部）

　　迷惑龙曾经也叫雷龙，它的体型比梁龙要稍微小些，但体重却可达 30 吨，比梁龙要重得多。与梁龙一样，迷惑龙的生活方式也是疑团重重。长久以来，科学家认为，它们能以尾巴作支撑而依靠后肢直立起来进食。但据最新的一些调查研究显示，它们的脖颈有着惊人的灵活性，所以在其用四肢站立时，就能将头抬到距地面 5 米以内的高度上。迷惑龙很可能会用尾巴和前肢上尖利的爪子来保护自己。人们在迷惑龙的骨头上发现了异特龙的齿痕，但这并不能说明，这些巨大的植食性动物是在活着时遭到了袭击，还是在死后才被吃掉的。

□ 叉龙属（Dicraeosaurus）

最大长度：14 米
生活年代：晚侏罗世
化石发现地：非洲（坦桑尼亚）

　　叉龙是梁龙科中最早的物种之一，体型相对小巧精致。与之后的物种相比，它的脖短、尾巴短，而头部却相当大。它的椎骨也有一些奇异的特征：沿着脊柱一直到脖子上，上面都长有 Y 形的棘突。这些椎骨可能引导着支撑韧带，并沿脊椎形成了一条清晰可见的背脊。

◀ 叉龙比梁龙科的大部分恐龙都小，很可能主要以矮生植物为食。与其后来的亲缘动物不同，叉龙的尾巴没有一个像鞭子一样的尖端。

□马门溪龙属（Mamenchisaurus）

最大长度：25 米
生活年代：晚侏罗世
化石发现地：亚洲（中国）

在 1994 年人们发现波塞东龙之前，马门溪龙一直都保持着恐龙中脖颈最长的纪录——令人震惊的 14 米。这种像起重机一样的脖颈保持水平的时候跟竖着的时候一样多，使马门溪龙可以伸着脖子到沼泽或是密丛中取食，而身体的其他部分还能安全地待在外面。这种恐龙在行动的时候，头部可能直接在身体前面抬着，所以脖子也就基本上保持水平。马门溪龙的颈椎骨非常轻薄，由两侧连着的棒状肋骨增大强度。它们的脖颈不是很灵活，主要的弯曲部位在头部和肩部，而并非在这两者中间的部分。由于马门溪龙如此独特，一些古生物学家们认为应该将其单独划到一个科里。

□重龙属（Barosaurus）

最大长度：27 米
生活年代：晚侏罗世
化石发现地：北美洲（美国西部）、非洲（坦桑尼亚）

重龙意为"沉重的蜥蜴"，是一种巨大的梁龙科恐龙，大约有 40 吨重。重龙的体态和结构与梁龙大致相似，但却有着特别加长的脖颈。重龙主要依靠庞大的体型进行防卫。与它的某些亲缘动物相似，重龙的重心也非常靠近身体的后下部，

这种特征对它用后肢直立起来取食是非常有利的。通过在非洲和美洲发现的化石判断，这种恐龙是梁龙科中最普遍的物种之一。

□阿马加龙属（Amargasaurus）

最大长度：12 米
生活年代：早白垩世
化石发现地：南美洲（阿根廷）

1984 年，人们在阿根廷巴塔哥尼亚发现了一具几乎完整的阿马加龙骨架。上面显露出了一排非比寻常的脊椎骨突，顺着脖颈的后面延伸，只有 65 厘米长。它们有可能形成了钉刺状的鬃发，也有可能被皮肤包裹在里面而形成了类似双帆的结构。无论阿马加龙是哪一种体型，都有着不同寻常的特征，这特征可能在动物的群居生活中有作用，也可能被用于防卫——对那些长度只有其近亲一半的动物来说，是非常有价值的防卫手段。阿马加龙也拥有细长的鞭状尾巴和钝圆的牙齿，牙齿的形状适于将树叶从树枝上剥离下来。与其他蜥脚龙相似，阿马加龙很可能也会吞食胃石，用于碎裂食物。因为阿马加龙多刺的脊椎与叉龙有些相似，一些古生物学家便将它们单独划在了一个科里。

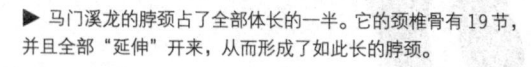

▶ 马门溪龙的脖颈占了全部体长的一半。它的颈椎骨有 19 节，并且全部"延伸"开来，从而形成了如此长的脖颈。

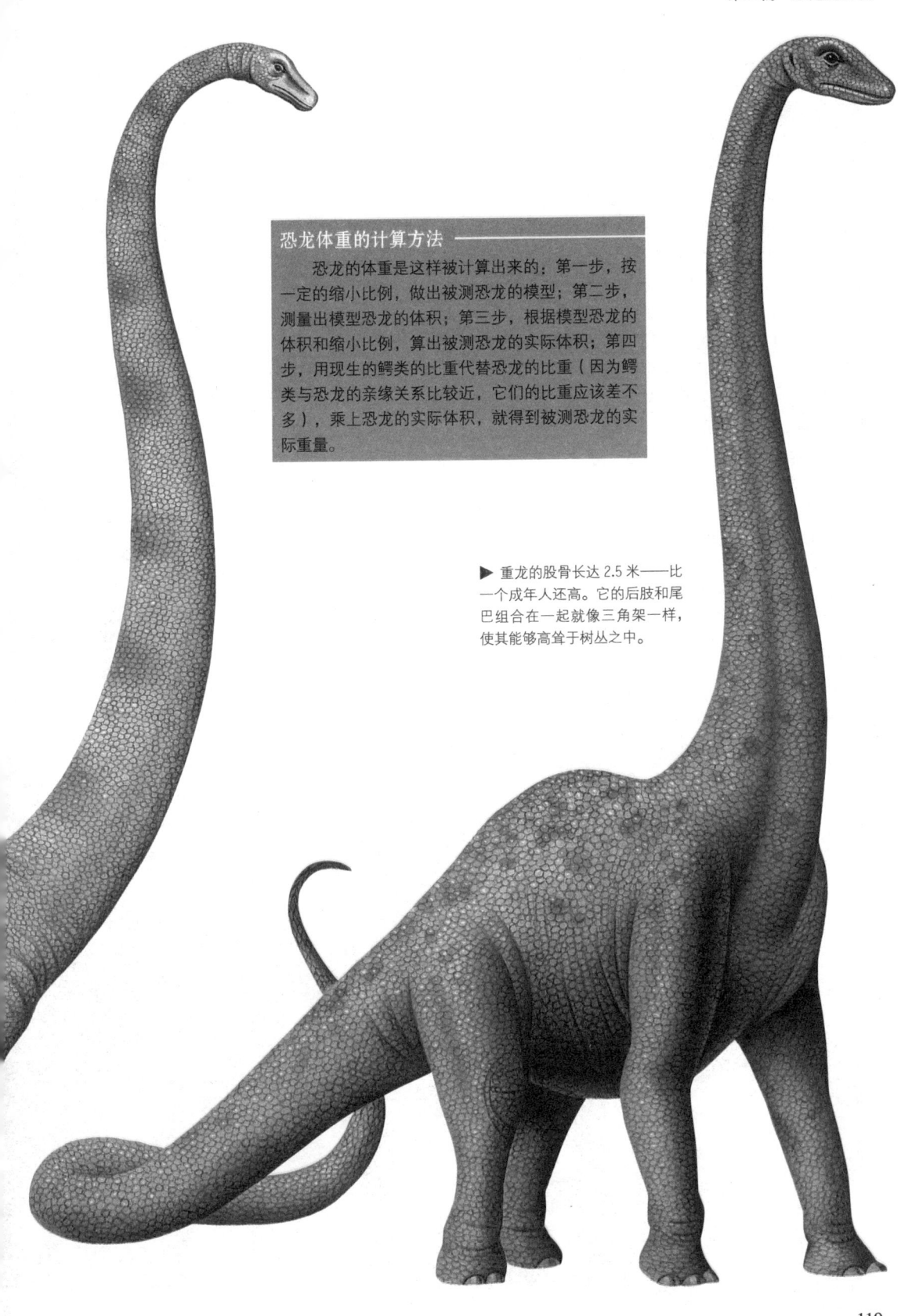

恐龙体重的计算方法

　　恐龙的体重是这样被计算出来的：第一步，按一定的缩小比例，做出被测恐龙的模型；第二步，测量出模型恐龙的体积；第三步，根据模型恐龙的体积和缩小比例，算出被测恐龙的实际体积；第四步，用现生的鳄类的比重代替恐龙的比重（因为鳄类与恐龙的亲缘关系比较近，它们的比重应该差不多），乘上恐龙的实际体积，就得到被测恐龙的实际重量。

▶ 重龙的股骨长达 2.5 米——比一个成年人还高。它的后肢和尾巴组合在一起就像三角架一样，使其能够高耸于树丛之中。

□ 超龙属（Supersaurus）

最大龙长度：42 米
生活年代：晚侏罗世
化石发现地：北美洲（美国科罗拉多州）

　　超龙可谓巨龙中的巨龙，足可称为地球上曾出现过的最大的陆生动物之一。它的第一具化石发现于 1972 年美国科罗拉多州的乾梅萨采石场——世界上最惊人的蜥脚龙线索就有不少是在这里发现的。超龙的遗骸还很不完整，但其中含有 2.4 米长接近 1 米宽的肩胛骨——足够两个人躺在上面并有充裕的伸腿空间。通过类似的遗骸古生物家们推断出：超龙的体重大约可达 50 吨，在头部高抬时，距地面的高度可达 15 米——高于楼房的平均高度。超龙超重的躯体由四条像柱子一样粗壮的腿来支撑，而且后肢要比前肢长一些。

　　与其他梁龙科恐龙一样，超龙的四足也像大象一样：上面有 5 根脚趾，每个大拇脚趾上都会有一个大爪子。这些爪子可能被用作防卫武器，但相比之下，它们的巨型尾巴可能更具威慑力。通过分析研究它们的遗迹化石，人们发现超龙行动缓慢——对于如此大型的动物来说是可想而知的。

□ 巨超龙属（Ultrasauros）

最大长度：30 米
生活年代：晚侏罗世
化石发现地：北美洲（美国科罗拉多州）

　　巨超龙是不是一个真正独立的恐龙物种，或者它们的遗骸是不是其他两种恐龙——超龙和腕龙——的一个综合体，人们对此还有所怀疑。1979 年，在发现超龙的同一个采石场里，人们发现了巨超龙的第一具遗骸。从一些骨头可以看出，超龙站立时双肩高度可达 8 米，是普通人身高的四倍还多。之所以会有"巨超龙"这个不寻常的名字，是因为同一个学名不能同时给两种不同的动物用。原本这种恐龙是被称为"极龙"的，但当时这个名字在两年前就已经被用过了，指的是一种发现于韩国的较小一些的蜥脚龙。

▶ 像超龙这样巨型的蜥脚龙，虽然体型庞大，但身体构造却非常相似。这些庞大的植食性动物的准确尺寸和体重并不确定，因为到现在人们都还没有发现它们的完整化石。而曾经可与之匹敌，能称得上"最大恐龙"的还有阿根廷龙和波塞东龙。波塞东龙是一种巨型的腕龙科恐龙，它的残骸是 1994 年在美国俄克拉何马州一个监狱的地下找到的。

□ 地震龙属（Seismosaurus）

最大长度：达 50 米
生活年代：晚侏罗世
化石发现地：北美洲（美国新墨西哥州）

地震龙意为"使大地震动的蜥蜴"，体型巨大，因于 1979 年发现的残骸而为人所知。一些人估计地震龙的总体长可达 50 米，但 40 米似乎是更有可能的。尽管如此，地震龙的体重约有 30 吨，甚至据某些计算有可能还要再增加一倍多，这个名字还是名副其实的。与其他梁龙科恐龙一样，地震龙在脊椎下面也长有附加的骨头，用来支撑脖子和尾巴。地震龙的尾巴尖端呈鞭状，是标准的梁龙式尾巴。但上面似乎还多了一个扭结——至今还未得到解释的一个特征。与身体的其他部分相比，地震龙的头部比较小——所有蜥脚龙的特性。地震龙的残骸化石中也含有胃石，说明地震龙主要食用坚韧的植物，在消化之前需要先进行磨碎。地震龙唯一一具已知的化石至今还没有完全挖掘出土，因为它被深埋在沙岩之中。人们利用最新的技术——包括探地雷达——对仍然还被埋在地表下的骨化石进行精确定位。

◀ 这只复原的巨超龙几乎完全是人们的艺术构想，因为人们只找到了它的部分残骸，而找到的那些残骸甚至还不一定属于同一种动物。如果超龙是曾经真实存在过的，那么它的体重应该会超过 50 吨。

◀ 地震龙唯一一已知的残骸是由两个远足者发现的，当时他们无意间发现了地震龙的尾化石的尖端。在古生物学家们开始挖掘这些残骸化石时发现，它足以成为当时为止最大的恐龙之一。这些化石显示出，地震龙是典型的梁龙科恐龙，只是体型格外巨大。

体型问题

最大的恐龙有多重，它们又为何会长得如此之大？人们很容易发出这样的疑问，但古生物学家们却发现，这些问题回答起来不是那么容易。

蜥脚龙无疑是地球上曾存在过的最大的陆生动物，它们的体重大约是现存四肢动物的15倍。这些巨大的植食性动物对生物学家和工程师们有着强大的吸引力，因为它们很可能达到了动物保持身体均衡的体型极限。这样巨大的体型必定有一定的优势，否则这些巨龙根本不可能进化成功，但这也带来了一系列的实际问题——进化中所必须克服的问题。

巨大的体型

植食性恐龙的进化呈现大型化的趋势，是有原因的。其一是体型大了更有利于消化。与现在的植食性动物一样，蜥脚龙依靠体内的微生物来分解食物，并产生热量。而微生物分解食物

▲ 美国科学家罗伯特·巴克尔正站在一根迷惑龙的股骨后面。蜥脚龙的股骨是恐龙骨头中最大的单骨。

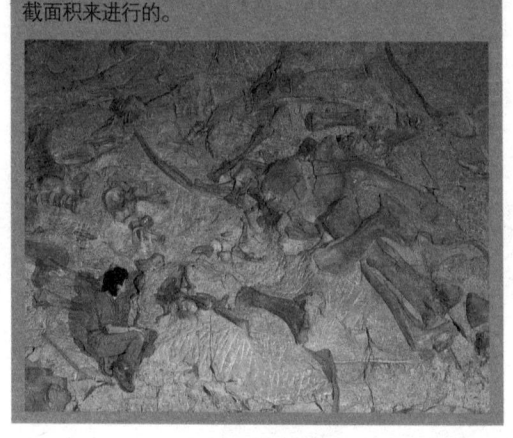

这些蜥脚龙的骨化石是美国国家恐龙化石保护区（位于美国科罗拉多州和犹他州的边界上）内大量化石群中的一部分。像这样巨大的股骨，会被用来估算恐龙的最大体重，这其中既包含着植食性恐龙也包含它们的捕食者。这种估算是通过测量股骨最窄处的横截面积来进行的。

释放出的热量又有助于加快消化的进程，恐龙的胃越大，产生的热量也就越多。相对而言，巨型恐龙四处活动，获得食物的概率就会越大。

另外，如果它们能顺利地从幼年长到成年，那么体型上的巨大对于应付天敌来说也很有用。这也就解释了为什么很多动物，从马到象，都会在进化中变得越来越大。不幸的是（对植食性动物来说），捕食者的大小也在增加。在恐龙时代，植食性恐龙在体型上的增大趋势正是肉食性恐龙变化趋势的写照。这意味着，自然选择偏好更大型的植食性动物，而这种进化过程也会继续进行下去。

登峰造极

这种越大越好的趋势并不能无限制地一直发展下去，因为体型巨大所带来的问题终有一天会超过由此带来的好处。其中一个问题就是，将血液运到高耸出地面很多米的头部是非常困难的。所以，即便它们的大脑非常小，腕龙和其他长脖颈的蜥脚龙也需要一个强有力的心脏。巨型动物还会面临交配和产卵的困难——主要的影响因素，因为大量繁殖后代才是进化成功的关键。但从工程学的角度来看，一个更根本的问题是它们的体重：随着体型进化得越来越大，它们的体重也以极惊人的速度增长。

为了更形象地阐述这个问题，我们假设有三只"立方体"形的恐龙，边长分别是1米、5米和10米。第二只恐龙的体长仅是第一只的5倍，但它的体重却是第一只的125倍（5×5×5）。而第三只恐龙的体长是第一只的10倍，那么它的体重也就是第一只的1 000倍。一旦蜥脚龙的体长达到20米以后，每再增加1米就意味着它们的体重会暴涨1吨多——对支撑它们体重的四肢来说是多么巨大的负担。

腿的力量取决于它的横截面积而非体积。这就意味着，如果一只动物变得越来越大，而整体形态却保持不变的话，它的体重将会超过它的力量，其四肢所承受的压力也会越来越大。为解决这个问题，蜥脚龙的股骨会有所变化，并尽量保持身体弯曲到最低。但最终它们的生长还是会陷入停滞状态，原因不是别的，就是因为它们的体重。

□为恐龙"称重"

蜥脚龙的腿部尺寸可有效地反映出它们的体重，尽管它们已经死去了上百万年的时间。古生物学家能通过测量一根主股骨的横截面积，再利用一些数学方法估计出这只动物活着时的总体重。另一种方法是制作比例模型：将模型放入水中以测得其体积，然后再按比例放大计算出最后的体重。但是，无论哪一种方法都不可能百分之百地准确。所以，世界上最重的恐龙到底有多重，人们很可能永远也无法得知。

伤齿龙

◀ 挨着腕龙（上图），伤齿龙（左图）看起来有一种就要被压扁的危险。腕龙的体重可达80吨——是伤齿龙体重的2500倍，跳龙（已知的最小的恐龙）体重的8万倍。

123

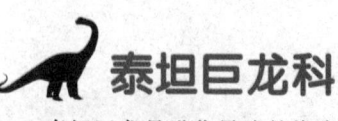

泰坦巨龙科

泰坦巨龙是进化最晚的蜥脚龙，出现于晚侏罗世，并延续了8000万年直到白垩纪末期。虽然人们在世界各地都有发现泰坦巨龙的踪迹，但它们分布最广泛的地方还是冈瓦纳南方古大陆。泰坦巨龙大部分的遗骸都发现于南美洲——曾属于冈瓦纳古陆的一部分。泰坦巨龙与梁龙有些相似，但其独特之处在于有防护骨甲，它们的背上覆有零散的硬质骨板。另一个让它们声名鹊起的特征是，有些物种的体型能长到不可思议的尺寸。1999年，人们在巴塔哥尼亚南部发现了一种蜥脚龙的化石——至今还未被归类，其中包括两节高1.2米的椎骨和一根1.8米长的股骨。

□ 阿根廷龙属（Argentinosaurus）

最大长度：30米
生活年代：晚白垩世
化石发现地：南美洲（阿根廷）

近年来，人们在阿根廷发现了不少激动人心的恐龙化石，很多古生物学家相信阿根廷龙——命名于1993年——可能就是有史以来最大的恐龙，尽管并不是最长的。到目前为止，人们只发现了阿根廷龙部分的椎骨和肢骨，但它们的尺寸依然是惊人的。其中最大的椎骨高1.5米，承重中心的位置达到了一棵小树的高度。以这样的残骸为基础按比例放大，专家们计算出，一只完整阿根廷龙的体重可能在80～100吨之间。与其他泰坦巨龙科恐龙一样，阿根廷龙拥有一些其他蜥脚龙所不具有的不同寻常的解剖特性。它们的骶骨——脊柱上连接到骨盆带的部分——里有一节附加的椎骨。如果它们与其亲缘动物相似的话，那么它们的尾椎骨应该也会与球窝关节相连。实际上，人们至今也没有找到防护骨板的任何踪迹，但由于这些骨板在动物死后往往都会分散开来，阿根廷龙还是有可能具有这个普遍的家族特征的。因为化石证据太少，人们很难确定这种巨大的动物是怎样生活的；但鉴于其庞大的体型，可以推断出，

▲ 阿根廷龙可谓是巨龙中的巨龙，它们可能是在地球上曾行走过的最大的恐龙——尽管步伐缓慢。成年的阿根廷龙可能有能力避免天敌的袭击，但它们的幼崽很容易受到伤害。图中是一只没有防护骨板的成年阿根廷龙，至于它到底有没有骨板还未为可知。

它们很可能每天的进食量都有好几吨。

□ 南极龙属（Antarctosaurus）

最大长度：18米
生活年代：晚白垩世
化石发现地：南美洲（阿根廷、乌拉圭、智利、巴西）、亚洲（印度）

虽然这种恐龙叫作南极龙，但发现它残骸的地方并不在南极，而是在南美洲和印度，这两个地方曾经是南方大陆——冈瓦纳古陆的一部分。在所发现的南极龙化石中，没有一块是完整的，但与一般泰坦巨龙科恐龙不一样的是，那

些化石中包含部分颅骨。从这些线索来看，南极龙似乎是南半球上最大也是分布最广泛的恐龙之一。南极龙的下颌末端呈方形，牙齿较小。到目前为止，人们还没有发现其防护骨板的任何踪迹。人们在南美洲发现了一些恐龙蛋化石，它们可能要么属于南极龙，要么属于泰坦巨龙科的其他恐龙。这些蛋化石有一个小甜瓜大小，有的还包含着连有完整皮肤的石化胚胎。

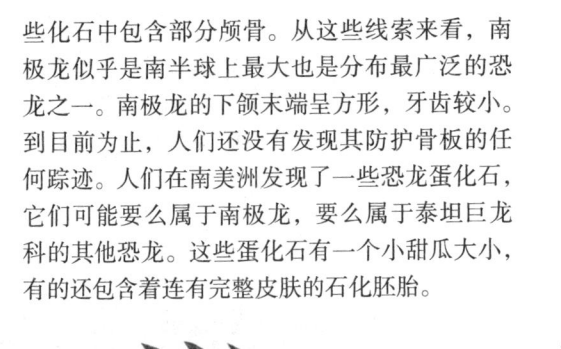

◀ 成年的南极龙很可能有 35 吨多重。人们相信，南极龙与它的几个亲缘物种一样，身体上也覆有骨板或者皮内成骨。

□ 内乌肯龙属（Neuquensaurus）

最大长度：15 米
生活年代：晚白垩世
化石发现地：南美洲（阿根廷）

内乌肯龙是以巴塔哥尼亚的一个城镇命名的。这种恐龙与萨尔塔龙非常相似，体型较小而且覆有骨板。这个结论来自 1997 年发现的一些化石，包括椎骨、肢骨和骨板。这两种恐龙看起来非常相似，如果以后有了新的发现，说不定还会证明它们实际上就是同一种恐龙。

□ 银龙属（Argyrosaurus）

最大长度：18 米
生活年代：晚白垩世
化石发现地：南美洲（阿根廷）

银龙的第一具遗骸发现于 19 世纪末。它的名字意为"银色的蜥蜴"，来源于它的化石发现地——阿根廷，因为阿根廷在拉丁文中有"白银王国"之意。这种庞大的动物，体重可达 80 吨，人们对它所有的了解却仅来自于部分的身体部位，包括腿和一些椎骨。对于应该把银龙归于泰坦巨龙科中的哪一个属，古生物学家还没有达成一致的意见——其中一部分人认为所发现的那些化石实际上属于南极龙。

□ 高桥龙属（Hypselosaurus）

最大长度：12 米
生活年代：晚白垩世
化石发现地：欧洲（法国、西班牙）

高桥龙是欧洲一种体型娇小的泰坦巨龙。在约 150 年前的法国南部，人们第一次从化石中鉴定出了这种恐龙。那些化石中缺少了颅骨，但旁边却有几十个足球大小的蛋。这些蛋几乎可以肯定就是由雌性高桥龙诞下的，大约有 30 厘米长，排在目前已知的最大的恐龙蛋之列。蜥脚龙在准备好产蛋时可能会蹲下，但它们体内也有可能会有一根产蛋管，使蛋能轻轻地滑落到地面。

□萨尔塔龙属（Saltasaurus）

最大长度：12 米
生活年代：晚白垩世
化石发现地：南美洲（阿根廷、乌拉圭）

　　萨尔塔龙于 1980 年被正式以其发现地——阿根廷的萨尔塔省命名，与阿根廷龙相比，萨尔塔龙比较小，它的背部跟一头大象的背部差不多高，只是身体整体上要比大象的长很多也重很多。人们找到了很多萨尔塔龙的骨架化石，周围还散落着成千上万块的小骨板。古生物学家由此认为，这些骨板应该是像护甲一样披覆在它们的皮肤上。有些骨板只有豌豆那么大，附着在一些小的皮肤遗迹化石上面。而其他一些则跟人的手差不多大，有的还有防护骨钉。这一发现解决了一个困扰人们已久的问题，

因为人们在发现萨尔塔龙化石之前曾发现过一些散落的骨板。一些科学家认为这些骨板属于结龙——另外一群利用护甲作为防卫手段的恐龙。萨尔塔龙具有强健的四肢和灵活的尾巴，有助于它坐直身体进食。人们曾在萨尔塔龙化石的附近发现了南极龙和银龙的残骸，这说明后两种动物的皮肤上也很可能有防护骨板。

□马拉维龙属（Malawisaurus）

最大长度：10 米
生活年代：早白垩世
化石发现地：非洲（马拉维）

　　马拉维龙最初的名字叫巨太龙，容易与一种肉食性异特龙——南方巨兽龙混淆。马拉维龙是迄今为止非洲最古老的泰坦巨龙科恐龙，可以追溯到 1 亿多年前。以泰坦巨龙科恐龙标准来说，马拉维龙的体型非常小，身上可能覆有防护骨板，但是骨板化石至今尚未找到。然而，一些马拉维龙的化石中确实含有颅骨，这种情况在泰坦巨龙乃至整个蜥脚龙族群中都很罕见。最近，人们在马达加斯加附近也发现了泰坦巨龙的遗骸。幸运的是，这些遗骸中含有部分的颅骨。

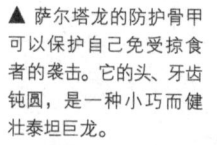

▲ 萨尔塔龙的防护骨甲可以保护自己免受掠食者的袭击。它的头、牙齿钝圆，是一种小巧而健壮泰坦巨龙。

□泰坦巨龙属（Titanosaurus）

最大长度：20 米

生活年代：晚白垩世

化石发现地：南美洲（阿根廷）、欧洲（法国）、亚洲（印度）、非洲（马达加斯加）

　　泰坦巨龙是泰坦巨龙科中分布最广泛的恐龙，发现于 1877 年的印度。最初发现的化石中包含着一根破裂的股骨和一些尾椎骨，但自那以后，人们在全世界的很多地方，包括马达加斯加，都有了进一步的发现。其中在印度的发现尤为重要，因为印度曾是冈瓦纳古陆的一部分，而这个发现则是那个地方第一个重要的恐龙发现，尽管那时候大陆漂移还不为人知。一些古生物学家认为泰坦巨龙也具有防护骨板，但还没有提出足够的证据。

□阿拉摩龙属（Alamosaurus）

最大长度：21 米

生活年代：晚白垩世

化石发现地：北美洲（美国蒙大拿州、新墨西哥州、得克萨斯州、犹他州）

　　阿拉摩龙是唯一一种在北美洲发现的泰坦巨龙科恐龙。阿拉摩龙还是生活时期距今最近的蜥脚龙之一，一直生存

到了白垩纪结束之时，那时所有的恐龙都已经灭绝了。阿拉摩龙的遗骸发现于美国西部，比其亲缘动物的遗骸都要完整，尽管里面照旧也没有颅骨。阿拉摩龙大约有 30 吨重，尾巴很长且端呈鞭状。与很多其他的泰坦巨龙科恐龙不同，它们似乎没有防护甲。即便在它们活着的时候，阿拉摩龙看起来也像是过去的残存，因为到了晚白垩世，蜥脚龙已经不再是植食性动物的霸主，重要性也逐渐缩减到了侏罗纪的一小点。阿拉摩龙之所以会成为北美洲唯一的泰坦巨龙科恐龙，可以通过地质变化来进行解释。上百万年以来，北美洲和南美洲都一直只是隔海相望，但在晚白垩世，出现了暂时性的地面桥梁将两个大陆连接到了一起。这时候阿拉摩龙或其祖先就趁机向北迁移，但随着恐龙时代的结束，它们的历史也就此打住。

▼ 阿拉摩龙生活在恐龙末日时期的北美洲，它的名字来源于新墨西哥州的白杨山贸易站，而那里便是它某一组遗骸的发现地。

鸟脚亚目

鸟脚亚目恐龙从属于鸟臀目植食性恐龙，首次出现于侏罗纪早期，距今大约有 2 亿年。其中包括禽龙科——人们最早发现的恐龙科系之一，还有鸭嘴龙科——爬行动物中一种长有奇异肉冠的特殊族群。再加上法布龙科、异齿龙科和棱齿龙科，其中不少物种成为了白垩纪最成功和最巨大的植食性动物之一。鸟脚亚目虽然无法企及蜥脚亚目的体型，但它们的数量在蜥脚亚目逐渐减少时却很庞大。

棱齿龙科

棱齿龙科恐龙相当于恐龙世界中的马和羚羊，生活在大型的群体中，以矮生植物为食。和鸟脚亚目的其他恐龙一样，它们也有短小的喙状口鼻，肌肉发达的面颊和发育良好的咀嚼齿。它们的面颊是一项重要的进步，因为这有助于固定住食物以进行咀嚼。棱齿龙科恐龙确实很小，但在其存在的 1 亿年里，它们繁衍得到处都是，到最后，任何一个大陆上都有它们的身影，其中也包括大洋洲。

▼ 雷利诺龙（左）的体型跟一只鸵鸟差不多，体重只有 10 千克。如果它是一种温血动物，那么应该会有类似羽毛的保温结构。雷利诺龙过着群居的生活，以苏铁类、蕨类植物和针叶树为食。闪电兽龙（右）也生活在白垩纪，当时大洋洲还是南方冈瓦纳古陆上最寒冷的地方之一。

□棱齿龙属（Hypsilophodon）

最大长度：2.3 米

生活年代：早白垩世

化石发现地：欧洲（英国、西班牙、葡萄牙）、北美洲（美国南达科他州）

　　棱齿龙的站立高度不足 1 米，头部跟人类的差不多大。人们对棱齿龙的了解来自于一些保存相当完好的化石，其中包括一组发现于英国的威特岛的化石，大约有 24 只恐龙。它们可能是一个小的生活群体，在一次涨潮中覆没了。这些化石显示出，棱齿龙的前脚有 5 趾，而后脚有 4 趾，沿着背部往上可能还长有两排骨板。在 19 世纪第一次发现棱齿龙的时候，英国动物学家托马斯·赫胥黎提出，棱齿龙的体形适于攀爬，可能就像今天的树袋鼠一样生活在树上。而现在的古生物学家则认为这种恐龙可能生活在地面上。

□雷利诺龙属（Leaellynasaura）

最大长度：3 米

生活年代：中白垩世

化石发现地：大洋洲（澳大利亚维多利亚州）

　　人们对于这种澳大利亚棱齿龙的研究证实了一种观点：有一些恐龙是温血动物。雷利诺龙的遗骸化石发现于南澳大利亚海岸线附近的"恐龙湾"，那里在雷利诺龙生活的时代恰好位于南极圈以里。尽管那时候的气候比现在要温暖很多，但在如此靠南的环境里，生命依然面临着

▲ 棱齿龙（左）的名字来源于其高立的脊状臼齿。上下臼齿咬合到一起可形成完美的研磨表面，而且这些牙齿能够自锐——所有棱齿龙科的恐龙都共有的特征。橡树龙（右）用它的喙来撕碎满嘴的植物。它们在咀嚼食物时会抬起头，以随时注意危险——今天生活在空旷之地的大部分植食性动物都有这种行为特征。

种种挑战，尤其是在阳光和食物都比较短缺的冬天。如果雷利诺龙是温血动物而非冷血动物，那么它们就可以终年都保持活力十足。目前还没有证明这一观点的具体物证，但雷利诺龙确实有扩大的眼窝和一个较大的大脑，这说明它们非常善于在冬天昏暗的光线中寻找出路。一名古生物学家在 1989 年发现了雷利诺龙，并用女儿的名字给它命了名。

□橡树龙属（Dryosaurus）

最大长度：4 米

生活年代：晚侏罗世

化石发现地：非洲（坦桑尼亚）、北美洲（美国科罗拉多州和怀俄明州）

　　橡树龙属于棱齿龙科中体型中等的恐龙，也是最早开始进化的物种之一。它的身体由两条强有力的腿支撑着，沉重而又强健的尾巴用来平衡头、颈和巨大的胃。橡树龙的口鼻末端是边缘坚硬的喙，能撕扯掉近地面的植物。与其他鸟脚亚目恐龙一样，橡树龙也几乎没有什么防卫手段，而且还很有可能是一个中跑健将。同一般的棱齿龙科恐龙一样，橡树龙的脚上也只有三根脚趾。

▼ 地平线上的危险
一个既有恐龙妈妈又有恐龙幼崽的鸭嘴龙混合群，像往常一样来到一个沙地河床旁停了下来，沐浴在晨光中边喝水边休息。但这样平静祥和的景象注定不会长久：远处沙丘上出现了一只霸王龙，一些成年的鸭嘴龙已经做好了逃跑的准备。鸭嘴龙之间可以通过中空的肉冠向彼此发出呼唤，警告对方有危险正在迫近。

□ 腱龙属（Tenontosaurus）

最大长度：7 米

生活年代：早白垩世

化石发现地：北美洲（美国亚利桑那州、蒙大拿州、俄克拉何马州和得克萨斯州）

　　作为一种棱齿科恐龙来说，腱龙的体型格外大，再加上它颅骨的一些细部结构，让一些古生物学家误以为它可能是一种禽龙科恐龙。但是，腱龙的牙齿却是典型的棱齿龙科牙齿。这是一个重要的暗示，因为同样的牙型很少会在进化中重复出现。与其他鸟脚亚目恐龙一样，腱龙在进食时很可能四肢着地，但由于它的体重超过了1 吨，故而也有可能会以同样的姿势进行休息。

□ 闪电兽龙属（Fulgurotherium）

最大长度：2 米

生活年代：早白垩世

化石发现地：大洋洲（澳大利亚新南威尔士州）

　　此恐龙的名字来源于它的发现地——新南威尔士的闪电岭，那里是著名的蛋白石矿产地和恐龙化石遗址。1992 年，人们在那里发现了闪电兽龙非常不完整的遗骸，只含有颅骨、股骨和牙齿。

法布龙科

　　法布龙科的恐龙体型小、体重轻，相当于爬行动物中的野兔或者小鹿，它们用狭长的嘴巴挖出地面或靠近地面的植物来获取营养。它们只能靠两个后肢行走和奔跑，同时利用长长的尾巴来保持身体的平衡。大部分法布龙的体长都在 2 米以内，与许多其他植食性恐龙不同，它们经常独自觅食。法布龙科是鸟脚亚目中最早进化出来的恐龙之一。一些古生物学家甚至认为，法布龙科是与鸟脚亚目并行的一个种群，因为，它们并不具备鸟脚亚目所共有的特征。

□ 莱索托龙属（Lesothosaurus）

最大长度：1 米

生活年代：早侏罗世

化石发现地：非洲（莱索托）

　　现在已知的莱索托龙化石寥寥无几，不过，其中有一块化石却非常有趣，因为那块化石显示的是蜷缩在一起的两只恐龙，它们当时很可能在一个地下洞穴里。莱索托龙栖息在炎热而干燥的环境中，而至于它们为什么会蜷缩在一起，最有可能的解释就是这两只动物正在夏眠，就像冬眠一样。通过休眠，它们就能在一年中很难找到植物吃的季节里节省能量。

　　从身体结构来看，莱索托龙与一些小型的捕食性恐龙非常相似，但是它们尖尖的牙齿是为植物而生的。莱索托龙的腿骨比较长，因此在面对掠食者时，它最好的防卫手段就是逃跑。

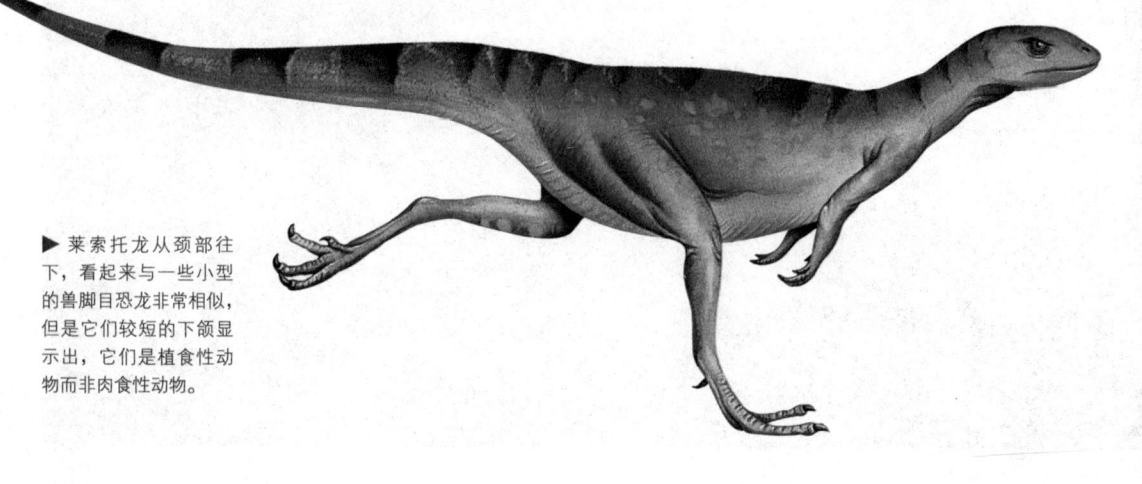

▶ 莱索托龙从颈部往下，看起来与一些小型的兽脚目恐龙非常相似，但是它们较短的下颌显示出，它们是植食性动物而非肉食性动物。

▲ 虽然小盾龙的护甲并没有坚硬得足以威慑到大型的肉食性动物，但是却能让那些体型与之相近的捕食者望而却步。在如此小型的恐龙中，这种护甲并不常见。

□ 小盾龙属（Scutellosaurus）

最大长度：1.2 米
生活年代：早侏罗世
化石发现地：北美洲（美国亚利桑那州）

　　这只法布龙科恐龙的名字意为"有小盾的蜥蜴"。小盾龙是法布龙科中已知的唯一一种"全身武装"的恐龙，它们的颈部以下和背部都覆盖着一排排的小骨质脊突。这种"护甲外衣"产生了一个很实际的问题——体重大为增加。某些时候，小盾龙可能需要四肢着地以分担体重的负荷。然而即便算上这种护甲，小盾龙的体重可能也只有 20 千克左右。

□ 棘齿龙属（Echinodon）

最大长度：60 厘米
生活年代：晚侏罗世
化石发现地：欧洲（英国）

　　棘齿龙是一种非常小的植食性恐龙，比一只大宠物猫重不了多少。它的头很小，嘴部较窄，有两种类型的牙齿。它们很可能只吃富含营养的新生植物，而将那些较老的叶子留给其他动物。

▲ 有时候，棘齿龙会被归为异齿龙科，因为它们拥有异齿龙的各类牙齿。作为一种小型植食性动物，它们处理不了大量的食物。通过有选择地吃一些食物，它们得以存活下来。它们那短小的嘴巴正好适合这种生活方式。

异齿龙科

恐龙往往都有很多牙齿，但是一般来说，每种恐龙就只有一种类型的牙齿。异齿龙科恐龙却有很大的不同，因为它们拥有不同类型的牙齿，可以完成不同任务。这种特化齿系在哺乳动物（包括人类）中很常见，但是在爬行动物中，无论是过去还是现在都极为罕见。异齿龙用后肢行走，并会依靠惊人的速度来逃脱天敌的追捕。

□ 异齿龙属（Heterodontosaurus）

最大长度：1.2 米
生活年代：早侏罗世
化石发现地：非洲（南非）

异齿龙发现于 20 世纪 60 年代，当时迅速就被确定为早期的鸟脚亚目恐龙，只是这种恐龙有着不同寻常的特征。异齿龙有三种齿型：上颌前面的门齿，往下可咬合到无牙的下喙；白齿，用于碾碎食物；还有两对特别长的獠牙，类似哺乳动物尖利的犬齿——对于明显以植物为食的动物来说非常奇怪。最为人们普遍接受的一个解释是：异齿龙利用獠牙与竞争者争战。有一种与之非常相似的动物，名叫醒龙，但是没有獠牙，因此许多专家认为，醒龙实际上是雌性异齿龙，只是一直以来被错误地分类了。成年的异齿龙直立时大约高 50 厘米，体重很可能在 20 千克以内。

□ 狼嘴龙属（Lycorhinus）

最大长度：1.2 米
生活年代：早侏罗世
化石发现地：非洲（南非）

与异齿龙一样，这种小型的植食性恐龙也生活在非洲南部，但是到目前为止，人们只发现了这种恐龙的下颌骨化石。它曾被认为是一种哺乳动物，因为它有特化的齿系，其中包括两个獠牙。然而最近的研究表明，这种动物的下颌骨并不是一块骨头，而是由好几块骨头组成的，这就表示它实际上是一种爬行动物。从下颌判断，狼嘴龙的体型应该与异齿龙相似，并且也应该是以低矮植物为食的植食性动物。

▲ 上图为异齿龙。异齿意为"不同的牙齿"。复原后的异齿龙拥有大型的犬齿——不过只在雄性个体中才有。有趣的是，它们的下颌前部没有牙齿，而上颌却有牙齿，这正好与许多现在的植食性哺乳动物相反。

□ 皮萨诺龙属（Pisanosaurus）

最大长度：1 米
生活时代：晚三叠世
化石发现地：南美洲（阿根廷）

皮萨诺龙发现于 20 世纪 60 年代，关于这种生活在南美州的小型植食性动物，还有很多不确定的事情。根据现存的一些碎片，一些古生物学家认为，皮萨诺龙是一种鸟脚亚目恐龙，可能属于异齿龙科的

一支。如果这是事实，那么皮萨诺龙就有可能是最早的鸟脚亚目或鸟臀目恐龙。如果它们属于异齿龙科，那么这个恐龙家族就能证明，非洲和南美洲在三叠纪是连在一起的。

▲ 与另外两种南美洲的早期恐龙——艾雷拉龙和始盗龙一样，皮萨诺龙也是在相同的岩层中被发现的。然而，与上述两种动物不同的是，皮萨诺龙虽然保留了用两肢行走的原始特征，但却是植食性恐龙。

禽龙科

禽龙科恐龙是人们发现最早、作出鉴定最早的恐龙科类之一，距今已经有近 200 年的时间了。它们的祖先很可能是从棱齿龙科恐龙进化来的，但它们有这个名字却是因为，它们的牙齿与今天鬣蜥蜴的牙齿很像。禽龙科恐龙是一种体型巨大、行动相当缓慢的植食性动物。它们的后肢比前肢大，而且既可以四足行走也可以两足行走。禽龙科中大部分的物种都有非常尖锐的"大拇指"。

□ 禽龙属（Iguanodon）

最大长度：9 米
生活年代：早白垩世
化石发现地：欧洲、北非、亚洲（蒙古国）、北美洲

禽龙的直立高度相当于人类的 3 倍，重达 4.5 吨，很容易就成了禽龙科中最大的恐龙。禽龙是最著名的恐龙物种之一，由玛丽·曼特尔发现于 1822 年，而当时的科学界对恐龙还一无所知。一位英国的地质学家吉迪恩·曼特尔——玛丽的丈夫，在描述这种恐龙时意识到，这是一种巨大的蜥蜴，但却误将其钉状的拇指认成了犄角。禽龙是一种高度成功的植食性动物，颅骨偏长，拥有喙状的嘴和成排的研磨臼齿，正是这些特征将鸟脚亚目恐龙与其他种类的植食性恐龙区别了开来。禽龙生活在除南极洲以外的各个大陆上。人们在某些化石遗址，如比利时发现了很多并排在一起的禽龙遗骸，这说明禽龙是群居动物。

▲ 禽龙科恐龙可能会用钉状的拇指作为防卫武器。图中，一只禽龙正在阻挡一只兽脚亚目恐龙的袭击。

□卡夫洛龙属（Callovosaurus）

最大长度：3.5 米
生活年代：中侏罗世
化石发现地：欧洲（英国）

　　人们对卡夫洛龙所知甚少，因为它唯一的骸骨化石只有单独的一根股骨，发现于英国。但是其化石周围的岩层还是能够显示出，卡夫洛龙是迄今为止禽龙科中所能找到的最早的恐龙。卡夫洛龙的整体外形可能跟弯龙有些相似，尽管它的体长只有弯龙的一半多一点。

□弯龙属（Camptosaurus）

最大长度：7 米
生活年代：晚侏罗世
化石发现地：北美洲西部、欧洲（英国、葡萄牙）

　　弯龙是另外一种进化较早的禽龙科恐龙，广泛分布于 1.5 亿年前的北美洲和欧洲大陆，而且基本上可以肯定是群居动物。弯龙是一种骨骼比较沉重的动物，它的体重超过了 1 吨。它的前肢要比后肢短得多，长长的颅骨末端是一个无牙喙。它的牙齿都长在口腔后部，因为那里有利于产生粉碎植物所需要的力量。早些时候的植食性动物在进食时，都不得不停下来进行呼吸，而弯龙的口腔顶部有一个长长的鼻腭板，使它能在进食的同时进行呼吸。与禽龙不同的是，弯龙的腕骨发育得不是很好，也就是说它们只能依靠后肢行走，而不能四足触地行走。

□威特岛龙属（Vectisaurus）

最大长度：4 米
生活时代：早白垩世
化石发现地：欧洲（英国威特岛）

　　威特岛龙的名字来源于英国威特岛的拉丁文。威特岛龙是与禽龙非常近的亲缘动物，它们生活在同一时代。不同的只是，威特岛龙体型较小，并且沿着脊柱有一条棘脊。这一结构在威特岛龙的日常生活中会有什么作用呢？对此，古生物学家还不能确定。它也许是用来调节体温的，但它的尺寸较小，使得人们不禁质疑这一设想的可能性。

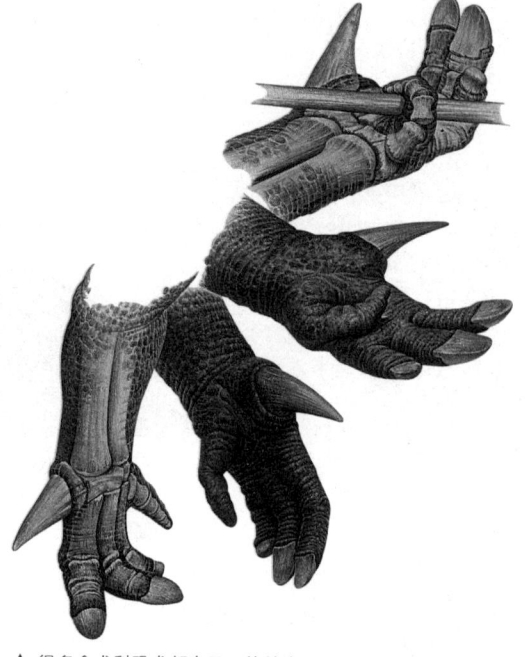

▲ 很多禽龙科恐龙都有灵巧的前脚，上面带有 5 指，其中拇指非常尖锐，中间的三指则带有蹄形的爪子，最后一指要小很多而且能折合在脚掌上。这样的构造有利于它们抓取食物。

□豪勇龙属（Ouranosaurus）

最大长度：7 米
生活年代：早白垩纪（距今约 1.1 亿年前）
化石发现地：非洲尼日尔

　　在非洲的中西部，经常可以看到一种背着"船帆"的恐龙在丛林跑来跑去，它就是豪勇龙。1966 年，法国古生物学家菲利普·塔丘特在非洲的尼日尔发现了两具完整的豪勇龙化石，1976 年，正式被命名为"豪勇龙"。

　　豪勇龙属于鸟脚类大家族，智力水平在恐龙大家族中属于中等偏下。它的口鼻部很长，由角质鞘包覆着。豪勇龙的鼻孔很大，从鼻孔到头颅骨顶部之间有个不规则隆起；这个隆起部分的作用目前还不知道，科学界推测可能与社交或者求偶有关。它是植食性的恐龙，喜欢以树木的枝叶为食。在它的嘴部前方没有牙齿，嘴有点儿像鸭子的嘴巴，是角质的喙状嘴。在其嘴巴两侧有很多牙齿，用来咀嚼植物。进食的时候，它首先会用扁平的角质喙咬断树叶，然后把树叶集中在颊齿的地方咀嚼消化。

▼ 一个寒冷的夜晚之后，一只豪勇龙站在阳光下美美地晒太阳，它背上的"帆"正在为它的身体储存热量。

豪勇龙的体型非常庞大，身长7米，差不多和两辆轿车首尾相连时一样长。豪勇龙也很重，大约有4吨。它有两种行进方式，四条腿走路或者两条腿奔跑。和澳大利亚的大袋鼠类似，它们的后肢强壮有力，可以支撑体重。当它站累了想要休息的时候，身体就会慢慢前倾，用蹄状的爪子来保持身体的平衡，用四肢着地的方式来休息一下后腿。

在豪勇龙的每个手上都有拇指尖爪，不过这尖爪要比禽龙的尖爪小。它虽然有五根手指，但是中间的三个指骨很宽，且愈合在一起，形成蹄状，这种生理结构适合行走。豪勇龙的大拇指上有一个拇指钉，就像一把小小的匕首，平时用来挑起如树叶、树枝等食物，也可以钩住高处的树枝，把它拉到自己能够到的位置。

在拉丁语里，豪勇龙的名字是"勇敢的蜥蜴"意思，那么它是如何得到这个名字的呢？这也与它大拇指上尖锐的拇指钉有关。一般植食性的恐龙胆子都比较小，而豪勇龙遭到肉食性恐龙的攻击时却并不退缩，而是高举着手指上的"匕首"冲过去。由于它不是机灵敏捷的类型，遇到肉食性恐龙的时候，如果逃跑可能会死得更快。为了生存，它练就了"拇指匕首术"来战胜敌人。手指上的这个匕首可以刺伤进攻者，让进攻者失去攻击能力。如果受到攻击的豪勇龙是一个"武林高手"的话，还有可能把敌人打败。

当然，在这种不是你死就是我活的战斗中，如果它手上的"匕首"没有战胜敌人，那么它就很有可能变成肉食动物的"盘中餐"了。因为它的身体笨重，行动十分缓慢。科学家利用化石资料，根据它的腿长和体重进行计算后发现，豪勇龙的奔跑平均速度仅仅能够达到我们人类慢跑的速度。

豪勇龙最重要的一个特点是身上背着大大的"帆"，那么这个"帆"是用来干什么的呢？在豪勇龙生活的年代和地区，夜间气温非常低，十分寒冷，与之相对的是，白天既干燥又炎热。它背上那巨大的"帆"正是为了调节体温，保持体温稳定。度过寒冷的夜晚之后，豪勇龙会在早晨美美地晒上一会儿太阳，此时它背上的"帆"就像一块太阳能聚热板，在阳光照射下，血液循环的速度会加快，以此来吸收热量，这样它的身体很快就会变得温暖。中午的时候，豪勇龙背上的"帆"又变成了散热板，它会找个阴凉的地方，静静地趴在那里，让背部的"帆"散去体内的热量。不过，豪勇龙的"帆"除了能够保持体温的稳定之外，也有吸引异性的作用。交配季节到来的时候，豪勇龙的"帆"会显现出艳丽的颜色，特别是雄性的豪勇龙。身材越高大、"帆"的颜色越漂亮的豪勇龙越容易得到雌性的青睐。并且，它的"帆"还可以储存大量的脂肪和水，帮助它度过季节性的干旱，就像骆驼一样。除此之外，背帆可能还有恐吓竞争对手和捕食者的作用，因为豪勇龙的"帆"从背部、臀部一直延伸到尾部，这使得豪勇龙的身体看起来比实际要大得多。

虽然豪勇龙智商不是很高，但是勇敢无畏的精神同样让它在恐龙世界里拥有了一席之地。

☐穆塔布拉龙属（Muttaburrasaurus）

最大长度：7米
生活年代：早白垩世
化石发现地：大洋洲（澳大利亚）

穆塔布拉龙是以澳大利亚昆士兰的一个小城镇命名的。人们相信穆塔布拉龙也是禽龙的一种近亲动物。两者的外形相似，只是穆塔布拉龙的头部稍小一些，并有一些识别性的结构差异。其一，穆塔布拉龙的鼻子上有一个独特的骨瘤，可能是在求偶展示中用的。其二，穆塔布拉龙有一对超大的鼻孔，说明它们需要很好的嗅觉来寻找食物。穆塔布拉龙还具有尖利的牙齿，其形状适于切割而非研磨，这就意味着它们至少是半肉食性的动物。和其他大部分禽龙科恐龙一样，穆塔布拉龙也有很大的钉状拇指。

▶ 穆塔布拉龙的遗骸最早发现于 1963 年。在禽龙科恐龙生活的时代，澳大利亚大陆正从南方大陆上缓慢分离出来，而当时在澳大利亚生活着的恐龙和其他动物也就被一起带离了。直到现在，人们对澳大利亚的恐龙还是知之甚少。

▼ 现在的非洲西部就是无畏龙群曾经四处漫游的地方。无畏龙食用的植物生长在炎热并有时湿软的地带。无畏龙背上的扇形皮肤，可能有助于它们进行温度调节，通过把扇形结构转向太阳，就能够吸收热量了。

鸭嘴龙科

　　鸭嘴龙科恐龙由于它们扁平的喙状口鼻而广为人知，其中有些物种还长着各种形状怪异的中空冠饰。这些冠饰内部含有鼻管，鸭嘴龙科恐龙可能就是因此才能高声呼叫的。鸭嘴龙科恐龙是植食性的群居动物，进食时需要四足站立，但逃跑时却能只用两条腿。它们是恐龙家族中最后的也是最成功的物种之一，发迹于亚洲，而后蔓延到了北美洲和欧洲。

□ 慈母龙属（Maiasaura）

最大长度：9 米

生活年代：晚白垩世

化石发现地：北美洲

　　很多恐龙都留不下它们生活过和繁殖过的痕迹，但慈母龙却留下了让人震惊的证据。古生物学家发现了慈母龙的居巢和蛋，以及它们处于各个年龄段的动物——从刚孵化出的幼体到已经成年的个体。雌性慈母龙用泥巴建造好居巢后，可能会将蛋埋在土里保温，并避开那些饥肠辘辘的猎食者。幼龙孵化出来以后，雌性慈母龙很可能会一直照顾到它们能自理的时候。那些化石还表明，慈母龙是一种群居动物，它们的一个生活群中可能含有数千只个体。慈母龙只有一个不太大的冠饰，但当其完全长成后，也有 4 吨重。慈母龙留下的粪便化石显示出，它们以坚韧的木本植物为食。

◀ 一只雌性慈母龙正站在它的居巢旁边，照顾着刚孵化出来的幼雏。慈母龙的居巢直径可达 2 米，能容下 24 个葡萄柚大小的蛋。

□巴克龙属（Bactrosaurus）

最大长度：6 米
生活年代：晚白垩世
化石发现地：亚洲（蒙古国、中国）

巴克龙很可能是鸭嘴龙科中进化最早的恐龙物种之一，与后出现的物种相比，它的白齿比较少。巴克龙还是最小的恐龙物种之一，虽然那也是种很大的动物。它的头部扁平而且没有冠饰，它的椎骨上有高高隆起的棘突，并沿着后背上形成了一条脊梁。与大一些的鸭嘴龙科恐龙不同，巴克龙总是以后肢行走。

□鸭嘴龙属（Hadrosaurus）

最大长度：10 米
生活年代：晚白垩世
化石发现地：北美洲（美国新泽西州、蒙大拿州、新墨西哥州和加拿大亚伯达省）

鸭嘴龙意为"强大的蜥蜴"，是人们于 1858 年在美国发现的第一种恐龙。它们的骸骨中缺少了颅骨，不过也足够显示出，这种巨大的植食性动物能以两足行走。后来，人们又发现了很多它的化石。这些化石显现出，与鸭嘴龙科一些其他的物种一样，鸭嘴龙的头部长有鸭嘴形的喙，并在口鼻部有一隆起的肿块，但那并不是冠饰。鸭嘴龙的口腔后部还长有一连串的白齿。这些牙齿脱落后还会继续更新，而不像现在的植食性哺乳动物那样，牙齿得随其一生。鸭嘴龙以坚韧的树叶、枝条和种子为食。

□青岛龙属（Tsintaosaurus）

最大长度：10 米
生活年代：晚白垩世
化石发现地：亚洲（中国）

这是一种发现于中国的恐龙，它的冠饰非常奇异，由一根近 1 米长的"独角"构成，从两只眼睛中间的某个地方长出来。人们第一次发现它的颅骨化石时，误以为这种冠饰是在化石保存过程中偶然形成的。然而，人们在进一

步的发现中也找到了同样的结构，这说明事实并非如此。一般来说，这种冠饰都是向前突起的，但它的具体用途还无人知晓。它可能是一种孤立的结构，让青岛龙看起来就像是恐龙中的独角兽，但也有可能是一种连在皮瓣上的结构。另外，青岛龙似乎还具有鸭嘴龙科的典型体形：前肢很小而后肢却要大得多。

□冠龙属（Corythosaurus）

最大长度：9 米
生活年代：晚白垩世
化石发现地：北美洲（加拿大亚伯达省和美国蒙大拿州）

冠龙意为"带着头盔的蜥蜴"，是鸭嘴龙科中一种长有圆顶状冠饰的大型恐龙。冠饰内部有一个中空的空间，通向鼻道。不同冠龙个体的冠饰大小是不一样的，而其中最大的很可能要数成年的雄性冠龙。这种尺寸上的差别说明，冠龙的冠饰很可能是用在求偶展示中的，但它们也可能会对保持身体凉爽有一定的作用。从它的印迹化石来看，冠龙的皮肤纹理呈卵石状。

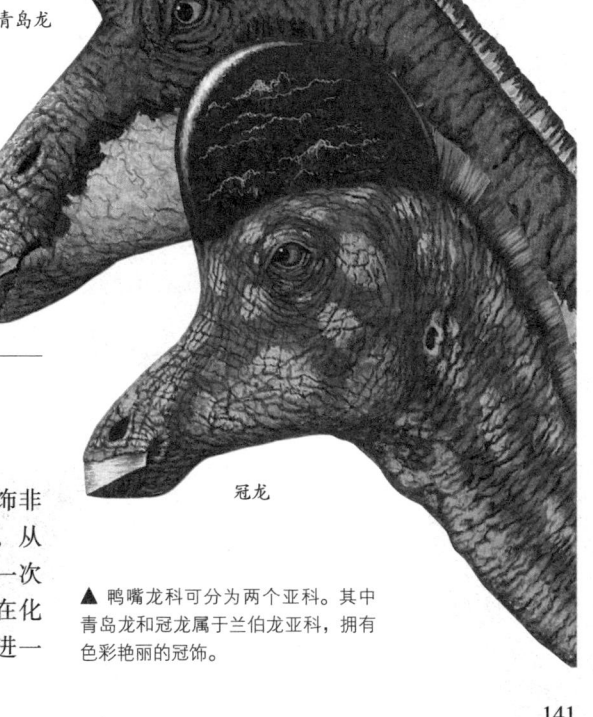

青岛龙

冠龙

▲ 鸭嘴龙科可分为两个亚科。其中青岛龙和冠龙属于兰伯龙亚科，拥有色彩艳丽的冠饰。

□ 埃德蒙顿龙属（Edmontosaurus）

最大长度：13 米
生活年代：晚白垩世
化石发现地：北美洲（加拿大亚伯达省和美国蒙大拿州）

　　鸭嘴龙科恐龙是唯一能够咀嚼食物的恐龙族群，这是因为在它们的口腔后部，长有几排不同寻常的牙齿，互锁在一起。埃德蒙顿龙是鸭嘴龙科中最大的恐龙物种之一，牙齿多达 1 000 颗，由强有力的颊肌束集在一起。从它的木乃伊化石来看，埃德蒙顿龙的皮肤表面具有凸起的结瘤。而且很多科学家都相信，埃德蒙顿龙鼻子附近的皮肤是比较松弛的。埃德蒙顿龙可能会像吹气球一样让它膨胀起来，或者是作为一种交配的仪式，或者是为了警告对手。与鸭嘴龙科其他恐龙物种一样，埃德蒙顿龙真正有效的防卫手段，就是靠着后肢逃跑，尽管它们也能游泳。埃德蒙顿龙那庞大的体型意味着，它们无法成为短跑健将，因此也就很容易会受到霸王龙和其他巨型肉食性动物的伤害。

□ 小贵族龙属（Kritosaurus）

最大长度：13 米
生活年代：晚白垩世
化石发现地：北美洲（美国得克萨斯州和新墨西哥州）

　　小贵族龙在体型和外形方面都跟鸭嘴龙很相像，而且这种无冠饰的鸭嘴龙科恐龙有可能是鸭嘴龙最近的亲缘动物之一。与鸭嘴龙一样，小贵族龙的口鼻部也有增生的骨瘤，让它的鼻子看起来就像是骨折了。小贵族龙的体重在 2 吨至 3 吨之间。它的遗骸是巴纳姆·布朗——纽约市美国自然历史博物馆的著名收藏家，在 1910 年发现的。

□ 兰伯龙属（Lambeosaurus）

最大长度：15 米
生活年代：晚白垩世
化石发现地：北美洲

　　兰伯龙是目前已发现的最大的鸭嘴龙科恐龙。其中一个物种为赖氏兰伯龙，它的冠饰比较奇特，可以分为两部分：一部分为朝后的骨突；另一部分则朝前，看起来就像是一把短柄斧的斧头，从两眼之间伸出来。另一个物种为大冠兰伯龙——看起来更像冠龙，拥有呈圆顶状的冠饰。人们曾一度以为，兰伯龙和它的亲缘动物在水中进行喂养，并将尾巴当做划桨。但现在，大部分古生物学家都认为它们生活在陆地上。

埃德蒙顿龙

小贵族龙

▲ 鸭嘴龙科可分为两个亚科。埃德蒙顿龙和小贵族龙则属于鸭嘴龙亚科，它们的冠饰要么比较小，要么就根本不存在。

◀ 大冠兰伯龙的化石发现于加拿大的亚伯达省和美国的蒙大拿州。它的头盔状的冠饰上有一朝后的骨突，但那上面可能还覆有一片融合到颈部上的皮肤。这幅插图显示的是一只成年了的雄性大冠兰伯龙。

□ 栉龙属（Saurolophus）

最大程度：14 米
生活年代：晚白垩世
化石发现地：北美洲、亚洲（蒙古国）

　　栉龙发现于北美洲和亚洲，它的头上有一个实心的骨冠，大约有 15 厘米长。一些古生物学家认为，这种冠饰可能与能够充气的皮瓣相连。如果真是这样的话，栉龙就能发出传得悠远而广阔的呼叫，以此来吸引配偶或者向群体中的其他动物发出危险的警告信号。人们已经发现了大量的栉龙化石，其中最大的标本来自于亚洲。

□ 副栉龙属（Parasaurolophus）

最大长度：10 米
生活年代：晚白垩世
化石发现地：北美洲

　　副栉龙凭借其非凡的冠饰，成为了恐龙时代最出众的物种之一。它头上的冠饰向后延伸，长达 1.8 米，末端是一个骨瘤。它的鼻孔通过中空的管道连接到了冠饰上，这条管道沿着冠饰一直往上然后往后弯了下来。乍看起来，这种奇异的结构像是一种通气管，但它的末端并没有开口，所以应该不是这种用途。这种结构反而可能会被用到求偶展示中去，发出像雾号一样深沉悠远的呼叫，在几千米以外的地方都能听得到。副栉龙的前肢比较发达，说明它们大部分时候都以四足行走。

□ 鸭龙属（Anatosaurus）

最大长度：13 米
生活年代：晚白垩世
化石发现地：北美洲

　　人们对鸭龙非常了解，因为人们不仅找到了一些保存异常完好的鸭龙化石，还发现了一些木乃伊化的鸭龙样本，那些样本揭示了鸭龙皮肤和内部器官的结构。鸭龙有 3 吨多重，是一种典型的鸭嘴龙科恐龙，头部宽大并长有喙状的嘴（鸭龙意为"像鸭子一样的蜥蜴"）。像鸭嘴龙科中其他恐龙物种一样，鸭龙嘴中也没

▶ 栉龙的头部长而扁平，顶上的冠饰像犄角一样。通常来说，栉龙的眼周围还有一圈环状骨，这在爬行动物中是很普通的，但在鸭嘴龙科的其他物种中却很罕见。栉龙的喙长而无牙，但口腔后部却有数百颗牙齿聚在一起。

▲ 副栉龙的冠饰在所有的鸭嘴龙科恐龙中是最长的，而且雄性的冠饰要比雌性的大。这证实了一点，即它们加长的冠饰主要是为了求偶展示，通过展现其外形或者是发出声音来吸引异性的目光。

有牙齿。而它们的牙齿处在口腔更往里的位置上。鸭龙的胃部残骸说明，它们以松针、嫩枝、种子和水果为食。人们曾以为鸭龙是一种半水栖的恐龙，因为有一些足部残骸显示出，它们的脚趾间连有蹼膜。但后来专家们推断出，这些皮瓣是爪垫残留下来的，而爪垫是陆地动物用来承担自身体重的。

□满洲龙属（Mandschurosaurus）

最大长度：8 米
生活年代：晚白垩纪（距今 9800～6500 万年前）
化石发现地：亚洲（中国黑龙江省）

中国是世界上最重要的恐龙化石产地，其中云南、四川、山东、内蒙古、新疆等地都以出土了大量的恐龙化石而闻名于世。

与这些出土化石的"老大哥"相比，黑龙江可以算得上是"默默无闻"了。不过，黑龙江在中国恐龙界的地位是不可撼动的，因为中国最早被命名的恐龙化石正是从黑龙江畔发现的。发现恐龙化石的小村子是黑龙江嘉荫县的渔亮子，这里出土了中国最早被发现的恐龙——满洲龙。

渔亮子坐落在黑龙江岸边，沿岸的地层不断被流水侵蚀，其中埋藏的化石渐渐暴露在江边的河滩上。当地的村民从来没见过如此粗大的骨骼，都感到非常惊奇。

这个消息被对岸的俄罗斯上校马纳金知道后，他就派人来采集化石。开始的时候，他认为这是猛犸象的一部分。

1914～1917 年间，苏联地质委员会派人来这个地点进行探测，发掘出来的所有标本最后都被运到圣彼得堡，这其中就包括满洲龙的骨骼。满洲龙这个名字是由苏联古生物学家亚宾宁于1930 年提出的。

科学家对这些化石进行了处理，把它们装架起来之后保存在圣彼得堡的地质博物馆里。

研究表明，满洲龙属于鸭嘴龙大家族，鸭嘴龙是恐龙家族中的晚辈，生活在白垩纪晚期，是一类以植物为食的素食恐龙。满洲龙两条巨大的后腿与长长的尾巴构成一个类似于三脚架的装置，足以支撑其笨重的躯体。满洲龙长度在 8 米左右，站起来的时候高约 4.5 米。满洲龙前肢短小，悬在身体上部，可以自由地抓取枝叶。

同鸭嘴龙家族的其他成员一样，满洲龙的嘴巴也是扁扁的，里面长着数百颗小牙齿。这些牙齿像一个个细长的棱柱，一层层地排列。当上层的牙齿被磨蚀殆尽，下层的牙齿就会长出来补充，所以满洲龙可以高效地研磨粗纤维食物，这也是它能适应白垩纪晚期生态环境的原因。

因为那时候柔软的蕨类家族已经衰落，多粗纤维的、较硬的裸子和被子植物开始成为地球植被中的优势类群。

虽然最早发现的满洲龙化石现在保存在俄罗斯，但在 20 世纪 70 年代，中国的科学家在同一个地点发掘出了很多满洲龙的化石。现在，要一睹满洲龙的真容，只要到黑龙江博物馆就可以哦！

◀ 身体立起来采食树叶的满洲龙看起来就像一个稳稳的支架。

□ 扇冠大天鹅龙属（Olorotitan）

最大长度：10 米左右
生活年代：晚白垩纪（距今约 6700 万年前）
化石发现地：亚洲（俄罗斯远东地区的阿穆尔河流域）

人们常说"半路杀出个程咬金"，"程咬金三板斧"。程咬金战胜敌人，依靠的武器就是板斧。今天我们来认识一下恐龙中的"程咬金"——扇冠大天鹅龙。

不过，这个"程咬金"并没有两把板斧，它只有一把；板斧也不是拿在手里，而是顶在头上。远远看上去，这把短斧又有点儿像半开的扇子，所以科学家给它起了一个好听的名字叫作"扇冠大天鹅龙"。

扇冠大天鹅龙是近期才被发现的恐龙。2002 年，古生物学家在俄罗斯远东地区的阿穆尔河流域发现了扇冠大天鹅龙的化石，这具化石几乎是完整的骨骸，因此几乎没有争议就被定名。

现在这具化石被保存在阿穆尔河自然史博物馆中。扇冠大天鹅龙是北美洲之外首次发现的赖氏鸭嘴龙，它不仅为研究白垩纪晚期东北亚地区的自然环境提供了宝贵的资料，而且还为北美和亚洲之间恐龙的关系提供了新的证据。

扇冠大天鹅龙属于鸭嘴龙大家族，身长大约 10 米，就像一辆大型的公共汽车那么长，体重也很重，保守估计在 2 吨以上。它的头颅由相当长的颈部支撑，拥有 18 节颈椎，超过原先的鸭嘴龙科最大数目 15 节。荐椎有 15 或 16 节，超过其他鸭嘴龙科至少 3 节。

同鸭嘴龙家族的其他成员一样，它也长着像鸭子一样扁平的嘴巴。嘴巴前端没有牙齿，靠近脸颊的部分长有颊齿，这些牙齿十分细小、排列紧密，有成百上千颗。

扇冠大天鹅龙是种植食性恐龙，可以采用二足或四足方式行走，拥有复杂的头颅骨，可做出类似咀嚼的磨碎动作。采食树叶的时候，它首先用角质的喙切断茎叶，随后把树叶集中到颊齿进行消化。由于牙齿数量庞大，因此无论是坚硬的松树枝叶还是柔软的阔叶，它都可以轻松搞定。

但是这样对牙齿的伤害和磨损也是非常大的，不过，我们不必为扇冠大天鹅龙担心，因为被磨损的牙齿掉了之后很快就会有新的长出来。

与其他的有头饰的鸭嘴龙不同，扇冠大天鹅龙的头冠是朝后生长的。但是头冠的功能大致相同，其中存在空腔，当有气流穿过的时候就会发出响亮的声音，这是恐吓敌人的一种好办法，也是鸭嘴龙类常用的技巧。

也许扇冠大天鹅龙是一批勇敢的开拓者，它们冒着危险从北美来到一片新的天地，最终拥有了自己的世界。

▶ 当风吹过的时候，扇冠大天鹅龙头顶的头冠就会发出响亮的声音，让敌人胆战心惊。

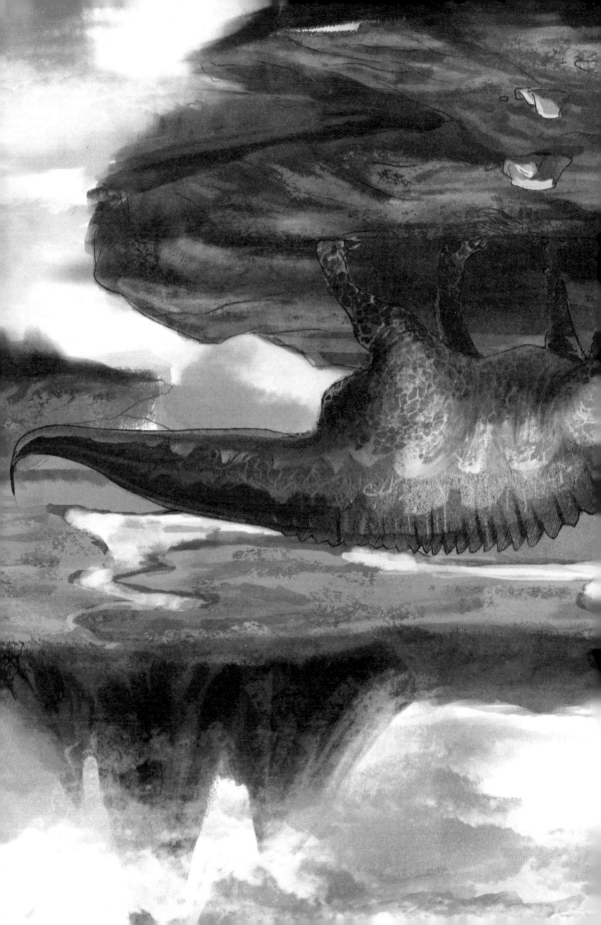

□大鸭龙属（Anatotitan）

最大长度：9 ~ 12 米
生活年代：晚白垩纪（距今 6800 万年前左右）
化石发现地：北美洲

在白垩纪晚期，北美洲的土地上生活着一种巨大的"鸭子"。和鸭子的杂食性不同，这个大块头是纯粹的"素食主义者"，它就是大鸭龙。大鸭龙还被称作"大鹅龙"，属于鸭嘴龙家族中的平头类。所谓"平头类"，就是头顶上干干净净，没有其他的装饰物。

它的化石最早发现于南达科他州与蒙大拿州的交界处，地质年代属于白垩纪晚期，距今6800 万 ~ 6500 万年前。

大鸭龙"认祖归宗"的过程曲折而漫长。它的第一个完整标本是于 1882 年由古生物学家爱德华·德克林·科普发掘的，是完整的头颅骨及大部分骨骼，但是没有骨盆与部分胸部，这些缺失的骨骼可能是由于河水的侵蚀和冲刷作用消失不见的，这个标本的口鼻部还保存了角质鞘组织。

经过研究，科普把大鸭龙分在糙齿龙类群中，还把大鸭龙描述成生活在岸边、水陆两栖的动物，原因是科普认为鸭嘴龙类的颌部关节虚弱，如果它们以陆地植物为食，颌部关节可能会脱落。但是，科普当时取得的标本并不完全，缺少颌部内侧支撑牙齿的骨头，因而他做出了错误的判断。

不过科普德高望重，所以人们一直把这个形象当成标准的大鸭龙形象。直到 1904 年，美国西部的两位牛仔发现了另外一具大鸭龙的化石，最终这具大鸭龙化石辗转来到了另一位古生物学家巴纳姆·布郎手中。这个化石要比前面那具更加完整，几乎包含了整段脊柱。通过这次研究，大鸭龙终于确定了自己的归属，成为"鸭嘴龙"家族的一员。

根据科学家的研究，大鸭龙生活在白垩纪最晚期的北美洲，是一种非常大的恐龙，身长可以达到 12 米，头颅骨也非常长，体重大约 3 吨。

与鸭嘴龙家族中的其他亲戚一样，大鸭龙的口鼻部位非常像鸭嘴。它的嘴巴前端没有牙齿，在靠近脸颊的部分有几百颗参差不齐的牙齿，这些牙齿绝大部分都是可以再生的，只有很少的几个断了之后不能再长出来。采食嫩枝或者树叶的时候，大鸭龙通常会先用扁平的喙部咬断植物的茎叶，然后把这些枝叶吞进后部，用成排的牙齿磨碎咀嚼。由于比较高，它们通常以高处的树叶为食，大多数离地 4 米以上。

根据出土的骨骼化石，科学家绘制了大鸭龙的复原图。它浑身的皮肤是凹凸不平的，覆盖有水泡一样的突起，和如今在美国生存的一种有毒大蜥蜴皮肤很相似。大鸭龙的头长而宽。从侧面来看，大鸭龙的形象类似天鹅；如果从上往下看，就有点儿像琵鹭。大鸭龙的鼻孔比较大，鼻孔周围的骨头向内凹陷。大鸭龙的眼眶呈长方形，这是大鸭龙比较独特的地方，但是也有科学家提出质疑，认为这是由于大鸭龙死后骨骼被挤压变形之后，研究者做出的误判。

与其他鸭嘴龙类的恐龙相比，大鸭龙的四肢长而且细。它具有 12 节颈椎、12 节背椎、9节荐椎，尾椎至少有 30 节。

虽然骨骼的数目不是很多，但是大鸭龙的每节椎骨都比较长，也正是这个原因，它的身长才可以达到 12 米。

跟其他的鸭嘴龙类相似，它们行走的时候有两种方式——两足或四足方式。一般来讲，它们在搜寻食物的时候采用四足的方式，在奔跑的时候采取两足的方式。我们前面提到的两具大鸭龙标本目前被收藏在美国自然历史博物馆，其中一具被做成了四足着地的样子，另外一具则是两条腿站立的样子。

大鸭龙的知名度虽然没有埃德蒙顿龙高，但也是经常出现在大众媒体中的代表性恐龙之一。在英国 BBC 的科普节目《与恐龙共舞》的最后一集《末代恐龙》中大鸭龙曾经出现，美国探索频道播出的电视节目《恐龙纪元》中也有大鸭龙的"演出"。

▼ 一只大鸭龙正在四处瞭望。

□山东龙属（Shantungosaurus）

最大长度：15 米
生活年代：晚白垩世
化石发现地：北美洲、东亚

　　山东龙是最大的鸭嘴龙科恐龙之一，也是能以两足行走的最大的植食性恐龙之一。它们的体重大约为 7 吨，以后肢站立时的高度大约为 7 米。山东龙的巨型尾巴占了体长的一半，在它们直立行走的时候能很好地平衡身体。山东龙并没有冠饰，但却有着鸭嘴龙科典型的喙状嘴，并且牙齿位于口腔的后部。尽管山东龙是一种鸟臀目恐龙而非蜥臀目蜥脚龙，但由于体型巨大，它们对植物的影响与蜥臀目蜥脚龙几乎一样。这种恐龙之所以被称为山东龙，是因为 1973 年人们在华东地区的山东省，发现了这种恐龙的一具几乎完整的骨架。

▶ 亚冠龙拥有一个突出的中空冠饰，与现在某些陆栖鸟类的冠饰很像。亚冠龙的冠饰可能有助于它们在植物中穿行，但其真正的功用到底是什么，人们也许永远也无法得知。

□亚冠龙属（Hypacrosaurus）

最大长度：9 米
生活年代：晚白垩世
化石发现地：北美洲（加拿大亚伯达省、美国蒙大拿州）

　　亚冠龙与冠龙一样，也拥有一个头盔似的中空冠饰，而且连内部结构也几乎一样。亚冠龙也有一条背脊，并过着群居的生活，进食时也是四肢着地。人们在加拿大的亚伯达省，发现了亚冠龙的一窝蛋化石，里面共有 8 个巨型的恐龙蛋，由此人们深刻地了解到了亚冠龙的家庭生活。这些蛋的大小如甜瓜一般，内部含有已经化石化了的胚胎。它们成排地堆在一起，可能是在即将要孵化出来的时候才被埋起来的。覆盖在它们上面的可能是土壤和植物的混合物，植物腐烂时放出的热量有利于幼龙的成长发育。和慈母龙一样，亚冠龙在孵化幼龙时也会守在居巢旁边。

肉食性恐龙

兽脚亚目意为"长有野兽脚"的恐龙，是蜥脚亚目恐龙的远亲动物，但它们的外形和生活方式却都有着很大的不同。大部分的兽脚亚目恐龙，不是利用四足缓慢地行走，而是两足行走，并且它们吃的也不是植物而是肉类。在这个数量庞大、种类繁多的肉食性动物族群中，既有早期的一些跟一只猫差不多大的物种，也有后来才出现的干燥陆地上曾生活过的最大的肉食性物种。大部分的巨型兽脚亚目恐龙都是独自捕猎，但在下面涉及的一些小个的物种，是属于机智灵敏型的，会成群结队地进行捕猎。

 角鼻龙科

最早的肉食性恐龙出现于晚三叠世，距今大约有 2.2 亿年。与人们的普遍看法相反，这些肉食性恐龙中没有几个是体型巨大的，但它们用速度和机智弥补了体型上的不足。角鼻龙下目的恐龙体型轻巧，能以后肢疾速地奔跑，并可利用长尾来平衡身体。它们不但可以抓捕地面上的动物，甚至还可以跳跃着捕捉空中的昆虫。在角鼻龙下目中，有许多恐龙物种都具有喙状嘴，里面的牙齿小但呈针状。它们的肢臂细长，并长有锋利的爪子，是理想的猎捕工具，能抓住并制伏那些还在拼命挣扎着的猎物。

□ 腔骨龙属（Coelophysis）

最大长度：3 米
生活年代：晚三叠世
化石发现地：北美洲（美国亚利桑那州、科罗拉多州和新墨西哥州）

人们通过化石研究已经对腔骨龙了如指掌。在美国科罗拉多州的幽灵牧场，有一项惊人的发现，里面含有近 1000 个样本残骸，从幼年到成年应有尽有，成为了最著名的三叠纪恐龙群之一。这座巨大的墓穴有力地表明了，腔骨龙是群居动物。然而，在一些大型样本中发现的骨化石则很可能意味着，它们也会吃掉彼此的幼崽。人们从这些化石资源中鉴定出了两种恐龙类型："强健型"和"柔弱型"。古生物学家认为，这应该只是雌雄有别，而并非两个独立的物种。

▶ 腔骨龙属于中等体型的肉食性动物，站起来后跟一个成年人差不多高。它在疾速奔跑的时候，很可能会压低脖颈，并将尾巴抬到几乎水平的位置，以保持自身的平衡。腔骨龙那些小型的锯齿状牙齿专门用来解决比自己小的猎物。

▼ 奔跑中的捕食者
这是晚三叠世的风景，一群腔骨龙正疾驰而过，向一只正在沼泽内进食的鲸龙逼近。腔骨龙通常都会猎捕比它们小很多的动物，但在松软的地面上，植食性的动物会处于劣势，所以这一次，这群掠食者们很可能会捕杀成功。

□ 始秀颌龙属（Procompsognathus）

最大长度：1.2 米
生活年代：晚三叠世
化石发现地：欧洲（德国）

　　始秀颌龙不仅是兽脚亚目中已发现的最古老的物种之一，也是最早的恐龙物种之一。人们是从单独的一具极不完整的骨架上开始了解始秀颌龙的。然而，从那受到严重毁坏的颅骨残骸中可以看出，始秀颌龙似乎长着长而尖的口鼻部和锋利的牙齿。始秀颌龙很可能以昆虫和小型蜥蜴为食，它们或者用嘴或者用巨大的五指爪来抓住这些食物。

□ 秀颌龙属（Compsognathus）

最大长度：0.6~1.4 米
生活年代：晚侏罗世
化石发现地：欧洲（德国、法国）

　　秀颌龙体型轻巧，行动灵敏，很可能只有3 千克重，跟一只大型的鸡差不多大。它的名字意为"美丽的下巴"，是在恭维它的嘴长得狭小，里面长满了小而尖利的牙齿。与它的亲缘动物一样，秀颌龙的外形也像鸟类一样，拥有修长的后肢，脚上长有三个脚趾，并且骨头也是中空的。从其胃的残骸化石来看，秀颌龙是吃蜥蜴的，而且同族之间还有可能自相残杀。

□ 跳龙属（Saltopus）

最大长度：0.7 米
生活年代：晚三叠世
化石发现地：欧洲（苏格兰）

　　跳龙是目前已知的最小的恐龙，大约有1千克重，和一只大型的家养猫一样大。由于跳龙的化石证据稀少，所以要精确地复原它们是不可能的。但从它们的残骸来看，这种微型掠食者的手上长有五指——兽脚亚目恐龙在进化时的一种原始特征。一些科学家认为，跳龙可能会跳跃前行，就像今天的一些啮齿动物和有袋哺乳动物那样。但这一有趣的观点还无法证实。考虑到跳龙的体型较小，昆虫很可能就成了它们饮食的重要组成部分。只是它们也可能会进行食腐生活，而目标则是那些被大型恐龙杀死了的动物。

▼ 始秀颌龙（左下）和秀颌龙（右下）的生活年代相差了5 000万年，但它们却具有很多共同的特征。其中有：修长的身体，坚硬的长尾，灵活的脖颈和细长的头部。两种恐龙都具有很好的视力，这对抓住移动迅速的猎物是必不可少的条件。

秀颌龙

始秀颌龙

□ 虚骨龙属（Coelurus）

最大长度：2 米
生活年代：晚侏罗世
化石发现地：北美洲（美国怀俄明州）

　　虚骨龙是另外一种与秀颌龙具有相似身形及行为的小型肉食性动物。它生活在侏罗纪北美洲的沼泽地和森林里。与早期兽脚亚目恐龙不同，虚骨龙的每只手上都只有 3 根手指，并且每一根手指上都长有尖利弯曲的爪子。虚骨龙的头部很小——与人类的一只手差不多大，并且口鼻部狭窄但末端钝圆。虚骨龙完全长大之后，体重可达 20 千克。

□ 角鼻龙属（Ceratosaurus）

最大长度：6 米
生活年代：晚侏罗世
化石发现地：北美洲（美国科罗拉多州）、非洲（坦桑尼亚）

　　角鼻龙重达 1 吨，尽管还比不上兽脚亚目中真正的巨无霸，却也是相当大的捕食者了。角鼻龙最具个性的特点就是在鼻子上长了一个犄角，在繁殖的季节里，这可能就会成了雄性个体之间争斗的武器。此外，角鼻龙的眼睛上方还长有眉嵴，沿着它的背部往下还有一条窄细的背板线，并且它的手上长有四指。1883 年美国科罗拉多州的采石场内，人们在异特龙遗骸的旁边，找到了第一具几乎完整的角鼻龙遗骸。而之后发现的足迹化石则说明，角鼻龙进行群体捕猎。和小型兽脚亚目恐龙的生活群不同，角鼻龙群能够袭击并杀死重达几吨的植食性动物。

▼ 角鼻龙正在袭击一只腕龙。对大型的蜥脚龙来说，仅一只角鼻龙就已经是一个重大的威胁了。但如果角鼻龙成群结队而来——看起来也很有这个可能，那将会是致命性的打击。

两足行走

世界上最大的恐龙用四足行走，但速度最快最灵活的物种——几乎包括所有的肉食性动物——都以两足行走或奔跑。

恐龙进化于利用四足行走或奔跑的爬行动物，但它们中有很多物种都只用后肢进行移动。这种两足的移动方式有3个优点：跑得更快，看得更远，而且由于前肢不用于奔跑，可以腾出来做其他事情。而缺点则是，在这样高速的运动中，只要迈错了一步，恐龙就会跌倒在地。

□ 两足恐龙

在恐龙的世界里，有两个种群是部分或全部以两足行走的——兽脚亚目恐龙（既包括轻量级的也包括重量级的肉食性动物）和植食性的鸟脚亚目恐龙。很多鸟脚亚目恐龙都是"兼性两足动物"，意思就是说，它们大部分时间都以四足行走，但在拾取食物、保护自己或者躲避危险的时候，却可以转换到两足行走。它们的前肢和后肢并不一样大，但前肢却也足够强壮，可以承担它们的体重。在兽脚亚目中，具有这种两足生活方式的物种就更多了。其中大部分恐龙都一直用后肢站立，而无法利用四足行走。它们的前肢要比后肢弱得多，但常常都拥有较长的手指并长有尖利的爪子，可以用来挖蛋、抓取食物或者鞭打猎物。

▲ 暴龙科恐龙在全速前进时，会抬高尾巴以平衡头部，而在静静站着的时候，则会保持身体的竖直。

暴龙科恐龙是最大的肉食性两足动物，它的后肢比一个成年人的两倍还高，而前肢却只有人类的手臂那么长。这些微型的前肢对恐龙的运动起不到任何作用，对进食可能也没什么大的用处。一些专家认为，这样的前肢在恐龙卧倒或交配时可能会被用作支撑，但它的具体用途仍然还是个谜。

□ 步伐沉重的短跑者

小型猎食者利用两足行走可以变得快速而灵活。其中最快的要数似鸟龙科的似鸵鹬龙，它后肢上的小腿骨很长，具有奔跑的理想形状。似鸵鹬龙的奔跑速度达到了 60 千米 / 小时，几乎可以赶得上今天所有的陆地动物。

但并非所有两足行走的恐龙都是优秀的长

◀ 恐爪龙每只后脚的内部都有一个可伸缩的脚趾，上面长有镰刀状的巨型爪子。当恐爪龙要发动攻击时，它的爪子就会向下旋转。

跑健将。霸王龙后肢巨大，体重达7吨，这样沉重的身体很可能无法承受长距离的追逐。它在奔跑的时候，几乎是不可能转身去追猎物的。很多古生物学家都相信，霸王龙更可能是"守株待兔"式的猎食者，潜伏在植物丛中，一旦有猎物进入攻击范围之内，就会从隐藏处突然冲出来。

□ 维持平衡

对两足行走的动物来说，维持平衡是非常重要的。这对像霸王龙这样大型的掠食者来说，确实如此，因为它们一旦进入运动状态，就会势不可挡。如果霸王龙被绊了一下，由于能用来防止跌倒的只有它的微型前肢，它们将会面临发生危险事故的风险。而对恐爪龙这类轻量级猎食者来说，会不会摔倒就不那么重要了。

人类的身体是直立的，所以重心就在两腿的上方，而这正是利于维持平衡的恰当位置。在兽脚亚目中，恐龙的头部和躯体往同一个方向前倾，而尾巴则往另一个方向倾斜。为了让重心保持在后肢上，它们就必须确保身体的这两部分是平衡的。对巨型的掠食者来说，它们硕大的头部就是个麻烦，这会让它们有倾倒在地的危险。为了避免这种情况的发生，它们可能只在奔跑时才会将身体前倾。

▲ 恐爪龙长约4米，属于中量级的两足猎食者，但它的前肢却发育得非常好。与其他兽脚亚目恐龙一样，恐爪龙的尾巴部分作为配重维持平衡，部分作为稳定器吸收能量，与今天的袋鼠非常相像。

□ 回到"四足"

很多古生物学家相信，蜥脚龙——世界上最大的植食性恐龙——是从两足行走的祖先进化而来的。但随着它们的进化，体型越来越大，两足行走的生活方式很快就被遗弃了。有些蜥脚龙也许可以用尾巴做支撑，再依靠后肢的力量站着，但由于它们的消化系统巨大而沉重，单靠后肢它们几乎寸步难行。

尽管恐龙的足迹化石遍布世界各地，但相对于它们的骨化石来说，依然是很罕见的。这是因为只有条件非常合适的时候，恐龙的脚印才能被保存下来。首先，地面必须是柔软的，但不能太柔软，否则脚印很快就被填满了。其次，在脚印形成后不久，就必须要有一些东西——如沉积物或者沙土——将脚印覆盖保护起来。大部分的足迹化石都属于一只单独的恐龙，但在有的地方，地面上却留下了一整个恐龙群的印迹。

足迹识别

对现存动物进行足迹匹配是非常简单的，而对恐龙来说，通常都会更难一些。专家们可以通过脚印的形状大体判断出恐龙的类型来。例如，蜥脚亚目和兽脚亚目留下的脚印就不同，蜥脚亚目的脚印呈圆形或椭圆形，而兽脚亚目的脚却像鸟类的脚，脚趾长而且有巨大的爪子。但要确定具体是哪一种蜥脚龙或兽脚龙就要难多了。为了避免随便臆测，足迹化石通常都会有它们的专属学名。

速度计算

足迹化石不仅可以显示出恐龙的去向，还能反映出它们的行进

▲ 这是发现于澳大利亚云雀采石场的恐龙足迹化石，它们展现出了世界上最大的一次集体逃窜事件。大约有 150 只小型的兽脚亚目恐龙和鸟脚亚目恐龙，似乎是在为了躲避一只大型的肉食性恐龙而拼命逃生。不过，这些足迹化石并没显示出那只捕食者到底成功了没有。

▼ 在正午炽热的阳光下，一小群禽龙正沿着海滩漫步。湿沙有时可以产生清晰的足迹化石，而黏泥浆却会使化石的形状变得模糊。

以"石"为证

这些聚集在一起的脚印发现于美国的犹他州，是在几只恐龙走过同一片湿地后留下来的。恐龙的脚印有时候会彼此重叠，因此足迹专家经常能判定出足迹的形成顺序。这为确定那时候的恐龙之间是否会相互影响提供了有力的证据。犹他州富产足迹化石。其中有些由鸭嘴龙科留下来的脚印长达1.35米，创造了世界之最。

速度。要计算这个速度，足迹专家需知道两个测量数据，即恐龙的腿长和步幅。这些数据显示出，似鸟龙——最快的恐龙——奔跑的速度很可能达到了60千米/小时，而且由于体型轻巧，它们还能够相当快地加速和减速。而体型最大的蜥脚龙和肉食性恐龙跑得就要慢多了，它们也需要更长的时间来加速。这类恐龙最快可能跑到30千米/小时，大致上是人类奔跑速度的两倍。对于像地震龙这样巨型的蜥脚亚目恐龙来说，真正意义上的奔跑似乎是不可能的，因为那会给它们的腿带来极大的负担。这种动物很可能只在受到惊吓时才会突然加速地奔跑起来，每一步只抬动一只脚，另三只脚触地。

与其他动物一样，非必要时恐龙不会浪费力气，所以能展现它们奔跑状态的足迹化石比较稀有。在澳大利亚的昆士兰省，云雀采石场是能够找到这种化石的为数不多的几个遗址之一。那些足迹是由一群小型的兽脚亚目恐龙和鸟脚亚目恐龙留下来的，它们似乎是在全速奔跑。研究者们相信，这群恐龙是在躲避一只捕食者。

□ 行迹

大量脚印集合在一起就形成了行迹，它们能透露出很多与恐龙运动相关的信息。2002年

在苏格兰西部的斯凯岛上，人们在一块砂岩板上找到了一些脚印。这些脚印是由植食性的鸟脚亚目恐龙留下来的，看起来像是一只成年恐龙和10只幼崽结群而行。这一了不起的发现表明，鸟脚亚目恐龙可能会像今天的牧草类哺乳动物一样，对它们的孩子进行"牧养"。

大部分行迹所包含的脚印都是由某个单一物种留下来的，但是偶尔也会有几个不同物种混在一起的时候。其中最著名的例子之一就是，人们在美国得克萨斯州帕拉克西河河畔的发现。那里的行迹展现出了一只大型兽脚亚目恐龙的三趾脚印，而且很明显的是，那只恐龙正在追踪它的蜥脚龙猎物。

就像今天的动物一样，恐龙会经常聚集在特定的地方进食或者饮水。在这种地方，地面常常会被踩踏得一塌糊涂，留下一些乱七八糟的脚印。但在有些地方，恐龙经过之后，一大片地面上都会留下分散的脚印。这可能就是恐龙的迁徙线路——世代恐龙沿用了数千年的路径。

▲ 一只蜥脚龙在缓慢地移动着，一只兽脚龙正在向它迫近，企图发起攻击。这一场景和之前的引发事件都被记录了足迹化石中，后来人们在美国得克萨斯州的帕拉克西河河床上发现了这些化石。捕食者留下了兽脚亚目典型的三趾脚印，而蜥脚龙的脚印则是圆圆的，并且前面还有明显的小爪印。在这次袭击后不久，留下的脚印就被沉积物给覆盖了。数百万年之后，它们便形成了化石而重现于人们眼前。

阿贝力龙科

阿贝力龙科恐龙生存于侏罗纪晚期到白垩纪末期的冈瓦纳大陆，目前它们的化石发现于非洲、南美洲、欧洲和亚洲，主要分布国家包括阿根廷、巴西、印度、马达加斯加、尼日尔等国。该科成员主要特征包括：短的高的头部、很宽的吻部、短小的前肢、粗壮结实的后肢、较小的牙齿。著名的成员包括食肉牛龙、玛君龙、爆诞龙、阿贝力龙、奥卡龙等。

□ 阿贝力龙属（Abelisauridae）

最大长度：7 ~ 9 米
生活年代：晚白垩纪（距今 8000 万年前）
化石发现地：南美洲（阿根廷）

有时候为了表彰那些做出了突出贡献的科学家，我们会将某项发现用他们的名字来命名，比如阿贝力龙就是以阿根廷自然科学博物馆的馆长同时也是这具化石的发现者阿贝力的名字来命名的。

阿贝力龙是阿贝力龙科恐龙的一属，意思为"阿贝力的蜥蜴"，生活在白垩纪末期——现今的南美洲。它是两足的肉食性恐龙，虽然只有一部分的头颅骨标本，但估计它的身高可达 7 ~ 9 米。

根据挖掘到的化石显示，阿贝力龙的头骨长度为 85 厘米，呈现椭圆形，表面上看起来很厚重，但是上面有一种特殊的中空结构，不仅能使头部灵活自如，而且还能避免剧烈的捕猎运动所产生的震动对头骨造成的冲击。它不像其他阿贝力龙科（如食肉牛龙）般有任何冠或角，但却在鼻端及眼上有粗糙的隆起部分。它的上下颌长有四排虽然小但却异常锋利的牙齿，下颌与颈部间长满了强壮有力的肌肉，再配合上短粗有力的脖子，因此阿贝力龙可以牢牢地咬住猎物。

它的前肢短而强壮，但是灵活度很差，就像一根短小的棍子悬在了身上，因此科学家推测这对小爪子的作用也许是用来固定猎物的，但与短小的前肢形成鲜明对比的是它身体非常强壮，后肢长而有力，这让它在奔跑中可以达到很快的速度，同时它的后肢呈现更典型的角鼻龙类特征，距骨与跟骨互相愈合，并愈合到胫骨上，形成胫跗骨。胫骨比股骨还短，使后肢更加结实。脚部有三个有功能的脚趾，第一趾即为后趾，并没有接触到地面上。

因为阿贝力龙非常强壮，当它们发现猎物

▲ 在广袤的平原上，强壮的阿贝力龙一出现，其他小恐龙就望风而逃。

的时候，就会快速地冲向对方，然后用结实的头颅狠狠地将其撞倒，然后张开大嘴，紧紧地咬住猎物的颈部。那些可怜的植食恐龙的硬皮肤此时如同纸糊一样，很轻易地就被阿贝力龙的利牙给穿破了，只有坐以待毙了。

阿贝力龙类最早出现在侏罗纪中期，它们目睹了肉食龙类和棘背龙类的兴衰，以及坚尾龙类的昙花一现，在南美洲的巨型肉食龙类灭绝以后，它们位居南美食物链的顶端，化石显示，它们的足迹还遍布欧洲、亚洲和北美洲，不过可惜的是它们没有与当时称霸亚洲和北美洲的暴龙类进行竞争。

□ 胜王龙属（Rajasaurus）

最大长度：7～9 米
生活年代：晚白垩纪（距今 7000 万～6500 万年前）
化石发现地：亚洲（印度）

一提起印度，大家都会用"神秘"二字来形容，这个位于南亚次大陆的国家拥有着悠久的文化，而我们这次的主角，便是来自佛教发源地印度的纳巴达胜王龙（简称胜王龙）。

胜王龙是阿贝力龙科食肉牛龙亚科的一属，他生存于白垩纪晚期的印度，是体型中等的肉食性恐龙，身长 7～9 米。头部呈现椭圆形，只有 60 厘米长，上下颌长满了密密麻麻的牙齿，便于撕咬，同时鼻骨高耸，额头表面有一个质角状物。和其他有角的恐龙比起来，这只角显得格外矮小和浑圆。它的身躯很庞大，显得结实而有力，同时前肢短小，只有抓取和固定猎物的功能；而作为主要行走工具的后肢则粗壮有力，便于奔跑和快速追逐。

胜王龙靠捕食大型植食性恐龙为生，后来发现的胜王龙类便化石里有植食性恐龙遗骸，这也进一步证实了这一点。作为当时最凶狠的肉食性恐龙，它根本不屑于伪装或者埋伏，而是直接去攻击猎物，利用自己粗壮的身体猛地将猎物掀翻在地，然后毫不留情地用血盆大口咬住猎物的脖子，然后用力一甩，顿时将猎物撕得血肉模糊，失去反抗的能力，只能任它宰割。

纳巴达胜王龙的发现简直不可思议，它生活在恐龙几近灭绝的时期，这不仅为恐龙如何灭绝的研究提供了重要线索，而且为大陆漂移学说的研究带来了一缕曙光。古生物学家说，对胜王龙化石发现地沉积物的研究表明，那里发生过 5 亿年来地球上最大规模之一的火山活动。研究人员还认为，纳巴达胜王龙与非洲岛

▼ 凶猛的胜王龙是当时恐龙世界中最可怕的猎食者，许多大型食草性恐龙都丧生在它的血盆大口中。

▲ 两只奥卡龙正在觅食。

国马达加斯加、澳大利亚和南美洲发现的某些恐龙种类之间有着千丝万缕的联系。科学家希望这一发现能够在解释各大洲如何分离，特别是印度大陆如何从非洲板块分离并"撞入"亚洲板块方面帮上忙。

□ 奥卡龙属（Aucasaurus）

最大长度：4 米

生活年代：晚白垩纪（距今约 7500 万 ~6500 万年前）

化石发现地：南美洲（阿根廷）

奥卡龙是根据 1999 年在阿根廷发现的一具几乎完整的化石命名的，它最独特之处是其头部有非角状的肿块。它是中等体型的兽脚亚目恐龙，是阿贝力龙科食肉牛龙亚科的一属，约有 4 米长，臀部约有 1 米高，体重约 700 千克。

奥卡龙体型不大，但显得很健美和紧凑。它的颅骨的高度与长度几乎一样。眼眶稍微有点儿突出，便于观察四周。它的脖子不长，长满了结实的肌肉，适应抓获猎物时剧烈地扭头运动。它的前肢虽然已有退化的迹象，但长度在肉食性

恐龙中已经算较长。由于距骨与跟骨的相互融合形成胫跗骨，它的后肢非常结实，脚部有 3 个有功能的脚趾，方便奥卡龙抓紧地面。

虽然是肉食性恐龙，但奥卡龙是群居的恐龙，它们常常集体出去狩猎。在 7300 万年前的白垩纪晚期，巨大的巴塔哥尼亚平原上覆盖着低矮的灌木丛和杂乱的蕨类植物。

而在每年的初夏，不少植食性恐龙会集结在一起，组成一个超大规模的繁殖队伍，不过它们一般将蛋产在平原和丛林的交界处，之后便随着大部队一起离开，而半露在地面的蛋依靠着阳光和植物腐烂发出的热量来进行孵化。不过其中几只植食性恐龙由于产卵时间太长，居然和大部队走散了。

而在远处，三只奥卡龙正在虎视眈眈地看着这几只猎物，它们已经埋伏在灌木丛中很久了。这三只奥卡龙显然非常有默契，首先，一只个头稍小的借着灌木丛的掩护沿着森林内侧靠近猎物，而另外两只稍大的则走着相反的路线，从开阔的平原直取目标。这种包抄的战略非常正确，因为庞大的植食性恐龙如果为了逃命而钻进

灌木丛，臃肿的体形会让它们无法轻松转身，个头小的那只奥卡龙显然可以对付它们，而如果它们向空旷的地带逃跑，那么等待它们的是迎面赶来的另外两只。

战术显然奏效了，当那只稍小的奥卡龙咆哮地从灌木丛中冲出来时，慌不择路的植食性恐龙扭头就跑，殊不知刚跑没多远便和两只大的奥卡龙撞个正着，只见其中一只借着奔跑的力量，一下子咬住了一只植食性恐龙的脖子，然后又借势一扭，"咔嚓"一声便折断了。另外一只奥卡龙也赶紧跟上来，对着猎物头部又是一下……

团队狩猎显然需要一定的智慧和配合，而奥卡龙显示出的默契不由让我们惊讶。

□ 食肉牛龙属（Carnotaurus）

最大长度：7.5 米

生活年代：晚白垩纪（距今 7200 万 ~6700 万年前）

化石发现地：南美洲

看过迪士尼大片《恐龙》的观众一定还记得里面那两只凶神恶煞般穿行于石林之间的肉食恐龙，特别是惨白的电光照映下它那红色皮肤以及额头上一对突出的大角，让人不寒而栗。

这部影片的主角便是食肉牛龙，它是非常有名的兽脚类恐龙，生活在白垩纪晚期南美洲大陆，是当地生物圈食物链顶端的巨型掠食者。

食肉牛龙长着一个巨大的脑袋，头部短且厚实，拥有大型的鼻部器官以及敏锐的嗅觉。其眼睛上面还引人注目地长了一对突出像牛角一样的东西，它有什么作用呢？现在的主流看法是，这些牛角状的突起物除了作为交配时恐吓对手的标志，也可能如现在的植食性动物那样被用作争夺交配权而进行撞角一类的竞争。此外，在抵抗强大的天敌时，这只角也是极为重要的武器。

不过食肉牛龙的颌部以及下颌骨不如其他巨型肉食性恐龙类那么强而有力，有的古生物学家甚至认为这样的下颌不但无法与其他的角鼻龙类争夺、厮杀，甚至连捕猎大型的植食性恐龙都比较困难；同时令人意外的是，虽然食肉牛龙长着血盆大口，它们的牙齿却细小而紧密，这使得各国古生物学家对它的生活习性产生了很多的猜测。

▲ 食肉牛龙长着血盆大口，细密的牙齿。

除了奇怪的牙齿外，食肉牛龙的前肢也很奇怪。和它巨大的体型比起来，它的前肢简直小得可怜，而且极度不发达，就算是以前肢短小而著称的暴龙也要比它的要长一些。食肉牛龙长长的脊椎像一根大梁挑起身体的重量，而从肩部排到臀部的长长肋骨保护并支撑着食肉牛龙的内脏，它用两条强壮的后腿奔跑，如果没有长长的尾巴，食肉牛龙根本不可能保持高速运动，因为在运动时，食肉牛龙的尾巴起着至关重要的平衡和控制方向的作用。

在食肉牛龙的身体表面覆盖着数以千计、互不重叠的鳞片，这些鳞片大都呈现圆盘状，而比这些鳞片大得多的半圆锥形的鳞片则排列在背部的两侧。

经过对化石的分析，我们发现，食肉牛龙和一辆小轿车一样重，几乎和一头大象一样高。食肉牛龙以猎杀植食性恐龙为生，由于后肢长而且强壮，它可以迅速地扑向猎物，在猎物还没反应过来的时候就能将对手抓获。

与巨大的暴龙相比，发现比较晚的食肉牛龙在个头上要低矮一些，并且它们也没有暴龙那样粗壮。实际上，食肉牛龙的体形比较细长，这样矫健的体形有助于它们快速地奔跑。虽然南美洲发现过许多著名的恐龙，但是它们似乎都没有食肉牛龙有名气。

□ 皱褶龙属（Rugops）

最大长度：7～9米

生活年代：早白垩纪（距今9900万～9300万年前）

化石发现地：非洲（尼日尔）

▼夕阳西下，一只凶狠的皱褶龙正飞扑向猎物。

在9500万年前的白垩纪早期，如今的撒哈拉大沙漠还是一片绿洲，这里有着众多宽阔的河流，并且气候温润，而巨大的皱褶龙就生活在这块区域。

皱褶龙是种中等大小的肉食性恐龙，身长7～9米，臀部高度为2.5米。它的头部长有装甲、鳞片以及其他骨头，上面布有许多血管。在它头部两侧各有7个洞孔，功能不明。科学家假设这些洞孔在它生前也许支撑着某种冠饰或角状物，而这些冠饰或角状物的作用也引起了科学家的种种猜测：一种观点认为，在交配季节来临时，雄性皱褶龙会使肉冠中充血，让其变得鲜艳，以此来向异性炫耀；另一种观点认为，肉冠可以用来调节体温，不同的温度会在肉质冠上显示出不同的颜色。

如同其他阿贝力龙类，皱褶龙的手臂非常短，与它庞大的身躯非常不协调，因此可能无法在打斗中发挥作用。它的手臂可能用来平衡身体。它的整个身躯非常修长，体形很健美，后肢长而有力，能够让它以较快的节奏奔跑。

发现皱褶龙的真正价值在于，它提供了大陆板块漂移的有力证据，它的化石告诉我们，非洲板块从其他大陆板块分离的时间要比之前我们所猜想的晚2000万年。科学家是怎么得出这个结论的呢？原来古生物学家曾经假想世界上有一个单一的超级大陆——冈瓦纳古陆，由现在的南美洲、非洲、南极洲、印度和澳大利亚组成，并于1.2亿年前开始板块漂移，并逐渐分离。然而，在距今9500万年，属于阿贝力龙类的皱褶龙却与阿根廷巴塔哥尼亚发现的阿贝力龙、马达加斯加发现的玛君颅龙相似，这就与之前的假想矛盾了：如果冈瓦纳古陆在1.2亿年前就分离的话，那么这些不同区域的恐龙就会因为地理的隔绝在身体结构上发生很大的变化，而不至于如此相似。因此，这就表明了非洲、南美、印度和马达加斯加的陆地直到1亿年前才开始分离，比此前估计的要晚2000万年。

似鸟龙科

似鸟龙科的恐龙腿长而且体型纤细，它们很可能是以小群体进行生活和捕猎的。它们不仅会吃小点儿的爬行动物和昆虫，还会吃植物和蛋类。它们的行为习惯跟今天那些不能飞的大型鸟类相似，躲避危险时的逃跑速度可达 70 千米 / 小时。似鸟龙科恐龙的嘴呈喙状，而且里面没有牙齿。它们的前肢纤细，用于拾取食物。相对于它们的体型来说，似鸟龙科恐龙的大脑比较大，属于机智灵敏型的动物。

◀ 长长的脖颈及瘦长的身体和后肢，这些都让似鸸鹋龙像极了现在一种不能飞的鸟。鸟类几乎就是从这些动物的近亲进化而来的。

□ 似鸸鹋龙属（Dromiceiomimus）

最大长度：3.5 米
生活年代：晚白垩世
化石发现地：北美洲（加拿大亚伯达省）

对似鸸鹋龙化石的研究表明，这种动物一定是当时最聪明的恐龙之一。它们的眼窝较大，能够在夜晚进行捕猎；它们的小腿骨较长，表明行动格外敏捷，并且速度可能达到了 65 千米 / 小时。似鸸鹋龙的口腔虚弱无力，它们先用三指爪挖掘出昆虫和其他小一点的食物后，很可能就只是匆匆地吞下。似鸸鹋龙的骨盆很宽，这种迹象说明它们可能会产下活胎或者非常巨大的恐龙蛋。

▼ 一群逃命的似鸵龙很快就甩掉了那只霸王龙。

□ 似鸵龙属（Struthiomimus）

最大长度：4 米
生活年代：晚白垩世
化石发现地：北美洲

似鸵龙意为"很像鸵鸟的恐龙"，这是一个非常合适的名字，因为这种恐龙长着大型的鸟类眼睛而且四肢纤细。它们的肢臂瘦长而难看，并且手指上长有发育良好的爪子。此外，它们的后脚上还有一个多余的第四趾。它们在奔跑或者转向以躲避袭击的时候，靠尾巴来保持身体平衡。似鸵龙很可能是一种肉食性动物，但由于牙齿不够，它们的食物只能被限制在小型猎物中。似鸵龙最初被认定是似鸟龙的一个变种，但随着化石

的进一步发现，一些专家认为，它们可能原来就是同一种动物。除了巨型的恐手龙外，所有的似鸟龙看起来都非常相似，因此将它们分类是件很困难的事。

□ 似鸟龙属（Ornithomimus）

最大长度：4 米
生活年代：晚白垩世
化石发现地：北美洲（加拿大亚伯达省，美国科罗拉多州和蒙大拿州）、亚洲（中国）

　　似鸟龙科恐龙的身体构造都跟速度有关，似鸟龙也不例外。似鸟龙拥有轻盈中空的骨骼和长而有力的类鸟腿，而且脚上还长有爪子。因为似鸟龙视力好，反应快，所以很可能既是一个高效的猎食者，又是一个成功的食腐者。

　　然而最近对于其颅骨的研究表明，这种恐龙——也许还有其他似鸟龙科的恐龙——属于冷血动物，这意味着它只能进行短时间的爆发奔跑。最初，人们

▶ 似鸟龙是似鸟龙科中典型的运动健将，无论是受到食物的吸引还是危险的惊吓都能迅速奔跑。它们在奔跑中会把头抬得高高的，以便能很好地观察周围的情况，而那坚硬的长尾巴则用来保持身体的平衡。

仅是从脚和腿开始对似鸟龙有所了解的，到了1917 年，人们才发现了它的第一具完整骨架，这期间有 30 年的空白期。

□ 似鹅龙属（Anserimimus）

最大长度：3 米
生活年代：晚白垩世
化石发现地：亚洲（蒙古国）

　　似鹅龙意为"很像鹅的恐龙"，人们对它所有的认知均来源于蒙古国的一具骨架化石。即使化石中的头部并不完整，这一物种仍然像是一种典型的似鸟龙科恐龙，只是它的短臂和中指爪格外强壮。这表明，似鹅龙可能是靠挖掘来寻找食物的。

□ 似鸡龙属（Gallimimus）

最大长度：6 米
生活年代：晚白垩世
化石发现地：亚洲（蒙古国）

　　尽管似鸡龙是指"模仿鸡的恐龙"，它依然可能是似鸟龙科中最大的恐龙。人们曾认为似鸡龙是一种地基猎食者，但 2001 年一项新的化石发现显示出，似鸡龙的上颌悬着梳状的过滤结构。这就意味着，似鸡龙是一种涉禽类动物，会从水中过滤出它们的食物——就像今天的火烈鸟一样。

□ 恐手龙属（Deinocheirus）

最大长度：达 20 米
生活年代：晚白垩世
化石发现地：亚洲（蒙古国）

人们对恐手龙的了解只是来自于一对肢臂和一些肩胛骨，所以恐手龙就成了恐龙世界里的一大谜团。如果恐手龙属于似鸟龙科，那么它绝对就是这个族系中的巨怪。因为它的肢臂长达 2.5 米，而肢臂上的爪子也超过了 25 厘米，完全可以成为可怕的武器。

▼ 高抬着头奔跑的恐手龙，就像一个可移动的观察哨，视野良好并时刻关注着周遭的情况。它的眼睛朝向侧面，就像鸵鸟和其他一些不会飞的鸟类一样。这样的构造对判断深度并不是很有利，但对于留意来自各个方向的危险却是非常理想的。

驰龙科

驰龙科恐龙迅速而凶猛，是其他恐龙的终结者。它们的身体完全是为速度和屠杀而生的。它们体型小巧，有着健壮的四肢和镰刀状的尖利爪子。它们的头部很大，口腔比较长，里面长有弯曲的锋利牙齿。它们的大脑发育良好，而且还经常成群结队地进行捕猎，对那些体型几倍于自身的动物穷追猛打直到捕获为止。

□ 恐爪龙属（Deinonychus）

最大长度：4 米
生活年代：早白垩世
化石发现地：北美洲

恐爪龙意为"爪子恐怖的恐龙"，尽管它们比很多其他的白垩纪肉食性动物都要小得多，但即便是对最大的植食性动物来说，恐爪龙依然会是一个很大的威胁。它们就像现代的狼群一样成群结队地活动，在迫近猎物发起最终攻击之前，会进行反复的骚扰，直到耗尽猎物的力气为止。一旦到了致命一击的时刻，群中的恐龙就会跳到猎物身上，用它们可伸缩的镰刀状爪子——长达 12 厘米的可怕武器——鞭划着这些猎物。这些恐龙在跃到猎物身上刺穿它的时候，会用坚硬的尾巴当做配重，以免失去平衡。与其他的驰龙科恐龙一样，恐爪龙也拥有一个相对体型来说较大的大脑，使其在群体猎捕中表现得聪明灵敏。恐爪龙精力如此充沛，以至于一些专家认为，它们可能是温血动物，不过这一观点还有待证明。

▶ 和其他的肉食性恐龙一样，恐爪龙并不能刺到猎物的体内去，而是利用后弯的牙齿撕扯下大块的肉来。恐爪龙还长有巨大的眼睛，它们在捕食时，可能就是主要依靠敏锐的视力来发现潜在猎物的。而嗅觉在它们寻找食物时很可能就没那么重要的。

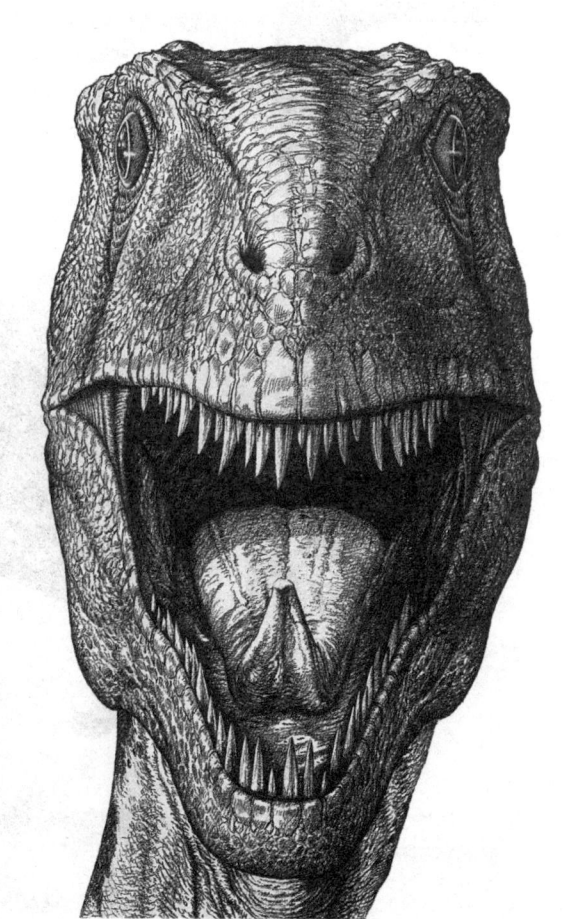

□ 驰龙属（Dromaeosaurus）

最大长度：1.8 米
生活年代：晚白垩世
化石发现地：北美洲

　　驰龙的体型相当于恐爪龙的一半，但它们的身形却非常相似。驰龙也是一种行动迅速的捕食者，它的速度很可能达到 60 千米 / 小时左右。驰龙的内脚趾上也有一个镰刀状的爪子，在用不到的时候可以缩回来。在发现驰龙化石的 50 年后，人们才找到了比它更大的亲缘动物，因此这个恐龙科便以驰龙命了名。因为当时发现的驰龙遗骸并不完整，直到研究了恐爪龙并发现了两者的相似之处后，古生物学家才能够完全地解读驰龙。

□ 蜥鸟盗龙属（Saurornitholestes）

最大长度：1.8 米
生活年代：晚白垩世
化石发现地：北美洲（加拿大亚伯达省）

　　1978 年在加拿大的亚伯达省，人们发现了蜥鸟盗龙的一些牙齿、肱骨和一个颅骨的残片；而人们对蜥鸟盗龙的了解也只限于此，所以关于蜥鸟盗龙还有很多不明确的事情。根据这些极为不足的证据，古生物学家将蜥鸟盗龙归为了驰龙科，但它们也有可能是一种蜥鸟龙。蜥鸟盗龙是一种敏捷灵活的猎食者，它的手掌巨大，手指能紧紧地抓住猎物。

▼ 驰龙（上）、恐爪龙（中）和迅猛龙（下）是非常高效的捕食者，它们的每只脚上都有一个可伸缩的爪子。它们在移动时，爪子会远离地面以保持爪尖的锋利。

□迅猛龙属（Velociraptor）

最大长度：1.8 米
生活年代：晚白垩世
化石发现地：亚洲（蒙古国、中国）

迅猛龙最早发现于20世纪20年代的蒙古国。与驰龙相比，迅猛龙的头部更长也更扁，但两者在体型和外形上都比较相像。很多年之后，一支考察队发现了一具迅猛龙的遗骸化石，它是因为袭击原角龙而死的，迅猛龙的生活也由此得到了生动的说明。迅猛龙意为"敏捷的窃贼"，这个名字很好地描述出了这种小巧、迅速而且聪明的猎食者，它的奔跑速度可达60千米/小时。虽然迅猛龙只能以这一速度进行短暂的爆发奔跑，但它的极限速度可能仅次于似鸟龙。与驰龙科的其他恐龙一样，人们对迅猛龙的繁殖习性及是否下蛋了解得也很少。

□恶灵龙属（Adasaurus）

最大长度：2 米
生活年代：晚白垩纪（距今7400万~6500万年前）
化石发现地：北美洲（美国、加拿大）

恶灵龙是驰龙科的一员。驰龙科是与鸟类最为接近的一个科，其他驰龙亚科的恐龙包括有恐爪龙、伶盗龙、小盗龙及鹫龙等等。恶灵龙的学名是"阿达的蜥蜴"的意思，因为爱吃腐食和集体行动，被人们取了这个名字（阿达是蒙古神话中的恶魔，言下之意，只有恶魔才会对这么多尸体感兴趣）。

成年的恶灵龙由鼻端至尾巴约为2米长，恶灵龙的头部不大，颌部分布着密密麻麻的牙齿，在边缘长有锯齿状的尖牙。它的口鼻部很狭窄、眼睛向前，显示出它具有一定程度的立体视觉。它的颈部很长，身体却相当短，不过结构轻巧，前肢的退化没有那些大型肉食性恐龙明显；有两根镰刀状的爪子，但只有3根指头可以发挥作用，而这一特征也让恶灵龙在驰龙亚科中显得比较独特。它的后肢长而健壮，因此恶灵龙可以矫健地奔走。虽然没有化石证据，但是科学家们相信它的身体外面覆盖有羽毛，只是没有飞翔的能力。

这是白垩纪晚期北美洲大陆常见的情景：旭日东升，草原上一片生机勃勃，雨水使池塘连成一片形成沼泽，原来干燥的大地长出了大片的灌木。这片大地将迎来雨季的大批"访客"。

而"访客"的增加，意味着更加激烈的生存斗争。整个陆地上，不停传来阵阵嘶吼声……几只恶灵龙刚刚宰杀了一只年幼的原角龙，首领开始享用最美味的部分，其他的恶灵龙虽然也很饥饿，但它们只是在周围虎视眈眈，却不敢有丝毫造次之心。但首领依旧不放心，会不时地回过头来张大嘴巴发出"吱吱"声，警告那些胆敢上前的家伙。首领吃完后，其他成年恐龙一拥而上，疯狂地吞食着大块滴血的肉。而幼年的恶灵龙无精打采地趴在一旁。原来在恶灵龙群中有着严格的秩序，幼年恐龙只能吃成年恐龙的残羹。当成年恐龙散开时，已经没有多少可以吃的东西了，失望的幼年恶灵龙只好无助地走开，饥饿逼迫幼年的恶灵龙必须自己找食物。

没过多久，几只巨大的翼龙借助着气流滑翔于天际，10米的翼展使它们成为空前绝后的飞行者，是死亡动物的气味吸引着它们来到草原上——原来一只年老的原角龙倒在了地面上。巨大的翼龙就像今天的秃鹫，以动物尸体为食，是原角龙的尸体使它们聚集在一起。翼龙在天边盘旋，经验告诉幼年的恶灵龙那里一定有食物，它对两个伙伴"咯咯"两声，便向草原深处奔去。

恶灵龙尾随降落的翼龙来到它们盘旋的地方，几只翼龙正在仰着脖子吞下大块的肉。恶灵龙被食物吸引着跑上前来，试图分一杯羹，一只翼龙转过身来挡住了它的去路——保护自己的食物。恶灵龙张开前爪在空中不断地挥舞着，并发出"吱吱"的威胁声，翼龙毫不示弱地发出乌鸦般的响亮叫声，巨大的喙一直对着恶灵龙。虽然翼龙在陆地上很笨拙，但是即使站在地面上也有3米高，扇动翅膀产生的巨大冲击力更是惊人，就算是成年恶灵龙也不是它的对手，更不要说是幼年的恶灵龙了。

就在希望要消失之际，另外两只小恶灵龙及时赶到，从后面窜出来，三只恶灵龙一起从三个方向逼向翼龙，一番打斗之后，翼龙一看寡不敌众，便识趣地跑开了。面对久违的食物，这几只饥肠辘辘的小恶灵龙共同享用了这堆鲜肉，享受着这救命的食物。

▼ 镰刀般的利爪弥补了恶灵龙身材的短小，更使它成为可怕的捕食者。

没有主动攻击能力的恶灵龙显然在干旱的季节里不易生存，因为可以供它们食用的食物实在太少了，而死去的恶灵龙则会被同类吞噬，成为同族活下去的养料，这样的结果正印证了它邪恶的名字。

□犹他盗龙属（Utahraptor）

最大长度：5 ~ 7 米
生活年代：早白垩纪（距今 1.26 亿年前）
化石发现地：美国

美国犹他州是一个大型的恐龙化石产区，古生物学家在此发现了犹他盗龙，它跟著名的伶盗龙有亲戚关系，不过，体型却大了很多，所以攻击力量比伶盗龙强很多。

犹他盗龙身长近 7 米，是驰龙家族里面身形最庞大的一种，这使它有能力攻击大型的植食性恐龙。一般的伶盗龙大小和人类相若，犹他盗龙却比公共小巴更大。犹他盗龙的骨骼构造和伶盗龙相似，头部中空，上面布有数个空洞，以减轻头部的重量，头颅上有一双大大的眼睛，可以具有立体视觉，因此便于观察。上下颌里整齐排布着密密麻麻锯齿般的牙齿，可以帮助它轻松撕开猎物的皮肤。

和大部分驰龙类一样，犹他盗龙前肢长有锋利而且弯曲的爪子，脚上最大的爪弯曲呈刀

▼ 犹他盗龙前肢上像弯刀一样的利爪是致命的武器。接近猎物后，它会伸出利爪，狠狠刺入对方体内，并反复不断地撕扯，直到猎物失去反抗能力。

状，由脚的肌腱控制。古生物学家相信，它在攻击猎物的时候会首先跳到猎物上面，然后伸出利爪插入猎物躯体内。犹他盗龙的利爪完全伸出后，可以达 23 ~ 38 厘米长，跟另一种脚上有巨型爪的恐龙——恐爪龙十分相似。

犹他盗龙也保留了长长的、水平的尾巴。当这种动物需要在快奔跑急转弯时，尾巴就起了平衡身体的作用，以免跌倒。跌倒对人类来说可能只不过是小问题，但在自然界跌倒的后果却是可以致命的，那意味着失去猎取的能力，进而失去了生存的能力。所以，古生物学家相信，在恐龙时代，当时的肉食性恐龙例如异特龙、犹他盗龙、伶盗龙等，也会面临相同的问题。

犹他盗龙的体重只有 1 吨，这不仅可以增加奔跑的速度，还可以减轻高速奔跑时双脚承受的压力。从理论上讲，犹他盗龙跑得比暴龙和棘龙都要快。

白垩纪一个炎热的日子里，几只犹他盗龙正在树后观察着周围的环境，在离这儿约一千米远的草原尽头，一群禽龙在水塘边吃食。这个时候，犹他盗龙准备开始捕猎，它们一个接一个一路小跑地尾随在禽龙群后面。当领头的犹他盗龙到达灌木丛时，它们分散开钻进了灌木丛里，这样，谁也不会发现它们了。遥远的天边，太阳消失在地平线下。一无所知的禽龙群继续觅食，它们仍然紧紧地聚集在一起。

太阳落山约两个小时后，一只较大的雌性

犹他盗龙从埋伏的地方钻了出来，在离目标群约60米远处开始冲向最近的一条禽龙。冲到离禽龙群只有20米远的地方，它停了下来并高声咆哮着。禽龙群变得惶恐不安。它们乱成一团，重重地跺着前腿，并朝着犹他盗龙咆哮。雌性盗龙控制住局势，很快其他的犹他盗龙便出现了，它们又一次在离禽龙很近的地方停了下来，各尽所能地恐吓这群植食性动物。此时对它们来说，要想攻击这群紧密的禽龙中的某一个体，而又不受到其他禽龙的伤害是不可能的。它们的目的就是迫使禽龙群在黑暗中散开，这样就会有单个禽龙脱离出来。

天越来越黑，一只年轻的雄性禽龙从群体中脱离出来，被一只守株待兔的犹他盗龙逮个正着，只见它灵巧地跳上猎物的臀部，把爪子从禽龙的侧面深深地刺了进去。接着是一声尖叫和一阵狂暴的反抗，但很快，第二只犹他盗龙便在黑暗中出现，从另一侧抓住了它。没过多久，这只年轻的禽龙便承受不住两只犹他盗龙的撕扯、踢刺、撕咬……终于轰然倒下。

禽龙临死前的惨叫引来了更多的犹他盗龙。当禽龙咽下最后一口气后，犹他盗龙平静下来，开始享用美餐。

清晨来临，展现在我们面前的是一个血淋淋的场面——所有的犹他盗龙都浑身沾满了血迹，悠闲地躺在尸体旁休息。它们将在禽龙的尸体旁待上几天，同时还得驱赶其他任何寻着气味而来的肉食动物。到它们离开的时候，尸体上很少会剩下什么东西。

身为伶盗龙的亲戚，犹他盗龙表现出的狡猾与灵活丝毫不逊色，而更大的体型有利于它们更加灵活地捕食。

□鹫龙属（Buitreraptor）

最大长度：5～6米
生活年代：早白垩纪（距今9400万年前）
化石发现地：南美洲（阿根廷）

近期，古生物学者在阿根廷内格罗河省挖掘出一具几乎保存完整的新物种恐龙化石，距今9000万年。这是一种小型肉食性恐龙，与火鸡一般大小，长着长长的尾巴，科学家将这种恐龙命名为鹫龙。让科学家兴奋不已的是，这具恐龙化石保存得接近完整，只缺少几块小骨骼。

我们可以肯定，鹫龙长着羽毛，但不能像今天的鸟类一样飞翔。古生物学者认为，这项发现将对于探究鸟类起源有着重要价值，鹫龙可能是鸟类进化历程中"缺少的一个环节"。因为它的发现地南美洲在当时就像现今的澳大利亚般是一个孤立的大洲。此前，古生物学者只在北半球发现与鹫龙类似的恐龙化石，因此它的发现弥补了这一空白。

究竟恐龙与鸟类有什么关系？南美洲出土的鹫龙与中国鸟龙有诸多相似之处，可以说它们是分别位于南、北半球的"远亲"。此外，鹫龙与伶盗龙存在较多相似处，比如都是身手敏捷的

▲ 身体长满羽毛的鹫龙看起来似乎更像鸟类，而不是恐龙。

▲ 长着后肢的蟒蛇其实是蛇类返祖现象的一种表现。

猎手。

依据阿根廷最新出土的化石，我们可以推测鸳龙的嘴部较长，与鸟喙十分相似，没有撕裂肉块的锯齿，而是长着小而宽的牙齿，因此并不擅长搏杀大型的猎物。

鸳龙长而像鸟类的手臂，非常适合用来抓捕较小的猎物。手部有三指，与其他鸳龙科相比，鸳龙的手指比例较短，三根手指等长，而其他驰龙科的手指长度不一。鸳龙的后腿较长，这一特征说明它擅长快速奔跑。鸳龙借助前肢两侧的肌肉和前肢的第二个脚趾去捕捉猎物。它虽不会飞翔，但是强有力的后腿轻轻一跃，就能够跳到几码之外，长长的尾巴并不笨重，非常巧妙地维持着鸳龙的身体平衡。科学家估计，它奇特的骨骼形状应当非常适合捕猎在洞穴中生存的哺乳动物和爬行动物。

通常在远古化石中很难找到羽毛标本，鸳龙化石也不例外。科学家认为鸳龙应当像北半球发现的中国鸟龙一样长有羽毛。假设我们发现一具猴子化石，和它有亲缘关系的物种都是多毛动物，我们肯定不会突发奇想地认为这具猴子化石生前可能没有毛发。而鸳龙与中国鸟龙都属于同一类型的恐龙物种，作为长着羽毛的中国鸟龙的远亲，它也一定长有羽毛。因此在我们的观念里，鸳龙这种小型恐龙的外形颇似鸟类，身体上长满毛发一样细的羽毛，前肢却长着相对长一些的羽毛，看上去像是短而粗的翅膀。

鸳龙化石支持了鸟类进化的两个理论。一个理论是：翅膀是在鸟类和手盗龙类的共同祖先时期形成的。有科学家认为南半球发现长有羽毛、前肢未形成翅膀的鸳龙不是一件新奇事情，这只是一种返祖现象。在现今的自然界仍存在着这种现象，例如蛇是从远古有足类爬行动物进化而来的，如今人们会惊奇地发现个别巨蟒身上竟长出后肢。

而鸳龙化石支持的另外一个理论是：鸟类翅膀的形成经历了两次进化；一次是由远古鸟类向现代鸟类进化；另一次则是南半球类似鸳龙这样的手盗龙类向鸟类进化，它们在进化过程中，原先较长的前肢慢慢进化成前翼。我们可以假设手盗龙类向鸟类进化时，并不是直接从前肢形成前翼，这之间存在着一个过渡时期，也就是鸳龙与中国鸟龙生存的时期。

阿根廷挖掘的鸳龙化石引起了古生物学者的浓厚兴趣，同时，它为古生物进化的研究提供了珍贵的线索，并且已经给我们提供了很多答案，它将进一步揭示鸟类的起源之谜。

□中国鸟龙属（Sinornithosaurus millenii）

最大长度：1 米
生活年代：早白垩纪（距今 1.3 亿年前）
化石发现地：亚洲（中国辽西）

1999 年中国辽西出土了一种新的带羽毛的恐龙化石，这是第五个被发现的有羽毛恐龙，并且是目前有羽毛恐龙中最接近鸟类的一种，因此，科学家将它命名为"千禧中国鸟龙"。

中国鸟龙与阿根廷发现的鸳龙都属于兽脚类的驰龙科，皮肤表面长着丝状衍生物。它与鸟类的关系密切，被认为是恐龙演化到鸟类的中间形态。

它的头部骨骼形态和多数恐龙很不一样，具有早期鸟类的许多特征：在上颌有一个袋状结构，很可能是毒腺，肩带构造也与始祖鸟类似。尽管不能飞翔，但它的前肢结构已经产生了一系列适应飞行的变化，具备飞翔的各项必要特征，专家称之为典型的"预演化模式"，这是骨骼结构转化成鸟类飞翔能力的一项大突破。也就是说，它已经为了日后的腾空而起、翱翔天际预先具备了衍生的各项特征，只要随着时间的流逝再进化那关键一步，它的子孙便将迎风展翅、遨游天际。

虽然中国鸟龙个头不大，但它们却有猎取

▼ 没有庞大的身躯和健壮的四肢，中国鸟龙的独门秘籍就是它的毒牙。

对手的独门秘籍，它能像今天的毒蛇那样，将毒牙中毒液注入猎物体内，从而有效麻痹猎物。

在攻击猎物时，毒腺内的毒液就会顺着毒牙上的凹槽，渗入被咬伤的部位中，从而令猎物陷入麻痹甚至休克。

研究人员说，这种恐龙的毒牙与非洲树蛇的"后毒牙"结构类似，它们不是通过前牙向猎物身体中喷射毒液，而是通过"后毒牙"将毒液慢慢渗入猎物体内。

参与这项研究的美国堪萨斯大学和西北大学的研究人员说，这种毒恐龙可能不是利用毒液杀死猎物，而只是为了麻痹它们，以便更容易捕获猎物，这也是现代"后毒牙"蛇类和蜥蜴的捕猎方式。

中国鸟龙的发现最重大的意义在于，它支持了鸟类飞行的"从地面起飞"理论，对"从树上滑翔"理论是一个沉重的打击。

伤齿龙科

前面提到的动物分属于几个不同的科，但它们大都是体型轻巧、脑袋格外大的兽脚亚目恐龙。尤其是伤齿龙科，属于智力很高的恐龙。伤齿龙科恐龙的眼睛很大，表明它们可能靠视力来进行捕猎。它们行动迅速而且反应敏捷，其中一些还可能是温血动物，靠体表的隔热羽毛层来保持体温。与同时代其他兽脚亚目恐龙相比，重爪龙要大得多，但智力很可能都差不多。

▼ 窃蛋龙的喙状嘴上具有锋利的剪切刃，从而弥补了它没有牙齿的劣势。由于喙状嘴比较短，窃蛋龙可能会跟对手进行近距离的肉搏，而它们的力量大到可以将对方的骨头劈开。窃蛋龙冠饰的大小会因性别和年龄的不同而有所差别。

□中国鸟脚龙属（Sinornithoides）

最大长度：1.2 米
生活年代：早白垩世
化石发现地：亚洲（中国）

中国鸟脚龙是伤齿龙科中唯一一种具有完整骨架化石的恐龙。这种恐龙体型小巧而细长，在完全成年后可能只有 3 千克。它们可能以昆虫和其他一些小型动物为食，而这些食物可能都是它们利用前爪刨出来的。

□窃蛋龙属（Oviraptor）

最大长度：2.5 米
生活年代：晚白垩世
化石发现地：亚洲（蒙古国）

窃蛋龙意为"偷蛋贼"，是一种与众不同的动物，它们的头部和鸟类相似，嘴呈喙状，而且里面没有牙齿。窃蛋龙站起来跟一个成年人差不多高，它们的肢臂纤细但健壮，手指上还长有细长的爪子。它们的喙状嘴呈钩状，边缘

非常锋利，有利于划穿它们的食物。新近发现的化石表明，窃蛋龙也许会吃掉其他恐龙的蛋，但却会很小心地照顾自己的蛋。

□重爪龙属（Baryonyx）

最大长度：9 米
生活年代：早白垩世
化石发现地：欧洲（英国）

重爪龙意为"爪子沉重的恐龙"，发现于 20 世纪 80 年代初英国的一个黏土坑里，是近代发现的最有趣的欧洲恐龙之一。对兽脚亚目的恐龙来说，重爪龙的头部形状比较奇怪，末端的口鼻部呈扁平状，跟鳄鱼的类似。重爪龙的口腔内部长满了排列紧密的牙齿，它们呈圆锥状而非片

▼ 一只重爪龙正站在浅水中，用它那超大号的前爪去抓捕毫无戒备的鱼儿。而后面的两只腕龙却明白，这只特大的捕食者并没有什么威胁。

状。重爪龙至少拥有两个大型的爪子，大约长30厘米。目前还没有找到这种恐龙的任何近亲动物，所以它们被单独归为一个类。

□ 伤齿龙属（Troodon）

最大长度：1.8米
生活年代：晚白垩世
化石发现地：北美洲（加拿大亚伯达省，美国怀俄明州和蒙大拿州）

从远处看，伤齿龙像是一种似鸟龙科的恐龙，但它拥有的武器却跟驰龙科的恐龙一样——每只脚的第二趾上都长有一个致命的爪子，在恐龙奔跑时可以翻转朝上。有古生物学家认为，伤齿龙实际上可能属于驰龙科，但那些可翻转的爪子也许进化了不止一次。

伤齿龙还具有大型的锯齿状牙齿、能抓紧食物的擒拿掌和部分朝前的眼睛，而正是这样的组合使它成为了颇为高效的掠食者。根据眼睛的尺寸可以判断出，如果伤齿龙会在入夜后进行捕猎，那么它们的主要猎物将会是哺乳动物，因为那些动物在白垩纪几乎都是昼伏夜行的。伤齿龙的牙齿最早发现于近150年前，但直到20世纪80年代，人们才对这种动物本身有所了解。

伤齿龙名称的由来

伤齿龙名称的由来可谓一波三折。1856年，约瑟夫·莱迪发现了伤齿龙的牙齿化石，并将其分类于蜥蜴亚目。到了1901年，法兰兹·诺普乔将伤齿龙重新归类于斑龙科；斑龙科在历史上长时间为大部分肉食性恐龙的集中地。在1924年，吉尔摩尔提出这些牙齿应属于植食性厚头龙类的剑角龙，而剑角龙其实是伤齿龙的一个次异名；伤齿龙科牙齿与植食性恐龙牙齿之间的相似处，让许多古生物学家认为这些动物是杂食性动物。

1945年，查尔斯·斯腾伯格否决伤齿龙属于厚头龙类的可能性，因为这些牙齿与肉食性恐龙的牙齿有较多相似处。在此之前的1932年，有人在亚伯达省发现了细爪龙化石。这些细爪龙化石由一个脚部、手部的碎片，以及一些尾椎所构成。这些化石的明显特征是第二脚趾上的大趾爪，这被认为是恐爪龙下目的特征。在1951年，斯腾伯格假设因为细爪龙有非常特别的足部，而伤齿龙有一样独特的牙齿，它们可能为近亲。不幸的是，在当时并没有足够的标本可供比较，来验证这个假设。

1987年，菲力·柯尔重新审视已知的伤齿龙科化石，他将细爪龙重新分类为美丽伤齿龙的一个异名。这次改变被其他古生物学家广泛地接受，因此在最近的科学文献中，所有过去被称为细爪龙的标本，现在都被改称为伤齿龙。

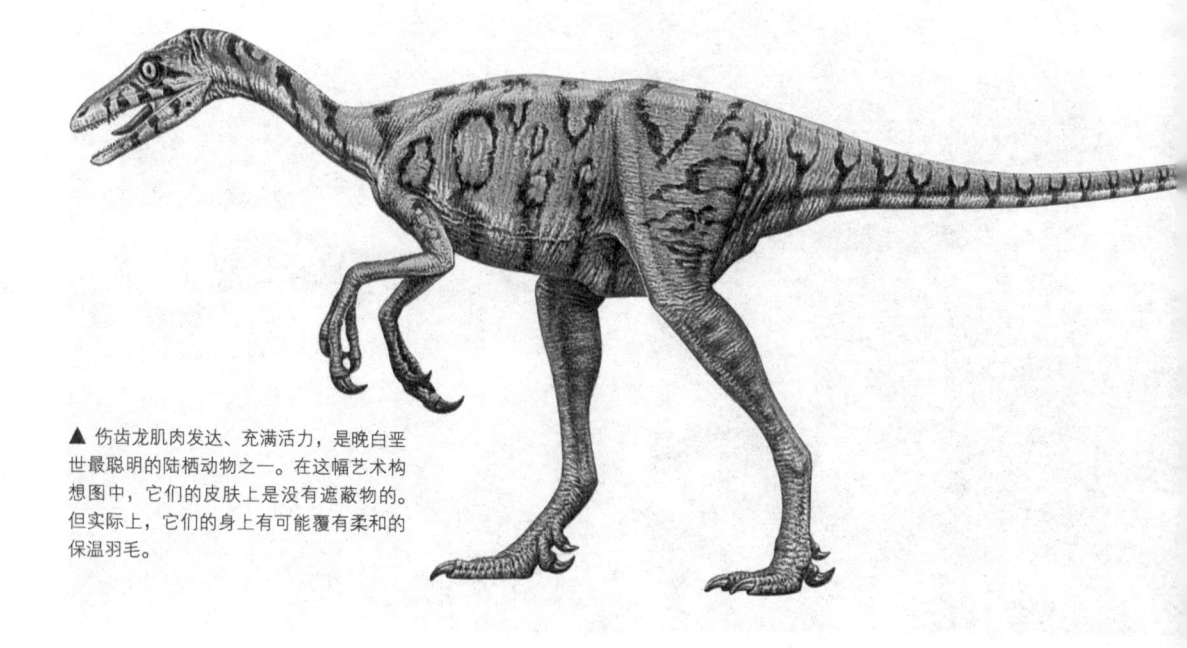

▲ 伤齿龙肌肉发达、充满活力，是晚白垩世最聪明的陆栖动物之一。在这幅艺术构想图中，它们的皮肤上是没有遮蔽物的。但实际上，它们的身上有可能覆有柔和的保温羽毛。

□蜥鸟龙属（Saurornithoides）

最大长度：2～3.5 米
生活年代：晚白垩纪（距今 8000 万～7000 万年前）
化石发现地：亚洲（蒙古）

蜥鸟龙的前肢很小，没有牙齿，长 2 米。一听到它的名字，你就知道这是一种长得很像鸟的恐龙，甚至有些科学家认为它们还长有羽毛。

蜥鸟龙的脑容量比较大，可以将它比作白垩纪时期的"豺狼"。它的双眼很大，拥有大型眼窝以及立体视觉，可能拥有好的夜间视力，方便它们捕食和躲避敌害。蜥鸟龙的前肢很短，奔跑时前臂紧贴在胸部两侧，整个体态很像现在的鸸鹋。它可吃的食物种类范围很广，可能说是无所不吃，它既食肉，也食草。蜥鸟龙用长长的胳膊和带爪的手扯断树枝，就可吃到树上的嫩枝、花蕾和浆果。凭借一双锐利的眼睛和快速奔跑的能力，蜥鸟龙还可以追得上一些小蜥蜴或者抓住空中飞舞的昆虫。有时候它也会吃其他恐龙的蛋。不过偷蛋可不是一件轻松愉快的活儿，偷鸡不成蚀把米的事情时有发生。

白垩纪的一天，在太阳即将落山的时候，余光照着大地，洒下一片金黄。一只蜥鸟龙蹑手蹑脚地躲在一片阴影之后，觊觎着离它不远处的几个硕大的恐龙蛋。这是镰刀龙的蛋，密密地立在巢穴之中，而巢穴的主人此时似乎并不在附近。耐心地又等了几分钟，蜥鸟龙终于探出了自己的小脑袋，向着垂涎多时的美食走去。用自己的尖嘴，它很轻易地就磕破了其中的一个蛋，然后将头伸了进去，肆无忌惮地开始大吃特吃起来。

然而得意忘形的蜥鸟龙居然忘记了自己还身处险境之中——这毕竟是镰刀龙的巢穴。很快，一身凄凉的嘶吼响彻了大地，蜥鸟龙刚将头抬起来，就看见一只锋利的大爪挥过来，一下就将它的脖子撕成了两段！悲愤的镰刀龙被仇恨冲晕了头脑，继续用力撕扯着蜥鸟龙，蜥鸟龙就这样丢掉了自己的性命。

虽然大仇已报，但自己的一个孩子还是离开了自己，愤怒的镰刀龙继续朝天怒吼，发泄着心中的悲凉，吼声在广袤的平原上传了很远很远……

▲ 除了吃植物嫩枝、花蕾、浆果、小蜥蜴和昆虫以外，身材矮小的蜥鸟龙还喜欢吃恐龙蛋，时不时当一回"偷蛋贼"。

□ 寐龙属（Mei）

最大长度：0.53 米
生活年代：早白垩纪（距今 1.3 亿年前）
化石发现地：亚洲（中国辽宁）

恐龙究竟是以怎样的姿势进行睡眠？这个问题我们之前只能通过自己的想象和推测来论证。然而，在辽宁北票市发现的伤齿龙科恐龙骨骼化石，则让我们清晰地看到了恐龙的睡眠姿势。这是一个新的物种，整体形态看上去就像一只大鸟，有着小小的头骨、长长的后肢，它的后肢蜷缩于身体下面，与现代鸟类的睡眠状态非常相似，我们将它命名为寐龙。

寐龙化石的存在是大自然的奇迹，在此之前，发现一只睡觉的恐龙化石简直是想都没有想过的事情，更别说还是这么栩栩如生的化石了。此前，辽宁的大多数化石和其他地区发现的化石都是以扁平状态保存下来的，其中大部分恐龙都是死后才变成化石，因此化石并不完整。而这具寐龙标本是一只发育充分的成年恐龙，前肢像鸟一样在身体旁边折叠，脖子弯曲到了左边，小小的头部位于左肘和身体之间。

那么这样的姿势是怎么保存下来的呢？这让我们不禁展开遐想：

山下一片茂密的森林中长满了粗大的柳杉、苏铁和银杏，而被湖泊环绕的高山上的火山已经爆发多时。一只刚刚填饱肚子的寐龙准备美美地睡上一觉，它蜷做一团，缩进落羽杉丛中，头则埋在了羽毛里，还时不时用嘴梳理一下被微风吹乱的羽毛，过了一会儿，它安然地入睡了。忽然，大地似乎在颤抖，火山爆发了！喷出的火山毒气四处弥漫，还在熟睡中的寐龙很快窒息而死，而火山碎屑也快速下泻，很快淹没了整片森林……

四足动物在休息和睡觉的时候有各种各样的姿势，而其中只有鸟才会在休息时，将它们那柔韧的长脖子弯曲在前肢或翅膀之下。寐龙的体态和睡眠状态都与现代鸟类相似——团着身体睡觉，减少了表面积，有利于抵御体温下降。这强有力地说明它们有着共同的祖先。

▲ 正在睡梦中的寐龙怎么也想不到，它会就此一睡不醒，它的化石给现代的人们留下了宝贵的研究材料。

肉食性巨龙

在侏罗纪和白垩纪，肉食性兽脚亚目恐龙与它们的猎物是同步进化的。一些物种，如恐爪龙，会通过群体捕猎去对付大型的动物，而其他一些则会依靠自身庞大的体型和力量去捕杀猎物。这些肉食性巨龙就是爬行动物时代的超级捕食者，能摔倒重达 30 多吨的植食性恐龙。迄今为止，霸王龙是其中最有名的。但据最新的一些发现显示出，在白垩纪，其他兽脚亚目恐龙可能还要更大。

 ## 肉食龙亚目

人们曾经一度把所有大型的肉食性恐龙都归为一类，称为肉食龙，意为"吃肉的蜥蜴"。自那以后的一些研究表明，肉食性巨龙并不一定都是近亲。

与小一些的兽脚亚目恐龙不同，恐龙世界中的巨型捕食者在袭击猎物时，用的是牙齿而不是爪子。它们的前臂常常都比较小，但头部很大——鲨齿龙就具有令人恐惧的特征。经证明，这种解剖结构在捕猎中是非常有效的，具有致命的杀伤力，并且很可能是在几个不同的兽脚亚目恐龙群中分别进化的。

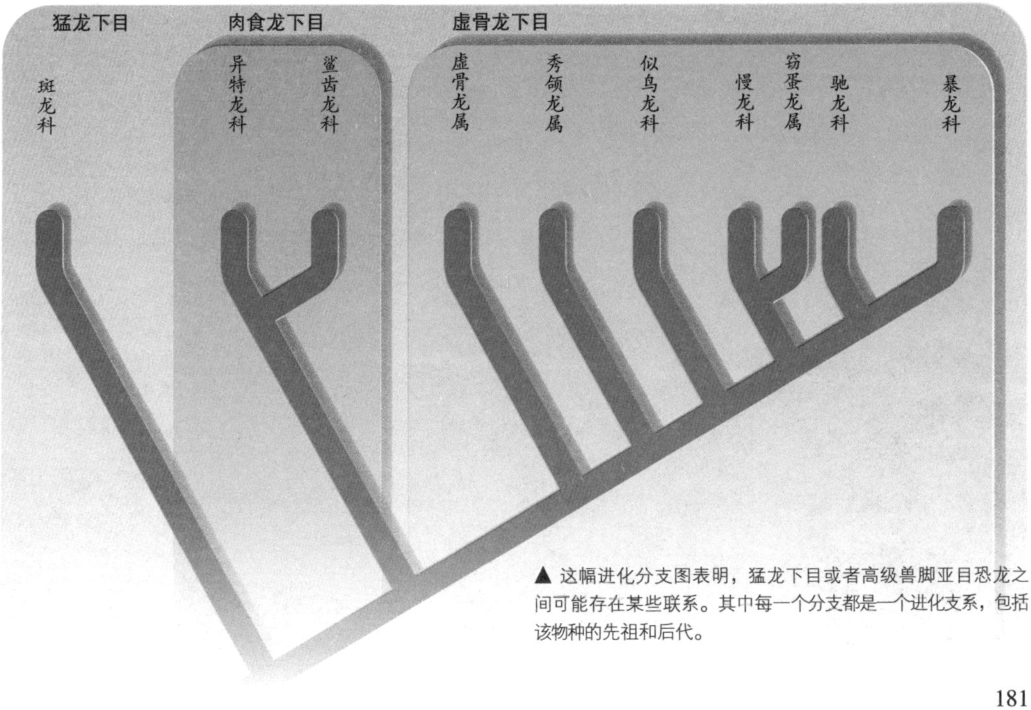

猛龙下目	肉食龙下目		虚骨龙下目					
斑龙科	异特龙科	鲨齿龙科	虚骨龙属	秀颌龙属	似鸟龙科	窃蛋龙属 慢龙科	驰龙科	暴龙科

▲ 这幅进化分支图表明，猛龙下目或者高级兽脚亚目恐龙之间可能存在某些联系。其中每一个分支都是一个进化支系，包括该物种的先祖和后代。

▼ 成群袭击

一群恐爪龙向一只体型几倍于自身的植食性棱齿龙发动了致命的伏击。对白垩纪的植食性动物来说，这种体型小巧而又高度灵活的动物的群体攻击，危险性一点儿也不亚于那些独自追踪猎物的大型捕食者。

□家族特征

乍看之下，巨型兽脚亚目恐龙，如异特龙和霸王龙，非常相似。它们都具有强壮的后肢，小巧的前臂以及狭窄的颅骨，而且巨大的口腔里也都长满了牙齿。它们行动起来可能并不像古生物学家曾预想的那样迅速，而且它们很可能既是猎捕者也是食腐者，但它们依然是实至名归的"陆地生物的终结者"。

这些体型巨大的捕食者之间是有紧密联系

的，如现在的老虎和狮子，这看起来似乎只是常识。但对研究恐龙进化史的古生物学家来说，外表上的相似则会带来诸多问题。如果动物具有相近的生活模式，经过趋同进化，它们经常会产生相似的适应性变化。如果它们在进化伊始就已经非常相似，趋同化便会让真正的家族关系变得极难以区分。大型兽脚亚目恐龙的情况就是这样。

▼ 像霸王龙这样的兽脚亚目恐龙，进化出来的前后肢之间具有极大的差异。除了某些角龙亚目的恐龙外，它们的头部在所有恐龙中是最大的。霸王龙袭击猎物的方式很可能是伏击而不是追击，而且它们的食物还可能有一部分来源于腐肉——一种有效的营养形式。

□破译过去

为了弄清楚不同物种间到底有多密切的关联，古生物学家和生物学家采用了遗传分支系统进行研究。其中包括动物的详细比对，并查看它们有多少相同的"衍生特征"。衍生特征指的是，由祖先物种产生的并传递给了所有后代的特征。因为祖先也还有自己的祖先，那么衍生特征也就随着时间的流逝而稳定地形成了。两个物种共有的衍生特征越多，就说明它们的关系越密切。人们可以利用这些信息构造出一张进化分支图（见P159），图中所显示的进化分支，可将一个物种与另一个物种区分开来。

所有高级的兽脚亚目恐龙之间会有怎样的关联呢？异特龙科与暴龙科离得很远，分属于两个不同的"进化支"。异特龙科属于肉食龙下目——包含某些最大型的兽脚亚目恐龙的族群，而暴龙科则属于虚骨龙下目——包含某些最小型的兽脚亚目恐龙的族群。随着趋同进化的发生，在5000万年前，暴龙科恐龙发展出了巨型的身体和微小的前臂，就像异特龙科恐龙那样。

□生长上限

与植食性的蜥脚亚目恐龙一样，巨型兽脚亚目恐龙因为体型的缘故也享有一些优势。它们那重达六七吨，长达14米的身体，在猛然撞向猎物时会产生一个几乎无法阻挡的冲力。在蜥脚亚目恐龙变大的同时，这些捕食者的体型也在增长，只是这种增长发生在不同时间的不同种群里，而斑龙科恐龙便是其中第一种晋级重量级的恐龙。

但是，如果庞大的体型是一种如此有利的优势，那么兽脚亚目恐龙又为什么会停在7吨这个生长限上，而植食性恐龙的身体却仍在继续进化，可以长到不止10倍于此的程度？这主要是因为，肉食性动物与植食性动物不同，它们是以速度和灵活度取胜的。与小型兽脚亚目恐龙相比，像异特龙这样的动物就已经显得缓慢而迟钝了。而且很有可能的是，如果其体型进化得更大的话，它们或许就无法再像捕食者一样去追击它们的猎物了。

斑龙科和慢龙科

斑龙科恐龙是最早的巨型两足类肉食性恐龙。它们的前臂短小，手上长有三指，而且头部巨大，有时候还长有犄角或者冠饰。人们对于慢龙科恐龙——也可以称其为镰刀龙——的了解仅来自于一些遗骸碎片。那些遗骸与斑龙并没有关系，专家们也难以将其与植食性的蜥脚亚目恐龙匹配起来，而其他人则认为它们是高度分化的大型兽脚亚目恐龙。

□双脊龙属（Dilophosaurus）

最大长度：6米
生活年代：早侏罗世
化石发现地：北美洲（美国亚利桑那州）、亚洲（中国）

双脊龙是已知的最早的斑龙科恐龙，尽管重达半吨，却仍然是一种灵活的猎捕者。双脊龙最显著的特征是它的双冠，位于前额和口鼻的上面，而且沿着双冠还有一条中心皱纹。这一结构的功用还不清楚——可能会用在求偶展示中，而且雄性的好像要比雌性的大。在美国的亚利桑那州，人们发现了三具聚在一起的双脊龙遗骸。这

▶ 双脊龙的双头冠是局部中空的，所以不太可能会用于自我防卫。这种结构可能是用来炫耀的，并且只限于雄性。

◀ 最初，美扭椎龙被误认成了斑龙，因为它们在许多方面都很相似。然而，美扭椎龙要比斑龙短 2 米，而且身体也轻得多。

同的国家都有发现斑龙的遗骸，虽然都不完整。然而它们依然能够显示出，斑龙是侏罗纪最大的捕食者之一，头部近 1 米长。从英格兰南部的遗迹化石来看，斑龙在高速奔跑时，步态呈脚内八字，并且尾巴离地。它们跑起来时可能会很快，但并不能进行长时间的追逐。

□美扭椎龙属（Eustreptospondylus）

最大长度：7 米
生活年代：从中侏罗世到晚白垩世
化石发现地：欧洲（英国）

人们只找到了一具美扭椎龙的样本，而且还是在海洋沉积物中发现的。这对陆栖动物来说是很不寻常的，所以科学家们就断言，这具尸体是被冲到海里的。它可能是经由一条河流而进到大海中的。但美扭椎龙也有可能本身就生活在海岸上，并以被潮汐搁浅在了海滩上的动物尸体为食。尽管这具化石并不完整，但却依然是欧洲目前发现的保存最好的肉食性恐龙。它具有典型的斑龙体格：后肢巨大，前脚上长有三趾，并且头部没有冠饰。其中的一些骨骼有发育不完全的迹象，这说明它可能在还未生长成熟之前就死了。

说明双脊龙可能会进行群体捕猎。根据它们长而单薄的牙齿，一些科学家得到一个结论：双脊龙在抓捕并撕裂猎物的时候，更有可能会用到的是爪子而不是牙齿。

□斑龙属（Megalosaurus）

最大长度：9 米
生活年代：侏罗纪
化石发现地：欧洲（英国、法国）、非洲（摩洛哥）

斑龙的站立高度为 3 米，体重约 1 吨，是名副其实的"巨大蜥蜴"。1676 年，人们在英格兰发现了斑龙的一根股骨，那是欧洲科学界最早注意到的恐龙骨骼。当时，没有人能准确断定出那是什么，直到 150 年后，解剖学家和古生物学家的先驱——理查德·达尔文才提出，斑龙是一种新的动物类别，属于一种早已灭绝的爬行动物——恐龙。此后，在世界上几个不

◀ 此图中，斑龙在巨型的两足类肉食性恐龙中，是一种成功的原型动物。直到爬行动物时代结束的时候，在很多兽脚亚目的族群中都还存在着这种体型。

死神龙属（Erlikosaurus）

最大长度：6 米
生活年代：中白垩世
化石发现地：亚洲（蒙古国）

　　死神龙属于慢龙科或者镰刀龙科——一个只包含不到 12 个物种的无名群体，并且全部来自于中亚或者远东地区。虽然慢龙科被划分到了兽脚亚目中，但死神龙的颅骨——目前发现的慢龙科唯一的颅骨例证，看起来与其他肉食性恐龙非常不同：上面所有的牙齿都很小，而且上颌的末端还有一个未长牙齿的喙。死神龙有非常大的爪子，并且很可能是两足站立。从对牙齿和骨架的研究来看，死神龙以及其他慢龙科恐龙可能是食鱼动物。

南雄龙属（Nanshiungosaurus）

最大长度：5 米
生活年代：从中白垩世到晚白垩世
化石发现地：亚洲（中国）

　　与死神龙一样，这种动物也是一种慢龙科的恐龙，但人们对它的了解只是基于几具非常不完整的遗骸。由于至今还没有找到它的颅骨，人们对它的头部还一无所知，但它的脖颈和尾巴都很长。它的前肢发育良好，故而可能会利用四足行走。加大的肢爪似乎就是南雄龙及其亲缘动物似乎都具有肢爪加大的特征。一个叫作阿拉善龙的物种，拥有长达 70 厘米的肢爪，很可能是所有恐龙中最大的。

▶ 南雄龙是一种令人困惑的动物，因为它看起来更像蜥脚亚目恐龙，而非兽脚亚目恐龙。它可能是一种以鱼类为食的两栖动物，但它那巨大的体型，长长的脖颈和小巧的头部使其看起来就像是一种植食性动物。

原角鼻龙属（Proceratosaurus）

最大长度：4 米
生活年代：中侏罗世
化石发现地：欧洲（英国）

　　原角鼻龙最不寻常的特征是其口鼻上的犄角。人们认为这可以证明它就是角鼻龙的祖先，而原角鼻龙也因此得名。原角鼻龙经常会被归为斑龙科，但由于现在只找到了它部分的颅骨和颌骨遗骸，故而人们对它的属别还存在疑问。若撇开它的犄角，原角鼻龙看起来是一种典型的中侏罗世捕食者，只是体型确实小了些，最大可能有 100 千克。

▼ 原角鼻龙为人所知的只有一个头颅，所以很难去判断它的真实外形。这幅复原图显示出，原角鼻龙的前肢非常小，是一种典型的兽脚亚目恐龙。

□ 蛮龙属（Torvosaurus）

最大长度：10～12米
生活年代：中侏罗纪（距今1.53亿~1.38亿年前）
化石发现地：北美洲（美国）

1972年，古生物学家在科罗拉多州莫里逊一个采石场中发现了一具奇怪的恐龙化石，包括肱骨、桡骨、颌骨、尾椎骨、耻骨和坐骨。这就是斑龙的亲戚——蛮龙，意思是"野蛮的爬行动物"。

蛮龙是一种强大的捕食者，身长达到10～12米，臀高2.5米，体重约3吨，被称为侏罗纪晚期恐龙界的冷血杀手。而得到这个外号的原因得益于它那巨大的拇指爪和大而尖锐的牙齿。

蛮龙的头颅很大，与暴龙的头骨相比较，也不遑多让，并且呈现中空结构，因此并不是特别沉重，比较灵活；它的颈部呈S型，结实的肌肉让它可以肆无忌惮地扭动头部，撕扯猎物的时候也会更加有力量；同时它的上臂很强壮，前肢还长有弯曲大爪子，便于抓取猎物。令人惊讶的是，它前肢的长度是上臂的一半，前肢上三个锋利的爪子长短不一，第二、三爪的尺寸并不比同时代的异特龙大多少，而拇指上的爪子却出奇地巨大，后面出现的暴龙的爪子长度甚至只有它拇指的1/5不到！因此但凡被这个利爪捉住，对方身上起码会留下几个血窟窿。除此之外，蛮龙的速度也很快，它依靠强壮的双腿行走，有点儿疾步如飞的感觉。由于它的前臂较短，长长的尾巴起着维持重心的作用，免得它在快速奔跑的时候跌倒。

蛮龙是一种身形巨大的肉食恐龙，与其他大型掠食恐龙一样长有尖锐、极具破坏力的牙齿，这是大型肉食恐龙的共同特点。蛮龙的更加可怕之处是它们并不是独行侠，而是成群出没，共同捕食大型植食性恐龙，如剑龙和大型的蜥脚类恐龙。

前文提到过的剑龙，想必大家已经很清楚它的本领，那就是攻防一体的能力：它的背上有一排巨大的骨质板以及带有四根尖刺的危险尾巴来防御掠食者的攻击。但是面对蛮龙，剑龙这些优势也会消失殆尽，因为蛮龙不仅单兵作战能力极强，还会分工协作，很默契地从各个方向发动进攻！

一个炎热的夏天，一只剑龙面对几只蛮龙夹击的时候，它引以为傲的尖刺尾巴也失去了作用。体型稍大的一只蛮龙吸引住了剑龙的注意力，而另外几只蛮龙则在侧面进攻，伺机而动。这只剑龙明显感觉到了危险，然而，面对这么一群凶神恶煞般的蛮龙，它完全没有翻盘的机会。

双方对峙了数分钟，焦躁的剑龙冒失地先出手了，只见它蛮横地向前冲去，试图杀出重

围，然而早就将其视为囊中之物的蛮龙岂会轻易放弃？只见一旁的蛮龙一跃而起，将剑龙掀翻在地，不过它也付出不菲的代价——剑龙身上的尖刺也划破了它的身体，几乎同时，稍大的那只蛮龙抬起了自己的一只大脚，狠狠地踩中了剑龙的头颅，剑龙立刻失去了反抗的能力，然后其他蛮龙一拥而上发动进攻，可怜的剑龙最终因为身体流血过多而丧失生命。单个的蛮龙本身就很可怕了，更何况成群的蛮龙呢？科学家认为蛮龙可以杀死体型中等的蜥脚类恐龙（生病或受伤的大型

蜥脚类）以及许多其他种类的植食性恐龙。当然，在食物匮乏的季节里，蛮龙也会去吃其他动物的尸体，毕竟生存是任何种族首先要满足的第一选择。

巧合的是，名声在外的异特龙也和蛮龙生活于同一时期和同一区域，它们也许发生过激烈的冲突。不过就算与著名的异特龙相比，蛮龙也算得上是佼佼者。不过两者分布于不同的生态位，各取所需，就如同今天的猎豹与狮子一样。

▼ 巨大的拇指爪和大而尖锐的牙齿为蛮龙赢得了"冷血杀手"的名号。

异特龙科

异特龙科比暴龙科早了 5000 万年，可能包含着陆地上曾存在过的最大的肉食性恐龙。它们是一种遍布全球的两足类肉食性动物，有着巨大的头部和后肢，而前肢却很短小，并且手上长有三指。任何一种恐龙，无论它有多大，都无法抵挡住异特龙群的攻击。

□ 异特龙属（Allosaurus）

最大长度：12 米
生活年代：晚侏罗世
化石发现地：北美洲（美国西部）、大洋洲

1.5 亿年前，异特龙是一种比较普通而且分布广泛的的肉食性动物，以猎捕或者食腐为生。由于它的体重可达 3 吨，科学家们都很怀疑，这样巨型的肉食性动物是否能够运动得起来，或者是否能够追击并抓住运动迅速的猎物。尽管它的后肢强壮有力，人们依然怀疑它的奔跑速度是否能够超过 30 千米 / 小时。从一些遗骸上的骨骼损伤来看，异特龙经常会在猎捕事故中受伤，不是跌倒了，就是遭到了猎物的反击。

□ 鲨齿龙属（Carcharodontosaurus）

最大长度：13.5 米
生活年代：早白垩世
化石发现地：北非

鲨齿龙意为"长有鲨齿的蜥蜴"，发现于 20 世纪 20 年代。但那些遗骸后来在第二次世界大战中都遭到了破坏，直到最近才又有了一些新的发现。这些巨型的捕食者——也可能是食腐者——可能有 8 吨重，而且牙齿可达 20 厘米长。它们的颅骨从前往后共长 1.6 米，而整个动物则有可能比霸王龙还要大，尽管它们的大脑可能只有霸王龙的一半。

□ 南方巨兽龙属（Giganotosaurus）

最大长度：13 米
生活年代：晚白垩世
化石发现地：南美洲（阿根廷）

1994 年，一位业余古生物学家在南美洲的巴塔哥尼亚发现了南方巨兽龙。南方巨兽龙可能

▶ 这只梁龙因为右肩受了重伤，所以随时都有倒地的危险。而如果真倒了的话，它就再也无法逃脱，很容易就会被那只异特龙给解决掉。

▼ 一只新猎龙正大步走过一片湿地，用力嗅着空气中猎物的味道。这种新发现的异特龙科恐龙的口鼻部呈巨大的喙状。

是曾经存在过的最大的肉食性恐龙。仅它的颅骨就有一个人那么长，而它的身体则有一辆公共汽车那么长。人们对其体重的估算不尽相同，其中最大的大约为 8 吨，那可真就是兽脚亚目恐龙世界中的重量级动物了。与霸王龙不同，南方巨兽龙有一个相对较狭窄的头部，牙齿形状更适合切割肉类，而非弄断骨骼。南方巨兽龙的名字意为"南方的巨型蜥蜴"。

龙意为"新的猎捕者"，与其亲缘动物异特龙相比，是一种更小但却更灵活的捕食者。迄今发现的唯一一块化石显示出，新猎龙的前额弯曲得非常厉害，鼻孔也特别大，说明它们具有很好的嗅觉。在白垩纪，新猎龙很可能是当地——现在的北欧地区——最大的食鱼恐龙。

□ 新猎龙属（Neovenator）

最大长度：8 米
生活年代：早白垩世
化石发现地：欧洲（英国）

　　新猎龙发现于 1978 年的英国怀特岛，但它的遗骸直到 20 世纪 80 年代才挖掘出土。新猎

▼ 一只异特龙正在袭击一只体型几倍于自身的梁龙。异特龙在猎捕时可能会单独行动——因为它本身就已经足够可怕——或者也会结伴而行。

□永川龙属（Yangchuanosaurus）

最大长度：10～11 米
生活年代：晚侏罗纪（距今 1.6 亿年前）
化石发现地：亚洲（中国）

　　永川龙是一种生活在侏罗纪晚期的大型肉食性恐龙，因为标本在当时重庆永川县（今永川区）发现而得名。

　　永川龙有一个近 1 米长、略呈三角形的大脑袋，两侧有六对大孔，这样可以有效降低头部的重量。在这六对大孔中有一对是眼孔，这表明它的视力极佳，其他孔是附着于头部用于撕咬和咀嚼的强大肌肉群。颌部里长满了一排排锋利的牙齿，就像一把把匕首，加上它粗短的脖子使得永川龙拥有巨大的咬力。它的前肢很灵活，指上长着又弯又尖的利爪，可以牢牢地抓住猎物。永川龙的后肢又长又粗壮，长有 3 趾。像今天的涉禽那样，永川龙通常用三趾着地，奔跑非常快速，可以不费吹灰之力便能追捕到猎物。永川龙的尾巴很长，站立时可以用来支撑身体；奔跑时则要将尾巴翘起，作为平衡器用，来保持身体的平衡。

　　作为一种大型的肉食性恐龙，永川龙常出没于丛林、湖滨。捕食行为可能像今天的豹子和老虎，它会冷静地潜伏，直至猎物出现。

　　在侏罗纪一个春风拂过的日子里，几只性情温和的植食性恐龙正在灌木丛中悠闲地啃食树叶，头顶上有翼龙飞过，留下惊鸿一瞥的身影。在几十米处，一只永川龙将自己的身影埋在了树梢之下。它已经在这里等待了很久，

就为了寻找一个最合适的机会。这时，其中一只倒霉的植食性恐龙居然向永川龙这边走来，因为这边有更新鲜的枝叶。当离永川龙只有几米的距离时，永川龙突然蹿了出来，一口咬住了猎物的脖子，然后顺势一拧，顿时一片血肉模糊。猎物的惨叫让其他几只恐龙慌忙逃窜，整个灌木丛也一下喧闹起来，不过永川龙也满足于眼前的猎物，并不去追赶这些逃跑的恐龙，而是将猎物拖到自己的领地里慢慢享用。

　　在重庆永川区还有大量的化石材料，科学家之后又发现了永川龙属的新品种。目前，发掘工作还在继续进行中，里面隐藏的秘密还有待以后的发现。

▲ 丛林中，一只永川龙刚刚捕猎到一只植食性恐龙。

暴龙科

尽管暴龙科的恐龙只存在了 1500 万年的时间，但它们依然是恐龙时代最令人着迷和惊叹的恐龙物种之一。它们的头部巨大，并具有极大的锯齿状牙齿。它们凭借柱子一样的后肢站立着，并且后肢的高度有一个成年人身高的两倍。而它们的前肢甚至比异特龙科的恐龙还要小，肢臂末端的手也不比我们人类的手大多少，并且还只长了两根手指。暴龙科的恐龙无疑是一种肉食性动物，而且很可能主要以捕食为生，但也有可能以食用动物的尸体为生。

▲ 一只惧龙为了享用一具尸体而涉到水中，此时两只未成年的艾伯塔龙正从它的身边疾速而过。如果这只惧龙是在陆地上的话，这些小动物应该就不会冒着危险靠得这么近了。

□ 艾伯塔龙属（Albertosaurus）

最大长度：8 米
生活年代：晚白垩世
化石发现地：北美洲（加拿大、美国）

艾伯塔龙大约有 3 吨重，与它的亲缘动物相比较小，但还是比今天的肉食性陆栖动物都大得多。它具有暴龙科恐龙的典型体格：特大号的头部，长长的后肢和利于维持平衡的肌肉发达的尾巴。艾伯塔龙的双颌上均长有单独的一列锯齿状的牙齿，在它的一生之中，这些牙齿会不断地脱落更新。艾伯塔龙和一些植食性恐龙，如鸭嘴龙科恐龙及甲龙亚目恐龙，共用栖息之地，那些植食性恐龙同时还是它的猎物。

□ 惧龙属（Daspletosaurus）

最大长度：8 米
生活年代：晚白垩世
化石发现地：北美洲（加拿大艾伯塔省）

虽然已发现的惧龙化石只是其身体的一小部分，但其遗骸化石表明，它可能是霸王龙的直系祖先。它的体重很可能达到了 3 吨，而身高大约有 5 米。与暴龙科其他恐龙一样，惧龙也有一排额外的肋骨，称为腹肋，位于真正的肋骨和盆骨之间。这样的结构有利于支撑它的肠子，而且在它卧地休息的时候还可能会起到保护肠子的作用。

□ 特暴龙属（Tarbosaurus）

最大长度：14 米
生活年代：晚白垩世
化石发现地：亚洲（蒙古国）

这种产于亚洲的暴龙科恐龙跟霸王龙非常相像，但它的颅骨要更长一些，体重也没有那么大。与霸王龙一样，特暴龙也不太可能只是靠猎捕为生，它很有可能也会食用动物的尸体。特暴龙生活在亚洲，并且是那里最大的肉食性陆栖动物。特暴龙的遗骸化石最早发现于 1948 年，自那以后，专家们就对它在暴龙科中的准确属别产生了意见分歧。由于它跟霸王龙极为相像，一些专家就认为，它们可能实际上是同一种动物。

▼ 对暴龙科恐龙来说，生活就是一系列的平衡动作。这只特暴龙在大步行进时，会将尾巴抬高，以平衡其庞大的头部。

□霸王龙属（Tyrannosaurus）

最大长度：14 米
生活年代：晚白垩世
化石发现地：北美洲（加拿大和美国）、亚洲（蒙古国）

　　在鲨齿龙之后，霸王龙很可能就是地球上曾存在过的最大的肉食性陆栖动物。人们找到了几具保存极好的霸王龙骨架化石，而其中最著名的即是发现于 1990 年的"苏"。这些化石显示出，霸王龙重达 7 吨，耸立着有 6 米高。它的步幅大约有 5 米长——比大多数人跳远的距离都长，而它的牙齿长 15 厘米，并且边缘呈锯齿状，就像牛排刀一样。一些科学家提出，霸王龙太过庞大，难以在野外追击猎物，因为它的前臂较小，如若跌倒恐怕很难支撑住身体。相反，它可能会潜伏在树林中，当猎物接近时再发起攻击。

▼ 霸王龙的头上长有颇具威胁性的刺突，现在它正在用刺突恐吓一只偷吃了一点儿它美餐的伤齿龙。而那份大餐就是一只自然死亡的鸭嘴龙科恐龙。类似的动物遗骸很可能是霸王龙非常重要的食物。就像今天的食腐者一样，霸王龙在寻找这种食物的时候一半靠嗅觉，一半则是靠观察，看看其他食腐者都聚集在什么地方。

□分支龙属（Alioramus）

最大长度：6 米
生活年代：晚白垩世
化石发现地：亚洲（蒙古国）

　　暴龙科恐龙大部分拥有纵深的颅骨和颌骨，而且从左到右呈扁平状。但分支龙及其亲缘动物却不是这样的，它们的颅骨上有加长的口鼻部，颌骨比较脆弱。分支龙的眼睛和鼻孔之间还有 6 个骨瘤。这些骨瘤都很小，无法用作武器，可能是求偶展示用的，和今天一些蜥蜴长有的"犄角"相似。如果这是事实的话，这种特征可能就是雄性独有的。

□蛇发女怪龙属（Gorgosaurus）

最大长度：8 ~ 9 米
生活年代：早白垩纪（距今 7650 万 ~7500 万年前）
化石发现地：北美洲

　　希腊神话里蛇发女怪的故事在民间广为流传：美杜莎以毒蛇为头发，凡看到她眼睛的人都会变为石头。因此美杜莎被人们誉为恐怖和魅惑的存在。

　　蛇发女怪龙自然没有魅惑的本领，但因为它的头饰类似传说中美杜莎的头发，因此被科学家命名为这个名字，它又名魔鬼龙或戈尔冈龙，是暴龙科下的一类恐龙，生活于 8000 万年前的白垩纪早期。

　　蛇发女怪龙是两足的肉食性恐龙，有很多锋利的牙

齿，细小的前肢上长有两指。在兽脚亚目中它算是巨大的，但与暴龙相比，它则显得很细小。不过它是种顶级掠食动物，位在食物链的顶层，可能猎食大型的角龙科及鸭嘴龙科等植食性动物。在一些地区，它与其他暴龙科共同生存，例如惧龙。虽然这些动物的体型相近，但证据显示它们占据着不同的生态位。

与其他暴龙科的恐龙相比，蛇发女怪龙的头颅骨在比例上较长，同时显得有点窄，头部上面有头饰。颅骨上面大大的洞孔可以减少头部的重量，并提供空间方便肌肉附着，以及容纳内部的感觉器官。它的眼窝接近圆形，而其他暴龙科的眼窝较接近椭圆形，并且眼睛前方的泪骨有隆突。蛇发女怪龙的颌部里有锋利的牙齿：前上颌骨有 8 颗牙齿，横切面呈 D 形，紧密地排列，较上颌的其他牙齿小；而上颌骨的最前面一颗牙齿类似前上颌骨的牙齿，呈现 D 型；其余上颌骨牙齿的横切面呈椭圆形。

蛇发女怪龙的颈部呈现 S 型，结实的肌肉蕴含着巨大的力量；后肢很强壮，有四个脚趾，第一个脚趾最小并属于后趾，无法接触地面。就身体与后肢的比例而言，它的后肢比许多兽脚类恐龙长，并且胫骨长于股骨，这是善于奔跑动物的特征。它的尾巴长而重，可平衡头部与胸部的重量，使重心维持在臀部，这样就算它在激烈运动中也不会轻易摔倒。

广阔的平原上，长满了一大片被子植物，几只鸭嘴龙惬意地吃着柔软的植物，但另外几只鸭嘴龙却带有一丝警觉，时不时地看看周围的动静——它们的警觉是对的，因为在几百米外一个山丘下，一只来回徘徊的蛇发女怪龙正鬼鬼祟祟地注意着它们。这个时候，平原上非常不凑巧地刮来一阵大风，顿时将蛇发女怪龙身上的腥臭味道传出了几百米远，传到了鸭嘴龙群所在的位置。而这一下就起到了预警的作用，本来安静的鸭嘴龙群一下子炸开了锅，开始四散跑开，目睹这一切的蛇发女怪龙只能眼睁睁地看着猎物从自己视野里消失。

转悠了很久的蛇发女怪龙继续寻找着食物，忽然它闻到了血一般腥的味道，这让它一下子兴奋起来了，闻着味道，它一下找到了美味——一只倒地的原角龙还没死去，身体还在尽力地挣扎，而旁边一只巨大的惧龙已经抬起

▲ 靠着又长又重的尾巴，蛇发女怪龙可以在打斗中稳住身体，为持久作战做好准备。

头，正用巨大的眼睛看着自己。蛇发女怪龙发出威慑性的低吼声，试图抢夺这眼前的美味，但是惧龙丝毫不畏惧它，开始示威性地向它靠近，还发出震耳欲聋的吼声；两只庞然大物就这样对峙了足足几分钟，相互打量着对方。终于，蛇发女怪龙退却了。虽然美味很诱人，但面对惧龙这样的对手，它完全没有全身而退的信心，看着掉头而去的蛇发女怪龙，惧龙终于放心，回头继续品尝自己的饕餮大餐……

在当时的北美洲大陆上，蛇发女怪龙是与惧龙一同存在的。这种共存是非常罕有的。很多研究尝试解释蛇发女怪龙及惧龙的生态位差异。科学家认为体型稍小及数量较多的蛇发女怪龙可能猎食当时数量较多的鸭嘴龙科，而较大型及数量较少的惧龙则捕食角龙类植食性恐龙。不过也有学者认为，它们之间的竞争是受地理分隔限制的，不像其他的恐龙，它们身处的环境与海洋没有任何关联，因此很难产生竞争。

不管怎么说，惧龙和蛇发女怪龙都在自己的领域里成为顶尖的猎食者，并且给我们后人提供了不少遐想的空间。

装甲恐龙

在恐龙进化早期，植食性的物种经常靠自身的体型优势来保护自己，避开那些掠食者。但在侏罗纪，恐龙进化出了多种不同的自卫方式来躲避攻击。其中之一便是防护甲，使植食性恐龙能够坚守阵地。大部分的装甲龙都属于鸟臀目——恐龙世界中的一个物种分支，它们有的拥有厚重的头盾，有的拥有巨大的犄角，还有的背上长有防护骨板。

 角龙亚目

角龙亚目的恐龙被认为是"长有犄角的恐龙"，其中大部分物种都以覆有护甲的颅骨和可怕的犄角为特征。它们的护甲可以用来保护自己，抵挡猎食者，也可能会用在求偶展示中，就像今天的犀牛那样。在 6600 万年前的大灭绝来临之前，角龙亚目是恐龙家族中进化最晚的群系之一。它们属于植食性恐龙，体型从一只狗到一头公象大小不等。它们基本上一定会进行群体觅食，并且生活在整个北半球上。

☐ 鹦鹉嘴龙属（Psittacosaurus）

最大长度：2.5 米
生活年代：早白垩世
化石发现地：亚洲（蒙古国、中国、泰国）

鹦鹉嘴龙得名是因为它的嘴跟鹦鹉的喙很像。鹦鹉嘴龙以两足行走，曾经被认定是一种早期的禽龙科恐龙。但现在，人们认为它是一种原始的角龙亚目恐龙。鹦鹉嘴龙缺少真正角龙亚目的犄角和壳皱，但它的颅骨顶上确实长有骨质脊，两侧还附有颚肌，两颊上面也有突出的小犄角。鹦鹉嘴龙在站立的时候，双肩离地大约有 1 米高。它的寿命很可能有 10 到 15 年。

▶ 鹦鹉嘴龙以苏铁植物和其他坚硬植物为食。它的尾巴能起到平衡身体的作用。

☐ 纤角龙属（Leptoceratops）

最大长度：2.7 米
生活年代：晚白垩世
化石发现地：北美洲、亚洲（蒙古国）、大洋洲

这种小型恐龙是介于"鹦鹉"恐龙（如鹦鹉嘴龙）和角龙亚目后期恐龙之间的物种。与鹦鹉嘴龙相似，纤角龙也具有一个"鹦鹉式"的喙，只是它的上颌上还

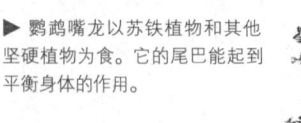

▶ 纤角龙可能既可以靠两足行走又可以靠四足行走。它的每个前脚上都长有五趾，既灵活又带爪，用于抓紧植物并将其拽到自己的"喙"边。

□原角龙属（Protoceratops）

最大长度：2.7 米
生活年代：晚白垩世
化石发现地：亚洲（蒙古国、中国）

长着几颗牙齿。但是，纤角龙颅骨后面附加的突出物要更加明显，不过还没有角龙亚目后期恐龙的那么夸张。与后来的亲缘动物不同，纤角龙没有犄角。纤角龙拥有发达的后肢，是一个出色的奔跑者。这对那些没有什么其他防卫手段的植食性恐龙来说，是一项很重要的特征。纤角龙进食时可能会以四足站立，但要进行快速奔跑时，则可能要站起来以两足触地。

▼ 1971 年，人们发现了原角龙和迅猛龙血战的化石。迅猛龙那凶猛的爪子足以将它的猎物划伤，但是，尽管原角龙是植食性的恐龙，它那强有力的喙也能进行有效的反击。这场生死之争似乎陷入了僵局，两只恐龙都受到了致命的重伤。它们的遗骸很可能就这样被沙土给吞没了。

古生物学家通过一些品质极佳的化石，清晰地了解到了原角龙的外形和生活方式。原角龙的站立高度不足 1 米，而体重却高达 200 千克。它们通常以四足行走，但有时也能站立起来进行两足奔跑。它们的头部后方长有明显的盾状突起，上面所固定的肌肉控制着强有力的喙。这种恐龙发现于 20 世纪 20 年代，古生物学家在当时还发现了它们的巢化石和蛋化石。那些恐龙蛋的

蛋壳非常薄，它们十几个十几个地放在一起，呈螺旋状地排在沙土中。

□ 戟龙属（Styracosaurus）

最大长度：5.5 米
生活年代：晚白垩世
化石发现地：北美洲（加拿大艾伯塔省、美国亚利桑那州和蒙大拿州）

　　戟龙是名副其实的"带刺的蜥蜴"，它的装甲在角龙亚目中是最可怕的。实际上，它比任何现存的蜥蜴都要大得多，它的鼻子上有一根60厘米长的犄角，头盾的四周还长有一圈让人同样难忘的刺突。戟龙大约有3吨重，它的自卫方式很可能跟现在的朝天犀牛很像，利用犄角和刺突给对方造成严重的伤害。对于戟龙和戟龙遗迹化石的研究表明，它四足奔跑时的速度可达32千米/时。人们在美国的亚利桑那州发现了100多具戟龙的化石样本。这样看起来，这种恐龙极有可能是群居动物。戟龙很可能以苏铁和棕榈为食，并用臼齿将那些坚硬的叶子磨碎。

戟龙

厚鼻龙

□ 厚鼻龙属（Pachyrhinosaurus）

最大长度：7 米
生活年代：晚白垩世
化石发现地：北美洲（加拿大艾伯塔省、美国阿拉斯加州）

　　科学家还不确定这种角龙亚目恐龙的鼻子上是否长有犄角，因为它们的化石证据大约只包括 12 块不完整的颅骨。在颅骨上的两眼之间有一条很厚的骨质脊，这可能形成了犄角（后来脱落了）的基部，也可能本身就是恐龙的一种武器。然而，无论是雄性还是雌性，厚鼻龙肯定都拥有一个大型的伞状头盾，上面长有犄角和刺突。厚鼻龙的体重超过 2.5 吨，它在弓背时的高度差不多有成年人的两倍。

　　▼ 在角龙亚目相当短暂的存在史上，恐龙进化出来了各式各样的头盾和犄角，其种类之多令人惊讶。下面显示的 3 只恐龙，从左边开始依次是戟龙、厚鼻龙及三角龙。这些动物的头盾和犄角都具有双重作用，可以用来击退猎食者，也会被用到与对手的真正对战或模拟战中。这些犄角和壳皱结构在需要的时候也可能会有助于恐龙降温。

□ 三角龙属（Triceratops）

最大长度：9 米
生活年代：晚白垩世
化石发现地：北美洲西部

　　三角龙是角龙亚目中最著名的恐龙，因为头上长有三个犄角而得名。它是角龙亚目中的"巨无霸"，体重达 10 吨。它额头上的两个犄角有 1 米长，或者甚至更长，而它的整个颅骨长达 3 米，是恐龙中最长的。三角龙的头盾大得出奇，因为那是由一块实心骨骼组成的。数以百计的化石都显示出，这种生活在北美洲的植食性恐龙会一大群一大群地集体活动。有些颅骨有很严重的损伤，说明这些动物很可能曾经为了争夺配偶而激战过。三角龙是其进化支系中出现最晚的物种之一，在恐龙消失前发展了几百万年。

三角龙

□ 微角龙属（Microceratops）

最大长度：80 厘米
生活年代：晚白垩世
化石发现地：亚洲（蒙古国、中国）

微角龙身体轻盈，属于角龙亚目中的"侏儒"。从那长而健壮的后肢来看，微角龙跑起来很可能非常迅速。但它们在进食的时候，几乎一定要用四足站立，密切注视着潜在的掠食者，一旦有什么风吹草动，就会马上逃之夭夭。微角龙颅骨的后面有角龙亚目典型的突起物。

□ 弱角龙属（Bagaceratops）

最大长度：1 米
生活年代：晚白垩世
化石发现地：亚洲（蒙古国）

弱角龙代表了角龙亚目在进化路线上的另一个分支。它的体型虽然小却很沉重，拥有结实的身体和粗壮的四肢，并且会以四足行走。弱角龙具有早期的颅骨冠饰，上面有一条骨质脊，是从其锋利的喙状嘴那通上来的。它的鼻子上还有一个又短又钝的犄角，两颊上也都长了像耳朵一样的骨质突起物。弱角龙在进食时，会先用"喙"将植物的枝叶撕扯下来，然后再用白齿将其磨碎。人们找到了一些保存非常完整的弱角龙化石，从它们的姿势来看，其中一些动物可能是在地下巢穴中死掉的。

□ 准角龙属（Anchiceratops）

最大长度：6 米
生活年代：晚白垩世
化石发现地：北美洲（加拿大艾伯塔省）

这种恐龙要比三角龙小很多，头盾狭长，脊椎后弯并具有锯齿状的边缘。它的头盾中央还有一个明显的分界脊。准角龙生活在沼泽湿地中，以葱郁的植被为食，并用它那鹦鹉似的喙来取食。它的体重可达 5 吨，很可能大部分时间都在浅水或者泥浆中四处跋涉。

□ 尖角龙属（Centrosaurus）

最大长度：6 米
生活年代：晚白垩世
化石发现地：北美洲（加拿大艾伯塔省、美国蒙大拿州）

尖角龙看起来就像是一个巨型犀牛，尽管它们属于动物界中完全不同的支系。尖角龙是一种沉重、强大而又结实的动物，在其喙状口鼻的顶上有一巨大的犄角。与很多角龙亚目恐龙不同，尖角龙的头盾边缘处虽然也有类似牙齿的犄角，但却相当短。这一壳皱结构并不是由密质骨构成的，而是有两个口子，从而减轻了重量。在加拿大，人们发现了 50 多具聚在一起的化石样本，表明尖角龙是一种群居动物。

▶ 与角龙亚目其他恐龙一样，准角龙也是一个多变的物种，任何两个个体都不具有形状完全相同的头盾和犄角。一些科学家认为，这些差异有助于混在同一个群体中的恐龙们识别彼此。

▲ 头部几乎占了身体一半长度的牛角龙，看起来就像个"大头娃娃"。

□ 牛角龙属（Torosaurus）

最大长度：7 ~ 8 米

生活年代：晚白垩纪（距今约 7000 万年前）

化石发现地：北美洲（美国、加拿大）

在恐龙世界中，长得奇形怪状的种类并不少见，但是头可以大到占身长一半的可真不多见，这个"大头娃娃"就是我们今天的主角——牛角龙。

牛角龙的原意是"刺穿装甲的蜥蜴"，不过很多书中也把它叫作肿角龙、重角龙、凸角龙或者刺甲龙。

虽然名字各不相同，但是我们要知道这些名字都是指的同一种恐龙。

牛角龙生活在白垩纪晚期的平原，是一种植食性恐龙。

它的身体长度可以达到 7 ~ 8 米，体重可达 6 ~ 7 吨，超过 5 头犀牛的重量。虽然在恐龙世界中，牛角龙的身体长度不是最长的，不过它的头绝对是恐龙中最大的。

目前发现的牛角龙头颅骨化石长达 3 米。也就是说，牛角龙的头骨比一辆小轿车还长，但是它的大脑却小得可怜。

换句话说，牛角龙虽然身体魁梧，但是并不聪明。

根据测量，牛角龙的颈盾长度是颅骨长度的一半，它那巨大的颈盾上有两个中空的孔洞。这两个孔洞有什么功能呢？

其实最主要的功能就是减轻头部重量。如果没有这两个孔洞，牛角龙的颈部肌肉很可能就无法支撑起自己的头部，在这种情况下它是很难生存的。

试想一下这样一个情景：一个连自己头部都无法支撑起来的恐龙摇摇晃晃地在地面上行走，怎么可能在弱肉强食的恐龙世界存活下来呢？不过，这两个孔洞的存在也使颈盾的防御力大打折扣。

幸好牛角龙还有一个强大的武器——两只巨大的角。这两只类似牛角的尖角从牛角龙的眉骨处向前伸出，甚为壮观。

虽说牛角龙是恐龙中的"大头娃娃"，但可别真把它当成娃娃，它的脾气犟着呢！进食时，它会低下巨大的脑袋，此时大大的颈盾就竖了起来，这不仅使牛角龙看起来更庞大，而且也可以起到警告掠食者的作用，如果它们不识趣，牛角龙可要给它们点颜色看看。所以就算最庞大的肉食性恐龙前来挑衅，牛角龙也毫无畏惧。首先它会左右摇摆巨大的头颅吓唬敌人，如果敌人仍不退却，叉开两腿站稳后，牛角龙就会用头上的尖角狠狠地刺向敌人。

时至今日，在北美洲各地都有牛角龙的化石出土，说明它是一种繁衍得非常成功的物种，想必它头上巨大的颈盾和尖角也是帮助它占领这么多地方的利器吧！

▼ 一只独角龙正在森林里悠闲地散步。

□ 独角龙属（Monoclonius）

最大长度：5 ~ 6 米
生活年代：晚白垩纪（距今 8000 万年前）
化石发现地：北美洲（美国、加拿大）

在传说中，独角兽是一种充满灵性的动物，体态优美、心地善良。其实，恐龙家族中也有一位"独角兽"，不过它的外表就没有传说中的独角兽那么漂亮了。这种独角兽恐龙就是"独角龙"。

顾名思义，独角龙就是头上长着一只角的恐龙。它生活在白垩纪晚期的北美洲，生活习性与原角龙相似，但是体型比原角龙大，身长可以达到 5 ~ 6 米，嘴巴和鹦鹉的嘴巴类似。它的颈盾比原角龙的要大，向后上方伸展。它的颈盾上没有骨刺，边缘虽有皱褶，但却是整齐的。它最引人注目的特点就是鼻子上有一根长长的角伸向斜上方。独角龙是一种植食性动物，可能是以当时非常繁盛的蕨类和苏铁为食。不仅头上的巨角与犀牛相似，它的四肢也和犀牛很接近，粗壮的短腿上长着蹄状的爪子。它的身体笨重，尾巴也不像其他的恐龙亲戚那样修长优美，而是又粗又短。与角龙类的其他成员相似，它的头很大，颈盾上有孔洞，而且不同性别的独角龙角的形状也不相同。

独角龙是在美国蒙大拿州与加拿大的交界处被著名的古生物学家科普发现的。它的化石刚被发现的时候，只有几颗牙齿和一只巨角，科学家误认为这是一种古代的犀牛。不过，当时马什和科

普的"化石战争"正在激烈地进行着，暂时落败的科普为了扳回一局，又对这些不明生物的牙齿和巨角进行了研究，他认为这是一种新的恐龙，并把它命名为"独角龙"。

虽然独角龙的化石不多，但它却是研究恐龙灭亡问题的宝贵资料。它的出现似乎在告诉人们，恐龙并没有在白垩纪完全灭绝。而后来在蒙大拿州白垩纪与古近纪的沉积层中，除了独角龙之外，还有6种恐龙的牙齿陆续被发掘出来，这有力地说明了在古近纪早期的时候还有恐龙存活下来。科研小组由此得到结论，恐龙并没有在6500万年前全部灭亡。

不过，这种理论并没有得到大多数科学家的赞同，有人认为这些化石可能是风化再沉积之后被移到了古近纪的地层中。不管事实如何，至少独角龙曾经在这个地球上生活过这个事实是无可辩驳的。

□ 五角龙属（Pentaceratops）

最大长度：8米

生活年代：晚白垩纪（距今7500万～6500万年前）

化石发现地：北美洲（美国、加拿大）

看到"五角龙"这个名字，我们一定会认为这个家伙头上长了五只角。事实上，它头上角的数目与很多角龙类恐龙一样，只有三只——两只眉角和一个鼻角。那么，它为什么得了这么一个不符合事实的怪名字呢？其实，这是科学家犯的一个小错误。

科学家最早开始研究五角龙的时候发现它的脸上长着5只角，于是就把它叫作"五角脸恐龙"。不过，后来科学家发现其实它的脸上只有三只角，原来看到的另外两只角，是颧骨延长而形成的。不过，"五角龙"这个名字已经被广泛应用了，因此科学界也就沿用了这个名字。

五角龙的外形和前面我们介绍过的开角龙相似，不过个头更大一些。五角龙还拥有硕大无比的头，可能比

牛角龙的头骨还要大。1988年，科学家曾经复原过一块五角龙的颧骨，这块颧骨长度超过3米。它脖子上的颈盾也很华丽，颈盾的边缘有三角形的骨突，颈盾边的皱褶也很大。它的颈盾应该比开角龙的更加让人叹为观止。为了减轻头部的重量，五角龙的颈盾也是中空的，所以没有防御的作用，应该是用来吓唬敌人或者在繁殖季节用来吸引异性的。

五角龙的整个身体看起来很结实，它的四肢几乎一样长，前肢非常强壮，只有这样，才能够支撑起它那颗巨大而沉重的头颅。五角龙的尾巴比较短，不过末端很尖。虽然这样的尾巴非常有个性，但是所起到的平衡作用实在有限。幸好它的髋部与背部的骨骼已经愈合，后肢粗壮，脚上有蹄状爪，所以走起路来才不会左右摇晃。

五角龙的嘴巴也与鹦鹉嘴巴相似，在面颊的部位长有牙齿。强有力的喙状嘴巴可以与牙齿形成合力，把棕榈和苏铁的厚叶片顺利地切下来。

▼ 跟开角龙一样，五角龙的颈盾很华丽，甚至比开角龙的更加让人叹为观止。

▲ 河神龙的鼻端、眼睛和背部都有隆起的地方，这让它看起来有些其貌不扬。

根据考古发现，五角龙是角龙家族的最后一批子孙，正好赶上了家族最荣耀的时刻，不过它最终还是没能逃脱灭绝的厄运，与无数的恐龙亲戚一起被埋进了大地……

□ 河神龙属（Achelousaurus）

最大长度：6 米
生活年代：晚白垩纪（距今 7400 万 ~ 6550 万年前）
化石发现地：北美洲（美国、加拿大）

古希腊的神话中有一个叫作阿克洛奥斯的河神，传说他的一只角被英雄海格力斯折断了。恐龙家族中也有这么一个河神，它的学名叫作"阿克洛奥斯龙"，那么，这种恐龙究竟有什么特别之处，竟然以神的名字来命名呢？

这就要从河神龙的外貌说起了。河神龙属于角龙类，按理说它的脸上应该长着 3 只角——一对眉角和一只鼻角。但是在其他角龙类恐龙长着鼻角的地方，河神龙的脸上只有一块隆起，并没有角伸出来，看起来就像是它的角被什么人折断了一样。它这种奇特的外形不禁让人想到了古希腊神话中的河神阿克洛奥斯，于是科学家就给这种恐龙起了这么一个充满文化气息的名字。

另外，河神龙与河神阿克洛奥斯之间还有个相似之处。阿克洛奥斯善于变形，而河神龙长得就像是多种角龙的集合体。科学家认为河神龙是牛角龙和厚鼻龙之间的过渡类型。虽然现在还没有确定它们是否是一脉相承的"老中青三代"，但是它们三者之间有亲缘关系这一点是毋庸置疑的。

河神龙属于尖角龙类的恐龙，生活在白垩纪晚期的北美大陆上。同它的鹦鹉嘴龙祖先一样，它也长着鹦鹉一般的弯嘴巴。河神龙除了在鼻端有突起之外，它的眼睛和背部也有隆起的地方。它的颈盾比较小，但是皱褶比较长，在颈盾的顶端还长着两只角。河神龙身长大约 6 米，在大块头到处都是的恐龙家族中，它顶多算中等个儿。

没有富有攻击力的鼻角，因此河神龙不能像其他的角龙那样通过助跑把鼻角狠狠戳进来犯者的身体里来保护自己。科学家推测，它是等到来犯者靠近时才用颈盾上的角去顶对方，而它鼻子上的厚垫则是在争夺统治权的时候与同伴进行角力时用的。

河神龙虽然其貌不扬，但它与厚鼻龙和角龙具有特殊的关系，它神秘的鼻部隆起的作用也悬而未定，同时它的防御方式也令人疑惑，这种种谜题让它成了备受古生物学家青睐的宠儿。

□ 祖尼角龙属（Zuniceratops）

最大长度：5 米
生活年代：早白垩纪（距今 9100 万年前）
化石发现地：北美洲（美国、加拿大）

距今 1.5 亿 ~ 7500 万年前，地球的气候发生了剧烈的变化，天气逐渐变暖，两极的冰雪融化，与现在相比，海平面要高出三百多米。地球表面因此变得很湿润，干燥的地方大幅度减少。

▼ 祖尼角龙不但是生活在北美洲最早期的有角类恐龙，而且也是世界上最古老的额头上长角的恐龙。

这种环境要比寒冷的天气更适合生物的繁殖和生长，但是不知道什么原因，科学家很少能够发现这一时期的生物化石。由于我们对这段时期的生物了解得很少，因此我们把这段时期称为"白垩纪空隙"。

这段时期的生物化石数量不多，而且大部分都是从祖尼盘地发掘出来的。祖尼盘地位于美国的亚利桑那州和新墨西哥州的交界处。这个地方似乎注定成为一块神秘的地方，在这里生活的祖尼人与众不同的习俗以及类似母系氏族的社会构成一直是人类学家研究的重点。而现在，祖尼盘地中发掘出的各种生物化石也成为古生物学家研究白垩纪空隙的珍贵史料。

前面我们提到过的懒爪龙是从这里走向世界的，它与暴龙同宗，却以植物为食。也许，只有祖尼这片神奇的土地上才会有这样奇特的发现，下面讲到的祖尼角龙同样来自这里。

祖尼角龙是 1996 年科学家在祖尼盘地这片神秘的土地上发现的，可惜的是，科学家仅仅发现了一块头骨化石。不过，可别小看这头骨化石，实际上，它能告诉我们很多事情！通过对头骨化石的研究，科学家发现这种恐龙是三角龙的亲戚，正是这个原因生物学家才把它命名为祖尼角龙。它是生活在北美洲最早期的有角类恐龙，同时也是世界上最古老的额头上长角的恐龙。

由于祖尼盘地中出土的化石绝大多数都来自不为人所知的白垩纪空隙，因此这里很可能还有很多未曾出现过的恐龙品种，它们将极大地丰富恐龙世界，进一步壮大恐龙家族。

□ 野牛龙属（Avaceratops）

最大长度：6 米
生活年代：晚白垩纪（距今 7500 万年前）
化石发现地：北美洲（美国蒙大拿州）

白垩纪晚期的自然环境以及角龙类成员强大的适应能力使它们盛极一时，在很短的时间内就发展成体型巨大、颈盾和角各具特色的恐龙类群。今天我们要认识的野牛龙就是一种鼻角很有特色的恐龙。

通常情况下，有角类恐龙的鼻角都是向上弯曲的，野牛龙的鼻角却是大幅度向下弯的，看起来就像是一个巨大的老式罐头起子。由于形状不同，野牛龙的鼻角作用也和其他同类的不相

▲ 野牛龙的鼻角是向下弯曲的，这使它在有角类恐龙中成为一个特别的存在。

同。有科学家研究称，野牛龙是一种食草动物，它的头颅可以贴近地面，向下弯的大角也许可以帮助它把食物钩到嘴巴面前。另外，野牛龙的大角虽然是向下弯，杀伤力比那些向上弯曲的角小一些，但是威慑力可不比其他类型的角差。虽然这种角很难刺破敌人的肚子，但是如果野牛龙使足力气去冲撞对手的话，即使要不了对手的命，也会让它变成残疾，估计很长一段时间生活都难以自理了。

野牛龙的化石只出现在美国的蒙大拿州，出土于白垩纪晚期的地层，同样是由发现慈母龙的古生物学家霍纳发现的。目前已经发现最少15 具年龄不同的野牛龙化石，现在这些化石都存放在蒙大拿州落基山博物馆。

野牛龙有着类似鹦鹉那样的嘴巴，这样锋利的喙可以轻松地咬断植物的茎叶。同时它的身长可以达到 6 米，身高大约 1 米。除了鼻子上那只大角，野牛龙还有另外两只大角长在颈盾上。野牛龙的颈盾比较小，边缘有齿状的骨质突起。

与其他的植食性动物相似，野牛龙也是群居动物，类似现在的美洲野牛或者角马。白垩纪的时候，开花植物的分布范围远没有现在广泛，

所以野牛龙的食物可能主要是当时的优势植物，比如苏铁、蕨类以及松科植物等等。

野牛龙的出现让人们进一步扩大了对角龙类家族外形的了解，不禁让人感叹大自然鬼斧神工的魔力以及生命力的顽强。野牛龙弯曲的鼻角告诉我们，不论外貌如何，只要能适应环境，就一定能够找到自己的位置。

□ 辽宁角龙属（liaoceratops）

最大长度：1 米
生活年代：早白垩纪（距今 1.3 亿年前）
化石发现地：亚洲（中国辽宁）

角龙类恐龙主要分为两类，一类是长有类似鹦鹉喙嘴的鹦鹉嘴龙，另一类是长有颈盾的新角龙类。在新角龙类中最古老的物种是辽宁角龙。

辽宁角龙是由美国及中国科学家组成的挖掘队伍在中国发现的，中国科学院古脊椎动物与古人类研究所的徐星教授等人把这一发现发表在 2002 年的《自然》杂志上。文章称辽宁角龙的发现填补了有角类恐龙进化中缺失的环节。辽宁角龙的发现让古生物学家的目光再次聚焦在辽西这块神奇的土地上。辽西这片土地上充满了丰富

的演化资讯，包含恐龙、哺乳类、昆虫以及开花植物等，几乎涵盖了生物的各个类群。

因为角龙类恐龙是恐龙灭绝前最兴旺的家族，所以它们是如何快速适应环境变化的以及如何在短期内演化出如此多的类型等，这些问题都吸引着很多科学家的注意。不过，由于化石材料的缺乏，人们对角龙类恐龙的早期演化过程所知甚少。

辽宁角龙被发掘出来以后，科学家把它与众多的角龙类化石进行了比较，其中包括早期的鹦鹉嘴龙。研究结果表明，辽宁角龙是一种比较原始的新角龙，是鹦鹉嘴龙与其他的角龙类恐龙之间的过渡物种。

此次发现的辽宁角龙生存大约 1.3 亿年前的白垩纪早期，它的体型比后期的角龙类恐龙小很多，但却为这类谜一般的恐龙的早期演化提供了非常重要的证据。辽宁角龙体长大约 1 米，与体型较大的狗差不多，是一种植食性恐龙，以四足行走。与后期出现的拥有长长颈盾的三角龙不同，辽宁角龙的颈盾很短，颧骨有些突出。角龙类中最原始的鹦鹉嘴龙与后期的角龙在颈盾和长角方面的差别很大，科学家最初认为这些部位是突然出现的，但是辽宁角龙的出现告诉我们这一变化是渐进的，经历了一个漫长的过程。

▲ 一只辽宁角龙正在水草丰美的河边进食。

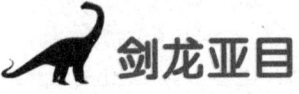

剑龙亚目

剑龙是一种行动缓慢的植食性动物，背上长有两排骨板或者骨质脊突。这些骨板连在皮肤上，而不是骨架上，所以很难确定它们在恐龙生活中所起的作用。人们对此有不同的猜测，它们可能是用来自卫的，但也可能会在热量调节中有一定的作用，控制着血液温度的升降。如果是这样的话，这些骨板便可能会产生"潮红"——作为交配仪式中的一部分或者是一种警示信号。剑龙的尾巴上也有刺突，挥舞起来就像中世纪的武器一样能刺伤敌人。

□ 剑龙属（Stegosaurus）

最大长度：9 米
生活年代：晚侏罗世
化石发现地：北美洲西部、欧洲（英国）

剑龙约有 3 吨重，是其族系中最大的恐龙。它的身体比例特别怪异，后肢要比前肢大出许多，因而后背驼得厉害。剑龙的头部极小，抬得比较低，那里面的大脑也十分微小，比一个核桃大不了多少。与剑龙亚目的其他恐龙一样，剑龙也具有一个喙状的口鼻，口腔后部也长有臼齿。剑龙进食时很可能是四足站立的，但一些专家认为，它也能够凭后肢站起来去抓取食物。

□ 华阳龙属（Huayangosaurus）

最大长度：4 米
生活年代：中侏罗世
化石发现地：亚洲（中国）

像剑龙亚目的其他恐龙一样，华阳龙的后背上也有一排朝后的成对骨板，并且在臀部上也有一对加长的类似犄角的骨板。华阳龙的尾巴上具有两对锐利的犄角。华阳龙的牙齿不仅长在两颊处，还长在它的喙中，这在剑龙亚目中是比较罕见的。华阳龙是几个在中国出土的恐龙物种之一，它的发现地也因此成了世界上寻找剑龙亚目遗骸最好的地方。

□ 沱江龙属（Tuojiangosaurus）

最大长度：7 米
生活年代：晚侏罗世
化石发现地：亚洲（中国）

在中国发现的两组沱江龙化石将这种恐龙的外形特征很好地描绘了出来。沱江龙的背上有两排呈 V 字型的骨板，其中背部中间的部分最大，并沿着脊柱向脖颈和尾巴方向逐渐减小。与

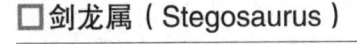

▶ 华阳龙是已知最古老、体型最小的剑龙亚目恐龙之一，它在站立时的臀部高度只有 1.8 米——跟人的高度差不多，体重也只有 1 吨多。华阳龙可能是剑龙亚目后期物种的祖先。

剑龙一样，沱江龙的尾巴上也有两对长而尖的犄角，而且背部也弓得很厉害。沱江龙最高的地方——位于臀部上——大约有 2 米高。

□钉状龙属（Kentrosaurus）

最大长度：5 米
生活年代：晚侏罗世
化石发现地：非洲（坦桑尼亚）

　　钉状龙最早发现于 20 世纪初，是德国的化石搜寻远征队在坦桑尼亚探险时发现的。钉状龙是非洲最著名的剑龙亚目恐龙之一，最近人们又发现了其另外十几具化石样本。钉状龙虽然在外形上与剑龙相似，但体型要小得多。钉状龙背上

▼ 这 5 只动物展现出了剑龙的各种"装甲"都有何不同。沱江龙（图 1）和剑龙（图 2）拥有两排宽阔而扁平的骨板。这些骨板看起来令人印象深刻，但很多古生物学家认为，事实上它们很薄，根本无法用于自卫。锐龙（图 3）、勒苏维斯龙（图 4）和钉状龙（图 5）的骨板要窄些，并在尾巴上逐渐变成了棘突。这 5 只动物都有着一些剑龙亚目的典型特征:大象一样的腿、驼着的背和一个相当小的头。

的骨板自背的中部开始就被尖刻的犄角（大约 60 厘米长）所代替，并一直延伸到尾巴。人们相信，在钉状龙臀部的每一侧，或者每一个肩膀上，都长有一个向侧面突起的长钉状结构。这些钉状结构可能对自我防卫很有作用。与剑龙亚目其他恐龙一样，钉状龙的牙齿在植食性恐龙中是很小的，所以钉状龙可能会吞下石头，以利于磨碎食物。

□锐龙属（Dacentrurus）

最大长度：4.5 米
生活年代：中侏罗世
化石发现地：欧洲（英国、法国、葡萄牙）

　　锐龙是剑龙亚目中较小也较早的恐龙之一，体重约 1 吨。它在背上和尾巴上都有非常尖刻的骨板，长达 45 厘米。人们在西欧几个不同的地方都曾发现过锐龙的骸骨，其中可能还包含着锐龙的蛋化石。

□勒苏维斯龙属（Lexovisaurus）

最大长度：5 米
生活年代：中侏罗世
化石发现地：欧洲（英国、法国）

勒苏维斯龙的名字来源于法国一个古老的部落，勒苏维斯龙一部分最早期的骸骨就是在那儿发现的。勒苏维斯龙是一种典型的剑龙亚目恐龙，它不仅在背上长有两排窄而尖的骨板，而且在肩上还有一对附加的钉状结构，长达 1.2 米。勒苏维斯龙的体重达两吨，很可能比一些更大型的剑龙亚目恐龙跑得要快，而且奔跑时的速度可能达到了 30 千米／时。

□棱背龙属（Scelidosaurus）

最大长度：4 米
生活年代：早侏罗纪（距今 2 亿年前）
化石发现地：北美洲（美国）、欧洲（英国）、亚洲（中国）

侏罗纪早期，贪吃的肉食性恐龙无处不在，很多弱小的植食性恐龙都惨遭毒手。但有一种恐龙却凭着一身"铠甲"成功地保护了自己，这种恐龙其实是一个非常笨拙迟钝的家伙，它就是棱背龙。

棱背龙是一种极其原始的植食性恐龙，它身体全长大约 4 米，与一头犀牛差不多大。棱背龙的头部很小，四肢粗短，身体圆圆的，看起来十分笨拙。它生活在白垩纪早期，那时候的肉食性恐龙非常强壮，植食性恐龙面对它们的时候几乎是束手就擒，没有有力的防御工具。而棱背龙为了保护自己，在长期的进化中，演化出了一件甲板做的"外衣"，这"外衣"上面还均匀地分布着一排排的尖刺。

疙疙瘩瘩的皮肤把棱背龙全身保护得很好，因此，虽然同时代的肉食性恐龙很多，但是它们都无法伤害棱背龙。当肉食性恐龙进攻的时候，棱背龙首先会选择奔跑来逃过这一劫，如果实在跑不动了，它就会停下来，把身上的骨板对准对方。这样，即使肉食性恐龙已经把棱背龙抓住，也很难找到地方下口，很多肉食性恐龙只能就此放弃。

由于棱背龙这种甲龙出现的时代是目前所发现的所有甲龙中最早的，因此古生物学家一直认为棱背龙是后来的各种各样的甲龙的祖先。当

▼ 靠着身体表面长满尖刺的甲板，棱背龙成功地躲过肉食性恐龙的捕食，顽强地生存下来。

然，越发展到后来，甲龙身上的护甲越坚硬，越能更好地防御肉食性恐龙的攻击。

那么，科学家是如何发现棱背龙身上的甲板的呢？这就要感谢棱背龙留下的皮肤印痕化石了。在它的皮肤印痕化石上，可以清楚地看到背上覆盖着的一排排骨质突起。在这些骨质突起之间还有许多圆形的小鳞片。据科学家推测，棱背龙的腹部也覆盖着鳞片。棱背龙的这些鳞片与一种叫作"吉拉毒蜥"的现生爬行动物接近。

也许，正是有了盔甲的保护，棱背龙才有恃无恐，总是慢悠悠地行走在侏罗纪早期的森林中，才会给人留下了笨拙迟钝的印象。

# 结节龙科和甲龙亚目

甲龙亚目的恐龙最早出现于晚侏罗世，但直到白垩世才进入全盛时期。最先开始进化的是结节龙科的恐龙，很快就占据了整个北半球。结节龙科的恐龙身体沉重、行动缓慢，是一种植食性动物，并以犄角和骨板作为防护甲。在白垩纪末期，结节龙科被甲龙亚目所代替。甲龙亚目的恐龙具有更加坚韧的装甲，而且尾巴的末端上还长了一个骨棒。

☐ 林龙属（Hylaeosaurus）

最大长度：6 米
生活年代：早白垩世
化石发现地：欧洲（英国、法国）

著名的英国古生物学家吉迪恩·曼特尔大约在 1830 年发现了林龙。林龙只是第三种被识别的恐龙，而且此后人们也只找到了它们一些孤立的骨架断片。所以林龙的准确形象是很难确定的，不过它们很可能具有一些结节龙科的典型特征，其中就包括防护骨板。林龙的侧腹及尾巴上都有成排的向两侧伸出来的犄角，那些骨板可能就是由这些犄角支撑着的。与结节龙科的其他物种一样，林龙的前肢很可能比后肢短，从而使背部形成了一个驼峰，并且强壮有力，足以承担装甲的重量。

☐ 林木龙属（Silvisaurus）

最大长度：4 米
生活年代：早白垩世
化石发现地：北美洲（美国堪萨斯州）

与林龙相似，林木龙也是一种早期的结节龙科恐龙，拥有一些较原始的特征。其中包括，上颌处长有小而尖利的牙齿，而与此相比，后来的物种拥有的都是典型的无牙喙。林木龙的脖子还特别长，使它既可能进食近地的植物，也可能食用较高的灌木。林龙的防护甲既有大型的骨板也有棘突，只是由于化石的残缺，人

林木龙

结节龙

林龙

▶ 结节龙、林龙和林木龙都是典型的结节龙科恐龙。它们的背上都覆盖有扩展的骨板和棘突防护甲，只有腿部和腹部没有这种装甲的保护。但由于其化石的不完整，人们对它们的外形描绘还只是一种猜测。

们很难确定这些防护甲在活动物身上是怎样安置的。

□ 结节龙属（Nodosaurus）

最大长度：6 米
生活年代：晚白垩世
化石发现地：北美洲（美国堪萨斯州，怀俄明州）

结节龙意为"长有结块的蜥蜴"，它的背弓着，上面覆有成片的小骨板，从脖子后面一直往下延伸到尾巴，整个样子看起来就像一只巨大的史前犰狳。人们至今都还没有发现结节龙的颅骨，但它的头部可能比较小，并且嘴部狭窄。跟甲龙亚目的所有恐龙一样，结节龙以矮生植物为食，牙齿呈叶状。在以防护甲抵御攻击的动物中，结节龙的体大脑小是一种典型的特征。从它的生活方式和日常食物来看，结节龙很可能是群居生活。

□ 埃德蒙顿甲龙属（Edmontonia）

最大长度：7 米
生活年代：晚白垩世
化石发现地：北美洲（加拿大艾伯塔省、美国阿拉斯加州和蒙大拿州）

埃德蒙顿甲龙是结节龙科中最大的恐龙之一，它是一种缺少棒状尾巴的甲龙。人们找到了埃德蒙顿

甲龙一些几乎完整的骨架化石。从中可以看出，它的体格比犀牛还要健壮，不仅尾巴上布满了大片的骨板，连脖子和脑壳上也有另外的骨板。埃德蒙顿甲龙连接头部和脊柱的两节椎骨融合在了一起，意味着它在弯脖子的时候会有点困难。由于装甲精良，埃德蒙顿甲龙一旦成年，就不太可能再受到什么攻击。它的双肩上有几对突出的巨型棘突，能很有效地震慑来犯的掠食者。埃德蒙顿甲龙与包头龙生活在同一时代的同一区域，但埃德蒙顿甲龙的嘴更窄一些。这说明它们的食物是不同的，因此它们之间进行直接竞争的机会也就减少了。

□ 包头龙属（Euoplocephalus）

最大长度：7 米
生活年代：晚白垩世
化石发现地：北美洲（加拿大艾伯塔省、美国蒙大拿州）

包头龙是一种真正典型的甲龙亚目恐龙，它的防护甲甚至扩延到了眼睑，尾巴的末端还有一个沉重的骨棒。包头龙的头部巨大，上面

包头龙

埃德蒙顿甲龙

◀包头龙（上）的尾巴比较独特，末端呈棒状。包头龙与埃德蒙顿甲龙（下）共同生活在晚白垩世的北美洲。尽管它们体型大致相同，但颌骨结构上的不同说明，它们食用的植物并不相同。

长有防护性的棘突，沿着它的后背和尾巴基部往下还排列着更多的棘突和结节。到目前为止，人们发现了40多具包头龙化石，其中含有几块颅骨化石。这些化石显示出，包头龙的口鼻宽阔且没有牙齿，有利于剪食成片的矮生植物。包头龙大约有两吨重，体型比较密实，但从它的尾骨棒来看，在面对掠食者的攻击时，它的四肢依然能够灵活应对。

□ 甲龙属（Ankylosaurus）

最大长度：10 米
生活年代：晚白垩世
化石发现地：北美洲（美国蒙大拿州、加拿大艾伯塔省）

甲龙是甲龙亚目中最大且出现几乎最晚的恐龙，体型非常庞大，属于植食性动物。甲龙的体重达 4 吨，但它的尾巴有 50 多千克，可以快速旋转，以粉碎掠食者的牙齿或者颅骨。甲龙的皮肤上长有防护骨板，并且拥有成排的棘突和凸起的结节——甲龙亚目的典型特征。就像它的很多亲缘动物那样，甲龙也可能属于群居动物，但其巨大的体型意味着它也可以安全地独自进食。

□ 美甲龙属（Saichania）

最大长度：5 米
生活年代：晚白垩纪（距今 6550 万年前）
化石发现地：亚洲（蒙古）

说起美甲龙这个名字，我们脑海中浮现的一定是一个漂亮、可爱的恐龙形象，至少不会很丑。不过，现实可能要让我们大跌眼镜了。

美甲龙的名字上虽然有一个"美"字，但是它真的算不上好看。它是一种非常笨重的植食性恐龙，长着一颗大脑袋。它的身体上面布满了甲片，甲片上长着骨质棘突，身体两侧也长着尖刺，看起来十分恐怖。

在生物世界里，捕食者和被捕食者往往是一起进化的，捕食者的爪子和牙齿越来越尖锐，而被捕食者也不断让自己的盾牌变得更加坚固。甲龙类恐龙的生存策略就是不断优化自己的防御工具——身上厚重的骨质甲板，上面长着利刺。它们正是依靠这些严密的防范武器才最终抵抗住了大部分肉食性恐龙的进攻。

▼ 甲龙的体重跟今天的一种大象差不多，但它拥有自己的武器和防护甲，是爬行动物时代自我防护最好的植食性动物之一，只是没能够在白垩纪结束之时生存下来。

甲龙

而美甲龙为了保护自己，更是把甲板用到了极致。除了背部的甲板，它的腹部也长有盾甲。这应该是由于出现了能够威胁到美甲龙腹部的猎食者，所以在长期的进化中，它演化出了腹部盾甲。

除了甲板，美甲龙还拥有一件保护自己的"武器"，那就是它的尾巴。美甲龙的尾巴末端膨大，就像古代将军使用的大锤一样。在肉食性恐龙进攻的时候，如果周身的铠甲仍然没能让敌人后退，那么它们就会左右摇晃尾锤，找到合适的位置之后用力一击。不管是多么强壮的敌人，挨上这一下，估计也得疼上十天半个月。即使是暴龙，在成年的美甲龙面前可能也占不到便宜。这是因为美甲龙四肢短粗，重心很低，可以承受更大的来自暴龙短跑的冲击，而且尾部的骨质突起又可以在暴龙腿上狠狠来上一下。如果是一对一的战斗，美甲龙获胜的可能性更大一些。

在自卫的过程中，美甲龙非常聪明地找到了敌人的弱点，并充分利用了自身的优势战胜了对手。这样看来，美甲龙虽然身体笨重，但是脑子却很聪明！

□ 蜥结龙属（Sauropelta）

最大长度：7～8米
生活年代：早白垩纪（距今1.15亿～1.1亿年前）
化石发现地：北美洲（美国蒙大拿州和怀俄明州）

在白垩纪早期的北美洲地区，生活着一种相貌丑陋但是性格温柔的甲龙类恐龙，它就是蜥结龙。

蜥结龙是甲龙类恐龙中比较早出现的，也是最原始的成员之一。蜥结龙的体型较大，因此四肢必须很粗壮才能够支撑起庞大的身体。根

据对蜥结龙身体构造的研究以及对它体重的推测，古生物学家认为蜥结龙并不是一种行动敏捷的恐龙。

那么，身体如此笨重的蜥结龙如何才能逃脱敌人的追捕呢？这完全不需要担心，蜥结龙的防御武器可是相当强大的！蜥结龙的全身都披有骨板，能够抵御敌人的进攻。不过，由于蜥结龙比较原始，因此它身上的坚甲也比后来出现的坚甲要原始一些。蜥结龙坚甲的形状会因部位不同而有所区别。脖子处的骨板是向外突出的，就像一根根尖钉一样；身体两侧从肩膀到尾巴末端长着一些小型的三角形骨板；在蜥结龙的背部则长满了骨质甲片，这些甲片有些像锥子一样，被称为"骨锥"；有些则是圆形的瘤状突起物，这些甲片成排排列，有点儿像现代犰狳的坚甲。

当受到天敌攻击的时候，蜥结龙会立即蜷起身体，使背上的骨甲朝向外面，看起来就像一个刺球。那些有经验的肉食性恐龙见到这一阵

▼ 面对凶猛的捕食者，美甲龙放低身体重心，挥动尾巴，狠狠地给对方来了一下。

▼ 利用自己颈部的尖锐突起，蜥结龙可以轻松刺伤那些妄图袭击自己的肉食性恐龙，并给对方留下一个血淋淋的伤口。

势，马上就知道自己无法得手，就会去寻找新的目标。而那些"初出茅庐"的肉食性恐龙可能会不甘心地去撕扯蜥结龙，此时它们的嘴巴就会被骨刺刺伤，很长时间不能恢复。经过这次教训，不到万不得已，肉食性恐龙大概不会再去找蜥结龙的麻烦。

虽然蜥结龙长相看起来比较凶恶，但却是一种完全没有攻击性的植食性恐龙，是恐龙界善良的代表！看来，以貌取人不可取，"以貌取龙"也会造成误会！

肿头龙亚目

在恐龙的世界中，脑袋大并不一定就代表着智商高。对肿头龙或者骨冠龙来说尤其如此。这些不寻常的动物因为它们加强的颅骨而得名，有的颅骨会超过 20 厘米厚。科学家们相信，雄性骨冠龙会利用它们的颅骨进行头对头的撞击，跟今天的绵羊或者山羊之间的做法很相似。要不然，它们可能就会把脑袋当成攻击槌，插到对手的肋肉中去。

□平头龙属（Homalocephale）

最大长度：3 米
生活年代：晚白垩世
化石发现地：亚洲（蒙古国）

平头龙的头顶有一块很厚的扁平状骨头，四周边缘还有一些骨质突起物，就像王冠一样。这些厚厚的头盖骨非常柔韧而且相当疏松。一些专家认为，这项证据能推翻"脑袋插入"理论，因为这种颅骨根本承受不住巨大的冲击。当然，

▶ 雄性肿头龙在冲撞中会利用"骨冠"来打败对方。

平头龙

剑角龙

▼ 平头龙（上）和剑角龙（下）都是小型的两足类植食性恐龙，而且它们的颅骨顶端都很厚。平头龙的颅骨顶端是扁平的，而剑角龙的颅骨则有个圆顶。这两种恐龙都是群居动物，凭借着速度和灵活性来逃脱掠食者的追捕。

人们还没有找到有关颅骨损伤的证据。平头龙的牙齿小而且呈叶形，说明它可能以植物、水果和种子为食。

□ 剑角龙属（Stegoceras）

最大长度：2 米
生活年代：晚白垩世
化石发现地：北美洲（加拿大艾伯塔省、美国蒙大拿州）

在体型、身形和行为方面，剑角龙很可能与平头龙非常相像。剑角龙也是体型很小的两足类植食性动物，它的口鼻部也倾斜得很厉害，而且牙齿也是锯齿状的，用来咀嚼矮生植物。它们最大的不同在于头部，剑角龙的头顶呈隆起的圆顶状，并且有肉冠作装饰。这种肉冠是由骨质增生形成的，最大的部分位于颅骨后面。剑角龙成年后的圆顶很可能会变得更大，而且在雄性身上似乎要更加明显。对这些雄性来说，脑袋大是它们重要性的象征，就像巨大的象牙是公象的身份标志一样。剑角龙行动迅速，并且跟其他骨冠龙一样，也属于群居动物。尽管剑角龙用两足进行奔跑，但在进食的时候很可能四只脚都会落地。

□ 倾头龙属（Prenocephale）

最大长度：2.5 米
生活年代：晚白垩世
化石发现地：亚洲（蒙古国）、北美洲西部

1974 年，人们在蒙古国发现了一块保存极好的倾头龙颅骨。倾头龙拥有一个巨大的球根状脑袋，边缘还围着一圈多瘤脊。它整体看起来就像是小一号的肿头龙。倾头龙很可能以食用树叶和水果为生，而且与它的亲缘动物一样，差不多也是进行群居生活的。倾头龙还具有肿头龙亚目的另一个特征：尾巴的后半段具有类骨状的跟腱网，从而使尾巴保持坚硬。

□ 肿头龙属（Pachycephalosaurus）

最大长度：4.6 米
生活年代：晚白垩世
化石发现地：北美洲西部

肿头龙大约有半吨重，它的"骨冠"在肿头龙亚目中是最大的。它的颅骨非常大，顶部的圆顶结构比较结实，可达 25 厘米厚。肿头龙的

头部外面有一圈骨瘤，位于圆顶结构的基部位置。相对它的体型来说，肿头龙的牙齿是很微小的。与其他骨冠龙一样，肿头龙也有很好的嗅觉，有利于察觉到掠食者的存在。由于目前发现的化石只有一些颅骨的残骸，科学家只能猜测肿头龙其他部位的样子。肿头龙这种巨型恐龙是其族系中最后的物种之一，一直生存到6600万年前——整个恐龙族群都消失的大灭绝时期。

□龙王龙属（Dracorex）

最大长度：4米
生活年代：晚白垩纪（距今6600万年前）
化石发现地：北美洲（美国南达科他州）

英国的单亲妈妈乔安娜·罗琳创造了一个充满魔力的奇幻世界，她不仅改变了自己的生活境况，丰富了世界上无数孩子的童年，甚至还给一种恐龙起了名字，这种恐龙就是龙王龙。

龙王龙是肿头龙的一种。肿头龙类以头部长着厚重的帽状骨骼著称，其中头颅部分特别厚重，看起来就像肿起了一个大包——这里覆盖的骨板可以达到23～25厘米厚，而且向前隆起的部分是实心的。这块实心的头骨有一定的倾斜度，看上去就像是自行车运动员戴的头盔。

龙王龙是植食性的，头颅骨上长满了小钉角及肿块。龙王龙长有发展完好的上颞骨孔及厚装甲的扁平头颅骨。此外，它亦有大量的皮内成骨，都是以不规则的形状排列：大量的结节、小角及尖刺等。

龙王龙是古生物学家在美国南达科他州搜集化石的时候发现的。它的头骨保存得非常完整，但是其他部分的骸骨非常杂乱，这让研究者毫无头绪。古生物学家经过两年的拼接重组才让这个家伙重新"站"在了世人面前。

重组后的恐龙形象令人大吃一惊，简直是从《哈利·波特》的奇幻世界中走出来的！如果你曾经看过《哈利·波特》系列电影中的第四部，你一定对那只凶猛的"树蜂龙"记忆犹新。这只"树蜂龙"是典型的"西方龙"，身形巨大，还长着一对蝙蝠一样的翅膀，口中可以喷火。最有趣的是，树蜂龙的尾巴末端还长着一个像甲龙一样的锤，当它在空中飞行时，这个锤的杀伤力非常大，就连勇敢无畏的波特都差点儿命丧这锤之下。

科学家重组后的这只恐龙头骨的结构与"树蜂龙"非常相像，特别是头上的骨刺，简直与电影中的树蜂龙如出一辙。科学家不禁感叹这些电影造型师一定对恐龙做过大量的研究，甚至还预测了这种恐龙的存在。

为了向风靡世界的魔幻书致敬，2006年科

▲ 雄性肿头龙在冲撞中会利用"骨冠"来打败对方。

学家为这种新恐龙定名的时候，把它命名为"霍格沃茨龙王龙"。

为龙王龙命名的古生物学家巴克说："把这种新恐龙放进《哈利·波特》系列中一点儿都不显得突兀。它装甲般的硬脑袋有着神奇的构造，脑袋外面长有突起、犄角以及冠顶。"

罗琳对这项命名感到非常惊喜，她认为这是自这套魔幻书出版以来得到的最出人意料的荣誉。这项荣誉也许会为罗琳带来新的灵感，创造出一个更神奇的世界。

□冥河龙属（Stygimoloch）

最大长度：2.4 米
生活年代：晚白垩纪（距今 6550 万年前）
化石发现地：北美洲（美国蒙大拿州和怀俄明州）

我们都听说过"四不像"这种动物，它的学名叫作"麋鹿"。其实在恐龙大家族中，也有一个四不像，它叫冥河龙。

冥河龙这个名字来源于美国蒙大拿州的地狱溪。它是一种相貌十分怪异的恐龙，据说1983年这具恐龙化石最初呈现在人们面前的时候，当时的场景就像取出一具地狱恶魔的遗骸那样恐怖。它身长大约2.4米，高度大约1米，头上长着一个坚硬的圆形顶骨，周围长满了尖锐的利刺，乍一看有些像今天的野山羊，再看的话又与现代的鹿很相像。在几乎所有的恐龙化石记录中，冥河龙繁多而复杂的"头饰"让它看起来几乎是恐龙家族中样子最狰狞怪异的。那么，这个奇形怪状的"头饰"究竟有什么用呢？有科学家认为冥河龙头上的这个圆顶可以经受非常猛烈的碰撞，而尖刺可以用来发起进攻，所以这个奇怪的头顶可能是冥河龙群体中雄性之间的争斗武器。只有战胜了其他的冥河龙，才可能成为群体的领袖。在繁殖季节到来的时候，成年的雄性冥河龙之间的决斗可能是惊心动魄

的。不过，也有科学家对此持反对意见，认为这个圆顶只是一件纯粹的装饰品，用来在繁殖季节引起雌性冥河龙的注意。可以肯定的一点是，冥河龙是肿头龙类恐龙中比较高级的类群，因为肿头龙的进化方向是头盖骨越来越厚，而冥河龙的头盖骨是异常结实的。

不过，除了了解它那怪异而狰狞的长相外，对于冥河龙的一切我们都只能进行猜测。因为到今天为止，古生物学家只发现了 5 块冥河龙的头骨和一些零零碎碎的遗骸。不过根据其他肿头龙类的生活习性，我们可以试着推断一下冥河龙的生活习性。它大概是一种直立行走的恐龙，前肢细小，用坚硬的尾巴来维持身体的平衡。另外，科学家在冥河龙的栖息地发现了暴龙等大型的掠食类恐龙，这说明它们的生活环境危机四伏，只有一起集体生活才能建立起有效的防卫机制。所以，它们必然是一种群居的动物。

▼ 头部怪异的结构使冥河龙得到了"地狱恶魔"的名号。

第四篇

恐龙时代的
其他生物

空中的爬行动物：翼龙的空中风采

在鸟类进化出现之前，爬行动物是唯一曾在空中成功生活过的脊椎动物。最初的爬行动物只是滑翔还不能真正地飞起来，它们在树丛间跳跃时，利用特化的翅鳞或者皮瓣来缓冲降落过程。在三叠纪末期，出现了一种全新的能飞行的爬行动物族群，拥有以肌肉为动力的翅膀。它们就是翼龙目动物——一群思维敏捷而有时体型巨大的飞行者，可以在空中振翅高飞。它们的繁荣持续了 1.5 亿多年，并且留下了大量的宝贵化石。

 ## 皮质翅膀

在远古时代，进行滑翔或者飞翔的爬行动物至少经历了 4 次进化。目前最成功的一次就是翼龙目动物的进化，它们利用由皮肤构成的翅膀进军到了空中。

第一种能飞行的爬行动物出现在 2.4 亿多年前的二叠纪末期。这些早期的飞行者全都是滑翔动物，它们在飞行前就先展开翅膀状的副翼，并以此在树丛中加速穿梭。这些滑翔动物包括始虚骨龙——身体两侧具有折叠式的襟翼，和长鳞龙——三叠纪一种背上覆有长鳞的动物。而其中最奇怪的是一种叫作沙洛维龙的微型动物，它拥有两对副翼。但这些动物都无法在空中停住或者滞留几秒钟，因为它们的翅膀无法上下拍动。

最早的振翅动物

随着晚三叠世翼龙目的进化，爬行动物已不再是简单的滑翔者，而成为了天空中真正的主宰。翼龙目动物有时候会被误认作恐龙，但它们是有着明显区别的不同族群，不过确实拥有相同的直系祖先。它们不仅出现在相同的时代，还在同一时期遭到了灭绝。直到一场全球性的灾难终结了爬行动物时代位为止，翼龙一直都是最大的飞行动物。与滑翔的爬行动物不同，翼龙能够拍动翅膀而停在空中，而且还可能跟现在的鸟类一样机动灵活。

▲ 始虚骨龙是一种来自晚二叠世的早期滑翔者。始虚骨龙的体长大约有 40 厘米，其瘦长的肋骨能够向外铰合，从而形成了一对皮质的翅膀。一些现代蜥蜴的滑翔方式与此如出一辙。

▲ 翼龙目动物的翅膀是由双面的皮肤薄片组成的，有起加强作用的坚韧的纤维。与鸟类一样，它们的骨骼上也有很多气腔以减轻重量。

□飞行结构

最早的翼龙目动物几乎没留下什么化石，但后期的物种，尤其是生活在侏罗纪接近尾声时的物种，留下了大量保存完好的骸骨。它们显示出，翼龙目动物具有高度特化的肢臂，上面的第四指极其细长，经常会跟肢臂的剩余部分一样长。在翅膀要延伸开时，这根手指就会伸展开来，打开一张皮质的双面膜，这一皮质膜在肩头、翼尖和近后肢区域的三点之间便形成了一个三角形。另外还有一张更小些的皮质膜形成了翅膀上朝前的一部分，它也是从肩头开始，顺着主臂

◀ 尾巴的长短能让人轻易地将喙嘴龙亚目和翼手龙亚目区别开来。

◀ 在翼龙目中，最大动物的翼幅比滑翔机的还要大，而最小的动物完全长大后也比一只八哥大不了多少。

1. 风神翼龙
2. 无齿翼龙
3. 准噶尔翼龙
4. 双型齿翼龙
5. 翼手龙
6. 索德斯龙

以"石"为证

翼龙目动物大都以鱼类或者乌贼为食，它们通过贴着水面飞行而抓到猎物。如果它们坠毁了，它们的骸骨就会沉到水底，那么它们形成化石的可能性就比较大。图中的这块翼手龙化石就是一个典型的例子，它完整地显示了其骨架的每一个细部结构。与之相比，生活在陆地上的物种，如风神翼龙，所留下的化石证据就少得可怜了。

骨一直延伸到了腕关节附近的某一点，在肘的前面形成了一个竖直的边刃。而其余的手指则要短得多了，它们聚集在翅膀的前沿上，很可能是用来行走和攀爬的，也可能是用来撕裂食物的。

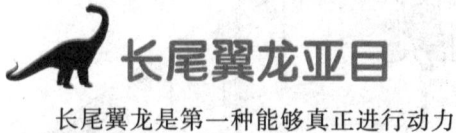

长尾翼龙亚目

长尾翼龙是第一种能够真正进行动力飞行的爬行动物。它们出现于晚三叠世，并在侏罗纪变得普遍起来。与后来代替了它们的翼手龙一样，长尾翼龙也通过第四趾来展开自己的皮质翅膀，但它们还有一些其他的原始特征。其中包括尖

▶ 一只喙嘴翼龙正飞起来进食，它那长满牙齿的喙中紧紧夹着一条鱼。小鱼会被囫囵吞下，而大鱼则会被带到一个安全的地方，然后撕成几块——就像图中远处的那只翼龙一样。与现代鸟类不同的是，翼龙目动物在用牙齿撕咬猎物时，能先用它的翅爪抓着猎物。

与鸟类的羽毛不同，翼龙目动物的翅膜是由活组织组成的，而不是死细胞。这种翅膀由结实而富有弹性的纤维加固着，并且包含着血管网络以维持生命。与羽毛翅膀相比，这种翅膀只是些简单的结构，不需要太多的梳理来保持良好的状态。尽管小伤口可以被修复，但大的撕裂却可能是永久性的，因此也就有致命的可能性。

除了翅膀，翼龙目动物还改进了一些其他结构。它们的骨架轻盈，骨头的数量有所减少，胸腔深却短。早期物种（喙嘴龙亚目）的尾巴比较长，但后来物种（翼手龙亚目）的尾巴就短到只有一小节了。这些翼龙目动物的头部往往会比身体的其余部分更长。

□飞行能量

从喙的形状及食物的残渣化石来看，翼龙目动物属于肉食性动物，以一系列的动物——从昆虫到鱼类为食，或者以动物的尸体腐肉为食。令人奇怪的是，开花植物出现后，翼龙目中并没有分化出食用水果和种子的物种，尽管那些东西也蕴涵着丰富的能量。

巨型的翼龙目动物，如阿拉姆伯吉纳龙，非常善于滑翔——一种不太需要肌力的高效飞行方式。但小一些的物种则需要耗费大量的力气来拍动翅膀，这是古也生物学家认为大部分甚至全部翼龙目动物都是温血动物的原因之一。

利的牙齿和柔软的尾巴，尾巴末端还往往都是菱形的"叶片"。这些翼龙目动物有很多都是以鱼类为食的，但它们却很少落在水面上。相反，它们会完全依靠自身的翅膀来捕猎。

□喙嘴翼龙属（Rhamphorhynchus）

翼幅：1.75 米
生活年代：晚侏罗世
化石发现地：欧洲（德国、英国）、非洲（坦桑尼亚）

　　喙嘴翼龙是长尾翼龙亚目中最知名的物种，这是因为，在德国南部的索伦霍芬石灰岩中，人们找到了一些保存极好的喙嘴翼龙化石。其中有几个物种已经被鉴定出来了，但它们都拥有长而突出的颌骨和巨大的十字形牙齿。它们的翼幅在长尾翼龙亚目中位列前茅，但它们的腿却短得不成比例。这表明，它们在地面上可能不是很灵活。这些索伦霍芬化石显示出了翅膀的轮廓和末端的叶形尾巴——往往比身体的其余部分更长。喙嘴翼龙的颌骨末端轻微上翘，是一种很有效的鱼栅。为了进食，它们很可能会低空掠过水面，而喙的下半部就在水中划过，一旦遇上鱼，立马就会啪的一声合上——某些现代鸟类仍在使用的捕鱼技巧。一些喙嘴翼龙的化石显示，它们的肚子里含有鱼的骸骨，并分别处在不同的消化阶段。

□双型齿翼龙属（Dimorphodon）

翼幅：1.4 米
生活年代：中侏罗世
化石发现地：欧洲（英国）

　　这种动物的化石是由英国收藏家玛丽·安宁在 1828 年发现的。而直到现在，它依然是科学界已知的最原始的翼龙。双型齿翼龙具有庞大的海鹦似的喙，是长尾翼龙亚目中最特别的物种之一。它的脑袋几乎与身体的中部一样大，但要比看起来的轻，因为颅骨上有一些由薄骨柱隔开的大空腔。双型齿翼龙的门牙很长，并从喙中伸了出来，但再往里一些的牙齿则要小很多。双型齿翼龙的翅膀上长有三根很大的爪趾，尾巴虽然很长但很可能非常坚硬，因为上面有相互平行的骨棒加固着。双型齿翼龙是怎样生活的，它的喙又为什么会如此巨大，对于这些问题大家还莫衷一是。双型齿翼龙可能以鱼类或者小型的陆生动物为食，但它的喙在某种程度上也是一种炫耀，就像现代的犀鸟那样。

▼ 有两只双型齿翼龙正在用自己的翅爪和脚紧紧地贴在岩石上，享受着清晨的阳光。而另一只却飞走了，去找吃的东西。与翼龙目其他物种一样，双型齿翼龙在飞行时也要耗费很多能量，因此它很可能是温血动物，有毛皮般的翅鳞来保持体温。

□掘颌龙属（Scaphognathus）

翼幅：90 厘米
生活年代：晚侏罗世
化石发现地：欧洲（德国）

这种长有长喙的翼龙是发现于索伦霍芬石灰岩的几个物种之一。那个地方位于德国的南部，因为盛产始祖鸟化石而成为著名的地质层。掘颌龙具有长尾翼龙亚目典型的大獠牙和短翅膀。掘颌龙的尾巴末端像是一片呈菱形的"叶子"——又一个早期翼龙目共有的特征，有利于提高展翅飞翔时的稳定性。掘颌龙的口腔构造适于捕捉鱼类或者昆虫，但没有证据可以表明它们是在水上还是路上进食的。

□沛温翼龙属（Preondactylus）

翼幅：1.5 米
生活年代：晚三叠世
化石发现地：欧洲（意大利）

沛温翼龙是已知的最早的翼龙目动物之一。它有几个比较原始的特征，比如腿长并且颅骨短。但它确实能够飞行，可以从湖泊和长塘上面掠过，捕食里面的鱼类。有一块沛温翼龙的化石是由一堆烂骨头构成的，那些骨头明显是被一只大鱼反刍上来的。这只翼龙可能在迫降后就被吞掉了。

□无颚龙属（Anurognathus）

翼幅：50 厘米
生活年代：晚侏罗世
化石发现地：欧洲（德国）

无颚龙字面上的意思就是"没有尾巴或双颚"，如果这样的描述误导了你也是可以理解的，因为这种翼龙确实很奇特。唯一已知的无颚龙样本发现于 20 世纪 20 年代的德国，它的尾巴只比树墩长一点，头部则短小钝圆，并且只长着几颗小型牙齿，但它的腿脚却非常发达。对于这些特征，一种可能的解释是，所发现的化石属于一只未成年的动物，待其成年后，体形可能就会有所改变。另一种可能是，无颚龙是一种猎食蜻蜓和其他昆虫的轻量级动物，并且还可能会利用恐龙作为它的活跳板冲向猎物。

□真双型齿翼龙属（Eudimorphodon）

翼幅：1 米
生活年代：晚三叠世
化石发现地：欧洲（意大利）

这种动物化石显示出了翼龙目一些有趣的细部结构。与其他大多数长尾翼龙亚目动物相似，在真双型齿翼龙的长喙中，前面的牙齿较大，而两侧的牙齿则要小一些。真双型齿翼龙的眼睛由一圈被称为巩膜环的薄骨板保护着，而且

▼ 沛温翼龙在着陆的时候，会往前摆脚并将翅膀窝成杯状。对沛温翼龙来说——对鸟类来说也是这样——良好的视力和协调性对飞行至关重要。对翼龙颅骨的研究表明，这些动物的大脑都非常发达，使它们能够在半空中进行一些准确的飞行动作。

它的颈椎骨非常厚实，以承担头部的重量。此外，它还拥有胃骨片或者说腹肋，使得胸腔能够包围住整个腹部。真双型齿翼龙属于食鱼动物，是从化石中鉴定出来的最早的翼龙目动物之一。

□ 索得斯龙属（Sordes）

翼幅：60 厘米
生活年代：晚侏罗世
化石发现地：亚洲（哈萨克斯坦）

　　这种动物的骸骨最早发现于 20 世纪 60 年代，看起来非常像一只"标准"的翼龙。但经过仔细检验，这具化石显现出了一个惊人的特征——有一层毛皮的迹象。与蝙蝠一样，这毛皮似乎覆盖住了动物的头部和身体的大部分，但不包括翅膀和尾巴。很多古生物学家都认为，这一证据能说明翼龙目是温血动物，这个理论可以解释翼龙目高活力的生活模式。如果事实确实如此，那么似乎很多翼龙目的动物都会拥有"毛皮"，尽管这在骸骨化石中非常罕见。索得斯龙除了有着引人注目的外衣外，还拥有巨大的眼睛和狭长

▼ 索得斯龙（左下）的体形像一艘船，它的皮翼连接着后肢和尾巴的基部。它的毛皮鳞片可能是翼龙目的普遍特征，但到目前为止，这一特征只在它的化石中有明显的显现。

的喙，喙中长有巨大的獠牙。正如蛙颌翼龙一样，索得斯龙小巧的体型证明，它也是以昆虫而非鱼类为食的。

□ 蛙颌翼龙属（Batrachognathus）

翼幅：50 厘米
生活年代：晚侏罗世
化石发现地：亚洲（哈萨克斯坦）

　　与喙嘴翼龙相似，这种翼龙也具有深长钝圆的喙，再加上小巧的体型，让它看起来像是一种以昆虫为食的动物。它的颅骨大约有 5 厘米长，内部含有巨大的空腔——外面由皮肤包覆着，有助于减轻重量。有化石显示出，这个物种跟它的很多亲缘动物一样也拥有尾膜——伸展在腿部和尾巴之间的皮翼——和形成翅膀的襟翼。很多现代的蝙蝠也具有类似的皮瓣结构，以利于飞行。

▼ 蛙颌翼龙（右中下）的翅爪非常发达，在它要降落下来吞食捕获物时，有助于让它附着在植物上。

翼手龙亚目

翼手龙亚目是在晚侏罗世兴盛起来的翼龙目动物群。到白垩纪，长尾翼龙就已经灭绝了，翼手龙成了天空中唯一的爬行动物。翼手龙的尾巴很短，有一些还长有奇异的骨冠。在翼手龙亚目中，有的物种比鸽子大不到哪里去，但有一些却是地球上曾存在过的最大的飞行动物。

□ 鸟掌翼龙属（Ornithocheirus）

翼幅：12 米
生活年代：早白垩世
化石发现地：欧洲（英国）、南美洲（巴西）

　　鸟掌翼龙是一种惊人的空中爬行动物，它的体长达 4 米，翼幅相当于现存最大飞行鸟类的 3 倍。与其他翼手龙亚目动物相似，鸟掌翼龙也是头重尾轻，头部和颈部都很大，而尾巴却只有很短的一段。在鸟掌翼龙中，很多物种的喙都非常特别，因为在它们的末端都有一竖直的冠饰。鸟掌翼龙的体型并不适于扑翔。相反，它会顺着上升的暖气流飞行，每当达到一个暖气流的顶端时，就会滑翔下来，再寻找另一个暖气流。这是一种高能效的飞行方式，不用花费很多力气就可以飞很远的距离。鸟掌翼龙很可能以乌贼和鱼类为食。

□ 准噶尔翼龙属（Dsungaripterus）

翼幅：3.5 米
生活年代：早白垩世
化石发现地：亚洲（中国）

　　这种独特的翼龙是第一种发现于中国的翼龙目动物，它的喙末端尖利并且向上翘，喙的基部还有一个竖直的冠饰。准噶尔翼龙的牙齿短而有力，能有效地压碎食物而不仅仅是抓住。从这些特征看，准噶尔翼龙似乎以软体动物和硬体海滨动物为食，将它们从岩石中抓捕出来以后再在口腔中将其粉碎。当准噶尔翼龙寻找食物的时候，它的长腿

▶ 一小群准噶尔翼龙在一个环礁湖的上空盘旋着，它们借助上升的气流飞往高处。尽管这些翼龙是在海岸线附近进食，但也会到淡水里去饮水和洗澡。

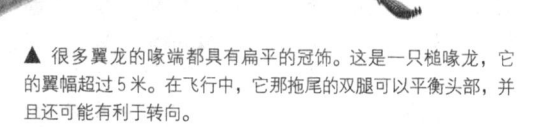

▲ 很多翼龙的喙端都具有扁平的冠饰。这是一只槌喙龙，它的翼幅超过 5 米。在飞行中，它那拖尾的双腿可以平衡头部，并且还可能有利于转向。

非常适合在岩池中跋涉。

□ 联鸟龙属（Ornithodesmus）

翼幅：5 米
生活年代：早白垩世
化石发现地：欧洲（英国）

　　联鸟龙是翼手龙亚目中具有宽大鸭嘴喙的几个物种之一。它的喙看起来沉重，但由于其端部是通过超细骨柱与颅骨的其余部分相连的，所以实际上要远比看起来轻。联鸟龙喙端的牙

▼ 从前面看，联鸟龙的喙像是鸭嘴。这样的喙有利于联鸟龙在浑水中捕鱼，因为在那里，它们捕捉猎物时靠的不是视觉而是触觉。

齿短而高效，使它可能会以鱼类为食。联鸟龙也是某个恐龙物种的名字，而由于恐龙是先被命名的，因此这种翼龙终将会改名。

□古魔翼龙属（Anhanguera）

翼幅：4 米
生活年代：早白垩世
化石发现地：南美洲（巴西）

　　像脊颌翼龙一样，古魔翼龙的骸骨也是在巴西东北部发现的。古魔翼龙拥有典型的食鱼喙，里面长有咬合的牙齿。它的颅骨大约有 50 厘米长。与其他的翼手龙亚目动物一样，古魔翼龙的脊柱形状也非常特别，其中最大的椎骨位于颈部，而后逐渐减小，在粗短的尾巴处达到最小。相比之下，大部分陆生爬行动物的最大椎骨都位于身体的中心部分，以承担身体的大部分重量。而翼手龙亚目动物则需要超大号的颈椎骨以支撑起它们特大号的头部。

□西阿翼龙属（Cearadactylus）

翼幅：4 米
生活年代：早白垩世
化石发现地：南美洲（巴西）

　　西阿翼龙是另一种发现于巴西的食鱼动物。

在它的喙末端大约长有 12 颗超长的牙齿，而口腔内再靠后的牙齿则要小得多，到了喙绞合的地方根本就没有牙齿了。这种解剖结构在翼手龙亚目中是很普遍的，说明西阿翼龙不能咀嚼猎物。相反，它会将小鱼囫囵地吞下，或者着陆后再把大一些的鱼撕裂开来。

□无齿翼龙属（Pteranodon）

翼幅：9 米
生活年代：晚白垩世
化石发现地：北美洲（美国南达科他州、堪萨斯州和俄勒冈州）、欧洲（英国）、亚洲（日本）

　　无齿翼龙的骸骨最早发现于 19 世纪 70 年代，在那之后的 100 年里，它一直都是已知的最大翼龙。它的翼幅比其他大部分翼龙目动物都要小，但其最突出的特征还是它那形状怪异的巨型头部，上面有一个特别的骨冠。斯氏无齿翼龙的冠饰向上伸着，几乎与它的喙呈直角，而长头无齿翼龙的冠饰则向后延伸，几乎与它的喙在一条直线上。这种冠饰能够平衡无齿翼龙的喙，但也会像飞机的尾翼一样，使喙能够始终指向迎面而来的空气。这种稳定作用可能是一种优势，但很多其他翼龙目动物——包括巨大的风神翼龙——没有冠饰也能飞得非常完美。无齿翼龙可能会通过低空掠过海浪来抓捕鱼类。与今天的

一些捕鱼海鸟一样，无齿翼龙不太可能会停在水上，因为它的翼幅太大，一旦停下可能就很难再起飞了。

□风神翼龙属（Quetzalcoatlus）

翼幅：12 米
生活年代：晚白垩世
化石发现地：北美洲（美国得克萨斯州）

风神翼龙的名字来源于阿芝特克人的一位神灵，它很有可能是有史以来最大的飞行动物。像某些古生物学家说的那样，如果阿拉姆波纪纳龙只是一种被错误识别的风神翼龙，那么风神翼龙就更有资格成为"顶级飞行者"了。风神翼龙的骸骨最早发现于1971年，由大规模的翼骨构成。将这些化石和小型物种的完整骨架进行比较，人们估计风神翼龙翼幅最高可达15米，不过最近的数字都普遍偏小。跟大部分翼龙目动物不同的是，风神翼龙很可能是

▲ 无齿翼龙的喙和冠饰加起来接近2米长，比身体剩余部分还要长。这种翼龙尽管体型较大，但却很可能只有18千克重，跟现存的最重的飞行鸟类差不多。图中显示的是长头无齿翼龙。

内陆动物，而且飞行中的大部分时候都在滑翔，就像一架具有生命的滑翔机一样。风神翼龙的喙中没有牙齿，说明它很有可能是一种食腐动物，不过它也可能会抓捕陆地上的动物。

□翼手龙属（Pterodactylus）

翼幅：2.5 米
生活年代：晚侏罗世
化石发现地：欧洲（英国、法国、德国）、非洲（坦桑尼亚）

这种著名爬行动物的标本首次发现于1784年，这使其成为了发现最早的翼龙。翼手龙的名

▼ 一群风神翼龙正要动身去寻找食物，它们迅速掠过蜥脚龙群，威风凛凛。这些巨型的翼龙目动物能够迁徙极长的距离，它们的分布很可能要比发现的那点化石所显示出来的广泛得多。

字意为"长有翼指的蜥蜴"，而表示其名字的英文单词"Pterodactylus"常被错用为整个翼龙目的代称。翼手龙的身体结构紧凑，胸腔小，尾巴短，但它的翅膀长并带有三根微小的爪指。翼手龙的颈部非常发达，以支撑它巨大的头部和喙，但它的喙上并没有冠饰。翼手龙中已经鉴定出的物种有十几个，它们在解剖结构和体型大小上并没有太大的变化。最大的物种以鱼类为食，而最小的物种则可能以昆虫为食。

□ 脊颌龙属（Tropeognathus）

翼幅：6 米
生活年代：早白垩世
化石发现地：南美洲（巴西）

　　这种巨大的翼龙生活在南美洲，在其喙端的上下两面各有一竖直的冠饰，就像鸟掌翼龙的那样。脊颌龙的喙中长有咬合的牙齿，说明它是一种食鱼动物，而其冠饰可能有助于它的捕食。但另一种可能的解释是，这种冠饰是在繁殖季节用于炫耀的。如果是这样的话，脊颌龙的冠饰尺寸就会有性别上的差异，但这还没有在遗骸化石中得到证实。

▲ 脊颌翼龙（上）、西阿翼龙（中）和古魔翼龙（下）是 3 种在巴西发现的巨型翼手龙亚目动物。这些动物生存的年代正好是南美洲和非洲分离，而大西洋形成的时候。

▼ 在陆地上，翼手龙亚目的大部分动物还是以四足行走，尽管其中有一些也能单以后肢大步行走。这幅图中，一只翼手龙展示了翅膀在不用的时候是怎样折叠着的。

▼ 滑翔的巨龙

两只阿拉姆波纪纳龙滑翔在晚白垩世的上空中，寻找着正在
水面附近游动的鱼儿。人们对于这些巨大的翼龙目动物的认
知，来自于它们最细长的骸骨化石——一根单独的长 60 厘米
的颈椎骨，发现于 1943 年的约旦。通过这根骨头古生物学家
推断出，阿拉姆波纪纳龙的翼幅很可能有 12 米长，这可能让
它成为了所有时代中最大的翼龙目动物。

翼龙目动物的进食

由于翼龙目动物是温血动物，所以它们需要大量的食物供应。它们中有很多都是食鱼动物或者食昆虫动物，但某些物种抵御饥饿的方式却是非常不同的。

翼龙目的颅骨化石为人们研究它们的食性提供了大量证据，其中喙的进化是为了迎合特殊的食物。翼龙目的大部分物种看起来都是在水上进食的，不过也可能是因为陆基物种死后形成化石的几率比较小。

▲ 喙嘴翼龙的进食方式很可能与燕鸥是一样的。燕鸥是一种现存的在水面上捕鱼的海鸟。

□ 活筛子

在所有从化石中鉴别出来的翼龙目动物中，有一个物种特别突出，叫作南翼龙。南翼龙生活在早白垩世，最早发现于阿根廷。就像普通的翼龙目动物一样，南翼龙的喙向上弯得很厉害，但它最大特征还是下颌两侧各有一组 500 颗的坚硬牙齿。这些竖立着的牙齿就像是牙刷的刚毛，由于这些牙齿实在太长，在上颌要闭合的时候，南翼龙的喙有点儿盛不下。

南翼龙利用牙齿筛选浅水域中的食物。当水流过这些刚毛般的牙齿时，微小的动物和植物就会被困在里面。然后南翼龙就会闭上它的喙，将捕获物吞下去，这种进食机制跟现代的火烈鸟非常相似。

一般说来，食鱼翼龙都会在空中捕食，贴着水面低空掠过，而很少会停在水面上。一些专家认为，南翼龙也是以这种方式进食的，但另一种看法认为，南翼龙会将双翼折叠在后面而涉到浅水中去，然后它的喙就会在水中扫来扫去。若是果真如此，那将是一种笨拙不堪的景象。

◀ 南翼龙利用它那长满刚毛般牙齿的喙进食。这种牙齿是经过高度改进的，长达 4 厘米，由角蛋白构成，与头发和爪子的成分一样。

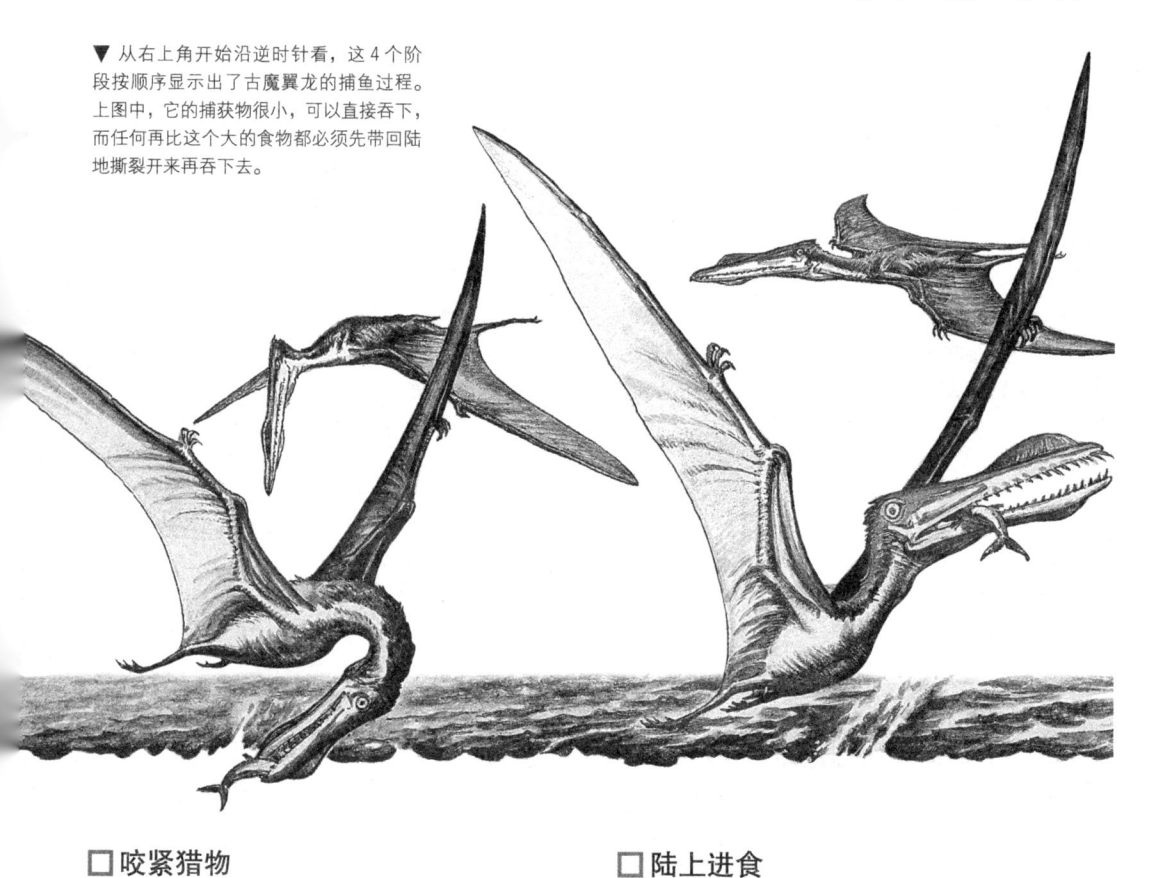

▼ 从右上角开始沿逆时针看，这 4 个阶段按顺序显示出了古魔翼龙的捕鱼过程。上图中，它的捕获物很小，可以直接吞下，而任何再比这个大的食物都必须先带回陆地撕裂开来再吞下去。

□ 咬紧猎物

除了南翼龙之外，翼龙目的动物不是有着宽间隙的牙齿，就是根本没有牙齿。而有牙齿的物种则有时候会有几种不同的牙型，包括口腔前部大型的单尖牙和两侧小一些的多尖牙，这在爬行动物中是比较罕见的。这种特征一定是在翼龙目进化的早期出现的，因为一些最古老的物种，如真双型齿翼龙也有这种特征。

对在空中捕鱼的翼龙目动物来说，定位和抓取是这个综合过程中的前两步。一旦有鱼被它们的门牙咬住了，它们或者将鱼头的位置调整成朝前，以能够将其吞下，或者将鱼从喙的前面弹到后面，以将其安全带回到陆地上。这就是为什么要有那些小型的侧齿。与门牙不同的是，这些侧齿的咬力更加强大，而且因为它们比较短，翼龙目的动物们不用张开嘴就可以把猎物咬住。

在一些化石中，能看到一些类似咽喉袋的结构轮廓。这种灵巧的结构能够让翼龙目动物将食物顺利地带回陆地，而不会有让它逃脱的风险。

□ 陆上进食

食鱼翼龙并非翼龙目中唯一有牙齿的物种。一些小型的陆基物种很可能利用牙齿在空中或者陆地上捕食昆虫。人们曾一度认为，翼龙目动物在陆地上行动笨拙，一溜小跑，就像现在

▼ 一只翼手龙探进软泥中，抓住了一只蠕虫。像今天的鸟类一样，翼手龙亚目动物都具有很好的视力和中等的听力，只是嗅觉很差。所以它们可能是靠着视觉或者触觉来寻找蠕虫的。

233

的蝙蝠一样。新近对翼龙目颅骨的研究发现，它们可能有着惊人的灵活度。其中，一些物种的后肢笔直有力，翅膀向后折叠着，翅爪还有着强大的握力。

在巨型植食性恐龙还很常见的时候，这种四足的站立姿势得到了充分利用。在翼龙目中，有些动物可能会在湿地中寻找昆虫幼虫，而其他一些则很可能会跟着恐龙群，在它们进食的时候留意着昆虫的动向。

恐龙的后背是翼龙留意食物的最佳平台，有四只爪子紧抓着翼龙后背，因此翼龙是很难被甩掉的。

☐ 滑翔的食腐动物

在白垩纪，翼龙目世界中的巨型动物省去了所有的牙齿。像无齿翼龙和风神翼龙这样的物种反而都有着巨大的无齿喙，其长度有时候会超过1米。

无齿翼龙是食鱼动物，而风神翼龙的化石则来自于内陆岩石。一种理论是，风神翼龙就像今天的苍鹭和白鹤一样，在陆地上或浅水中大步行进，抓捕任何可以找到的小动物。但更有可能的是，风神翼龙根本不是猎捕者，而是食腐者。

风神翼龙巨型的翅膀和绝佳的视力使其成为了晚白垩世的"超级秃鹫"，翱翔在旷野的高空中，寻找着恐龙的遗骸。

对一只食腐的风神翼龙来说，进食时经常要穿透恐龙尸体几厘米厚的皮肤，才能接触到肉。

翼龙目的牙齿对此帮不上什么忙，但是那像匕首一样的喙却相当有用。只要几次准确的攻击，风神翼龙就能戳破兽皮最坚硬的部分。

翼龙目动物的繁殖

对翼龙目的动物来说，抚养后代是件吃力的事情。它们不像某些爬行动物那样，下完蛋后就任其自生自灭，而是真的花时间来照看自己的幼崽。

翼龙目的化石并没有透露出多少与它们家族生活相关的信息，但它们的繁殖方式却有迹可循。其中之一是，雌性翼龙的骨盆比较窄，不太可能会产下活的幼崽，除非那个幼崽比较小而且发育不良。所以翼龙目更有可能的生产方式是卵生，它们会把蛋下在不容易接近的地方，如悬崖和树上，以远离那些猎食者。

☐ 食物运送

作为一种温血动物，翼龙目的动物很可能会孵化它们的蛋。新孵化出的幼雏看起来就像是父母的缩影，只是它们的喙和翅膀都更短一些。

此时，翼龙的幼雏应该还不会飞，也就是说，它们还要靠父母来获取食物。一些成年翼龙目动物可能会用它们的喙带回来一些食物，但对食鱼物种来说——它们往往都要到很远的海域去——这会是一种低效的运送方式。它们反而很可能会通过反刍，用半消化的食物来喂养新雏，这种机制使它们可以在返回岸边前捕上好几条鱼。

对大部分的翼龙目动物来说，喂养和保护后代似乎占据了父母的全部时间。因为它们必须作为一个团队行动，所以这两只成年翼龙整个繁殖期甚至可能终身都要待在一起。

☐ 飞行训练

现代的飞行类脊椎动物——鸟类和蝙蝠——必须到成年以后，或接近成年时，才能学会飞行。翼龙目动物一个了不起的特征便是，在还比父母小很多的幼年时候，好像就开始飞行了。翼手龙亚目的化石就证明了这一点，其中一些标本还不到10厘米长。这些动物的翅膀发育良好，但其他特征，如喙的形状，却可以显示出它们还处在幼年。

这一发现为翼龙目的家族生活提供了一些有趣的启示。幼年的翼龙目动物必须得学会飞行，而且它们几乎都会受到父母的"教育"。但即便它们在空中得心应手了，也还会在一定程度上依靠自己的父母。在父母去捕食的时候，幼崽就会绕着它们形成家族群，直到这些幼崽能够完全独立捕食为止。

昼行性还是夜行性

科学家通过比较数种翼龙类、现代鸟类与爬行动物的巩膜环大小，得出了它们的作息与活跃时间。翼手龙属、妖精翼龙属于日行性动物，梳颌翼龙、南翼龙、喙嘴翼龙则是夜行性动物。古神翼龙属于无定时活跃性的动物。根据这个研究结果，梳颌翼龙、喙嘴翼龙的生活方式可能类似现代夜行性海鸟，在夜间捕食鱼类；南翼龙的生活方式可能类似某些雁形目，在夜晚以水中的小型动物为食。

孵蛋的方式

目前，人们关于翼龙目的孵蛋方式有两种观点。一种认为翼龙目可能会将蛋掩埋到土壤中，类似现代的鳄鱼与乌龟。对于早期的翼龙类，将蛋掩埋到土壤孵化，可以减轻母体本身的重量，但会限制翼龙类所能生存的地理环境；在鸟类出现后，更会在与鸟类竞争的生存环境中处于劣势。2011 年发现的一个达尔文翼龙化石，后肢之间有一个蛋化石，也是质地软的革质蛋。于是有人认为翼龙目可能将蛋置于身体之下，直到孵化前，类似某些蜥蜴的做法，但大部分主龙类不采用此方法。

灭绝原因

一种理论认为，早期鸟类的竞争，导致许多翼龙类灭绝。这是因为在白垩纪末期的化石中，人们只发现了大型翼龙类，却没有发现小型翼龙类，生态位被早期鸟类取代。另一种解释是，大多数翼龙类发展为依靠海洋的生活模式。所以当白垩纪末灭绝事件严重地影响翼龙类赖以为生的海洋动物时，翼龙类跟着灭绝。

◀ 一只刚捕鱼回来的鸟掌翼龙正在反刍食物，喂养自己的后代。

海洋中的爬行动物：海洋怪兽的传奇

　　爬行动物虽然是在陆地上进化出现的，但其中有很多物种慢慢地放弃了陆地生活，而转移到了海洋中。在中生代，这样的动物包括类海豚的鱼龙目动物，长脖颈的蛇颈龙目动物和一大群其他种类的肉食性动物，其中有些物种差不多跟今天的须鲸一样大，并且还要危险得多。总的来说，它们就是海洋生命中的霸主，但它们的霸权并没有持续多久。鱼龙目动物在白垩纪遭到了灭绝，而在下面特别写到的其他动物中，也只有乌龟活到了现在。

🦕 适应水中的生活

　　对于呼吸空气的四足类爬行动物来说，从陆地迁居到海洋中，需要在体型和行为方面作出很大的改变。不同族群的爬行动物以不同的方式进行着改变。

　　由于爬行动物在陆地上如此成功，它们更令人瞩目的似乎是，很多物种都开始在海洋中生活。但进化并不是沿着既定方向发生的，能带来优势的变化才有可能会发生。对海生的爬行动物来说，它们的优势在于减小了彼此间的食物竞争——让陆地生活变得越来越艰难的一个因素。在第一批演变的动物中含有现代乌龟的祖先，接着很多其他动物族群也开始了演变。有趣的是，恐龙并不在其中，尽管它们可能大部分都会游泳。

☐ 适于游动的体型

　　对陆生动物来说，克服重力是一件很麻烦的事情，而空气阻力则不成问题。海洋中的事情确实是另一番模样。在那里，动物们会因为周围的水而浮起来，几乎受不到重力的影响，或者受到的影响很小。但在它们要开始行动之时，水的阻力便降低了它们游动的速度。它们游得越快，海水阻力耗掉的能量就越多。减小阻力的最好方式就是有一个流线型的体型，这是早期海生爬行动物都进化出来的特征。

　　乌龟发展出了更扁平更光滑的龟壳，而上龙科动物则是头长颈短。不

禽龙科动物手骨　　　　鱼龙目动物鳍肢

▲ 一只禽龙科动物的手骨与一只鱼龙目动物的鳍肢相比，鱼龙目的动物进化出了大量的附加骨头，从而使它的鳍肢变得更加坚硬。

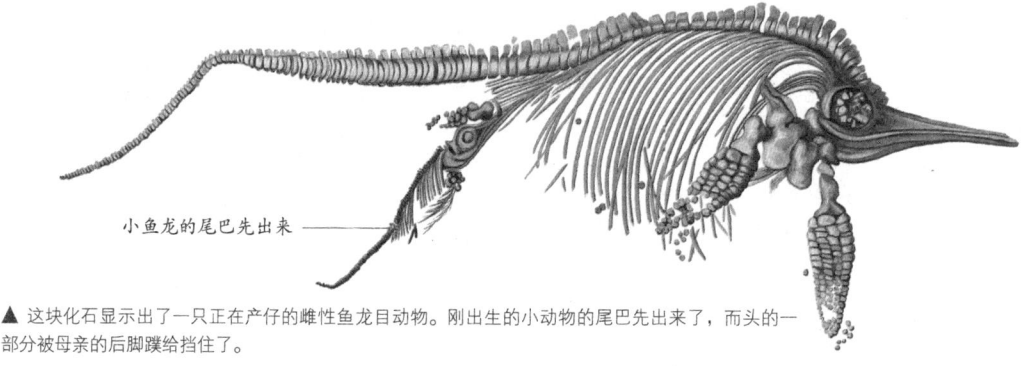

小鱼龙的尾巴先出来

▲ 这块化石显示出了一只正在产仔的雌性鱼龙目动物。刚出生的小动物的尾巴先出来了，而头的一部分被母亲的后脚蹼给挡住了。

过真正专业的还是鱼龙目动物——史前游速最快的海生爬行动物。它们的口鼻呈喙状，身体形状奇异，游起来的速度可以比得上海豚。

海生爬行动物不仅体型各异，连它们的游泳方式也各不相同。有的会在海中慢慢蠕动，而有的则会利用脚蹼和尾巴飞速前进，但它们几乎都有一个共同点，那就是构成脚趾或手指的趾（指）骨特别多。典型的陆生爬行动物，如蜥蜴，每个脚趾或手指上都有四根趾（指）骨，跟人类的一样多。海生爬行动物则可拥有 17 根之多，它们还会长有一些额外的手指和脚趾。所有的这些骨头都被牢固的韧带绑在了一起，四肢也就变成了鳍片。

这种趾骨和指骨的增殖被称为多趾（指）型。在大部分海生爬行动物都灭绝了的几百万年之后，同样的适应性进化也出现在了鲸目动物（包含现代海豚和鲸鱼的哺乳动物群）中。

□出水透气

尽管体型上发生了一些影响很大的变化，但海生爬行动物还是需要呼吸空气。事实上在这一领域，进化从没让爬行动物或者海生哺乳动物倒回去过。海生爬行动物不但没有失去肺，还进化

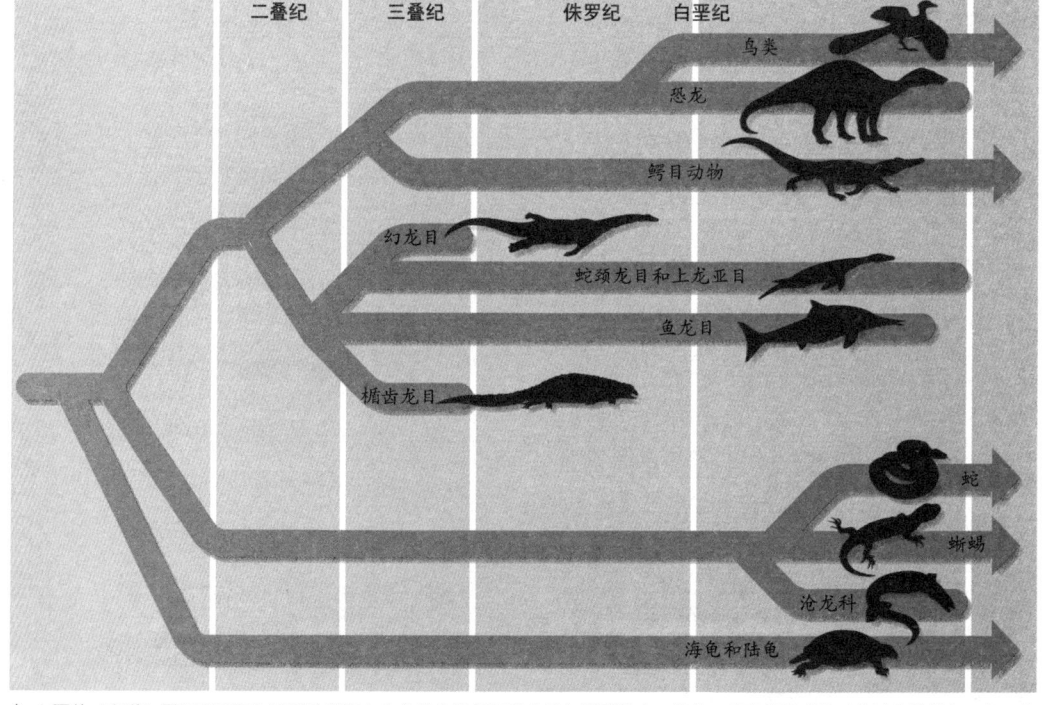

▲ 上面的"家谱"展现出了海生爬行动物和中生代的其他爬行动物是怎样联系在一起的。就在爬行动物时代结束的前夕，有几个海生的动物群遭到了灭绝。

出了更适合海洋的呼吸方式。

其中最先出现的，也是最简单的适应性改变，就是头上出现了鼻孔，而且还有能够将其闭合的皮瓣。另一个变化是，多了一片腭——嘴巴后部的一个鳃盖，能够关闭它的气管。这是至关重要的，因为海生爬行动物没有嘴唇，它们在潜入水中时也就不能把水挡在外面。这片腭则能阻止海水顺着气管流入肺中。

有了这两方面的改变，它们就能在水面上进行呼吸，然后再潜入水中寻找猎物。没有人知道它们能在水下待多久，但现代鳄鱼提供了一些线索。处于活跃状态时，大型物种差不多会每5~10分钟冒出水面一次，而处于休息状态的话，它们能在水下待上几个小时。在史前，潜水最深的是鱼龙目动物。其中一些动物，如大眼鱼龙，可以在水下待1个小时或者更久，它们要是高速游动起来的话，能待的时间就短得多了。

□ 卵生还是胎生

除去对空气的需求，鱼龙目动物的构造是完全适应海洋生活的。有化石表明，它们会产下活的幼崽，这也就意味着，它们从来都不需要回到陆地上。但对其他生活在那个遥远时代的海生爬行动物来说，陆地上的繁殖证据比较稀少。在人们找到的骸骨里，没有发现哪个母体中有发育着的幼崽，也没有在它们的蛋中发现胚胎的痕迹。结果，古生物学家们就只能去猜测它们有什么样的繁殖方式。

小一些的物种可能会把自己拖到陆地上，然后就像现在的海龟那样，在陆地上产卵。但这对巨型物种，如鲸鱼般大的滑齿龙，在体力上是不太可能的。因此大部分专家都认为，这种动物的繁殖方式可能是胎生而非卵生。

幻龙目

幻龙目——及与其无关的楯齿龙目——是早期的海生爬行动物，它们显示出了对海洋生活适应的不同程度。有的幻龙生活在环礁湖中或者浅水域的海滨，大部分时间都待在陆地上，但其他一些幻龙则是海洋生物，会漫游到开阔的深水域中。人们在瑞士找到的一块胚胎化石显示，这些动物有一部分，或者可能是全部，是进行卵生繁殖的，这种原始特征让它们成为了半陆栖的动物。

□ 色雷斯龙属（Ceresiosaurus）

最大长度：4米
生活年代：中三叠世
化石发现地：欧洲（意大利、瑞士）

色雷斯龙是一种典型的幻龙目动物，身体呈细长的流线型。它的尾巴长而且具有高度的灵活性，它的脚趾上有额外的骨头——海生的爬行动物和哺乳动物在许多场合都会出现的特征。它的头部相当小，但口腔中长满了尖利的小牙——食鱼动物的标志。对于色雷斯龙的游动方式，大家莫衷一是。它既不会像楯齿龙目那样只用尾巴游，也不会像蛇颈龙目那样利用鳍状肢游，而是两种方式可能都会用到，为了适应速度的要求，它的游动方式可能会从一种转换到另一种。在欧洲阿尔卑斯山脉（曾经是古地中海的一部分）的古海洋沉积物中，人们找到了色雷斯龙和很多其他三叠纪海生爬行动物的骸骨。

▶ 色雷斯龙拥有幻龙目的典型体型：脖颈长，有尾鳍，发达的鳍状肢上长有明显的脚趾。它很可能会在海床的缝隙中捕鱼，而不会到开阔的水域中去。

▲ 皮氏吐龙有发达的鳍状肢，只是它表皮下面的脚趾轮廓依然很明显。它的尾巴呈圆柱状，并且没有鳞片。

□ 皮氏吐龙属（Pistosaurus）

最大长度：3 米
生活年代：中三叠世
化石发现地：欧洲（法国、德国）

与色雷斯龙不同的是，皮氏吐龙有一些高级的特性，使它更适合在开阔水域中生活。皮氏吐龙的鳍状肢呈光滑的椭圆形，没有任何可视的脚趾，而且它的脊柱相当坚硬，这使它的尾巴不只挥动还能够划动起来。它的头部小且几乎是圆柱状的，这一适应性的改变也有利于它在水中滑过时，减少能量的损耗。皮氏吐龙的分类顺序与幻龙相同，但它属于一个单独的科类。皮氏吐龙在海洋中无疑会漫游到很远的地方，但如果它要产卵的话，就必须像其他幻龙那样返回到陆地上。

□ 欧龙属（Lariosaurus）

最大长度：60 厘米
生活年代：中三叠世
化石发现地：欧洲（西班牙）

欧龙的体型大约只有水獭的一半，比其幻龙目的某些亲缘动物要小得多，尽管幻龙目的另一个极端是某些动物比人类的手掌大不了多少。欧龙的身体像蜥蜴一样，脖子和脚趾都很短，而且尽管它的脚已经呈蹼状了，后肢还是保留着明显的脚趾和爪子。欧龙很可能是两栖动物：在潜水中进食，但通常在岸上休息。由于欧龙的身型都比较小，在冷水域中它们可能很快就会被海水给冻住，所以它们中的大部分都被局限在了热带地区。在游动的间歇，它们会到岩石上晒晒太阳暖和暖和，就像今天的鬣蜥蜴一样。

□ 幻龙属（Nothosaurus）

最大长度：3 米
生活年代：三叠纪
化石发现地：欧洲（德国、意大利、瑞士）、北美洲、亚洲（俄罗斯、中国）

幻龙出现在三叠纪初期，是一种极具优势且分布广泛的动物，它一直存在了 3000 多万年，但出现的变化却相当少。人们找到了一些保存极为完好的幻龙标本，它们显示出，幻龙的蹼状脚有 5 根长长的脚趾。幻龙的前肢比后肢要短，这一特征对在陆地上奔跑要比在海洋中游动来得更有用些。这种爬行动物的身体呈弯曲的流线型，并且脊柱上长有棘突，这让它的尾巴看起来像是长了竖直的鳍片。幻龙是一种食

▼ 幻龙是其家族中比较大型的成员之一，它的生活方式跟海豹相似。由于幻龙是冷血动物——就像它的亲缘动物一样，氧气消耗量很低，所以它一次就能在水下待上好几分钟。它的鼻孔位于口鼻部的一半处，在它潜入水中后会由皮瓣关上。

鱼动物，但它腿部的解剖结构说明，它大量的时间都会待在岸上，就像今天的海豹一样。

□ 肿肋龙属（Pachypleurosaurus）

最大长度：2.5 米
生活年代：中三叠世
化石发现地：欧洲（意大利、瑞士）

　　肿肋龙及它的亲缘动物曾被科学家认为属于幻龙目，但它们很可能只是比较相近的同宗动物，并不属于同一个家族。肿肋龙自身比较修长，外形像蜥蜴一样，它的尾鳍可以像海豹的鳍状肢一样工作，从而将自己拖到陆地上去。与身体的其余部分相比，肿肋龙的头部非常小，可能是为了便于在水下的裂缝中捕鱼吃。肿肋龙包含几个不同的物种，它们的尺寸有很大的差别。最小的物种只有 60 厘米。

□ 楯齿龙属（Placodus）

最大长度：2 米
生活年代：早三叠世
化石发现地：欧洲（法国）

　　楯齿龙看起来像一只巨大的驼背蜥蜴，属于最早的海生爬行动物之一。它拥有蹼状的脚和扁平的尾巴，但除此之外，它还有一些适应海洋生活的改变。它的头部比较短，而且拥有 3 种牙型：口腔前部突出的门牙，两侧的圆形臼齿和嘴巴顶部一组 6 颗的扁平臼齿。这些特征说明，楯齿龙以浅水中的软体动物为食，先把它们从岩石中抓捕出来，再在口腔中把它们嚼碎。楯齿龙是属于楯齿龙属的一种爬行动物，拥有加强的骨架——或者骨质外壳——来保护自己。楯齿龙属的动物在三叠纪结束前遭到了灭绝。

蛇颈龙目

　　蛇颈龙目最早出现于晚三叠世，到侏罗纪进入全盛期。它有两个基本的类型：真正的蛇颈龙，颈长头小；上龙，颈短头大。这两种类型的动物都有 4 个鳍状肢似的鳍状物，而它们游动起来的时候，就会上下拍动这些鳍状物，而不是摇动尾巴。蛇颈龙目的动物都是远洋肉食性动物，只有产卵的时候才回到陆地上。与早期的海生爬行动物相比，蛇颈龙目中的某些动物体型庞大，甚至能够与当代的鲸鱼匹敌。

▲ 蛇颈龙进食时会利用尾鳍在水中努力前进，并利用灵活的脖子刺杀鱼类和乌贼。它的头是三角形的，口鼻尖利——非常适于破水前进的形状。

□ 蛇颈龙属（Plesiosaurus）

最大长度：3 米
生活年代：早侏罗世
化石发现地：欧洲（英国、法国、德国）

　　18 世纪 20 年代，英国的化石收藏家玛丽·安宁发现了一些最早期的蛇颈龙化石。她所找到的标本保存得相当完好，这是因为死后不久那些骸骨就被一层柔软的海洋沉积物给覆盖了，从而避免了被破坏。她的发现及很多其他发现显示出，蛇颈龙有几个不同的物种，属于相同

"设计"中的不同版本。它们拥有狭窄的头，细长的脖子及尾巴，和两对尺寸大致相等的鳍状肢。它们的牙齿量多、尖利并且有轻微的弯曲。它们会进化出这样的形状，是为了抓捕鱼类然后再将其整个吞下。蛇颈龙大型的鳍状肢和强壮的身体使其能追捕猎物，而不是等着鱼类进入自己的攻击范围。

▶ 薄板龙正在追踪一个鱼群。这种蛇颈龙经常会被描述成海怪，但其狭窄的头部意味着，它只能抓住很小的猎物。

▶拉玛劳龙相当于早三叠世的杀人鲸，利用装备良好的口腔来捕食鱼类或者其他爬行动物。不像头小的蛇颈龙，拉玛劳龙能在空中不断地摇动大型动物而将它们撕碎。

清楚地显示出。拉玛劳龙拥有健壮的身体，两对大致相等的鳍状肢和鳄鱼似的口腔——有时接近1米长并长有突出的大型牙齿。最近的一些研究说明，拉玛劳龙及其亲缘动物在游动时可能会微开着双颚，让水从嘴中流入再从鼻孔中流出。这种不同寻常的结构——与正常水流的方向相反——让它们可以依靠嗅觉而非视觉去追踪类物。

□薄板龙属（Elasmosaurus）

最大长度：14 米
生活年代：晚白垩世
化石发现地：北美洲（美国怀俄明州和堪萨斯州）、亚洲（日本）

这种怪异的海生爬行动物晚于海鳗龙1亿年，是薄板龙科中最后的种群。它的颈椎骨多达71节，从而形成了一个长达6米的蛇一样的脖子。薄板龙身体的中央部分也比海鳗龙要大得多。薄板龙的进食技巧很可能与其

□拉玛劳龙属（Rhomaleosaurus）

最大长度：7 米
生活年代：早侏罗世
化石发现地：欧洲（英国、德国）

拉玛劳龙的颈部特别长，头部特别大，看起来像是一种介于真正的蛇颈龙和上龙之间的物种。人们对于拉玛劳龙的类别还在争论不休，有时甚至会把它同时归为这两个族群。但人们对它生活方式的意见比较一致，因为有化石能

早期的亲缘动物相似，只是它那加长的脖子使它能够触及更远的地方。有人认为，薄板龙是一种坐等型的掠食者，而胃石的发现有效地印证了这个理论。它可能会把胃石当做一种压载物。

□ 海鳗龙属（Muraenosaurus）

最大长度：6 米
生活年代：晚侏罗世
化石发现地：欧洲（英国、法国）

　　海鳗龙——"热带海鳗似的蜥蜴"——是一种属于薄板龙科的爬行动物群，这种动物群以其长长的脖子而著名。海鳗龙属于动物颈部长化的早期例证，而这种变化随着时间的推移越来越夸张——颈椎骨足足44节，加在一起占据了整个身长的一半多。海鳗龙的头部相当小，只有40厘米长。相对体型而言，它的鳍状肢也非常小，尾巴则又短又粗壮。这样的特征组合说明，海鳗龙并不是一种积极的掠食者。它反而很可能会待在浅水域中休息，因为在那里它可以袭击到水面附近的鱼儿。为了进食，海鳗龙会先将脖子拉回成弯曲状，然后再猛然伸直以抓取到猎物。海鳗龙的头部很小，使它能够从岩石的缝隙中攫取鱼儿。

▼ 短尾龙发达的鳍状肢强壮有力，使它能够在水中"飞行"。

□ 短尾龙属（Cryptoclidus）

最大长度：8 米
生活年代：晚侏罗世
化石发现地：欧洲（英国、法国）、亚洲（俄罗斯）

　　短尾龙是一种大型蛇颈龙，脖子长2米，在进化的过程中产生了很多适于海洋生活的精细改变。它的鳍状肢比那些早期蛇颈龙大得多，使其在水下拥有更多的力量。它的牙齿长而尖利，并且咬合在了一起，形成了一个笼状结构，从而把鱼类、对虾和乌贼给困住。这种动物的化石常常都保存得很好，其中一些最好的化石发现于英国的黏土采石场，当时的黏土还是用手挖出来的。而现在这种采石场都是用机械进行挖掘的，所以如今完整的骨架就罕见了。

上龙亚目

　　作为蛇颈龙的后代，上龙亚目成为了三叠纪到白垩纪的顶级海生掠食者。它们的颈短头大，并且有着凶恶的双颚，可以袭击几乎与它们同体型的动物，就像今天的鲨鱼或者杀人鲸那样，从猎物身上撕扯下大块的肉。它们很可能是独自捕食的，而且一定程度上会依靠嗅觉来追踪食物。在上龙亚目的进化过程中，自然选择

▲ 滑齿龙是一种令人恐惧的海生掠食者，体型十分巨大，充满力量。它拥有凶残的獠牙，并且腹部受到板状骨片的保护，是侏罗纪海洋的主宰者。

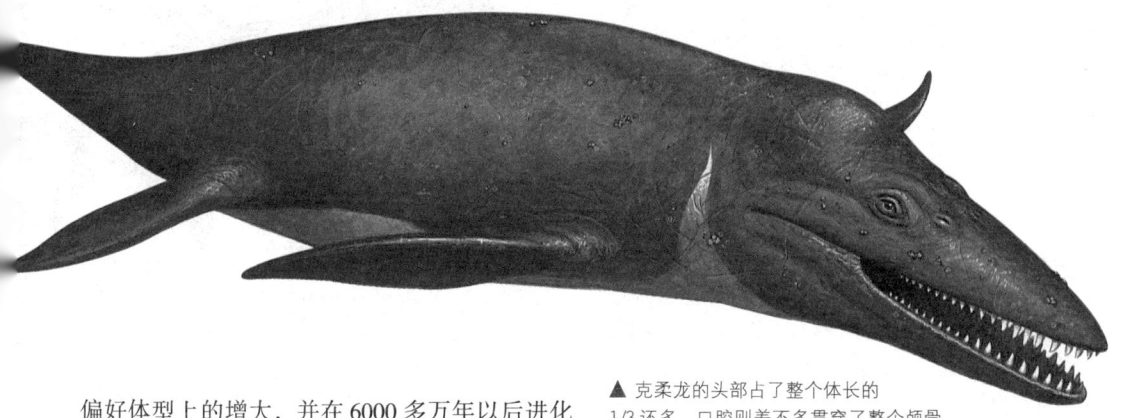

▲ 克柔龙的头部占了整个体长的
1/3 还多，口腔则差不多贯穿了整个颅骨，
有近 3 米深。克柔龙还有另外两个突出的特征，使其有别于其他
上龙亚目动物：头顶异乎寻常地扁平，肋骨特别厚。

偏好体型上的增大，并在 6000 多万年以后进化出了滑齿龙，那可能是地球上曾存在过的最大型的掠食者。

□ 克柔龙属（Kronosaurus）

最大长度：10 米
生活年代：早白垩世
化石发现地：大洋洲（澳大利亚昆士兰州）、南美洲（哥伦比亚）

在澳大利亚发现最早的上龙亚目化石产自昆士兰省，可追溯到 19 世纪。1990 年在同一地区，养牛的牧场主们偶然间发现了另一组骨化石，就像树桩一样立在地上。结果，它们被鉴定为克柔龙，或者是一种相类似的动物。在目前已知的所有上龙目遗骸中，克柔龙化石几乎是最完整的。尽管克柔龙通常只比滑齿龙的一半大一点，但它仍然比白垩纪大部分的陆基掠食者都要大也要重，仅其头部就有 2.5 米长。

□ 巨板龙属（Macroplata）

最大长度：5 米
生活年代：早侏罗世
化石发现地：欧洲（英国）

巨板龙是早侏罗世一种相当原始的上龙亚目动物，与其蛇颈龙目的祖先仍有很多共同点：颈部很长，有 29 节椎骨，而头部很小。在英国有两个可以追溯到 1500 万年前的化石标本，它们突出了上龙亚目的进化趋势：越晚期的物种，头就越长，身体也稍微大一些。总体上来说，上龙亚目的四肢也变得更大也更壮了，使其能够在水中奋力地追捕猎物。

□ 西蒙斯特上龙属（Simolestes）

最大长度：6 米
生活年代：中侏罗世
化石发现地：欧洲（法国）、亚洲（印度）

西蒙斯特上龙比巨板龙稍微大些，体型上更接近典型的上龙亚目动物：脖颈短，头部庞大，巨大的四肢像船桨一样。它的脖颈只有 20 节椎骨，比很多蛇颈龙都要少得多，但仍然比后期的上龙要多。它的双颚端部钝圆，看起来像有一个翘鼻子，下颚上长有 6 颗超大的牙齿，向上伸着可以将猎物刺穿。对待小型的猎物，西蒙斯特上龙会痛快地杀掉，而对待大一些的动物，它则很可能袭击一下之后先在远处绕圈子，一直等到猎物实在无力还击时才会再行动。这与鲸鱼的捕食技巧是一样的。

□ 滑齿龙属（Liopleurodon）

最大长度：25 米
生活年代：晚侏罗世
化石发现地：欧洲（英国、法国、德国）

滑齿龙一旦成熟之后，就异常巨大，除了自己的族类外，就没有可与之匹敌的敌人了。人们估计滑齿龙的长度在 12 米到 25 米之间，这些数字说明它的体重可能会超过 100 吨。这比抹香鲸还要大得多，而在现代追踪和攻击单只猎物的掠食者中，抹香鲸已经是最大的了。任何能大到足以引起其注意的海生动物都会是滑齿龙的食物。尽管滑齿龙的身体构造完全适合开阔海域中的生活，但它还是可能会游到浅水域中去，在那儿它可以捕杀一些正在岸边觅食的恐龙。滑齿龙主要依靠视觉和嗅觉猎食，猛扑上去之后，利用一排空隙大又像匕首的牙齿将对方杀死。那些牙齿呈圆锥状，长达 30 厘米——霸王龙牙齿长度的两倍，从口腔的前部伸出来，而口腔铰接的位置在颅骨后部附近的某一点上——这之间的距离长 4 米。考虑到它的体型，滑齿龙应该能够游得极远，但它的繁殖行为还鲜为人知。在陆地上，它会像搁浅的鲸鱼一样孤立无援，说明它的繁殖方式可能是胎生而不是卵生。

▲ 尽管泥泳龙与其部分的亲缘动物相比就是个侏儒，但它依然是一种结实的动物，体型与一只大型的现代海豚接近。泥泳龙是一种迅捷而灵活的游动者，它的 4 只鳍状肢提供游动的动力，狭窄而长满牙齿的嘴则用于抓捕鱼儿。

□ 泥泳龙属（Peloneustes）

最大长度：3 米
生活年代：晚侏罗世
化石发现地：欧洲（英国、俄罗斯）

泥泳龙是晚三叠世一种小型的上龙亚目动物，它显示出了上龙亚目的发展趋势：头更大，脖子更短，而体型则更加呈流线型。它后面的鳍状肢要比前面的稍微大些，正好与蛇颈龙亚目的情况相反。但与蛇颈龙亚目相似的是，泥泳龙的两对鳍状肢也都会被用到游动中去，只是后面的一对做的工作好像更多些。每一只鳍状肢在水中上下拍动前进时，都会扭转产生一个向后的推力，以推动动物向前运动。泥泳龙的胃中存有吸盘的遗体化石，说明乌贼是其饮食中很重要的一部分。泥泳龙的牙齿相当小，使它不太可能会去攻击大的猎物。

□ 上龙属（Pliosaurus）

最大长度：12 米
生活年代：中侏罗世
化石发现地：欧洲（英国）、南美洲（阿根廷）

上龙在 19 世纪 40 年代被鉴定出来，最初的上龙是一种很难进行分类的动物。很多古生物学家认为，上龙实际上是滑齿龙的一种，因为它们的骸骨看起来非常相像。除去牙齿，几乎没有什么不同——滑齿龙牙齿的横截面是圆形的，而上龙牙齿则呈三角形。上龙的脊椎骨有 20 节，颅骨长达 2 米。

鱼龙目

鱼龙，也可称为"鱼一样的蜥蜴"，是第一种完全适应海洋生活的爬行动物。这些爬行动物具有流线型的身体、4个鳍状肢和新月形的尾巴。人们已经发现了数以百计的鱼龙目化石，其中很多都保存得极其完好。

▲ 像其他鱼龙目动物一样，混鱼龙拥有4个鳍状肢，背上还有一个单独的直立鳍。那些鳍状肢的作用类似平衡器和转向舵，而尾巴则提供动力。

一些石化的鱼龙是在体内孕含着胚胎时死去的，或者甚至是在生育时死去的，这证明它们不是卵生动物。

☐ 混鱼龙属（Mixosaurus）

长度：1 米

生活年代：中三叠世

化石发现地：北美州（美国内华达州和阿拉斯加州）、欧洲（法国、德国、挪威）、亚洲（中国）、大洋洲（新西兰）

混鱼龙意为"混合的蜥蜴"，生活在2.3亿年以前，那时候鱼龙目已经固定下来了。虽然混鱼龙已经完全适应了海洋生活，但它还是拥有几项原始的特征。最明显的就是它的尾巴，末端呈尖状而不是有两个竖直的裂片。混鱼龙以鱼类为食，它的分布——遍布全球各个温暖的浅海域——说明它是一种很成功的动物。

☐ 泰曼鱼龙属（Temnodontosaurus）

长度：9 米

生活年代：晚侏罗世

化石发现地：欧洲（英国、德国）

泰曼鱼龙，又被称作狭鳍鱼龙，口鼻长、身形怪，并拥有一个两裂状的尾巴。大部分鱼龙目的动物都具有良好的视力，但在所有已知的动物中——无论是活着的还是已经灭绝的，泰曼鱼龙的眼睛是最大的。它眼睛的直径达到了26厘米，而眼睛的周围也像大多数鱼龙目动

▼ 泰曼鱼龙流线型的身体和长长的双颚适于捕捉那些移动迅速的猎物。泰曼鱼龙的主食是鱼类，但它也会食用乌贼和其他头足类软体动物，因为人们在泰鱼玉龙的骨架中找到了这些动物的硬质残骸。

▶ 与鱼龙目大多动物相比，秀尼鱼龙是一种宽阔巨大的动物。在美国内华达州的一个化石遗址中，人们找到了30多具靠在一起的秀尼鱼龙遗体。这说明，这些巨大的爬行动物就像今天很多鲸那样是群栖动物。

物那样，有一圈薄的覆盖骨板，可在潜水时起到保护作用。泰曼鱼龙的眼睛这么大，可能是夜间捕食所需。

□ 鱼龙属（Ichthyosaurus）

长度：2 米
生活年代：早侏罗世到早白垩世
化石发现地：北美洲（加拿大的亚伯达省）、北美洲（格陵兰岛）、欧洲（英国、德国）

鱼龙看起来像是一只小型的海豚，是史前最著名的海生爬行动物之一，已经找到的化石数以百计。鱼龙是一种强有力的游泳者，游速可达40 千米 / 小时，由其竖直的两裂状尾巴提供动力。它的口鼻又长又窄，牙齿小却尖利，是抓捕乌贼和其他光滑动物的理想构造。

□ 秀尼鱼龙属（Shonisaurus）

长度：15 米
生活年代：晚三叠世
化石发现地：北美洲（美国内华达州）

秀尼鱼龙是至今发现的最大的鱼龙目动物，它的体长比得上一辆公共汽车。秀尼鱼龙处在鱼龙目进化历程中很早的阶段，有一些很特别的特征，使其有别于它的亲缘动物。它体型宽大笨重，鳍状肢很长且等尺寸，牙齿只长在口腔的前部。秀尼鱼龙的食物目前还不确定，但就其尺寸而言，它也是一种可怕的掠食者，能够捕捉很多其他海洋动物。

游动方式

当爬行动物开始在海洋中生活后，它们就发展出了不同的游动方式。有一些动物像鱼类一样游动，还有一些动物的游动方式在现存动物中根本就找不到。

一只动物要游动起来，就必须推动周围的水。这种向后的推力会推动动物向前运动，这跟螺旋桨推动船只前进的原理是一样的。爬行动物进化出来的游动方式，取决于两个非常不同的身体

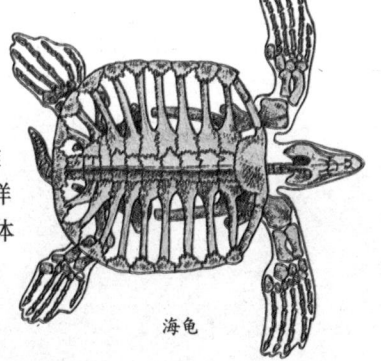

海龟

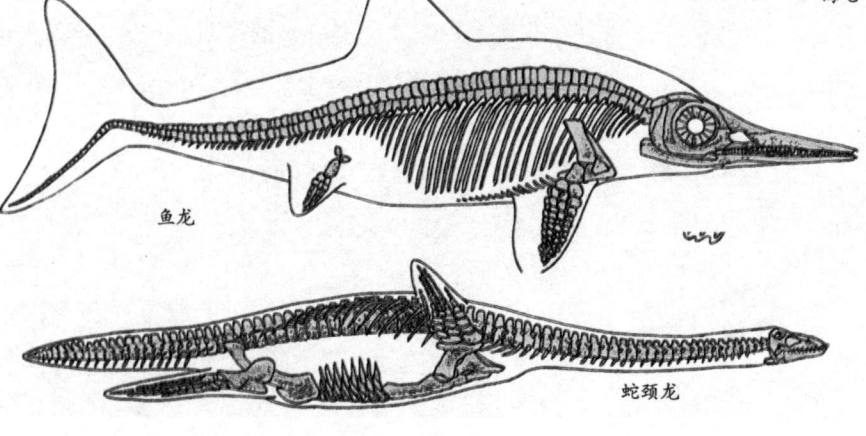

鱼龙

蛇颈龙

◀ 鱼龙目、蛇颈龙目和海龟具有不同的游动方式。鱼龙目是三者中最像鱼类的，游起来左右摆动。蛇颈龙目的游动技巧比较复杂，两对鳍状肢换向运动。海龟主要依靠前肢游动，后肢几乎不怎么用力。

▼ 蛇颈龙目的鳍状肢既会用于转向和制动，也会被用来提高游速。图中一只薄板龙来了一个急转弯，去抓捕鱼群。

□ 后驱动

一只动物要高效地游动，就必须利用最小的扰动去推水，以在移动时产生一个平稳的水流，而这与一些人学游泳时弄得水花四溅是正好相反的。尾推进在这种情况下是很理想的方式，大多数鱼类会用尾巴游动，而不是用鳍划动，并非偶然为之。

最早的海生爬行动物，如楯齿龙，拥有蹼状的长尾巴，在水中左右摆动激起涟漪，与身体的其余部分相协调。对起源于陆地的动物来说，这种游动方式需要的身体改变是相当少的，但它的缺点是速度实在太慢。另一方面，鱼龙目进化出了更短的桨叶状尾巴，与鱼类的尾巴更像了一些。它们的大部分身体运动都集中于尾巴末梢，而鳍状肢则会起到转向舵和平衡器的作用，使其保持航向。这种游动方式跟现在最迅速的鱼类几乎是一模一样的。

部位的改变：尾巴和四肢。尾推进是鱼类普遍的游动方式，是鱼龙目进化出来的。海豹和企鹅利用的是四肢推进，但爬行动物还进化出了一些专属于自己的游动方式。

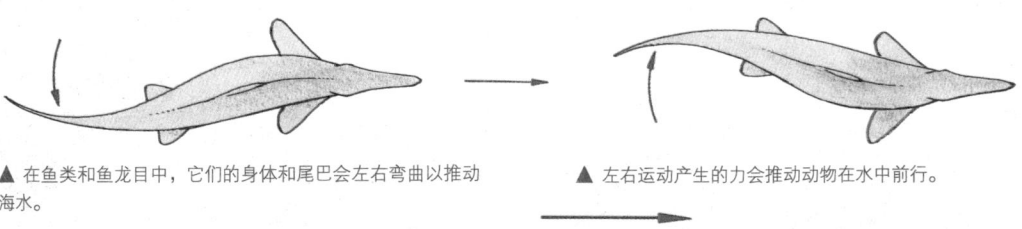

▲ 在鱼类和鱼龙目中，它们的身体和尾巴会左右弯曲以推动海水。

▲ 左右运动产生的力会推动动物在水中前行。

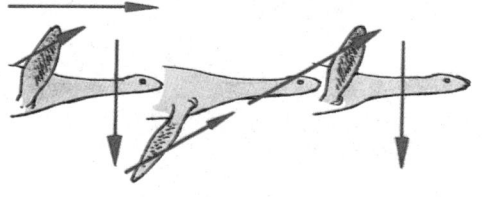
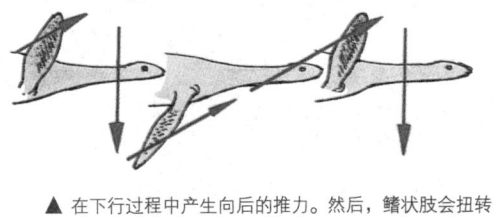

▲ 在蛇颈龙目中，每只鳍状肢的端部会按照近似椭圆的路径运动（假定这只动物是静止的）。

▲ 在下行过程中产生向后的推力。然后，鳍状肢会扭转着向上运动呈侧立状。

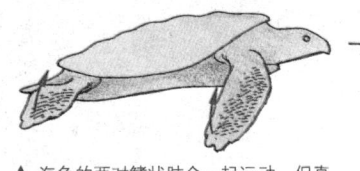
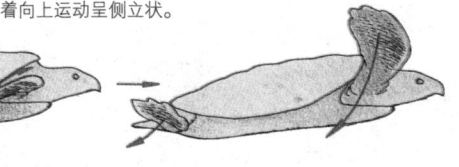

▲ 海龟的两对鳍状肢会一起运动，但真正起作用的是它的前肢。

▲ 鳍状肢像船桨一样工作，不过它也可以像鸟翼一样"滑行"。

▲ 鳍状肢向下、向后运动，以推动海龟向前行进。

▼ 家族群
两只年幼的泰曼鱼龙在母亲的保护下，正游过一块岩礁去寻找食物。雌性鱼龙生产的时候会产下活的幼胎，不过，它们的家族都比较小。这些雌性鱼龙很可能会照顾它们的幼雏，并教它们如何捕食。

□鳍状肢

在大多数其他海生爬行动物中，进化的方向就有所不同了。这些动物也发展出了鳍状肢，但它们并不是特别灵活，而是还保留着一些陆地上的动作。在这些爬行动物中，对某些动物来说，尾巴有辅助驱动的作用，但其他一些动物，特别是海龟，由于尾巴变得太小，在游动中已经起不到任何作用了。

进化常常会加大动物前后肢之间的区别，而海龟的情况正是如此。它们的前肢变得更长也更有力，像一对翅膀一样可以上下拍动，以推动动物在水中前行。而后肢则要小得多，主要起到稳定和转向的作用。但在蛇颈龙中，它们的两对鳍状肢仍然大致相等。蛇颈龙游动的时候，四肢

会同时运作，这种极不寻常的游动方式是目前为止从没有过的。

□蛇颈龙之谜

为了保持稳定，蛇颈龙的两对鳍状肢几乎一定会向相反的方向拍动，但其准确的路径却很难得知。它们可能会像船桨一样水平地推动，也可能是成斜对角地推动，或者竖直地上下运动。从蛇颈龙的骨架研究来看，第二种理论被认为是三者之中最有可能的。每一只鳍状肢在向下运动的时候，都会产生一个向后的推力，然后它再扭转，以能够在最小的水阻力下重新滑回上面的位置。鳍状肢的上行过程中会有脊柱辅助完成，因为脊柱会随着游动进行有节奏的弯曲。

🦕 沧龙科

沧龙科动物是中生代海生爬行动物系列中的迟来者，出现在白垩纪的晚期，消失在白垩纪结束之时。和其他海生爬行动物不同，它们与今天的巨蜥类属于同一支系。它们拥有蜥蜴一样的有鳞皮肤，通过身体的起伏进行游动，而身体的末端则是一条扁平的尾鳍。它们中有些物种的体型能长到很大，并拥有独特的颌骨，可向旁边弯曲，以吞没并压碎它们的猎物。

□沧龙属（Mosasaurus）

最大长度：10 米
生活年代：晚白垩世
化石发现地：欧洲（荷兰、比利时）、北美洲（美国得克萨斯州和南达科他州）

沧龙在史前生命的研究中占有独一无二的地位。它的颅骨最早发现于 1776 年荷兰的一个采石场内，并被假定成一种还未为人所知的动物——可能是一种鳄鱼或者鲸鱼，一种还能在

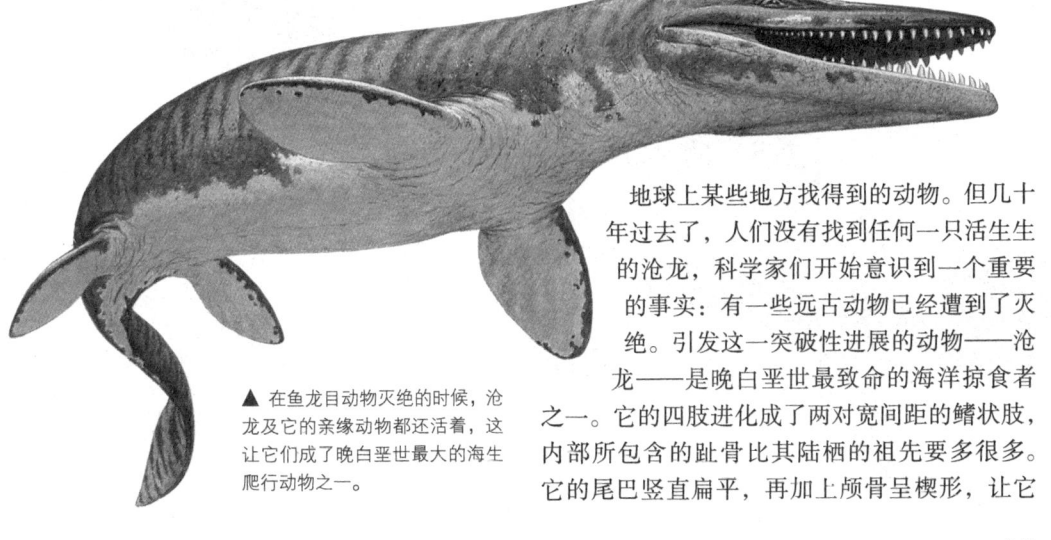

▲ 在鱼龙目动物灭绝的时候，沧龙及它的亲缘动物都还活着，这让它们成了晚白垩世最大的海生爬行动物之一。

地球上某些地方找得到的动物。但几十年过去了，人们没有找到任何一只活生生的沧龙，科学家们开始意识到一个重要的事实：有一些远古动物已经遭到了灭绝。引发这一突破性进展的动物——沧龙——是晚白垩世最致命的海洋掠食者之一。它的四肢进化成了两对宽间距的鳍状肢，内部所包含的趾骨比其陆栖的祖先要多很多。它的尾巴竖直扁平，再加上颅骨呈楔形，让它

看起来像是一种鱼类与鳄鱼的杂交物种。与所有的沧龙科动物一样，它的颌骨中间处有一个关节，使其能够向两侧伸展，并且颌骨上还长有一连串尖利的牙齿。它很可能以鱼类、乌贼和海龟为食，但也会食用菊石类。人们会有这样的认知是因为，在菊石类化石上发现的咬痕与沧龙的牙型相吻合。

□ 海王龙属（Tylosaurus）

最大长度：8米
生活年代：晚白垩世
化石发现地：北美洲（美国得克萨斯州和堪萨斯州）、大洋洲（新西兰）

海王龙的外形与沧龙相似，只是体型稍微小一些。在晚白垩世的海洋中，它也是一种同样可怕的掠食者。像沧龙一样，海王龙也是靠尾巴在水中前行，并利用鳍状肢来控制转向，而当它到近海岸休息的时候鳍状肢还可能被用于保持身体的稳定。海王龙的牙齿长达5厘米，基部宽3厘米，并会在它的一生中不停地更换。它的眼睛周围还有一圈巩膜环——一圈扁平的小骨片环，位于眼球的前面，起到保护板的作用。与其他沧龙科动物一样，海王龙生活在浅水中。但是，虽然人们找到了数以百计的沧龙科化石，却并没有从中发现任何像鱼龙那样带有胚胎的迹象。这样看来，大部分的沧龙科动物很可能都是卵生的，就像海龟那样将自己拖到沙滩上。由于它们的鳍状肢在陆地上起不到什么作用，所以它们可能是慢慢蠕动到岸上的。

□ 板踝龙属（Platecarpus）

最大长度：6米
生活年代：晚白垩世
化石发现地：北美洲（加拿大马尼托巴湖和西北地区，美国堪萨斯州、科罗拉多州、亚拉巴马州和密西西比州）、欧洲（比利时）

人们在大西洋两岸找到的骸骨显示出，板踝龙是晚白垩世一种很普通的海生爬行动物。尽管与沧龙科其他动物相比，板踝龙特别小，它的体型还是与今天生活在开阔水域中的鲨鱼差不多大，它的颌骨较长，使其成为了一种有效的掠食者。板踝龙很可能以鱼类和乌贼为食，但至于它是怎样捕食的，人们还不清楚。它的进食方式可能与现代的海豹一样，在近海岸的潜水中巡航的时候，抓住那些因其靠近而受到惊吓的动物。

□ 圆齿龙属（Globidens）

最大长度：6米
生活年代：晚白垩世
化石发现地：北美洲（美国亚拉巴马州、堪萨斯州和南达科他州）

圆齿龙最早发现于1912年美国的亚拉巴马州，因其非凡的牙齿而出名。它

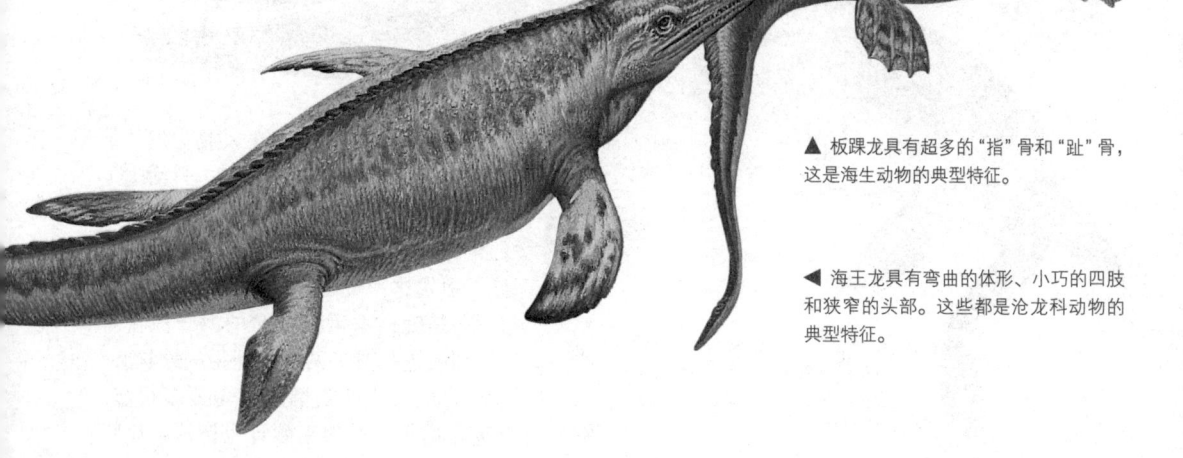

▲ 板踝龙具有超多的"指"骨和"趾"骨，这是海生动物的典型特征。

◀ 海王龙具有弯曲的体形、小巧的四肢和狭窄的头部。这些都是沧龙科动物的典型特征。

们的齿冠呈圆形，看起来就像是一排镶在嘴里的高尔夫球。这样的牙齿显然没法抓捕鱼类或者乌贼，相反圆齿龙很可能会以海床上的软体动物和甲壳动物为食，用嘴弄碎它们的贝壳和外壳。人们在北美洲只发现了少量的圆齿龙颅骨，但在世界上的其他地区却找到了一些单独的牙齿。

圆齿龙

浮龙

▲ 圆齿龙（上）张着大口，露出了满嘴极其坚硬的球形牙齿。主齿有 3 厘米宽；口腔前面的牙齿要小一些，且呈钩状。浮龙（下）太过于适应海洋中的生活，以至于难以迁徙到陆地上去。这说明浮龙跟它的某些亲缘动物是不一样的，它属于胎生动物。

□ 浮龙属（Plotosaurus）

最大长度：10 米
生活年代：晚白垩世
化石发现地：北美洲（美国堪萨斯州）

到目前为止，人们大约发现了 20 种沧龙科的动物，浮龙是其中最大的物种之一。它的身体长，有一条像蛇一样的尾巴，上面的鳍片是竖向扁平的。浮龙的小型鳍状肢之间的间距很大，对驱动前进没什么作用，但却很利于转向和维持自身稳定。人们在一些浮龙化石的附近发现了皮肤的迹象，从中可以看出，浮龙的身上覆有一些小鳞片，就像现今的巨蜥类一样。浮龙的体形圆滑，牙齿尖利，在白垩纪结束的时候，是浅水域中鱼类和乌贼的主要威胁。

壳类爬行动物

在中生代，有两个不同的海生爬行动物群进化出了外壳来保护自己，以免受到掠食者的伤害。一个族群是楯齿龙目，属于海洋中一些最早期的爬行动物的亲缘动物。它们出现于三叠纪，却在三叠纪之末遭到了灭绝。另一个族群是龟类，也出现于三叠纪，是现存海龟和陆龟的祖先。虽然它们生活在不同的时代，但这两个族群却产生了相似的变化，以适应相似的生活方式。

◀ 基于它流线型的身体和翅膀一样的鳍状肢，古海龟似乎可以在晚白垩纪的海水中漫游很长的距离。

□ 古海龟属（Archelon）

最大长度：4 米
生活年代：晚白垩世
化石发现地：北美洲（美国堪萨斯州和达科他州）

　　龟类最先是出现在陆地上的，尽管陆龟还生活在那里，但海龟却开始在湖水和海洋中生活了。直到晚白垩世，一种海生的物种——古海龟，成为了当时为止最大的海龟。古海龟大约有 3 吨重，鳍状肢像翅膀一样，翼幅为 4.5 米。古海龟靠拍动前面的鳍状肢来游动。构成它外壳的是敞开的框架，而不是一块完整的防护骨片，而且很可能还拥有一个橡胶似的表面，就像现在棱皮龟的壳。与其他龟类一样，古海龟的颌骨形成了一个无齿喙，并以水母和其他软体动物为食。尽管古海龟非常沉重，但它还是会将自己拖到海滩上产卵。

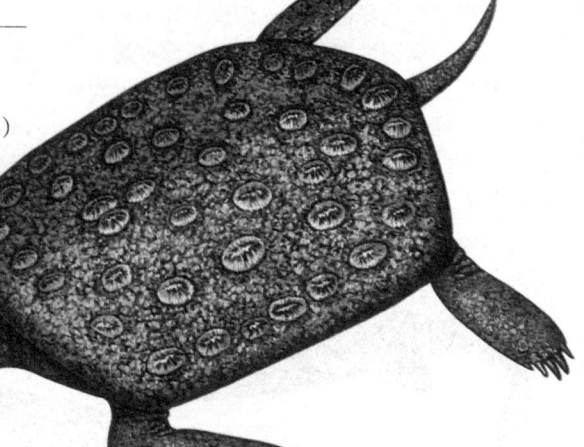

▲ 盾龟的名字是楯齿龙和海龟的组合，很好地描述了这种像极了海龟的动物。

□ 无齿龙属（Henodus）

最大长度：1 米
生活年代：晚三叠世
化石发现地：欧洲（德国）

　　在海洋中出现古海龟之前很久，无齿龙——一种楯齿龙目动物——就进化出了一种外壳来保护自己。与海龟的壳不同，无齿龙的壳是由几百片骨板构成的，组合在一起就像马赛克一样。壳的边缘拉长，形成了一对坚硬的皮瓣，呈扁平状。无齿龙的嘴部钝圆，内部没有任何牙齿，并且以生活在浅水域中的软体动物和其他慢行动物为食。

□ 盾龟属（Placochelys）

最大长度：90 厘米
生活年代：晚三叠世
化石发现地：欧洲（德国）

　　这种盾龟的壳比较薄，差不多是长方形的，上面还分覆着一些骨板，使它更不容易受到攻击。盾龟的牙齿扁平，颌骨末端的窄喙非常适于抓捕岩石中的软体动物。盾龟的四肢扁平，可以像鳍状肢一样工作。从其四肢的尺寸来看，盾龟很可能非常善于游泳。但是，像海生龟一样，盾龟在受到袭击后，四肢就不能再收回壳内了。盾龟应该就是靠胎生繁殖的，而且很容易就能从水中爬到陆地上去。

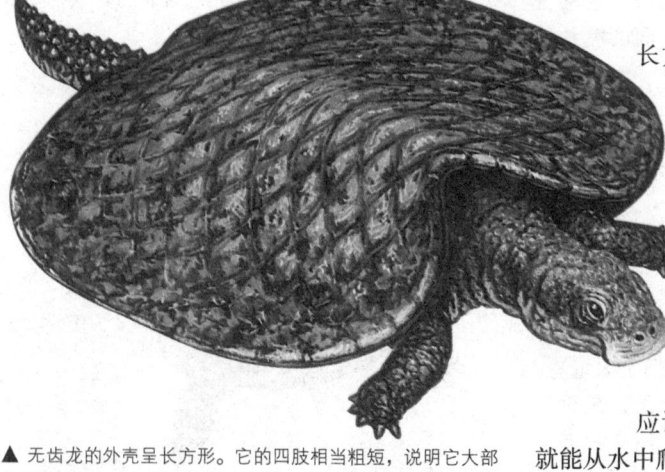

▲ 无齿龙的外壳呈长方形。它的四肢相当粗短，说明它大部分时间都在海床上缓慢地爬行。

第五篇

恐龙灭绝之后

哺乳动物时代

在地球漫长的历史中，任何涉及动物生命进化的改变都是极其缓慢的。但在6600万年前，当时主宰世界的动物却突发了一场灾难性的变故。统治地球达1.5亿年之久的恐龙走到了尽头，很多其他爬行动物，包括翼龙和蛇颈龙，也都消失了。逃过一死的爬行动物就再也没能从这场灾难中完全恢复过来，而哺乳动物却有了新的发展机遇。中生代结束后，就进入了新生代，也就是我们今天所生活的时代。

末世恐龙

在哺乳动物时代开始之前，一些恐龙族系就已经灭绝了，但如果没有6600万年前的大灾祸，恐龙现在可能依然会是地球的主宰者。

在地壳中，爬行动物时代最后的岩层与哺乳动物时代最初的岩层之间只有很薄的分界线。但在世界各地，科学家都对这种地质学转折点——被称为K-T分界线，进行了非常细致的研究。这是因为它隐藏着白垩纪末期的秘密，那时候地球上到底发生了什么事情？为什么半数的动物和植物都遭到了灭绝？那些研究都指向了同一个可能的嫌疑犯——一个来自外太空的物体。

▲ 犹加敦半岛上的奇克苏鲁陨石坑，由直径约10千米的陨石造成。图中的是个类似的陨石坑，位于美国亚利桑那州，年代要近得多。

▼ 一颗巨型陨石释放着强烈的光芒，一只暴龙科恐龙因此受到了惊吓，正在逃命。它只有几秒钟的活头了，因为陨石与地球的碰撞已经产生了大气冲击波，这将会在地平线上引起爆炸，从而把所有可以移动的东西——从动物、植物到上吨重的岩石，都一扫而空。

□ 恐龙灭绝的证据

关于恐龙灭绝的理论，人们提出了几十种，却通常都没什么证据。但在 20 世纪 80 年代，有两位美国科学家——刘易斯·阿尔瓦雷斯和他的儿子瓦尔特——发表了相关的调查报告。报告指出可能有一颗直径达 15 千米的巨型陨石撞到了地球上，从而造成了巨大的破坏，其影响的范围是超乎想象的。而他们的证据即是，在 K-T 分界线中，铱的含量不是一般的高。铱是一种化学元素，通常比金还要稀有 10 多倍。根据阿尔瓦雷斯工作队的说法，对这种高浓度最有可能的解释是：在 6640 万年前，一颗巨型的陨石撞上地球后蒸发出了大量的铱元素。

在他们第一次提出这种想法的时候，还不知道发生撞击的地点在哪儿。但在 20 世纪 90 年代，地质学家们研究了墨西哥犹加敦半岛上一个巨大的残余陨石坑，发现它的形成年代跟大灭绝的时间几乎完全吻合。那个陨石坑的直径大约有 300 千米，表明形成坑的陨石会向周围的世界各地发送冲击波。

□ 陨石撞击

一些科学家并不信服陨石理论，他们认为，引起二叠纪灭绝的真正原因可能是火山爆发和其他一些自然事件。如果巨型陨石真的撞到了地球上，那么立即就会产生毁灭性的破坏；并且在接下来的几周甚至几个月内还会持续着，其后果将不堪设想。陨石在落入大气层后的那一瞬，外表面会融化从而爆发出强烈的光，比成千上万个太阳还亮。一旦陨石撞上地球汽化蒸发，冲击波就会传遍整个星球，从而引发山崩和地震。上百万吨的粉尘会炸得漫天都是，掩盖住由撞击所产生的强烈光线，取而代之的是一天比一天深厚的乌云。由于天空被粉尘给盖住了，浮游植物也就失去了光线，它们只能葬身大海了，接着就是陆上的植物遭遇不测。而没有了植物，动物也就失去了食物。

□ 遇难者与幸存者

蜥脚亚目残余的几个物种很快就都灭绝了，随后其他植食性恐龙也惨遭不幸。肉食性的兽脚亚目恐龙通过食腐可能会活得久一点儿，但食物链的崩溃使它们的生活变得越来越艰难。可能在过了几千年之后，最后的恐龙物种也终于消失了。

小型的动物过得要好一些，可能是因为它们暴露得少一些，但幸存的种类让人们疑惑不解。为什么蛇颈龙消失了，而鸟类却得以渡过难关？是什么样的身体特征让鳄鱼活了下来，而其他大部分水生爬行动物却都死了？K-T 事件距今已有 6600 万年，这些问题的答案很有可能再也无法得知了。

鸟类的起源

大部分科学家都认为，鸟类是从长有羽毛的恐龙进化而来的。近年来，一些重大的发现让这段演化史逐渐明朗了起来。

始祖鸟是科学界中第一种真正意义上的鸟类，它们生活在 1.5 亿年前的晚侏罗世。始祖鸟发现于 1861 年，长着布满牙齿的喙状嘴和骨质的长尾巴，还拥有明显的羽毛轮廓，看起来就像是一种爬行动物和鸟类的混合物种。现在，人们知道很多恐龙也拥有羽毛。

▶ 长鳞龙的羽毛状长鳞可能是用来滑翔的，但它们并不太可能与鸟类的羽毛进化有什么直接的联系。

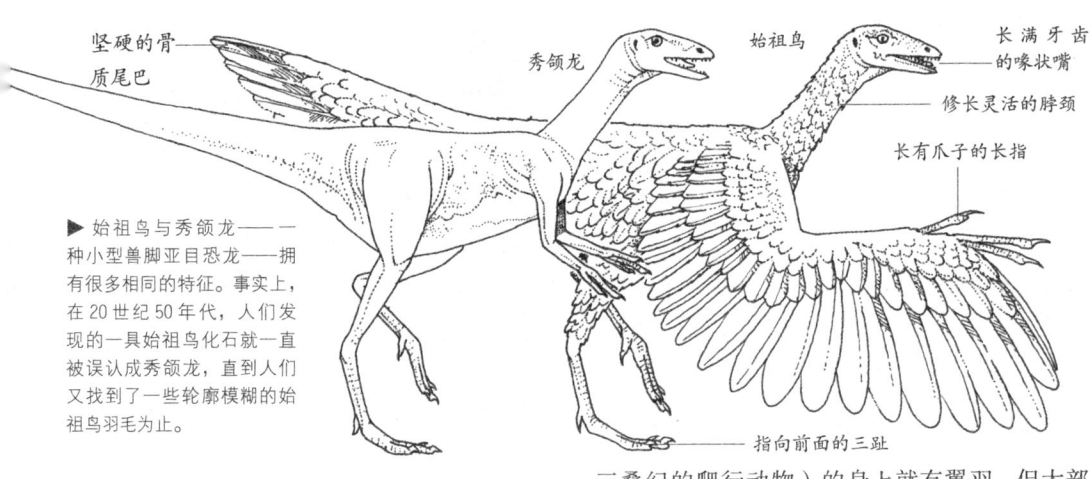

坚硬的骨质尾巴

秀颌龙

始祖鸟

长满牙齿的喙状嘴

修长灵活的脖颈

长有爪子的长指

指向前面的三趾

▶ 始祖鸟与秀颌龙——一种小型兽脚亚目恐龙——拥有很多相同的特征。事实上，在 20 世纪 50 年代，人们发现的一具始祖鸟化石就一直被误认成秀颌龙，直到人们又找到了一些轮廓模糊的始祖鸟羽毛为止。

▢ 最早的羽毛

　　鸟类的羽毛有两个非常重要的作用——保温和飞行。保温羽毛通常都短而蓬松，被称为绒羽；而翼羽——飞行用的羽毛——则要大得多也硬得多，并且还具有弯曲的羽片。这两类羽毛是不太可能同时进化的，先出现的大概是绒羽，因为它们结构简单。然后——数百万年后——一些绒羽便逐渐特化，变成了能够用来飞行的羽毛。

　　人们在几种兽脚亚目恐龙的身上找到了绒羽，其中包括拟鸟龙以及雷克斯龙的祖先。它们的羽毛短而浓密，就像一件毛皮大衣。但却没有人能判断出翼羽是什么时候又是为什么出现的。一些古生物学家认为，始祖鸟（一种可追溯到

三叠纪的爬行动物）的身上就有翼羽，但大部分专家都对此持怀疑态度。如今，公众的关注焦点转向了中国的东北地区，那里的新发现令人激动不已。很多被发现的动物都具有绒羽，但 2002 年发现的一个物种，却拥有鸟类一样的翼羽，尽管它们并不能飞行。

▢ 冲入云霄

　　动物身上之所以会进化出羽毛，是因为这样有助于它们的生存。但在

鸽子

拟鸟龙

始祖鸟

◀ 拟鸟龙（最左边）是一种长有羽毛但却不能飞行的兽脚亚目恐龙。相比之下，始祖鸟（中间）更小也更轻，具有发育良好的翼羽。始祖鸟具有不对称的翼羽，就跟现代的鸟类一样。这样的羽毛在有空气流过时就会产生升力，这证明始祖鸟是能够飞行的。

恐龙发展出完整的翅膀之前，这些羽毛又有什么作用呢？一种可能是，在两足类恐龙追逐猎物时，羽毛有助于它们维持平衡和改变方向。根据这种理论，在很长的一段时间里，它们的翼羽会逐渐变长，而它们的前肢也会发育出强壮的肌肉

以能够拍动翅膀。最后，这种动物就能够离开地面，振翅高飞了。

始祖鸟的腿非常强壮，这一点证实了上面的"地基"理论。另外，一些现代的鸟类——例如鹪鹩——在爬坡时也会拍动翅膀以维持平衡。但大多数古生物学家都认为，鸟类实际上是从进行部分树栖生活的恐龙进化而来的。这些动物进化出超大号的羽毛后，就可以不用回到地面上，也能在森林中穿梭。扑翔也就这样慢慢发展了起来。在爬行动物的进化中，滑翔曾突然出现过很多次。这种飞翔方式曾经被始虚骨龙和其他一些树栖动物使用过，而在几个现存的蜥蜴物种中也都还能看得到。

对支持"树基"理论的人来说，鸟类的进化更有可能是以类似方式开始的。始祖鸟和现在的鸟类一样，拥有两个翅膀。但并非所有的滑翔恐龙和飞翔恐龙都是这样的。有一种叫作顾氏小盗龙的恐龙，是人们已知的最小的恐龙之一，它的四条腿上都有羽毛。这一发现说明，顾氏小盗龙可能会用四个翅膀来飞行。

□ 轻巧飞行

滑翔几乎不怎么消耗能量，而扑翔则就是一件费力的事情了。为了能在空中悬停，早期的

▲ 与始祖鸟相比，像鸽子这样的现代鸟类既没有牙齿和短尾——少数几个物种例外（如麝雉）——也没有翼爪。

鸟类必须要经历几次重大的结构改变，从而与它们的恐龙祖先逐渐区别开来。因为动物的进化是不可预见的，所以这些变化也无法预先做好计划。相反，这些变化经过了很长时间——随着鸟类在空中停留的时间越来越长——才慢慢产生了的。

很多这样的变化都有助于降低鸟类的体重，因为过重的负担会让它们难以在空中停留。它们的骨骼很多都融合在了一起，而且变得越来越轻。与其兽脚亚目的恐龙祖先一样，它们的骨头也是中空的，而且充满了空气，但里面的气室变得更大也更广阔了。它们还进化出了扩大的胸骨——固定着飞行时所需的强有力的胸肌，以及叉骨——在飞行中有助于绷紧胸部。

经过长时间的考验，这些变化是一种成功的组合。鸟类在白垩纪变得越来越普遍，并且在爬行动物时代遭逢突变而结束后，它们成了恐龙唯一生存下来的后代。

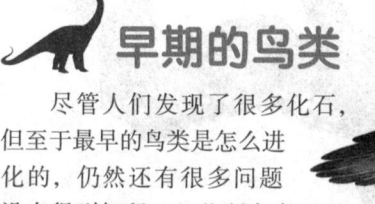

早期的鸟类

尽管人们发现了很多化石，但至于最早的鸟类是怎么进化的，仍然还有很多问题没有得到解释。一些研究者认为，它们可能在进化的早期就分化成了两个族群。根据他们的理论，第一个族群包含始祖鸟和其他长尾物种，而另一个族群则包含短尾的鸟类——现存鸟类的直系祖先。并非所有的古生物学家都信服这一观点，但有一个事实是确定的：在晚白垩世，鸟类成为了遍布全球的成功物种。

▶ 始祖鸟是说明两种动物族群在进化上有所关联的一个典型例子。这种鸟恰好发现于查尔斯·达尔文公布其理论的两年后。

□ 始祖鸟属（Archaeopteryx）

最大长度：35 厘米
生活年代：晚侏罗世
化石发现地：欧洲（德国）

　　始祖鸟很可能是人们知道的最著名的史前动物。迄今为止，人们也只发现了 6 具始祖鸟的化石标本，而且全部都来自于德国南部的索伦霍芬。在这些标本上面，大都能看到清晰的羽毛痕迹。始祖鸟的体型和乌鸦差不多，但它的喙状嘴里有牙齿，此外还长有一条爬行动物式的长尾巴。始祖鸟的腿很长，在翅膀的"肘弯"处还有三根爪子，可能是用来攀爬的。和现在的鸟类一样，始祖鸟差不多也是进行卵生繁殖的，虽然与此相关的化石证据还没有找到。

□ 鱼鸟属（Ichthyornis）

最大长度：35 厘米
生活年代：晚白垩世
化石发现地：北美洲（美国堪萨斯州和得克萨斯州）

　　鱼鸟意为"像鱼的鸟"，与现存的一些海鸟很相似。不过，它还保持着一个比较原始的特征，那就是它的喙中还长有尖利的牙齿。与始祖鸟不同，鱼鸟尾巴上的骨质部分很短，而且

◀ 黄昏鸟靠划动蹼足在水中游动，而其短而粗硬的翅膀则用来导航。与飞行的鸟类相比，像黄昏鸟这样的潜水物种骨骼里的气腔比较少，以便能够蛰伏于水下。

翅膀上也没有爪子。在鱼鸟的体内，有两个特征是所有现代飞行鸟类都具有的：很多骨骼都含有大的气腔，有利于减轻总体重；还有一个朝前的窄副翼，被称为龙骨，是从胸骨上伸出来的。这种副翼能够固定住鸟类的大型胸肌，以提供翅膀飞行的动力，但始祖鸟并没有这样的结构。

□ 黄昏鸟属（Hesperornis）

最大长度：1.75 米
生活年代：晚白垩世
化石发现地：北美洲（美国堪萨斯州）

　　最早的真正鸟类是飞行物种，但随着鸟类的进化，一些物种却失去了飞行的能力。黄昏鸟便是其中之一，它是一种大型的食鱼类潜鸟，翅膀微小，腿在身上极靠后、接近尾巴的地方。在陆地上，黄昏鸟可能就像海豹一样行动笨重地走着，但其身体的流线型和蹼足使它能够在水下灵活而迅速地移动，就像现在的水鸟一样。变得不会飞行好像是一种退化，但在鸟类的进化史上，其他很多物种也都经历了相同的事情。其中有很多陆栖物种，包括世界上存在过的最大的鸟类。

▲ 除去长满牙齿的喙状嘴之后，鱼鸟看起来很像是现代的燕鸥，而且也很可能有着类似的生活方式。人们在其遗骸化石的四周发现了大量的鱼骨，为研究它们的食物提供了证据。

早第三纪

第三纪（意为"第三个"）定名于18世纪，那时的人们认为，它是地球远古时代中第三个主要的时间间区。第三纪开始于白垩纪的大灭绝之后，而且一直延续到160万年前才结束。也就是说，第三纪几乎包括了整个的哺乳动物时代。在早第三纪——通常被认为古近纪——一些大陆的所在地很接近于它们今天的位置，但当时的大洋洲依然处在岛屿化的过程中，南北美洲也被海洋给隔离开了。

▲ 巴基鲸是已知的最早的鲸目动物，在其所属的哺乳动物群（包含今天的鲸鱼和海豚）中，是元老级的动物。它的体长大约有2米，颌骨较长，上面的牙齿善于撕裂肉类。

□食物的变化

在第三纪开始之际，哺乳动物至少已经存在了1.5亿年，其中两个主要的血统——胎盘哺乳动物和有袋哺乳动物——也都完全建立起来了。然而，在它们进化的漫长时期里，这两个血统都没能成为地球上动物生命的主角。它们跟现

▼ 始锯齿鳄是一种陆栖鳄鱼，图中它正在袭击一只始祖马。始祖马是已知最早的马科动物之一，它在站立的时候，双肩距地只有20厘米。

在的老鼠和田鼠差不多大，并会在黑夜中出来觅食。它们大部分都以昆虫、蚯蚓及其他小动物为食，利用其微小但锋利的牙齿将猎物切碎。

随着恐龙和其他动物族群的消失，哺乳动物在很大范围内有了新的发展机遇。事实上，那时候所有大型植食性动物都已经消失了，而留下了一个庞大的几乎未被开发过的食物来源。那时候，大型的肉食性动物也都根本不存在了。哺乳动物起始的开端并不起眼，但后来却经历

▲ 始祖象蜷伏在水中，以水生植物为食。这种与猪一样大的肥胖动物是一种早期的长鼻目动物，是现代大象和已经灭绝的猛犸象及乳齿象的亲缘动物。它的耳朵、眼睛和鼻孔沿着头顶呈一条直线，使其在身体的大部分都潜入水中的时候，依然能够漂浮着。

了一场令人震惊的进化狂潮。最终，它们将这些物种间隙都给填补上了，成为了陆地上最重要的植食性动物和掠食者，甚至还扩展到了空中和海中。

肉齿目动物是最早的肉食性哺乳动物之一，它们属于胎盘哺乳动物，其中的某些物种看起来就像今天的鼬鼠、猫科动物和土狼。肉齿目动物昌盛了几百万年之久，却在早第三纪结束之前灭绝了。有袋类肉食性动物在大洋洲和南美洲是重要的掠食者，但另一个哺乳动物族群——胎盘类肉食性动物，却成为了世界上其他地方的顶级捕食者。

早第三纪的肉食性动物囊括了哺乳类捕食者中所有主要动物科的祖先，其中含有猫科动物、犬科动物、和鼬科动物（包括现在的獾、水獭和臭鼬）。所有这些动物都具有一个共同特征：它们牙齿的形状适于抓紧和切断肉类食物。它们用于抓紧食物的犬齿位于口腔的前部，位置非常适于刺入猎物的内部。随着肉食性动物的进化，一些物种发展出了非常长的犬齿，这一特征在剑齿虎的身上发展到了极致。这些动物都长有两颗长达15厘米的尖利牙齿，左右扁平。真正的剑齿虎属

于胎盘哺乳动物，而一些有袋哺乳动物，如袋剑齿虎，也进化出了同样的特征，这就是所谓的趋同进化。

□植食性动物的崛起

对以昆虫为食的哺乳动物来说，向植食性动物转变，要比向捕食大型猎物的动物转变更复杂。它们渐渐地进化出了门齿和臼齿，门齿用于切割食物，而臼齿则会将切割过的食物磨成浆。更重要的是，它们进化出了复杂的消化系统，里面充斥着微生物，使其能够将食物分解掉。这些动物中有很多都进化出了长长的四肢和蹄脚。也就是说，它们在受到袭击的时候能够逃跑，以躲避危险。

在早第三纪，世界上的不同地区出现了几种有蹄类胎盘哺乳动物的血统。其中包括现代大象、貘和犀牛的早期祖先。马进化于北半球，却在南美洲找到了它的写照，那是一种令人信服的类马动物——滑距骨兽。滑距骨兽在南美洲是孤立发展的。在这些植食性动物中，给人印象最深的要属雷兽。雷兽看起来就像是长着头盾和兽角的巨型犀牛。王雷兽是最大的雷兽，生活在北美洲。它有两吨重，并长有一个叉形的兽角。

▶ 营穴鸟腿长喙利，非常适于突击小型动物的部群。它们在进食的时候，遇到小的猎物会直接吞下，而遇到大一些的则会先用喙钩将其撕裂开来。

□ 爬行动物和鸟类

自白垩纪大灭绝之后，世界上就没有恐龙了。除了哺乳动物外，那些逃过一劫的动物们也都充分利用了新出现的发展机遇。其中安然度过那场大灭绝的爬行动物有：蜥蜴和蛇，海龟和陆龟，以及体型最庞大的鳄目动物。大部分鳄目动物都保留着它们原始的水栖习性，但也有一些物种——如始锯齿鳄——放弃了这种生活方式，开始在陆地上捕食。它们依靠强有力的四肢奔跑，而四肢末端的爪子也逐渐进化成了蹄脚状。

对鸟类来说，翼龙的消失意味着它们捕鱼时的劲敌减少了。但在陆地上，它们直系亲缘动物（肉食性兽脚亚目恐龙）的灭绝，则打开了新的进化局面，产生了一些不同的生活方式。一些不能飞行的巨型掠食者得到了进化，它们能把别的动物追到精疲力竭，然后再将其撕裂开来。在这些羽毛类掠食者中，最著名的例子之一就是营穴鸟。它们生活在北美洲，距今大约已有 5000 万年，站立时的高度大约有 2 米。营穴鸟很可能以哺乳动物为食，但在肉食性哺乳动物越来越大也越来越普遍之后，营穴鸟的数量就减少了。而在南美洲，类似的鸟类生存的时间却要久得多。这可能是因为，当时南美洲是一片与世界其余部分隔离开来的岛屿大陆，大型的肉食性哺乳动物比较罕见。

晚第三纪

晚第三纪——又称新近纪——始于 2300 万年前。生命已经完全从白垩纪的大灭绝中恢复了过来，哺乳动物不断地繁荣发展，在全球气候不断变冷变干的时候，达到了其多样性的顶峰。此时各大陆之间已经不再像早第三纪那样分散了，而到了晚第三纪末期，西半球发生了一个重大的事件：北美洲和南美洲由一个狭窄的旱地地峡连接到了一起。

□ 分离与结合

有袋哺乳动物最早出现于晚白垩世，那时候很多大陆板块还连在一起。有化石证据显示，

▲ 中新懒兽是一种生活在南美洲的地懒，距今大约 2000 万年。中新懒兽大约有 1.2 米长，与其后来的一些亲缘动物——如大懒兽——相比，体型偏小。

◀ 袋剑齿虎是南美洲一种有袋类的剑齿虎。图中的袋剑齿虎正在用一对巨大的犬齿攻击它的猎物。真正的有袋类猫科动物也都各自进化出了类似的武器，而剑齿虎就是其中一个著名的例子。

▲ 草原古马是晚第三纪时代的马科动物，双肩大约距地面 1 米。与始祖马相比，草原古马体型更大，并且支撑体重的脚趾在每只脚上只有 1 根，而非 3 根或者 4 根。随着马类的进化，其他的脚趾也就都没了踪迹。

这些动物遍布欧洲、北美洲和南美洲，并在第三纪蔓延到了大洋洲。有袋类和胎盘类哺乳动物是生活在一起的，因为事实证明，在生存斗争中，有袋类动物也能像其亲缘动物一样成功。但在第三纪时期，板块漂移却在这两个哺乳动物血统中引起了重大的变化。一些大陆板块开始分离，也

▼ 一群安卡拉古猿一边警惕着四周的危险，一边在地面上进行搜寻。安卡拉古猿生活在近东地区，距今大约 1000 万年。就在那之后不久，猿类分化成了两个支系，一支是今天的类人猿，而另一支则是我们人类。

就带走了上面生活着的哺乳动物。有袋类动物在欧洲和北美洲遭到了灭绝，却在南美洲和大洋洲生存了下来，并一直持续到现在。

今天的大洋洲以有袋类动物而著名，但在第三纪，南美洲也有差不多种类的有袋类动物，包括负鼠——生活在树上的啮齿类食昆虫动物，和一些看起来像土狼或熊的陆基肉食性动物。南美洲最大的掠食者是有袋类的剑齿虎。而其中袋剑齿虎的犬齿是所有肉食性哺乳动物中最长的。

在大洋洲，有袋类动物一直过着与世隔绝的生活，直到 6000 万年前人类到了那里的时候，情况才有所改变。大洋洲没有胎盘哺乳动物与之竞争，以至于有袋类动物进化出了一系列特别的物种。南美洲的情况就不同了，部分是因为南美洲生活着胎盘哺乳动物。但到了第三纪末世，南北美洲的哺乳动物就能够通过中美洲大陆桥相互交配了。对南美洲的某些有袋类动物来说，尤其是负鼠，这给它们带来了向北迁移的机会；但对植食性的物种和胎盘类动物来说，这却意味着，

随着蹄脚类哺乳动物——如马和鹿——往南发展，生存竞争也变得越来越激烈。

□ 不太可能的"伙伴"

在晚第三纪，世界气候变得越来越干燥，草原首次成为了动物们主要的栖息之地。植食性哺乳动物渐渐适应了这种生活，它们的食物逐渐从以树木和灌木的枝叶为主，转化为以青草为主。青草的生长是从下往上的，并不在它们的尖端。所以，它们在被吃到接近地面的时候，还能重新长出来；而其他植物，如树苗，在被食之后，就会因为生长受阻而死掉。这些植食性哺乳动物将青草的竞争植物吃掉后，青草也就得到了不断蔓延的机会。

经证明，这种不太可能的"伙伴关系"在哺乳动物的进化中，成为了巨大的成功事例之一；尤其在北方大陆，更是如此。在北美洲，无论是马还是与羚羊相像的麋鹿，都进化得越来越大也越来越快。在欧洲和亚洲，牛科动物是主要的植食性动物，其中包含着现在的家牛和绵羊。

□ 离开树木

晚第三纪是灵长目动物的重要时代。灵长目动物是一群适于树栖生活的动物族群。它们最早的骸骨化石只是 5 颗牙齿，源自晚白垩世。到早第三纪之前，猴子和类人猿的祖先才第一次出现在化石中。灵长目动物具有可用于抓握的双手，朝前的眼睛和巨大的大脑，这些特征都有助于它们判断距离，以便在树枝之间跳跃。

在第三纪的美洲，灵长目动物自始至终都像今天一样在树上生活。但在欧洲、非洲和亚洲，开始在地上生活的物种数量却越来越多。这很可能是因为，森林逐渐被草原给代替了。这些陆生动物中含有现代狒狒的祖先和原始人类——与现今黑猩猩、大猩猩及我们人类自身都相关的动物。与猴子不同，类人猿没有尾巴，而且能够以后肢站起来，以便更好地观察周围的情况。这种直立的姿势使类人猿的双手能够闲下来去做其他事情，如搬运食物甚至是制作工具。这是一项重大的发展，对整个生命世界都有着不可估量的影响。

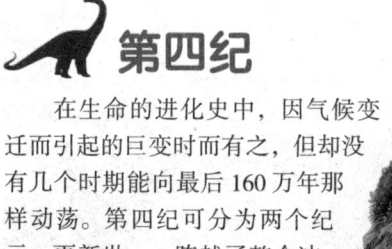

第四纪

在生命的进化史中，因气候变迁而引起的巨变时而有之，但却没有几个时期能向最后 160 万年那样动荡。第四纪可分为两个纪元：更新世——跨越了整个冰河世纪，全新世——开始于 1 万年前冰河最后一次回落的时候。对陆生动物来说，第四纪是一个充满挑战的时代。

□ 潮起潮落

冰河世纪远非只是长时间高强度寒冷的周期性循环。在一

▶ 毛猛犸象进化于欧洲和亚洲，却经由横跨白令海的大陆桥，扩展到北美洲。它们头上的隆起物中含有大量的脂肪，相当于一种食物储备。

▲ 欧洲穴熊是冰河世纪在地下洞穴中冬眠的物种之一，是人们从其骸骨化石中鉴定出来的。

个典型的冰河时代，环境的平均温度会上下浮动。而在每一次温度急剧下降或者每一次冰蚀现象出现的时候，世界上的极地冰冠就会上涨，其他地方的冰川也会慢慢向山下蔓延。在气候温暖的时期或者间冰期内，情况则刚好相反，冰河逐渐消退。我们目前就正处在一个始于全新世之初的间冰期内。

冰河世纪是无法预测的，不过它们几乎都与地球绕太阳公转的轨道变更有关系。它们不仅能够改变平均温度和冰盖，还会对植物和动物的栖息地产生一定的影响。变化之一是，更多水冻结之后，海平面便会随之下降。另一个变化是降雨方式的改变，使一些地区变得比温暖时期更加干燥。

对更新世的植物来说，气候的变迁往往是不确定的；尤其是在遥远的北方和南方，那里的土地都被缓慢移动着的冰给修整了。但事实证明，对陆生动物来说，海平面的下降有时是有益的。这让一些物种可以通过大陆桥迁移到那些它们之前从未去过的地方。

□ 猛犸象和乳齿象

更新世的冰冠在扩展幅度最大的时候，一直往南延伸到了现在的伦敦和纽约。这些巨型冰

原的南面是冻原——一大片荒凉广阔的沼泽草地，与冰河纵横交错，携着雪融之水奔赴到海。那里的环境比较恶劣，但尽管天气寒冷，夏天的时候却依然能够拥有丰足的植物性食物供应，对温血动物来说，也还是个不错的生存之地。

猛犸象和乳齿象是冰河世纪最著名的哺乳动物族群，它们均属于大象一族的血统。草原上的猛犸象——草原猛犸象，生活在50万年前的欧洲。它们的身上进化出了一层毛皮，上面的绒毛又长又厚，使其成为了能够抵御严寒的最早的物种之一。草原猛犸象与今天的大象不同，它们的头上都有非常高的冠饰，后背也都倾斜着，而且雄性的獠牙有时候可以超过5米长。更为人熟悉的毛猛犸象——真猛犸象，不足3米高，是一种更精致的动物。它的獠牙也要更小一些，在它寻找食物的时候很可能被用来抹擦积雪。生活在美洲的乳齿象——美洲乳齿象，看起来都非常相似，生活在冻原南部边缘的针叶林一带。

草原猛犸象在很久之前就灭绝了，而毛猛犸象和美洲乳齿象却幸存了下来，一直活到了非常近期的时代。人们认为，乳齿象是在8000年前消失的，而毛猛犸象则又多坚持了2000年。人类猎捕很可能是导致这两个物种灭绝的原因。

□ 冰河世纪的犀牛

原始披毛犀——长毛犀牛，也发源于北方的冻原，而它在现代的亲缘动物是生活在世界上更为温暖的地方。长毛犀牛站立的时候，大约有2米高，它的一对实角是由缠结的毛发构成的，这是将它与其他蹄脚类哺乳动物区分开来的族系特征。长毛犀牛敦实的外形和毛皮上的长毛都是冰河世界中哺乳动物的典型特征，因为巨大的身体能从食物中产生大量的热量，而浓厚的毛皮则可将热量保持在体内。原始披毛犀生活在欧洲和西伯利亚，而且一直生活到了更新世末冰河消退的时代。它们的化石样本是在永久冻土中发现的，但也有一部分来自于中欧地区的外渗石油。

板齿犀是冰河世纪的另一个物种，它的犄角很可能是所有犀牛科动物中最大的。它的体型跟今天最大的物种——白犀牛差不多大，但它的犄角长达2米，而且扩展着的基部几乎覆盖了整个前额和口鼻部。

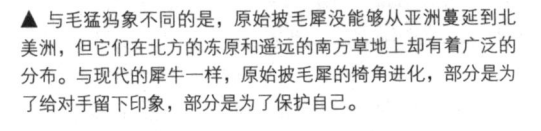

▲ 与毛猛犸象不同的是，原始披毛犀没能够从亚洲蔓延到北美洲，但它们在北方的冻原和遥远的南方草地上却有着广泛的分布。与现代的犀牛一样，原始披毛犀的犄角进化，部分是为了给对手留下印象，部分是为了保护自己。

□ 安然越冬

对冻原上的植食性动物来说，夏天可能是一个富足的季节，而冬天却是一个艰难的时期。很多植食性的哺乳动物都会向南迁移到森林地带，那里有遮蔽之处，有树皮和花蕾之类的食物。其中包括驯鹿和所谓的爱尔兰麋，它们的骸骨在北欧和亚洲的很多地方都有发现。驯鹿今天依然沿袭着它们传统的迁移路线，而爱尔兰麋已经不再沿袭了。在欧洲的一些偏远地区，这些物种一直持续到了公元前 500 年。

与植食性动物不同的是，冰河世纪的熊在整个冬天都处于休眠状态，也就是说，它们不需要寻找食物。在欧洲的一些洞穴内，深埋其中的泥土依然带有熊在冬眠穴里动来动去而留下的抓痕。

□ 拉布雷亚牧场上的死亡

一些有关更新世生命的最生动的证据，并非来自于遥远的北方，而是出于现代美国洛杉矶的中心地带。这种不太可能的环境设置即是世界上最卓越的化石遗址之一——拉布雷亚牧场著名的天然沥青坑。在这里，冰河世纪黏稠的沥青池，成为了大量动物的葬身之地。

在更新世晚期的大部分时候，加利福尼亚州的气候都要比现在更冷也更湿一些。这样湿润的环境滋养出了各种各样的动物，其中包括哺乳动物、巨型的大地懒和剑齿虎。沥青坑常常会被植物的尸体所覆盖，那么到了冬天，动物们就可以安然无恙地从上面经过，因为沥青冷固后就变得坚硬了。但在夏天，沥青吸收了阳光的热量后便开始融化，就如同现代路面上的柏油一样。每年到了这个时节，原本正走在坚固地面上的动物们就会突然发现自己掉进了黏稠的黑池中，而且完全没有逃脱的可能。这些陷入困境的动物在挣扎自救的时候，吸引来了捕食者和食腐者，使它们也被黏住了。

经过了夏季的致命损失后，冬雨用沙土和沉积物覆盖住了那些动物尸体，化石化的过程也就开始了。与大部分化石不同，组成拉布雷亚牧场化石的是一些原始的骨头，而不是那些已经矿化了或者转化成为石头的骨头。它们浸渍在油质沥青中，与空气中的氧气隔绝，从而避开了常规的腐烂过程，保存时间长达 1 万多年。

▼ 在冰河世纪的欧洲和北亚，雄性的爱尔兰麋因其巨大的茸角而成为了当时最突出的动物之一。这些出众的鹿群中包含着几个不同的物种，都长有夸张的茸角，而且每年都会脱落再生长。

□ 沥青中的宝藏

现在的很多沥青坑都已得到了开采，化石产量着实令人惊愕。这些更新世晚期的宝藏之地所产出的遗骸化石，包括了近 60 个哺乳动物的物种，和 2000 多具单独的剑齿虎骨架。里面最大的受害者为哺乳动物，而最小的则包括飞虫类；因为它们到了沥青坑后，没有直接飞过去，而是错误地停在上面。

鸟类在这种沉陷中是比较突出的。它们的骨架较脆，容易遭到破坏，但在沥青坑中却能够得到较好的保护。只有夜行物种能成功地避开这种黑色死亡。这是因为沥青在入夜后就硬化了。

▼ 这幅图景发生在 2 万年前冰河时代的加利福尼亚州，一只死去的帝王猛犸象躺在沥青坑中，一群食腐者集聚在一起想要吃掉它的骸骨，而一只剑齿虎在设法击退它们。这些食腐者包括鹤、秃鹰以及惧狼——已知最大的犬科动物。图中的大部分动物，在 1 万年前就都消失了。

□ 鸟类的统治

尽管哺乳动物是冰河世纪最大的植食性动物，但在一些遥远的岛屿上，如马达加斯加岛和新西兰岛，当地并没有大型的陆生哺乳动物。那里最大的动物都是些不能飞行的鸟类，它们长成后

◀ 人们在新西兰发现了 20 多个物种的骸骨，其中最大的要数巨型恐鸟。直到 1000 年前，这里才有波利尼西亚移居者抵达，而此前在巨型恐鸟所生活的这片土地上，除了蝙蝠外就没有任何其他陆生哺乳动物了。一只成年巨型恐鸟的砂囊中可容纳 2.5 千克的石子，有助于它研磨食物。恐鸟一次只能产下一个蛋。

的体型非常巨大。在马达加斯加岛，隆鸟属动物是最大的种群。其中的一个物种——隆鸟——产下了世界上已知的最大的鸟蛋。而在新西兰岛上，统治动物则是恐鸟属动物，其中一个物种为恐鸟，高达 3.7 米，是曾存在过的最高的鸟类。

这样的鸟类之所以能在偏远的岛屿上产生进化，是因为那里没有肉食性的哺乳动物攻击它们及它们的幼雏。它们大部分都以种子、浆果和嫩枝为食，并可利用砂囊石将其碾碎，就像恐龙的胃石那样。它们从最后一次冰河时代末期的变化中幸存了下来，但却没能抵挡住人类及其矛、弓箭和忠犬的攻击。马达加斯加岛上最后的隆鸟可能消失于 1000 年前，但人们认为，最后的恐鸟要灭绝得晚很多——可能直到 1800 年。

▼ 大地懒生活在冰河世纪的南美洲，体型与现代的大象差不多。它能够以后肢站立，高耸于树木之间，用长爪将树叶茂密的树枝勾下来。现代的树懒与哺乳动物属于同一个族群，但却很少会踏足地面。

□ 更新世灭绝

冰河世纪的动物在地质学上最诱人的特征之一是，它们存在的时期距今并没有那么遥远。它们的存在时间很少有能超过恐鸟的，但有整整一群的大型哺乳动物却一直活到了 1 万年前。然而，在最后一次冰蚀现象结束的时候，数百个物种就一下子都灭绝了。北美洲是其中受影响最严重的地区，失去了其所有大型哺乳动物的 3/4，当中很多物种的骸骨，是人们在拉布雷亚牧场挖掘出来的。

为什么会发生这样严重的一轮灭绝呢？一些古生物学家认为，这主要是由于在冰川消退、全球变暖的时候，气候发生了突变。由这个理论可知，植物生命发生的迅速变化——如从冻原转变为森林——使很多哺乳动物失去了食物的来源。但同样的变化早先也曾发生过，却没有引起同样广泛的物种损失。很多古生物学家提出了一个非常不同的观点：人类捕杀者的迅速散布。根据这一理论，人类迁徙者以大型动物为目标，残杀过多，而导致自然食物链坍塌，动物无法从中恢复过来。

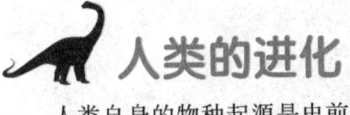 人类的进化

人类自身的物种起源是史前学研究最透彻的领域之一。尽管人类在许多方面都是独一无二的，古生物学家也还是坚信，与大千世界中的其他居住者一样，人类也是通过进化而来的。类人猿就是人类最近的亲缘动物，但人类的祖先却是被称为原始人类的似人动物——500 万年前与猩猩从同一支系中分化出来的物种。这一分化产生了一系列的原始人种，但今天只有其中的一个物种保留了下来，那就是我们人类。

南猿　　　　能人　　　　直立人

▲ 阿法南猿生活在东非地区，距今有 300 万~400 万年。它们成年的站立高度大约为 1.2 米，脑容量差不多是人类的 1/3。由于它们可以竖直站立，双手也就可以空下来，使用棍棒和石头作为工具。但与之后的原始人类不同的是，还没有什么证据能显示出，那些工具会有什么特殊的用途。

□ 最早的原始人类

专家们曾一度以为，在 2000 万年前，猿类和原始人类就分离开来了。也就是说，那个时候，是这两个族系最后的共同祖先生活的时间。此后，研究者开始在人类和其他现存的灵长目动物之间进行基因比对。这些比对显示出，人类的基因与类人猿极为相似，尤其是其中的大猩猩和黑猩猩。这种联系引起了人们的一些反思，现在大多数的专家都将猿类和原始人类的分化时间确认为 400 万 ~500 万年前。

在 20 世纪初，很多古生物学家以为人类的进化发生在亚洲；而现在来看，非洲可能才是人类的诞生之地。第一个已知的原始人类属于南猿属，其字面意思也就是"南方的古猿"。南猿臂长腿短，颌骨突出，有着许多像猿类的特征。但即便是 400 万年前最早的南猿，也是以后肢站立行走的。

□ 南方古猿

最早有关南猿的发现，也是最奇怪的发现之一，是一具幼年动物的颅骨，发现于 1924 年南非的采石场。它的发现者是科学家雷蒙特·达特，他推断这具颅骨可能属于一个连接人类和猿类的过渡物种，并将其命名为非洲南猿。那时候，很多其他科学家都强烈反对，他们更偏向于亚洲起源说。但随着进一步的发现，达特很显然是正确的，而且南猿很可能就是人类祖先中的一支。

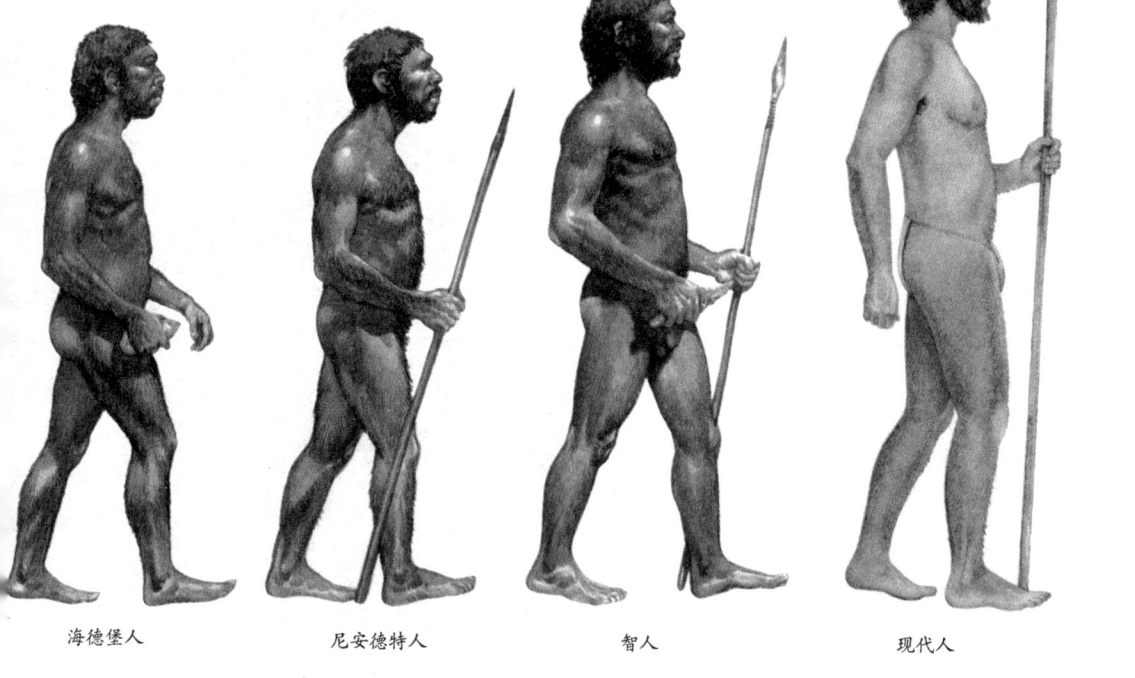

| 海德堡人 | 尼安德特人 | 智人 | 现代人 |

自20世纪20年代开始，通过研究在东非和南非20多个遗址中发现的骸骨化石，专家们至少鉴定出了6个独立的南猿物种。这些遗址大都位于非洲的东非大裂谷地带，那里周期性的火山爆发使得原始人类都被埋在了火山灰中。那些骸骨往往不过是由牙齿或者颌骨残片组成的，但在1974年，美国的两位人类学家偶然间发现了一块令人惊异的化石——将近一半的雌性动物骨架，属于一个叫作非洲南猿的物种。这半具骨架被昵称为"露西"，其所属的动物生活在300万年前。人们还发现了相关的遗迹化石。其中最令人遐想的化石之一就是，发现于1978年的由三串脚印组成的遗迹化石。它们是由两只成年南猿和一只幼年南猿留下的，这一家子大约比"露西"早了50万年。

□ 工具制造者

南猿最后的物种灭绝于100万~160万年前。但在它们灭绝前很久，就产生出了一个新的原始人类族群，并与之相伴而生几十万年。这个新生的物种即是人类的直接祖先，具有更多类似人类的特征。它们被称为人属——现代人类所属的小型灵长目动物群。

与南猿不同的是，这些"解剖学人类"擅长制造石器。其中最早的物种之一为穴居人，又称"巧手人"，他们将石头打碎，以产生锋利的边缘，从而制造简单的工具。出现于190万年前的东非直立人，拥有更熟练的技巧，他们利用从石头上削下来的碎片做工具，而不直接使用原始

▲ "北京人"是生活在远东地区的直立人的形态之一。在位于中国北方地区的周口店，人们挖掘到了他们的骸骨化石，并在附近发现了灰烬层，这说明这种原始人类是懂得如何使用火的。北京人很可能会从自然大火中取来火，并让它一直燃烧，持续几个星期甚至几个月。

的石头。他们会仔细雕琢那些碎片，造出矛头以及其他各种各样的工具。东非直立人并不是特别擅长发明设计，但作为石器制造者，他们比现在的任何人都要专业得多。

人们并没有在非洲以外的地方发现南猿的遗骸，这样看来，"南方古猿"似乎在发展到世界其他地方之前就灭绝了。但在东非直立人还待在非洲的时候，其后代中的一支——直立人——发展到了亚洲，同时也带去了他们的工具制造技术和火的利用技巧。直到50万年前，欧洲都一直是另一种原始人类——海德堡人的起源地，海德堡人不仅是人类自身的直接祖先，也是人类谜一般的亲缘动物——尼安德特人的祖先。

▼ 在一次成功的猎杀之后，一群海德堡人将那只死去的犀牛切碎。这次猎杀将会给他们带来能维持许久的食物。这些原始人类进化于非洲，但却不断向北发展，一直遍布整个欧洲。他们的体型魁梧，大脑只比现代人类的小一点儿。

□ 现代人类

物种进化是由一系列微小的变化一步步积累而成的。这样一来，人们就很难界定一种生物是何时出现的，而人类的出现也是同样的情形。人类几乎就是从海德堡人进化而来的，但并没有那么一个重要的时刻，标志着现代人类登上了史前生命的舞台。相反，人类的祖先进行着缓慢的特征变化，首先经历了"古老"的形态，然后达到了一个与现在人类难以区分的"现代"形态。

最早的"现代"人类很可能出现于 10 万 ~ 12 万年前，这听起来似乎是很久之前的事，但在地质学上却很近。也就是说现代人类最多不过发展了 7500 代，这与整个原始人类的发展史相比确实很短。

□ 早期的现代人类

1856 年，在知道非洲原始人类之前很久，德国石灰采石场的工人就在一个洞穴的泥土中发现了一批骨头。那些骨头非常沉重，而且显然非常古老，其中含有颅骨的一部分，眼睛上部还有巨大的褐色眉骨。

尼安德特人，正如其名字那样，成为了人类在祖先寻找史上最惊人的发现之一。人们只在欧洲和中东地区发现过这种原始人类，他们生活在 12 万 ~ 3.5 万年前，那时候的现代人类已经迁徙出了自己的诞生地——非洲。在这一时期的末期，尼安德特人就消失得无影无踪了。

矛头

砾石器

▲ 左边是一种简单的砾石器，由 200 多万前的穴居人制造而成，而右边则是一个经过极精心制作的矛头，出自于一个史前人种——克鲁马努人之手。克鲁马努人生活在 35000 年前的欧洲和亚洲。

人类学家还不确定这些尼安德特人是什么样子，以及他们发生了什么样的事情。一种理论认为，他们属于人类的种属，并与现代人类融合到了一起。而可能性更大的是，他们属于一个独立的物种，在食物和空间的生存斗争中惨遭失败，并最终灭绝了。

□ 人类的成功史

如果数量是一种向导，人类就会是有史以来最成功的大型动物。现在，我们的人口共有 60 亿，预计到 21 世纪的某一时刻会稳定在 110 亿。人类的成功要归于很多因素，比如 1 万年前农业的发明，比如技术的迅速发展。但最重要的归因还是一些让人类变得独一无二的东西——沟通的能力和从别人及自己的经验中学习的能力。

▲ 这场假想中的相遇发生在冰河世纪欧洲的某个地方，一群尼安德特人（左）与一个现代人类（右上）的捕杀群短兵相接。他们都有很好的装备，对战一触即发，因为尼安德特人意识到，他们的家园和生活正处在危险之中。人们还不清楚这样的场景是否真的发生过，但可以确定的是，尼安德特人没能活到现在。

第六篇

恐龙探秘

恐龙的身体

恐龙死后留下了大量的牙齿和骨头的化石，但是极少有肌肉、器官和其他部位保留下来。科学家通过对比恐龙和今天活着的动物的骨架，勾勒出了恐龙各个柔软部分的轮廓。通过这些我们已经大致了解了恐龙身体内部的结构。

□蜥脚亚目恐龙的取食

蜥脚亚目恐龙必须摄入巨大数量的植物，然而它们的牙齿非常小，颌肌肉也很无力。例如，迷惑龙的牙齿长而窄，专家因此认为它的牙齿就像耙子一样，使用时会先咬住满满一口树叶，然后向后扭，将树叶从树上或灌木上扯下。

□蜥脚亚目恐龙的长脖子

长长的脖子使蜥脚亚目恐龙可以够到它要吃的植物。马门溪龙的脖子是恐龙中最长的，约有 11 米，仅由 19 根骨头构成。科学家认为蜥脚亚目恐龙可能只需站在原地，就可以利用长长的脖子从广大的区域获取食物。然后，再向前移动，到达新的进食中心。这也意味着它们无需走太多路，因而有助于保存能量。

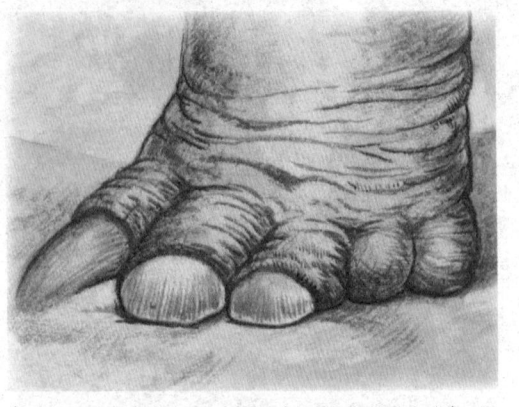

▲ 足迹会在泥土或沙子中保留下来，然而很快就会消失。足迹在极为罕见的情况下才会变为化石。

□足迹变为化石

足迹只有刚刚出现后就被掩埋在沉积物中才会变成化石。如果恐龙在沙滩潮湿的沙子上留下了脚印，这些脚印可能会被随后来临的潮水带来的沉积物掩埋；或者，洪水会将泥土覆盖在恐龙留在河岸上的足迹上。只有当新的沉积物与足迹所在地的沉积物不同时，足迹才会变为化石，这就意味着足迹化石极为罕见，而且也非常脆弱。如果没能在几个星期内将化石挖掘出并运送至博物馆储藏起来，化石可能会结霜破裂，或被水冲走。很多足迹化石在被研究前就已消失。

□蜥脚亚目恐龙消化食物

蜥脚亚目恐龙的牙齿和颌过于无力，无法咀嚼摄入的数量巨大的食物，于是便将食物囫囵吞下。食物在胃中会被恐龙吞下的石头（即胃石）碾成糊状，然后胃中的细菌会将其中的

▲ 蜥脚亚目恐龙长得惊人的脖子有助于它们寻找并摄入巨大数量的食物，以满足庞大身体所需的能量。

营养分离，以便恐龙能够消化吸收。现在很多动物还在采用这种消化食物的方法，如有些鸟会在消化系统中保留沙砾，从而碾碎种子或粗糙的植物；鳄鱼也会吞下石头，这有助于将骨头碾碎。

□ 蜥脚亚目恐龙的脚

蜥脚亚目恐龙的体重惊人，然而只能依靠四只脚来支撑整个体重。因此其每只脚都由从脚踝处向外下方伸展的脚趾构成，脚趾之间留有空间。有人认为这个空间填满了强韧的类似肌腱的组织，当脚落下时起着缓冲垫的作用，有助于支撑恐龙庞大的体重。

□ 完整的恐龙骨架

极少会发现完整的恐龙骨架。若使骨头变成化石，它必须快速掩埋在泥土或沙子中，然而这种情况不常发生。大部分恐龙化石都只由几根骨头构成——当然也发现过一些小型恐龙的完整骨架——这就意味着很多恐龙都是通过部分骨架被了解的。科学家发现部分骨架的直接证据后必须重新构建整个恐龙骨架。他们会寻找类似的恐龙，从而发现遗失的部分，然后将已知的特征与遗失的部分相匹配，从而重新构建出完整的恐龙骨架。

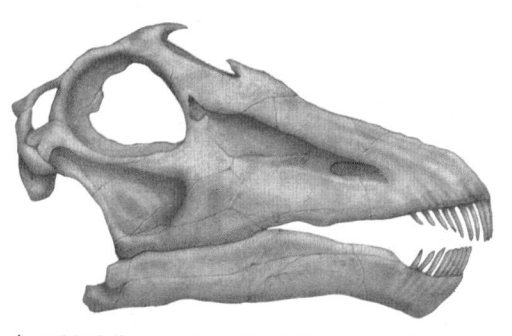

▲ 图为梁龙的头骨示意图，其嘴的前部只有很短的几颗牙齿，因而它们无法很好地咀嚼食物。

▲ 蜥脚亚目恐龙的颈骨是中空的，减轻了脖子的重量，因此其无需耗费太大的能量就可以抬起脖子。

▶ 蜥脚亚目恐龙的脚大而宽阔，因而可以支撑起巨大的体重。体形较小的恐龙的脚则较为窄小，更适于快速奔跑。

恐龙的四肢

梁龙靠四条腿行走，棱齿龙靠两条腿奔跑，然而有许多其他种类的恐龙则可以用两种方式行动，就像现代的熊一样。既能用两条腿又能用四条腿行动给了这些恐龙很多优势。它们可以用下肢站立，用上肢抓取食物或与敌人打斗，吃低处的嫩叶时则用四条腿站立。它们可以在地面上用四条腿休息或走来走去，但如果需要马上加速，它们能用两条腿迅速起身，然后逃跑。

□ 恐龙的下肢：以禽龙为例

以这样的方式充分发挥完全直立优势的恐龙有许多，其中就包括禽龙。禽龙是棱齿龙的近亲，但块头要大得多。完全成熟的禽龙体长能达到 10 米，体重达到 4 吨。它的骨架基本结构与棱齿龙完全一样，但是骨头的比例差别很大。禽龙的大腿骨又沉又长，脚骨却很短。这使其有力地托起了自身的重量，但是并没有奔跑的能力。禽龙椎骨上的脊骨要高得多、宽得多，并长有数

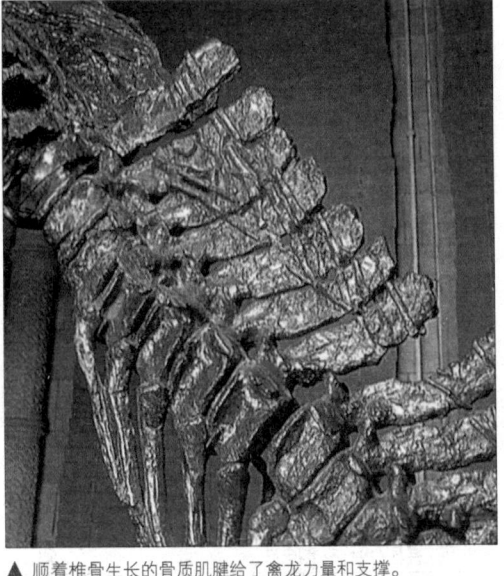

▲ 顺着椎骨生长的骨质肌腱给了禽龙力量和支撑。

不清的互相交叉的骨质肌腱。这些肌腱顺着椎骨生长，在不增加额外肌肉重量的情况下，增添了力量。

从禽龙首次被发现的那一天起，关于它怎样在正常行走的情况下托起身体的争论就没有停

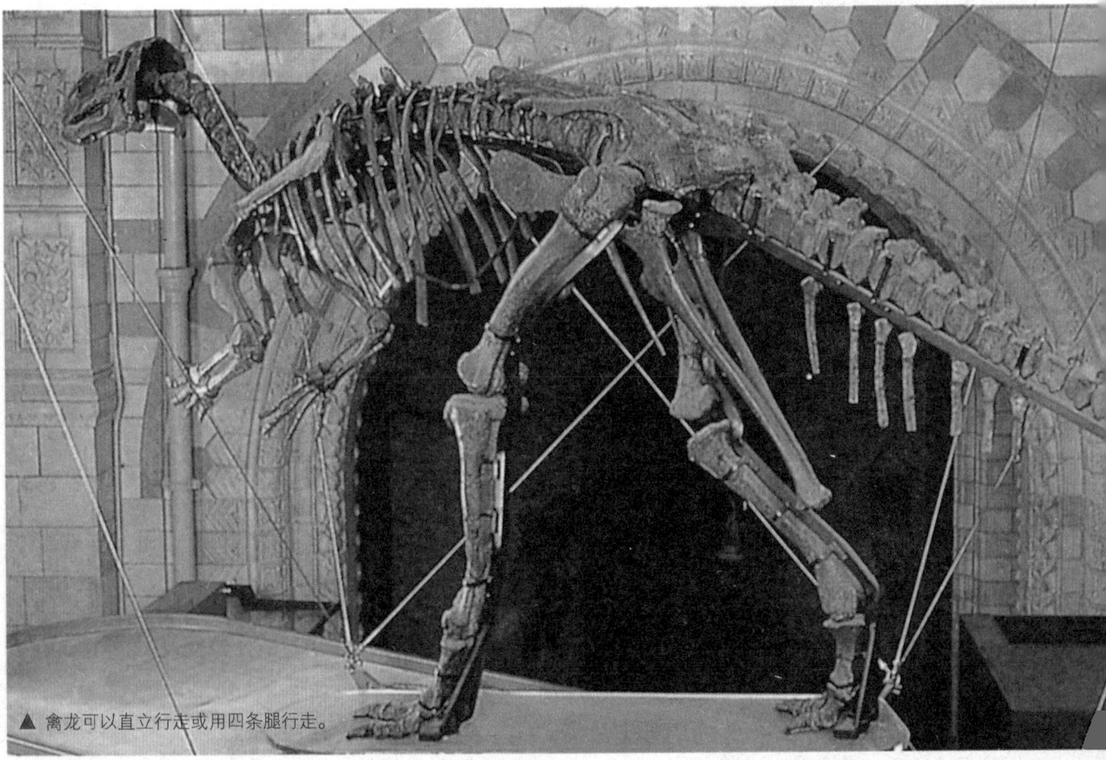

▲ 禽龙可以直立行走或用四条腿行走。

止过。是像蜥蜴一样水平的，还是像袋鼠一样直立的？现在大多数科学家都认为，完全成年的禽龙很有可能在行走的时候，脊柱是水平的，下肢承担了大部分体重。但在进食或站立的时候，它们经常会放下上肢，来提供额外的支撑。

□恐龙的上肢：以禽龙为例

禽龙的上肢是其最突出的特征之一，并再一次地证明了完全直立的姿势对于恐龙来说是多么合适。在巨大肩胛骨的支撑下，禽龙的上肢长而有力，肌肉发达。趾爪上的 5 根骨头（腕骨）结合在一起，提供了强有力的支撑，这和棱齿龙滑动的腕骨很不一样。禽龙中间的 3 根趾爪强壮僵硬，末端长有又短又钝的爪子。用四条腿行走的时候，展开的爪子就像一个蹄子。

禽龙的大拇指像一个可怕的大钉子，当它用下肢站起来进行防御的时候，这便成了它的主要武器。禽龙的第 5 根趾爪比其他趾爪都要弱小，但是却灵活得多，可以当做一个钩子从树上扯下食物。

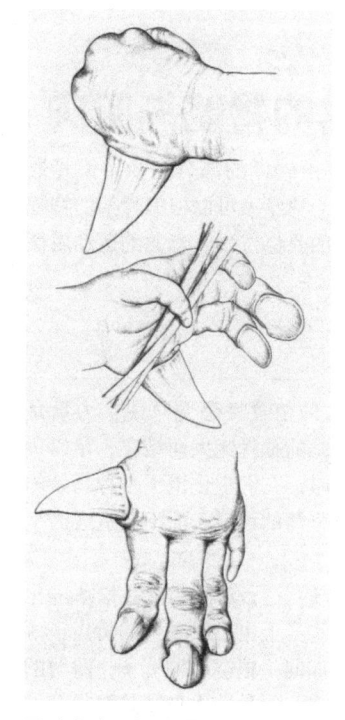

◀ 禽龙的趾爪具有多种功能：长有钉状物的大拇指用于自卫；用四条腿行走的时候，中间的 3 根趾爪会展开，像蹄子一样；第 5 根趾爪很灵活，可以抓取食物，或从树上扯叶子。

▼ 禽龙跳起来用拇指上的钉反击一只袭击它的异特龙。完全直立使禽龙可以很自由地行动。

恐龙的骨骼与肌肉

恐龙的骨架都由同样的部分组成，但骨骼本身却有很多区别。科学家可以根据骨架的特征构造，推算出肌肉的具体位置、恐龙的运动属性以及它的整体形态。

□骨骼的进化

对于体形庞大的植食性恐龙来说，力量是最重要的要求。它们的腿骨庞大而结实，足以负担巨大的身体。同时，它们进化出了一种巧妙的构造，减轻了其他骨骼的重量，而不会造成力量的衰减。

那些体形更小的、行动迅速的恐龙则进化出了一种在现代动物身上也可以看到的特点：薄壁长骨。这种骨骼如同一根空心的管子，薄薄的外壁由重型骨骼构成，而骨骼中央则是轻得多的骨髓。行动迅速的植食性恐龙，如橡树龙，就有这种薄壁长骨。我们可以假定这种骨骼是为了减

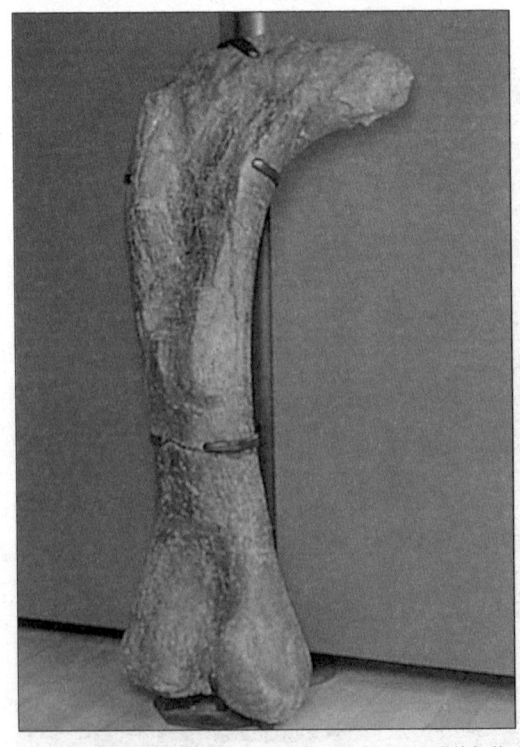

▲ 坚固的柱状四肢骨骼支撑起迷惑龙重达 20~30 吨的躯体。这条大腿骨化石长达 1.5 米。

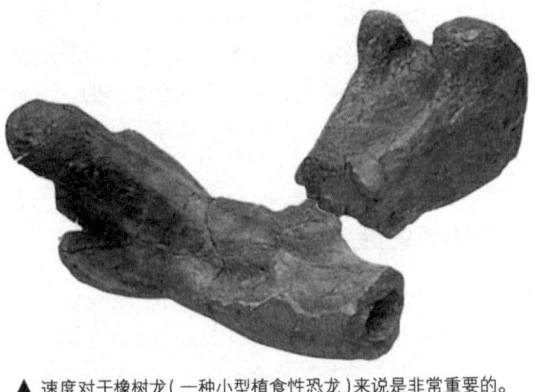

▲ 速度对于橡树龙（一种小型植食性恐龙）来说是非常重要的。与现代瞪羚相似的薄壁空心的骨骼，使它的骨架坚固，而不会增加重量。

轻重量，从而在逃离天敌时获得更快的速度。

□骨架与肌肉

恐龙的骨架由韧带、肌肉和肌腱连在一起，这一点和我们人类的身体相同。在一些化石中，骨骼间还有"肌肉痕"（肌肉连接处留下的粗糙痕迹），据此我们可以计算出一些起控制作用的主要肌肉的大小和位置。

解剖学家可以对每副骨架的特殊构造进行解读，从而推算出肌肉的具体位置、恐龙的运动属性以及它的整体形态。我们知道，恐龙和现代爬行动物及鸟类一样，面部肌肉相对较少，可能没有什么表

▶ 这个禽龙跖骨化石（足部长骨）粗糙的部分（颜色较深处）就是肌肉与肌腱相连的地方。

▲ 髋骨每边有3块骨头：髂骨（红色）、坐骨（黄色）和耻骨（绿色）。上图：蜥臀目恐龙的坐骨与耻骨指向不同方向。中图：早期鸟臀目恐龙，如肢龙的坐骨与耻骨靠在一起，并向后指向尾部。下图：晚期鸟臀目恐龙，如禽龙的耻骨进化出一个朝前方的突起，但这并不意味着它们属于蜥臀目。

情。人们在博物馆中看到的恐龙头部还原标本与恐龙头骨看上去非常相似，基本是只在骨骼外面套上一层皮，而骨头与皮肤之间几乎没有任何东西。

▶ 恐龙的肌肉赐予它们力量与灵活性。巨大的肌肉组织使得腕龙沉重的骨架得以保持形状，并使其能够行动。

☐ 肌肉的疑问

大型植食性恐龙，比如梁龙的腿本应由巨大的肌肉群带动，然而在化石中却没有任何迹象表明它们具有这种肌肉群。暴龙发达的下颚由一组肌肉和肌腱控制，而这些肌肉和肌腱以何种高度复杂的方式相互作用？剑龙能以多大的幅度把自己的尾巴向各个方向摆动？没有人知道确切的答案，虽然现代的动物有时可以提供一些线索，但这些线索不能成为有力的证据。

从根本上说，每只恐龙可能拥有的肌肉数量与相对比例是与它运动和生活的方式密不可分的。对同种恐龙不同时期的研究者所作的图解之间有着令人惊讶的差别，这是由于人们对恐龙生活方式的看法发生了改变。举例来说，早期的暴龙图片把它们画成了肌肉不发达的形象，因为当时人们认为这种恐龙是行动迟缓的。新近的观点则认为暴龙是活跃的猎手，于是图片上的暴龙也就变成了体形巨大、肌肉发达的动物。

恐龙的血液

恐龙是温血动物还是冷血动物？科学家们对这个问题极为关注，很多人都持有鲜明且无法调和的观点。要弄清为什么在过去的 20 年中，这个问题会被争论得不可开交，我们必须从温血和冷血的问题本身入手。

□动物的血液

动物的血液温度保持不变时，它们的活动效率最高，这是因为它们体内的化学反应在恒温下效果最好。而如果温度上下变化过于剧烈，其身体就不能维持正常运转。冷血动物如蜥蜴和蛇，可以通过自身的行为来控制身体的温度，这被称为体外热量法。温血动物（鸟类和哺乳动物）把食物的能量转化为热量，这被称为体内热量法。温血动物通过出汗、呼吸、在水中嬉戏或者像大象那样扇动耳朵来降低体内血液的温度，从而达到调节体温的目的。

□温血和冷血

温血和冷血两种系统都有各自的优点和缺点。一条温血的狗很快就会耗光所摄入食物中的能量，因此要比一只同等大小的冷血蜥蜴多吃 10 倍的食物。

另一方面，蜥蜴每天必须在太阳下晒上好几个钟头来使身体变暖，而且在黑夜或者周围温度降低时，它的身体将无法有效运转。更重要的是，与冷血动物相比，温血动物拥有大得多的大脑和更加活跃的生活方式。所以温血还是冷血的问题实际上就决定了恐龙到底是动作敏捷又聪明的物种，还是行动迟缓又蠢笨的动物。

□恐龙的血液

很多大型恐龙都高昂着头，如暴龙和禽龙，腕龙更是极其典型的例子。要把血液压送到大脑，需要很高的血压，这种压力远远超过它们肺部的细小血管所能承受的。

为了解决这个问题，温血的鸟类和哺乳动物进化出了两条血液循环的通道。它们的心脏从内部分成两部分，两条通道各占一边。个头很高的恐龙也需要一个分为两部分的心脏，一些科学家说，这就证明它们身体的工作方式和温血的鸟类及哺乳动物一样。一些恐龙的确需要一个两

▼ 恐龙的生活方式极为多样化，从庞大而动作缓慢的植食性恐龙到身形较小而活跃的猎食者都有各自的生活方式。它们是否也具有不同的冷血、温血代谢方式呢？

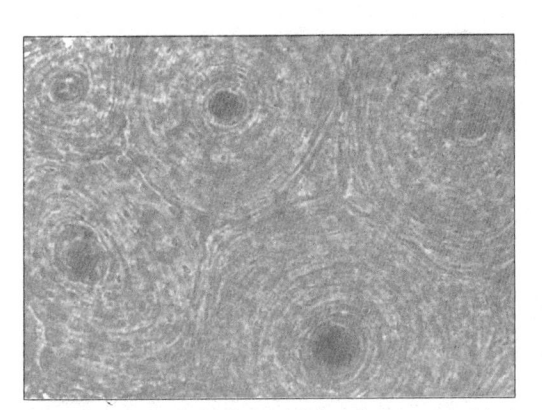

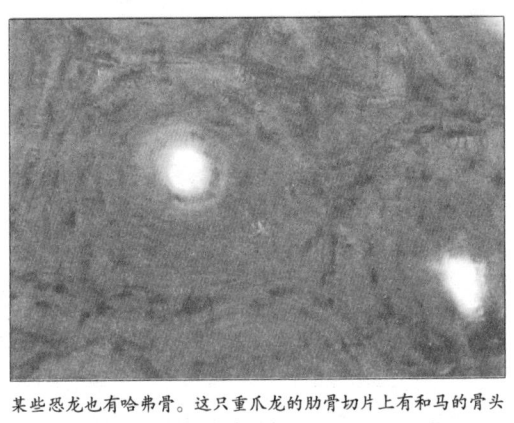

哈弗骨有很多的血管，血管周围有密集的骨质圈。现代的大型温血哺乳动物具有这种类型的骨骼。这是马肋骨的切片。

某些恐龙也有哈弗骨。这只重爪龙的肋骨切片上有和马的骨头一样的骨质圈。这是否说明有哈弗骨的恐龙是温血动物呢？

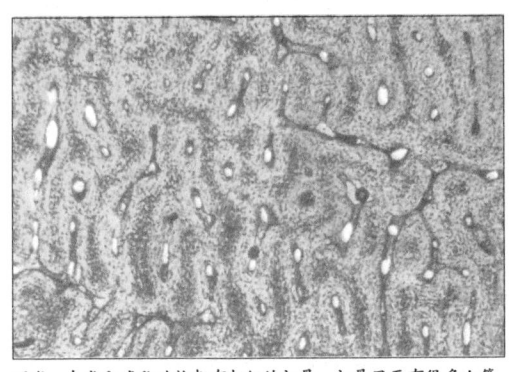

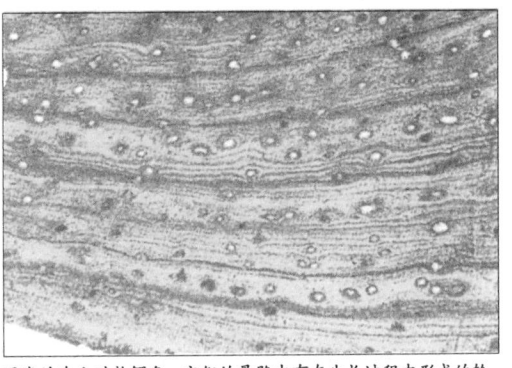

恐龙、鸟类和哺乳动物都有相似的初骨，初骨里面有很多血管。这种类型的骨骼叫作羽层状骨（图片是一只蜥脚亚目恐龙的腿骨），是快速生长过程中最初形成的骨骼。

现代的冷血动物鳄鱼，它们的骨骼中有在生长过程中形成的轮，由此可以判断出它们在不同时期的生长速度不同。某些恐龙，如这只禽龙的腿骨，也具有这种特点。

▲ 恐龙有 3 种类型的骨骼，从生理学上说，这是恐龙处于冷血动物（鳄鱼）和温血动物（鸟类及哺乳动物）之间的证明。

部分的心脏，但这并不意味着它们必须是温血动物。现代鳄鱼的心脏从官能上来说是两部分的，但它们仍然是冷血动物。从进化的角度来看，恐龙应该尽可能长久地保持这一优势，也许它们有温血的心肺系统，却用冷血的方式来控制体温。

　　某些恐龙的庞大身躯和活跃的生活方式也被用来当做它们是温血动物的证明。庞大的蜥脚亚目恐龙永远也不可能从阳光中获取足够的能量来取暖，因为与它的体积比起来，身体的表面积实在是微不足道的。

　　另一方面，奔跑迅速、经常跳跃、手爪锋利的猎食者，如恐爪龙，如果没有温血动物生产热量的能力，也绝不可能保持如此活跃的生活方式。

　　然而，当我们考虑到恐龙时代恒久不变的温暖气候时，这些论点就显得不那么有说服力了。在这种气候条件下，一旦考虑到恐龙胃部发酵产生的热量，问题就变成了如何排除热量，而不是怎么保持。总而言之，我们最多可以得出这样的结论：关于恐龙是温血还是冷血动物只有模棱两可的答案。

□胶原蛋白

　　美国北卡罗莱纳州立大学古生物学家玛丽·施韦策从距今 0.8 亿年的恐龙化石中发现了胶原蛋白。

　　胶原蛋白是一种生物性高分子物质，是一种白色、不透明、无支链的纤维性蛋白质，对动物和人体皮肤、血管、骨骼、筋腱、牙齿和软骨的形成都十分重要。

　　除此之外，科学家还发现了血红蛋白、弹性蛋白和层黏连蛋白，这些是类似血液和骨骼细胞的组织。发现这些胶原蛋白将有助于更好地揭晓恐龙进化之谜，我们可以进一步揭开关于恐龙血液的秘密。

▲ 冷血动物一天体温变化。

▲ 温血动物一天体温变化。

□ 内部产热

现存的脊椎动物总体上可以分为两类。第一类包括两栖动物、鱼类和爬行动物，它们都是冷血动物或者变温动物。它们的体温会随着环境温度的变化而升降。另一类包括鸟类和哺乳动物，它们都是温血动物或者恒温动物。一个内在的"调温器"使它们的体温几乎保持恒定，而且通常都会比环境温度高出许多。温血动物通过分解更多的食物来获得更多的热量，而它们身体所长的羽毛、脂肪或者毛皮则是一种保温层，能够防止热量的散失。

这两种不同的系统对动物的生活方式有深远的影响，因为温度越高，身体的工作效率就越高。环境炎热时，冷血动物的体温也会很高，它们的行动就会变得迅速起来。而一旦环境冷下来，它们的行动又会变得缓慢而迟钝。在极冷的条件下，它们就根本无法动弹了。而无论外在的环境如何变化，温血动物都会一直保持温暖的状

▲ 蜥蜴是冷血动物。它们的体温在白天上升，到夜晚时再降下来。

▲ 海象是温血动物。无论白天黑夜，它们的体温都保持在35℃。

态。所以即便是在最冷的冬季，鸟类和哺乳动物也能保持活力和忙碌。其中一些动物甚至能在极地冰区生活得很舒服。

□ 包裹保温

恐龙的遗骸确实有某些线索暗示出，它们有着温血动物的生活方式。对很多古生物学家来说，最令人信服的证据就是羽毛保温层——不久前才发现的东西。第一只"羽毛恐龙"是中华龙鸟，发现于 1996 年的中国，它的骨架化石周围散落着一些羽毛细丝的碎片。2000 年，人们在又同一地区发现了原始羽毛更为清晰的例证，而这次发现的是一只驰龙科恐龙。这些中国恐龙都是不会飞的，那么这些羽毛唯一可能的功能就是用来保持体温。这两种恐龙都是小型肉食性兽脚亚目恐龙，如果它们长了羽毛，那么其他兽脚亚目恐龙也就很可能也长毛。它们并不是史前唯一能保持体温的爬行动物，一些翼龙科恐龙，如索德斯龙，好像也拥有类似于短毛毛皮结构。

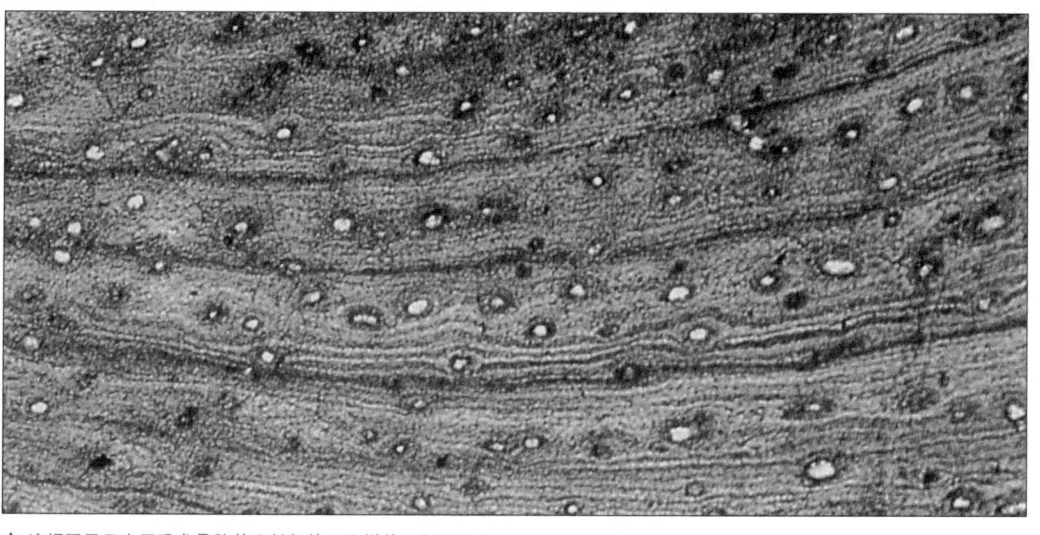

▲ 这幅图显示出了恐龙骨骼的生长年轮。这样的生长年轮通常会在冷血动物的身上找到。它们能显示出，在环境温暖、食物充足的条件下，恐龙会有突发性的生长。

另一个说明恐龙温血性的证据是它们的生活方式。与其他小型兽脚亚目恐龙一样，中华龙鸟也拥有一个相对较大的大脑，而且它的骨骼显示出，它应该是一种行动灵活迅速的猎食者。这种生活方式需要快速的反应能力，而这也恰恰是温血动物的一个特征。

□ 骨骼证据

一些专家相信，恐龙的恒温性还可以从它们的骨骼上寻找迹象。20世纪70年代，罗伯特·巴克指出，将恐龙的骨骼放在显微镜下观察，就可以发现它们有持续而快速生长的迹象。这种特征在温血动物中是很普遍的，但在冷血动物中却比

▼ 恐龙还具有纤维板状的骨骼——温血动物所具有的特征。这种骨骼生长迅速，而且在冷血动物中很少见到，当然也会有一些例外的情况。

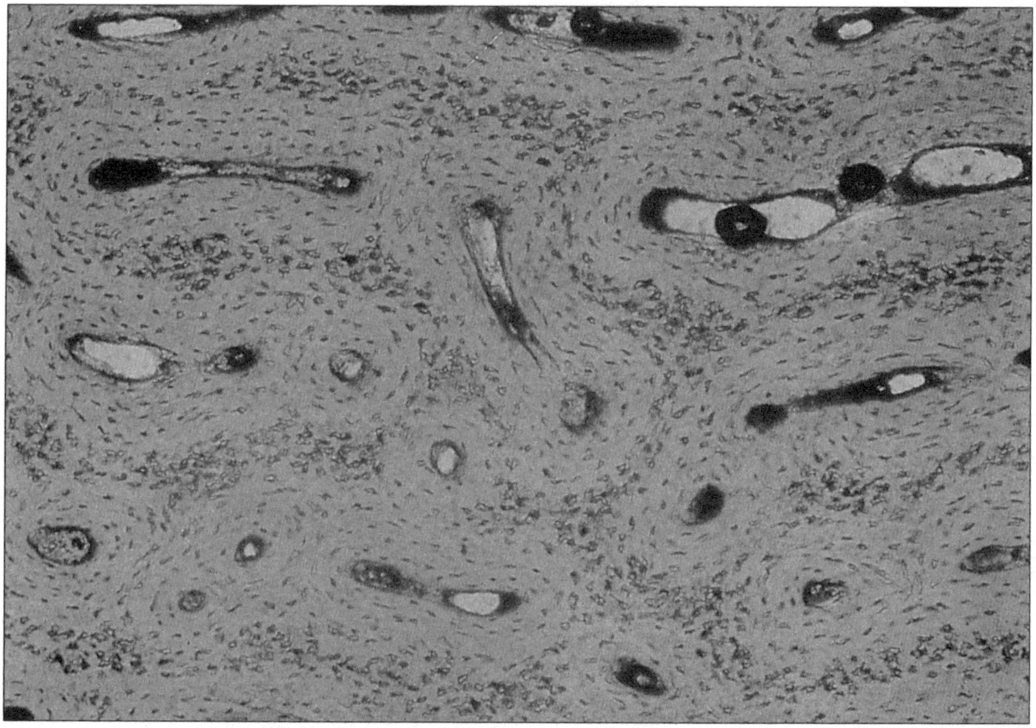

较罕见，除非它们当时有着极好的食物供应。

但很多现在的古生物学家发现，这些证据是非常可疑的。近期对于恐龙呼吸的研究更是得出了不同的结论。古生物学家利用 X 射线扫描仪来观察恐龙的鼻子，以寻找鼻腔中的鼻甲骨。在鸟类和哺乳动物中，这些骨头形成了一系列错综复杂的极薄的卷形管，能够从呼出的空气中收集热量和水分，并进行循环再利用。但如果恐龙是冷血动物，它们呼出的空气也会比较凉，里面便没什么可回收的热量，那么它们很可能也就不会有鼻甲骨了。而到目前为止，所有的研究都还未发现恐龙具有鼻甲骨。

□ 恐龙的心脏

如果恐龙是温血动物，那么它们的循环系统在进化中就会有所改进，以便能够产生更大的氧气流量。与其冷血的亲缘动物相比，它们需要更大的心脏，而且血液也得沿着"8"字形的回路流动。这种双循环系统能让高含氧量的血液进行高压高速的抽送。不幸的是，像心脏这样的软组织器官是很难形成化石的。但在 2000 年，人们在一只奇异龙（一种棱齿龙科恐龙）的化石上找到了一些像是心脏的残骸。利用医学扫描技术，研究者判定出它确实具有一个双循环系统。这意味着它确实是一种温血动物。

双循环系统

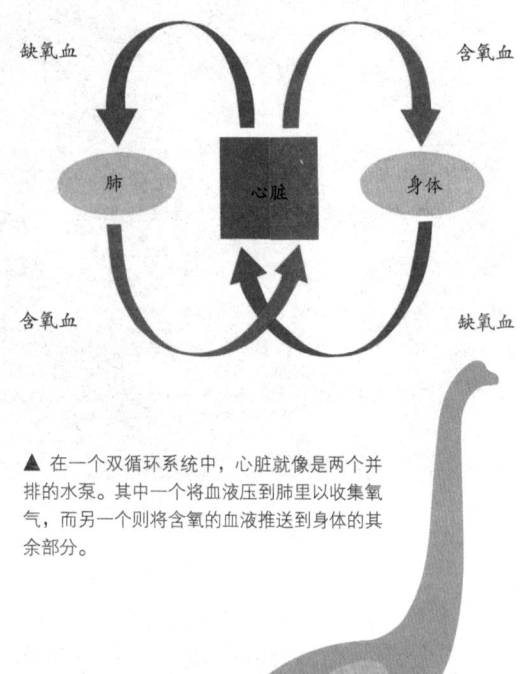

▲ 在一个双循环系统中，心脏就像是两个并排的水泵。其中一个将血液压到肺里以收集氧气，而另一个则将含氧的血液推送到身体的其余部分。

□ 食物中的能量

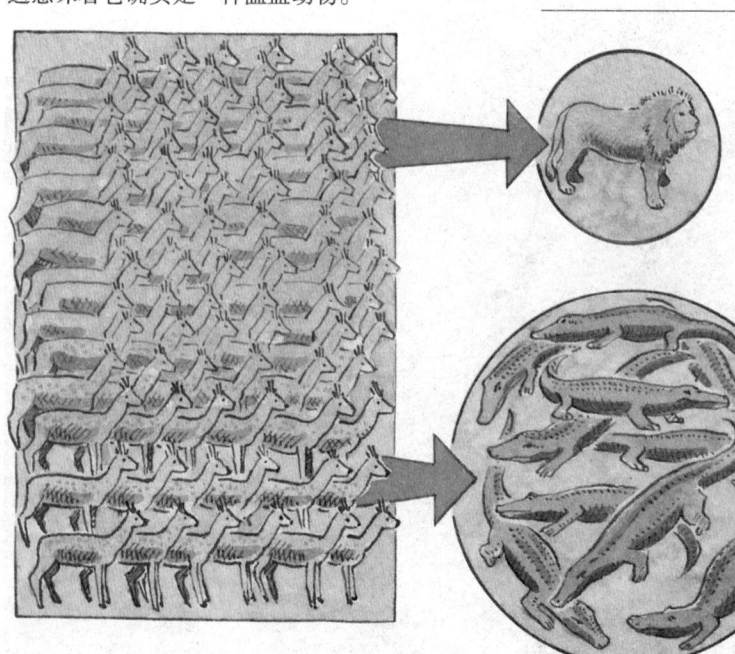

在恐龙是否是温血动物的争论中，人们继续在寻找解剖学上的线索。但古生物学家还有另一条取证方向——掠食者及其猎物的相对数量。

冷血猎食者——包括今天所有的爬行动物——只需要很少的食物就能生存下来。例如，鳄鱼的两餐可以间隔数个星期，因为它们只需要很少的能

◀ 一只温血捕食动物的食量大约是冷血动物的 10 倍。所以 100 只羚羊可以够一头狮子或者 10 只鳄鱼吃上一年。

量来维持身体的缓慢运转就行，而蛇类的两餐甚至能间隔上一年多。温血掠食者仅是维持身体运转和保持体温就需要消耗 10 倍于冷血动物的能量，也就是说，它们每千克体重需要摄入的食物量是冷血动物的 10 倍。一头狮子可以饿着几天不吃饭，但如果这种情况持续一周以上，它就有饿死的危险了。对小一点的温血动物来说，情势更加严峻，因为它们的身体热量很快就会耗光。

这种差别意味着，等量猎物可供养的冷血猎食动物的数量是温血动物的 10 倍。假设掠食者和它们的猎物以相同的速度形成化石（这可能是正确的，也可能是错误的），那么古生物学家应该只要数数化石的个数，做一些简单的数学运算，就能够判定出一只肉食性恐龙是不是温血动物了。

现在，人们还在继续进行这种史前生态学的研究。一些研究者声称找到了一个"温血"系数，但总体状况还是非常不明了。

□混合匹配

面对这些令人迷惑而又不时矛盾的证据，古生物学家们得到了很多不同的结论。一些人认为，所有的恐龙都是温血动物，而另一些人则认为，恐龙跟今天的爬行动物一样都是冷血动物。但越来越多的人相信，不同的恐龙族群有不同的

机能模式。

根据这个理论，那些高度活跃的小型掠食者，如中华龙鸟，就像鸟类一样是完全的温血动物。而一些小型的植食性恐龙，可能就会跟今天的爬行动物一样，属于冷血动物。但最大型的恐龙——尤其是蜥脚龙——则可能处在两者之间，这只是因为它们实在太大了。这些恐龙的腿上就像装着巨型的发酵罐，它们会吸收体内微生物分解食物时所放出的热量；但它们庞大的块头意味着，这种热量会比较缓慢地散失掉。所以，它们可能属于"微温动物"——一种在现存动物中无法找到的古怪情形。

免疫力强的温血动物容易吸引异性

科学家发现，免疫力越强的雄性温血动物，其分泌的性外激素对同类雌性越具吸引力。性外激素的主要成分为酯类、醇类和有机酸类物质。它通过动物腺体分泌出来，并在体外借助空气传播，能够引起同类异性较强烈的生理反应。科学家用温血动物——老鼠进行实验，发现在鼠类群体中最受雌鼠欢迎的雄鼠，其免疫力在该鼠群中是最强的。而遭到冷落的雄鼠大多健康状况欠佳。专家指出，这种情况是生物进化和自然选择的结果。免疫力越强的雄性温血动物，其分泌的性外激素越能引起雌性个体的冲动，从而容易使雌性个体成为自己的配偶。

▼ 温血动物需要摄取大量的食物，以保证它们的身体机能正常运转，并补充损失掉的热量。

恐龙的体色

人们曾经以为恐龙一律都是灰褐色的。但现在，专家们认为恐龙世界应该是色彩缤纷、令人啧啧称奇的。

化石可以透露出很多与恐龙内部结构相关的信息，但却很少有迹象能显示出恐龙的皮肤结构。这是因为皮肤跟身体的其他柔软部位一样，往往在化石形成之前就已经被分解掉了。人们偶尔也会发现一些皮肤结构的遗迹，从中可以看出，恐龙的皮肤上往往会覆有一些卵石状的小瘤或者蜥蜴鳞屑状的东西。到目前为止，人们还没有找到皮肤色素的清晰证据。少了这些资料，古生物学家就只能靠研究现有的动物，来勾画恐龙可能的样子。

□ 颜色的作用

皮肤颜色可以帮助恐龙躲避危险、吸引异性和警示敌人。许多恐龙都会伪装，它们皮肤上的图案和周围的环境相吻合。恐爪龙的皮肤颜色可能是沙黄色，就像今天的狮子，可以与周围的沙土和黄色的植物相吻合。恐爪龙的皮肤上也可能有斑纹，就像今天的老虎，这样它能够隐蔽在植被中，等待攻击猎物。

▲ 恐龙皮肤的颜色能够帮助它们警示敌人。

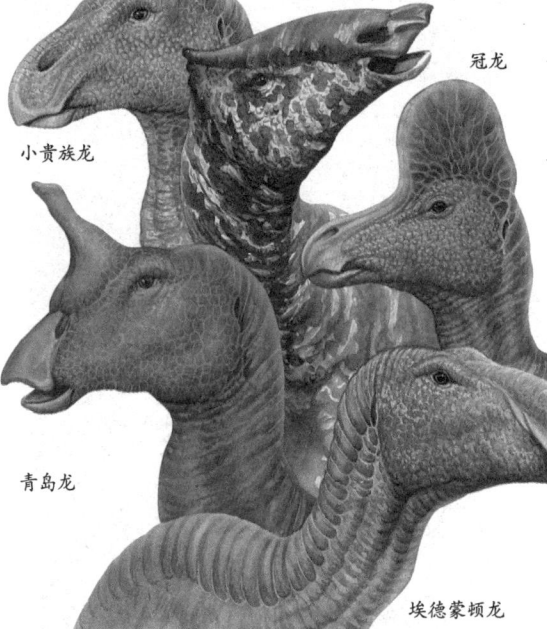

栉龙

小贵族龙

冠龙

青岛龙

埃德蒙顿龙

鸭嘴龙可能用头冠向同伴发送信号，现代的一些爬行动物也用这种方式传递信号。所以一些鸭嘴龙很有可能会分辨颜色。

□恐龙颜色的不同

雌雄恐龙的颜色极有可能不同。现代的许多雌雄成年动物，包括一些鸟类和蜥蜴类，都有不同的颜色。雄性动物可以用自己明亮华丽的颜色来吸引异性，也可以警示其他同性。雌性动物的颜色一般比较灰暗单一，这样它们在孵卵和抚养幼仔时就不容易暴露自己。人们刚开始画恐龙时，倾向于把恐

雄性

雌性

□分辨颜色

没有人能够确定恐龙是否能分辨颜色，但是我们知道有一些鸭嘴龙科的恐龙头部长有头冠、皱褶饰边和可膨胀的气囊。它们的头冠可能带有明亮的颜色，让同伴可以轻易地发现它们。

▲ 副栉龙

▼ 斑马的斑纹保护了它们。

龙都画成褐色和绿色的，但是现在人们会把恐龙画成许多不同的颜色。

□ 带有斑纹的恐龙

斑马身上的斑纹打破了它自身的轮廓，让掠食者很难把单个斑马从斑马群中分辨出来。同样的道理，那些成群生活的恐龙身上也很可能长有斑纹。

□ 隐藏

恐龙的颜色和图案，几乎完全取决于它们的生活方式。巨型的植食性动物，如腕龙和泰坦巨龙，在成年后就几乎没有什么天敌了，所以它们也就没有什么隐藏的必要。再者，如此巨大的体型想隐藏起来也是不太可能的。因此，它们的色彩可能是清晰与柔和的。人们曾以为这种色系是所有恐龙都具有的，而在今天，大象和犀牛的主色调也是这样的。

但对小一点儿的植食性恐龙来说，如鸭嘴龙，情况就非常不同了。这种动物的天敌有很多，而它们最好的防卫手段，除了逃跑外就是藏起来不被发现。所以，经过长时间的进化，它们学会了利用伪装来进行自我保护。为了了解它们的样子，生物学家们开始研究现有的爬行动物。现在的植食性爬行动物非常罕见，而且大部分都是褐色或者绿色的，如鬣蜥蜴。

以"石"为证

这块非凡的化石来自于美国的怀俄明州。它显示出，埃德蒙顿龙（一种鸭嘴龙科恐龙）的皮肤上布满了疙瘩。这块化石形成于尸体的木乃伊化。动物的皮肤在木乃伊化的过程中，会变得坚硬而能够与骨头一起形成化石。一些葬身在潮湿泥浆中的恐龙，有时候能将皮肤的纹理遗迹遗留下来。因为泥浆能够形成皮肤的一个模型，在泥浆化石化以后，皮肤的纹理也就随之保留了下来。

□ 色彩变化

现在的某些爬行动物，能够改变自身的颜色从而来改善它们所隐藏的环境，其中最著名的就是变色龙。某些恐龙也很可能会有类似的机能，因为人们从少量化石中发现，它们的皮肤结构似乎与变色龙的相同。但变色龙的色彩变化并不仅仅只是为了隐藏，有时候也以此来表达它们的情绪。与伪装色不同的是，那些暗示情绪变化的色彩往往都比较鲜艳，具有对比鲜明的条纹。作为一种交流的方式，这样的色彩变化比较不容易被忽视掉。

□ 面色潮红

肤色的变化是由靠近表皮的色素细胞控制产生的。通过改变每个细胞中的色素分布，就能控制产生不同的色系。不过恐龙还有另外一种变色方式——改变血流量。很多专家相信，剑龙采用的就是这种方式。剑龙的背上有成排的骨板延伸下来，并有迹象显示出，这些骨板和皮肤的表层都有供应充足的血液流过。剑龙可能就是利用这些骨板来暖身或者降温的，在血液的供应增加时，它们就会面色潮红了。

这种"脸红"可能会有双重功效，除了能暖身之外还是恐龙之间的一种交流方式。不难想象，两只雄性剑龙准备打架的时候，就会脸红脖子粗地彼此摩拳擦掌。

□ 性别差异

在现有的爬行动物之中，雄性和雌性之间看起来往往都比较相似，但有很多鸟类却并非如此。

而恐龙作为鸟类的祖先，它们的两性之间可能也会存在着显著的色彩差异。某些恐龙物种，如肿头龙，由于雄性和雌性的体型不一样，色彩可能也会有所不同。

恐龙体色的最新发现

2010年，科学家在中国热河生物群的鸟类和带毛恐龙中发现了两种黑色素体——真黑色素和褐黑色素。研究发现，一些恐龙（如中华龙鸟、中国鸟龙等）的纤维状"毛"状结构与鸟类羽毛同源，即同属皮肤衍生物，而不是皮肤内的纤维。这一发现支持了鸟类起源于恐龙的假说；同时，首次为复原带毛恐龙身体的颜色提供了科学根据，也是首次对热河生物群的鸟类的羽毛颜色复原提供了证据。

▼ 下图是三只经过复原的副栉龙——一种鸭嘴龙科恐龙，它们展示出了人们想象出来的恐龙色系。副栉龙即便能够长到10米长，也依然会是暴龙科恐龙所向往的美餐。因此伪装色就成了它们有效躲避攻击的第一步。在现有的爬行动物中，图中所示的绿褐相间色是比较典型的色系。

恐龙的交流

动物没有语言，但是它们有自己的交流方式。它们用声音、气味、触摸和彼此间的信号向同伴传达自己的意思。恐龙应该也用同样的方式彼此传递信息。

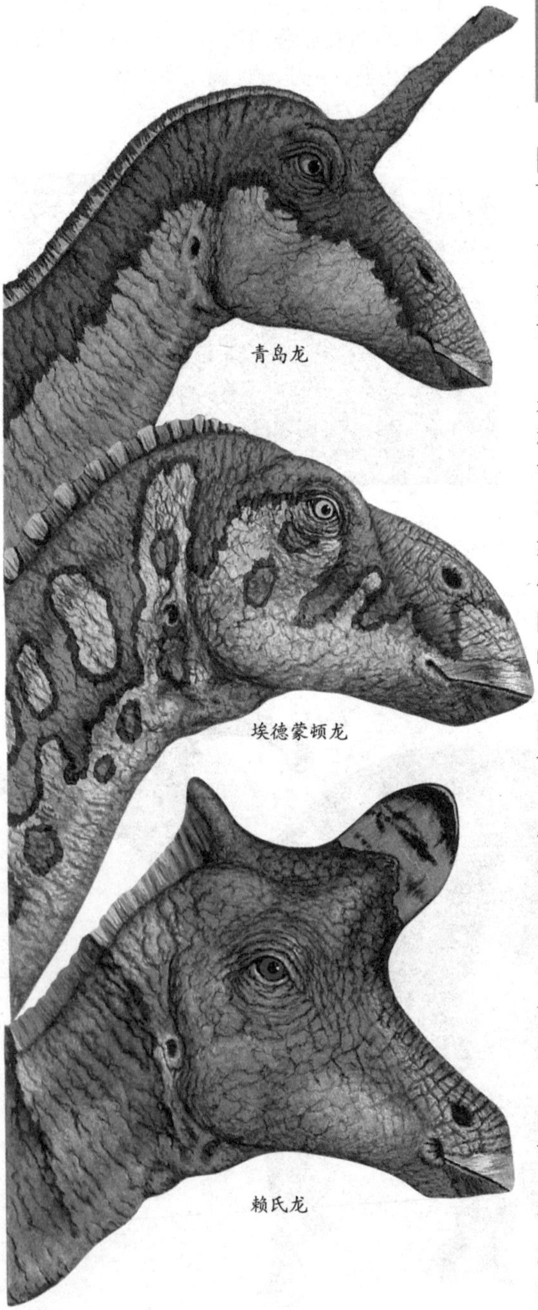

恐龙的鼻子怎样发声？

鸭嘴龙科中的副栉龙和赖氏龙头顶都长有空的冠腔。空气从它们的鼻孔进入，经过冠腔，再到达咽喉，所以当它们呼吸的时候会发出鸣响。不同的冠顶会产生不同的声音。

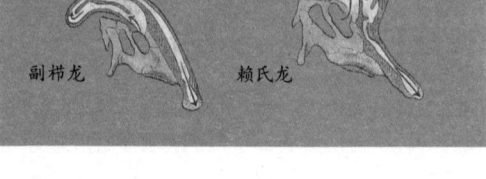

副栉龙   赖氏龙

□ 恐龙之声

今天的爬行动物大部分都是沉寂无声的，而恐龙彼此之间却能以咕噜声和吼叫声进行交流，数千米以外都能听得到。可证明这一观点的证据，大部分都来自于恐龙的颅骨化石。

动物的声音主要用来保持彼此间的联系，并避开它们的竞争者和敌人。对恐龙——尤其是群居的植食性恐龙来说，这种交流是让它们生存下去的重要法宝。动物在进食时，会定期地发出召唤声，便于整个群体聚在一起。而当有捕食者靠近时，它们便会发出更大声的警戒呼叫，让群体中的其他成员得知，它们随时都有被攻击的危险。对整个恐龙族群来说，雄性的长距离求偶呼唤，会让它们受到异性的青睐。

□ 恐龙的发声器官

恐龙的耳朵结构很复杂，善于辨别声音，所以它们可能会用许多不同的声音来传递信号。跟今天的爬行动物相似，恐龙会发出嘶嘶声或哼哼声，而大型恐龙则会发出咆哮声。极少数特殊的恐龙，像鸭嘴龙科的恐龙，会通过它们的触角、头冠和膨胀的鼻孔发出独特的声音。科学家认为这可能跟它们的头颅构造有关，不同结构的头颅能让恐龙发出不同的声音。

□ 声音的作用

恐龙在遇到危险时会发出声音警告敌人，也可以利用声音与同伴进行交流。副栉龙在遇到危险时会不断嘶叫，警示敌人。鸭嘴龙科的埃德蒙顿龙会通过鼻子顶部的一个气囊发出巨大的咆

青岛龙

埃德蒙顿龙

赖氏龙

▲ 许多恐龙都有舌头，同今天的大多数动物一样，恐龙可能也会辨味闻味。爬行动物中的蛇用它叉形的舌头"品尝"空气，来寻找猎物的踪迹。但是至今还没有足够的证据证明恐龙的舌头也有这种功能。

▲ 腕龙也许用舌头"品尝"食物。

哮声，来挑衅竞争对手。小恐龙一般会发出尖叫声来吸引成年恐龙的注意。

□ 远方的回音

动物发出声音的方式有两种：身体各部位相互摩擦发出声音，或者呼吸时利用声带产生空气振动而发出声音。很可能大部分恐龙都拥有声带，但却都没能在它们的化石中留下痕迹。

恐龙身上其他的柔软部位，如面颊和嘴唇，可对产生的声音进行修正，但在化石中却并没有找到这样的迹象。从恐龙的骨架化石上来看，颅骨中确实有气腔，并显示出了气管的长度。与管乐器一样，恐龙颅骨中的气腔越大，发出的声音就越深沉。

如果恐龙真的能够发出声音，那么最小的恐龙物种，如跳龙，很可能就会发出高频率的定音管之音，如同空山鸟语一样。而巨大的蜥脚龙则会发出超低频率的声音，低到人类的耳朵都无法分辨出来。每一个物种都有自己的呼叫模式，而同一物种的不同个体也会有其与众不同的"声音"。

□ 呼叫声的研究

声音专家对鸭嘴龙科的恐龙情有独钟，因为从它们的冠饰结构来看，冠饰的进化有可能是

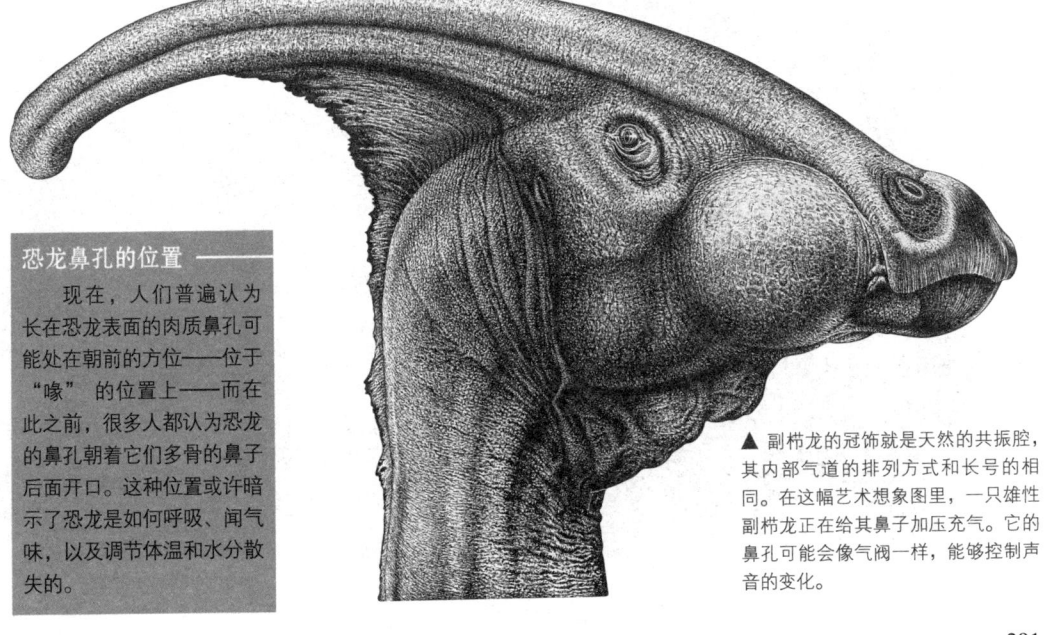

恐龙鼻孔的位置

现在，人们普遍认为长在恐龙表面的肉质鼻孔可能处在朝前的方位——位于"喙"的位置上——而在此之前，很多人都认为恐龙的鼻孔朝着它们多骨的鼻子后面开口。这种位置或许暗示了恐龙是如何呼吸、闻气味，以及调节体温和水分散失的。

▲ 副栉龙的冠饰就是天然的共振腔，其内部气道的排列方式和长号的相同。在这幅艺术想象图里，一只雄性副栉龙正在给其鼻子加压充气。它的鼻孔可能会像气阀一样，能够控制声音的变化。

为了产生声音。冠饰内部有延伸着的鼻管，连接着恐龙的鼻子和肺。在副栉龙中，鼻管本身是迂回对折的，这一特征与苍鹭蜷曲的气道相类似。

1997年，一群美国的科学家利用医学扫描仪来研究副栉龙的颅骨，以确定气道的精确形状。这些保存下来的气道已经变成了坚固的岩石，它们能够形成恐龙所能发出的声音。经过测试，颅骨发出了阵阵低沉的隆隆声，这便是6500万年后，地球听到的恐龙的第一声"呼唤"。

□ 炫耀自己

科学家们认为，在交配季节，雄性恐龙会向雌性恐龙炫耀自己。就像孔雀炫耀自己的羽毛一样，雄性恐龙也会展示自己的头冠、脊骨和脖子上的褶皱，来吸引异性恐龙的注意，同时也在警告自己的竞争对手。

□ 恐龙的嗅觉

从恐龙的脑化石中，科学家发现恐龙的鼻孔已经得到了充分进化，所以恐龙的嗅觉应该很灵敏。灵敏的嗅觉可以帮助恐龙寻找食物，

▼ 副栉龙群

也可以让恐龙根据同伴身上散发出的气味来寻找它们。腕龙在头顶长有很长的鼻孔，科学家推测原因可能是为了让它们在吃水生植物的同时可以进行呼吸。

□ 恐龙的味觉

许多恐龙都有舌头，同今天的大多数动物一样，恐龙可能也会辨味闻味。爬行动物中的蛇用它叉形的舌头"品尝"空气，来寻找猎物的踪迹。但是至今还没有足够的证据证明恐龙的舌头也有这种功能。

恐龙的视力怎样？

现存的植食性动物的眼睛长在头部两侧，双眼距离很大，这类动物的视野很广阔，可及时发现前面、侧面甚至身后面的敌人；肉食性动物的双眼距离较近，且长在头部的前面，视野有一部分重叠，看物体立体感强，判断目标的距离准确迅速，利于捕食猎物。

科学家据此推断，认为鸭嘴龙的视力相当好，它们可能有一双很大的眼睛，眼睛周围有一圈能活动的骨质的巩膜板，其作用如同照相机的光圈，眼的位置又很靠后，以便及时发现和躲避霸王龙。蜥脚亚目恐龙的视力比鸭嘴龙要差一些。剑龙和甲龙的视力更差，可能是恐龙家族的"近视眼"。而肉食性恐龙，如永川龙、暴龙则具有敏锐的视力。

恐龙的攻击和抵御

对植食性恐龙来说，抵抗袭击要远比逃跑来得危险。在一个到处都是肉食性恐龙的世界里，它们要尽可能地进化出最好的防御系统。

很难想象，如果有一只六七吨重的饥肠辘辘的肉食性动物正在向我们迫近，那会是怎样的一种感觉。通常情况下，大部分植食性恐龙都会时刻保持警惕并随时准备逃走，竭尽全力避免这样的事情发生。但装甲恐龙却有着不一样的本能，它们进化出的防护手段是坚守阵地。它们的身体构造能承受直接的攻击，但为了提高生还的几率，它们中有很多动物都会设法首先发起攻击。

肉食恐龙是天生的猎杀者，它们用自己的尖牙利爪攻击猎物。植食性恐龙通过各种方式进行防御，保护自己：有的群居，有的依靠速度逃跑，也有的身上长有硬甲或头上长有尖角。

以"石"为证

恐龙的"防卫设备"并非总是看起来的那样。剑龙的背上长有一排骨板，曾被认为是用来抵挡袭击的防护甲。然而，仔细研究这些骨板化石（如图所示）就会发现，它们的构成骨骼相当软。所以它们并不是一种防卫结构，而更有可能是用来控制体温的。

□颌骨和爪子

与肉食性的兽脚亚目恐龙不一样，大部分植食性恐龙的牙齿都没有多少杀伤力。这要么是因为它们的牙齿本来就不多，要么是因为牙齿的形状更适合收集和碾碎植物，而不是撕裂动物的肌肉。一些装甲物种拥有无牙的喙，具有很强的咬合力，但颌骨在植食性动物的自卫中，几乎

▼ 这只包头龙蜷缩着身子来保护自己的腹部，并用尾骨棒猛烈地攻击那只霸王龙。要使防卫真正有效，就必须进行精确的攻击。但这并非易事，因为在反击时，动物不得不朝向另一个方向。

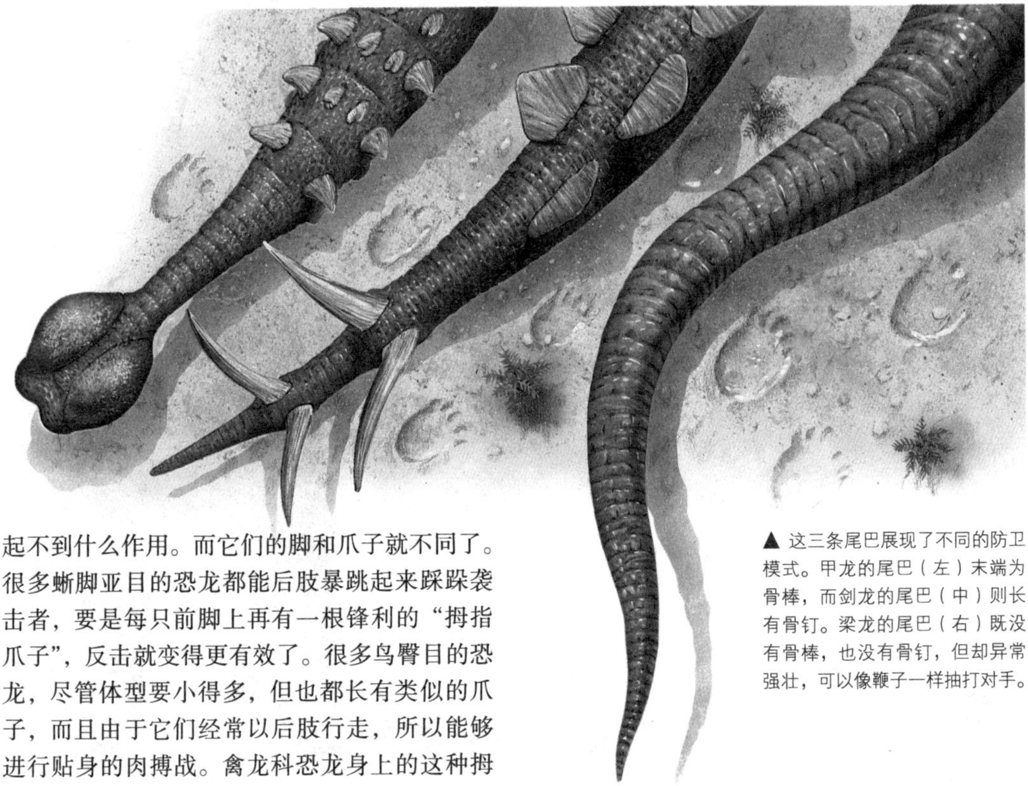

起不到什么作用。而它们的脚和爪子就不同了。很多蜥脚亚目的恐龙都能后肢暴跳起来踩踹袭击者，要是每只前脚上再有一根锋利的"拇指爪子"，反击就变得更有效了。很多鸟臀目的恐龙，尽管体型要小得多，但也都长有类似的爪子，而且由于它们经常以后肢行走，所以能够进行贴身的肉搏战。禽龙科恐龙身上的这种拇指爪子尤其大。

□鞭子与棍棒

然而对某些植食性的恐龙来说，让掠食者不得不小心的是它们的尾巴。一只成年梁龙的尾巴长 10 米，它的力度和灵活度足以同利用钢绞线加固的橡胶轮胎媲美。这样的尾巴只要一受到

▲ 这三条尾巴展现了不同的防卫模式。甲龙的尾巴（左）末端为骨棒，而剑龙的尾巴（中）则长有骨钉。梁龙的尾巴（右）既没有骨棒，也没有骨钉，但却异常强壮，可以像鞭子一样抽打对手。

突然轻击，末端就能达到超音速，并会像鞭子一样将敌人的身体缠绕起来。如果还能够瞄准猎食者的眼睛或者腿部给以准确的打击，掠食者就会产生暂时性失明，或者一个趔趄倒在地上。

▼ 这组剑龙化石来自美国怀俄明州的莫里逊岩层，展现出了防护骨板的样子。这些骨板真正的功用可能是非常不同的。

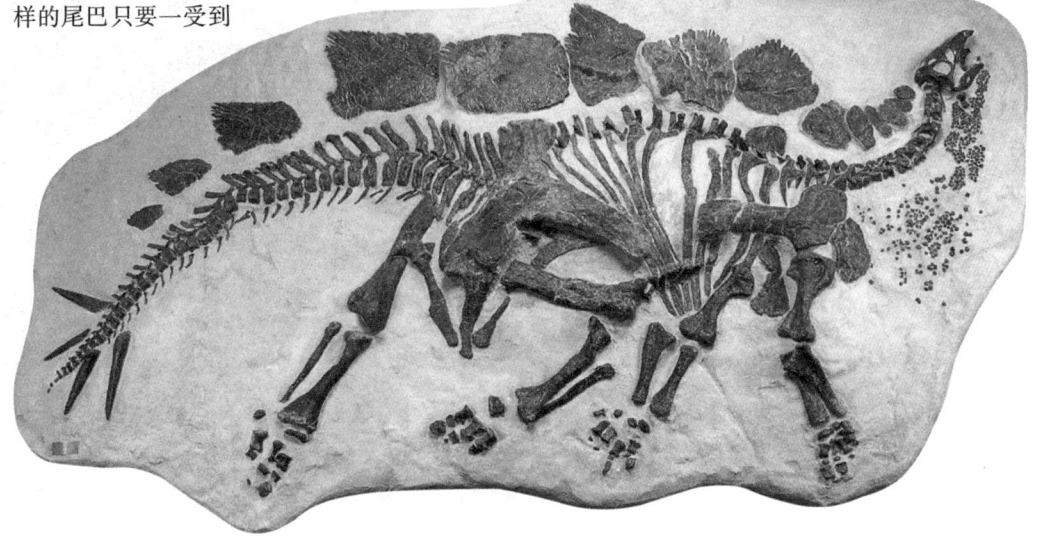

有一些蜥脚亚目的恐龙，如蜀龙，由于末端的骨骼粗大，它们的尾巴看起来就像棍棒一样。甲龙亚目就是运用这种防卫手段的典型物种。它们的尾巴在恐龙中不算是长的，但却很重。包头龙是最大的恐龙物种之一，它的尾巴甩动时的速度能达到 50 千米 / 小时，而尾巴的末端还能进行 180 度的大旋转，由此产生的冲力足够粉碎对方的颅骨。

□ 棘突和犄角

反击敌人的方式除了棒打外还有戳刺。剑龙亚目和结节龙科的恐龙采用的便是后者。剑龙亚目的棘突长在尾巴上，而结节龙科的则长在双肩上。要将真正的武器与装饰结构区分开来有时候是很困难的，但通常来说，向一侧倾斜的棘突都会被真正用到实战中去，而竖直的棘突则很有可能只是用来炫耀的。

角龙亚目的恐龙——包括三角龙和它的亲缘动物——经常会拥有巨型的头盾，以及从口鼻部和额头处突出来的犄角。这些结构可能部分是为了给对手留下深刻的印象，部分是为了自卫。

蜥脚亚目恐龙

剑龙

□ 防护骨板

如果装甲恐龙所有的反抗都失败了，而掠食者又步步紧逼的话，它们就会依靠自身的防护骨板来扭转局面。这些骨板由扁平的或者突起的骨瘤组成，是从皮肤上长出来的，而并没有直接连接到骨架上。这种骨骼被称为膜质骨板，甲龙亚

三角龙

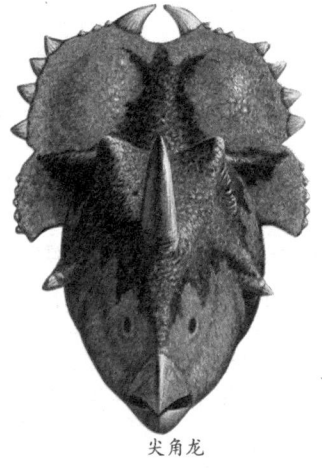

尖角龙

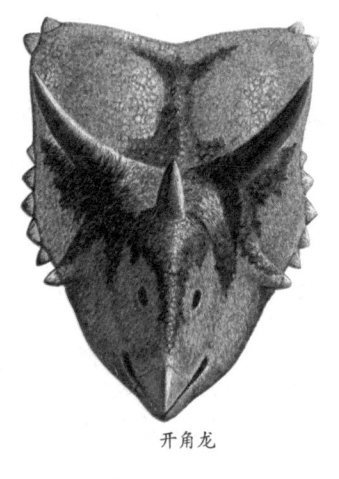

开角龙

目的尾骨棒就是由此形成的。有趣的是，膜质骨板在脊椎动物的世界中是最古老的自卫方式之一，可以上溯到4亿年前的第一种装甲鱼类。不幸的是，在动物死后，它们的膜质骨板及上面的棘突就会四处散落。所以人们很难确定这些骨板在动物身上是怎样排列的。但它们通常都会被小片的皮肤分离开，以便使装甲层可以进行弯曲。很多装甲恐龙都具有防护良好的背部，但腹部却相当脆弱，这对它们的敌人来说是一有机会就会抓住不放的弱点。

□ 强壮的颈部

一直以来，人们认为暴龙是恐龙世界中最大、最凶残的掠食者。其锋利的下颚牙齿可对猎物实施可怕的撕咬。但最新研究显示，暴龙真正的力量并不是颚部，而是来自颈部。

2007年，美国艾伯塔大学古生物学家埃里克-斯奈维利和卡尔加里大学安东尼-罗塞尔建立了一个暴龙的数字模型，以此研究暴龙颈部的移动和肌肉力量。

研究发现，暴龙颈部肌肉十分强壮，能够快速摆动头部击向猎物。它们甚至能够将猎物的肉体抛向半空，然后落入颚部直接吞食，这种奇特的进食方式能够

让颚部肌肉缓解疲劳。据科学家测量，暴龙能够将50千克的猎物尸体抛到5米高的半空中。在自然界类似的进食方式被称为"惯性进食"，一些鸟类和鳄鱼也存在该现象。

□ 能将尸肉剥离的牙齿

科学家在中国戈壁挖掘发现一个接近完整的大型鸭嘴龙骨骼，在骨骼上残留着暴龙的东方远亲"特暴龙"的咀嚼痕迹。研究发现，这具鸭嘴龙的突出肢体骨骼被特暴龙咀嚼。这一发现说明特暴龙能够将鸭嘴龙肢体上的残留尸肉剥离，最终在骨骼上留下一系列的咬痕。

□ 用头攻击

雄性肿头龙的头顶皮肤很厚，为了获得异性，它们要互相撞击决出胜负，就像今天的野羊一样。

雄性肿头龙

武器与装饰

在恐龙的世界中，有些进化出来的身体结构，如犄角和棘突，既是为了抵挡来犯的掠食者，也是为了向竞争者炫耀。

乍看之下，三角龙的巨型犄角好像只有一个功用——使肉食性恐龙无法近身。而且它们的头盾以及很多恐龙都具有的脊突、肿块和凸起结构似乎也都是如此。但经过对现存生物的研究发现，这样的结构并非总是很像它们看起来的那样。在现代哺乳动物中，雄性动物的犄角和叉角不仅仅用于自卫，也常常是它们身份的标志。

□ 性选择

在生命界中，动物之所以会进化，是因为更适合生存的个体会拥有更多的后代，这些后代继承了祖先的特征。这个过程叫作自然选择。但在很多物种中，还有另一种有效的选择方式，称为性选择，也就是雌性决定其配偶的过程。设想在某个鸟类种群中，雄性具有红色的尾巴。如果雌性发现红色的尾巴更具有吸引力，那么尾巴最大最红的雄性就最有机会进行交配，它们的后代也就会更多一些。而具有大型红色尾巴的雄性所占的比例便会随之慢慢增加。雄性的尾巴因此而变得越来越大也越来越红，与配偶的差别也就越来越大。

只要是能给雌性留下深刻印象的一些特征，无论是色彩鲜明的羽毛、大型的犄角，还是能将对手推挤出去的力量和技巧，都会经历尾巴的这种进化过程。随着时间的流逝，性选择有助于放大所有这些特征。

性选择是古生物学家在研究恐龙装甲和武器时所必须考虑到的因素。例如，三角龙及其亲缘动物的复杂头盾，开始时它们几乎肯定只是一种简单的防卫结构。但过了几百万年之后，雄性的头盾变得大得夸张而又高度复杂。不同恐龙物种的头盾之间也具有很大的差异。对研究动物进化的专家来说，这说明性选择在其中起到了作用。随着这些动物的进化，它们的头盾也逐渐由装甲进化成装饰，以赢得异性的青睐。

有时候，这些装饰仅仅是为了炫耀，以便使它们的主人看起来更突出也更完美。例如，

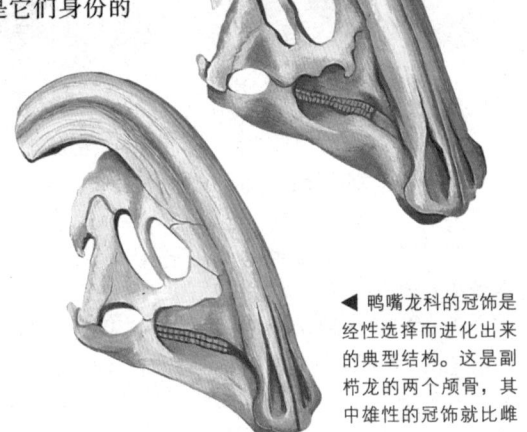

◀ 鸭嘴龙科的冠饰是经性选择而进化出来的典型结构。这是副栉龙的两个颅骨，其中雄性的冠饰就比雌性的大。

鸭嘴龙的冠饰就很可能是这样的。但某些骸骨化石显示出，在角龙亚目中，雄性的头盾和犄角会被用到与同性对手进行仪式格斗中去。

□ 纠缠打斗

在繁殖季节的初期，三角龙及其亲缘动物很可能与今天的草原动物一样，它们中的雄性也是

▲ 犀牛使用犄角的方式与恐龙相同。由于它们的犄角互锁在一起，这些雄性动物不太可能会伤到对方，但其中一方还是会向另一方屈服。

通过彼此间的对打来获得交配的权力。这种打斗的主要特征之一就是，它们实际上远没有看起来那么危险。两个竞争对手在开打之前会摆好架势来威胁对方，但在它们要进行碰撞的时候就变得马虎起来，以免给对方造成太大的损伤。与今天的水牛、羚羊一样，角龙亚目恐龙的颅骨前方也有巨大的气腔。在恐龙迎头相撞时，这一结构有利于缓和由此产生的冲击，并保护它们的大脑免受伤害。

　　然而有时候受伤是在所难免的。很多三角龙的颅骨表面都有一些较浅的缺口，这些痛苦的磕伤证据正是被对手的犄角击中要害后留下的。

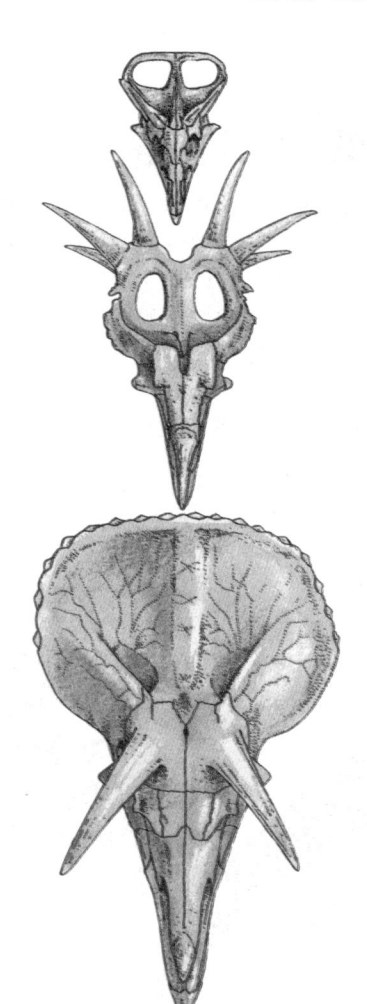

□走向极致

　　性选择中一个有趣的现象是，一些身体结构会进化得过大而几乎成为一种障碍。恐龙及一些其他史前动物都显示出了这样的缺陷特征。例如，三角龙的头盾，就是一种极巨大而又极沉重的"诱惑"，它的生长需要消耗大量的能量，而带着它到处走则需要更多的能量。在一个较小程度上，肿头龙的厚重脑壳也可以归为此类。但在具有累赘结构的动物中，最典型的例子之一是爱尔兰麋——一种生活在更新世的史前鹿类。雄性的鹿角有 3 米多宽，接近 50 千克重。这样巨大的鹿角太过笨重，根本无法用作武器，但令人惊讶的是——像今天的鹿类一样——它们每年都会脱落再重新生长出来。

▼ 在三角龙中，头盾和犄角是雄性动物在对抗时用于炫耀的身份象征。然而当要抵御掠食者的时候，它们又会成为有效的防卫武器。图中，一只成熟的雄性三角龙正在赶一只霸王龙。

▲ 在上边三幅图中，角龙亚目的头盾从开始的相对适度——如原角龙（上）所示——变得越来越复杂；戟龙（中）的壳皱上带刺边且有洞，但三角龙（下）的壳皱却是实心的，非常沉重。

恐龙的速度

禽龙

巨齿龙

恐龙的形状、大小和移动速度取决于它们的生活方式。掠食者为了追捕猎物，移动速度必须很快。它们有强有力的下肢，用尾巴来保持平衡。大型的植食性恐龙只能缓慢移动，它们不需要去追捕食物，庞大的身体用来保护自己。

测定恐龙的移动速度

科学家根据恐龙腿的长度和脚印间的距离来衡量恐龙的移动速度。恐龙脚印间的距离越大，它的移动速度就越快。相反，如果脚印间的距离很小，那它的移动速度就很缓慢。

▲ 测量恐龙的移动速度。

恐龙的足迹所示

恐龙的脚印化石可以告诉我们它是如何移动的。禽龙四条腿行走，但是可以用下肢奔跑。巨齿龙巨大的三趾脚印告诉我们它是一种肉食恐龙，总是用下肢移动。

▼ 似鸵龙来去如风。

暴龙

迷惑龙

棱齿龙

三角龙

□ 速度最快的恐龙

鸵鸟大小的似鸵龙是移动速度最快的恐龙之一。它没有硬甲和尖角来保护自己，只能依靠速度逃跑。它的速度比赛马还快，每小时可以奔跑50多千米。

□ 恐龙的移动速度

跟今天的动物一样，恐龙在不同时候的移动速度不同。暴龙每小时可以行走16千米，但是当它攻击猎物时移动速度会很快。

棱齿龙是移动速度最快的恐龙之一，它在逃跑时速度可以达到50千米/小时。

迷惑龙有40吨重，它每小时可以行走10~16千米。如果它尝试着跑起来，那么它的腿会被折断。

三角龙的重量是5头犀牛的总和，它也能以超过25千米/小时的速度像犀牛那样冲撞。很少有掠食者敢去攻击它。

□ 移动速度最慢的恐龙

像腕龙这样庞大的蜥脚亚目恐龙是移动速度最慢的恐龙。它们的体重超过50吨，根本无法奔跑，每小时只能行走10千米。跟小型恐龙不一样，这些庞大的动物从来不会用下肢跳跃。

▲ 腕龙的移动速度最慢。

恐龙的食物消化

为了获得足以维持自身生存的营养和能量，庞大的蜥脚亚目恐龙必须吃掉大量的植物。现代动物中与之最相近的当属大象，它们为了生存，每天要吃掉大约 185 千克植物，比自身体重的 30% 还要多。按这个比例，一只重达 30 吨的腕龙每天要咀嚼大约 1 吨植物。而这个进食过程要通过一个不足 75 厘米长的头来完成，和马的头差不多大。它的牙齿基本上是不咀嚼的。

□ 胃石

科学家们认为，蜥脚亚目恐龙的脑袋和牙齿如此之小，为了适应在地面或低处寻找食物，进化出了长脖子，以免踩烂食物。它们还可以利用长脖子吃到高大树木的叶子，而其他动物则吃不到。

然而，假如蜥脚亚目恐龙的一生就是在食用树木顶端的枝条，那么这样大量的食物是怎样被消化的呢？尤其是它们连用于咀嚼的牙齿都没

▲ 现代鸟类长有砂囊，即胃部的一块肌肉组织。砂囊里的小石头和沙砾在食物到达肠道之前将其磨碎。人们发现蜥脚亚目恐龙和鹦鹉嘴龙的胃石靠近其肋骨或有时候就位于肋骨的内部。

有。答案在蜥脚亚目恐龙化石发现地被偶然发现的圆滑小卵石中找到了。这些卵石（称作"胃石"）被磨得十分光滑，是由周围不同种类的岩石打磨而成。人们在蜥脚亚目恐龙的胃里发现了这些石头，它们是蜥脚亚目恐龙必要的消化工具。

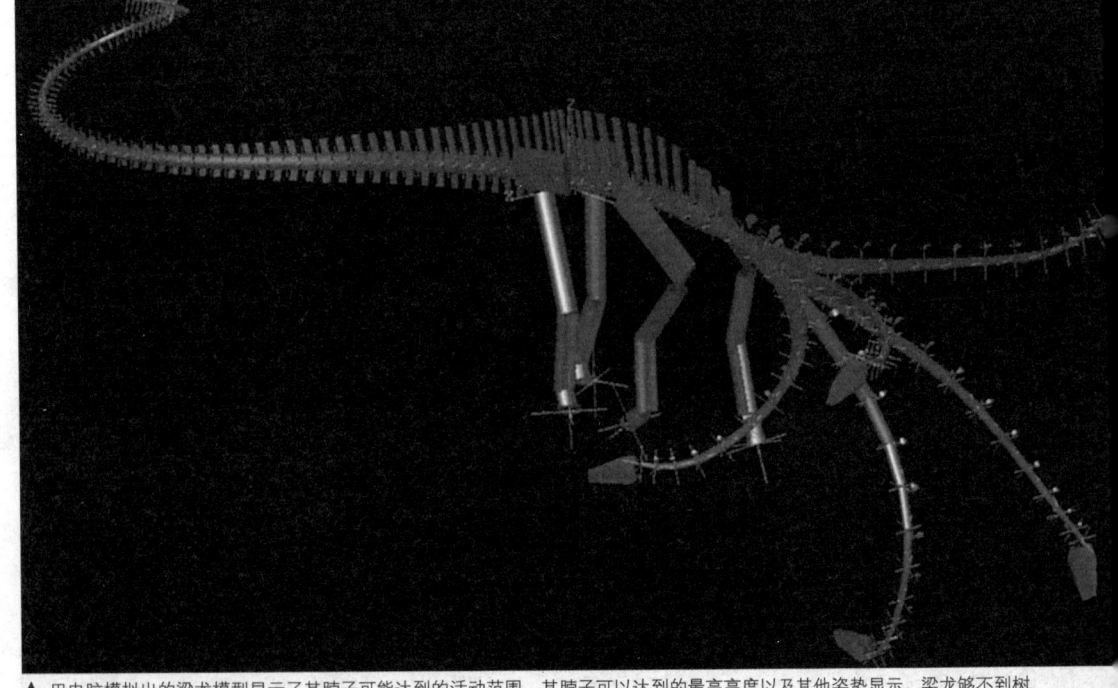

▲ 用电脑模拟出的梁龙模型显示了其脖子可能达到的活动范围。其脖子可以达到的最高高度以及其他姿势显示，梁龙够不到树顶，只能以低处或地面的植物为食。

▲ 植食性恐龙的牙齿排化石。牙齿排类似于一把锉刀的表面，能将最粗糙的植物磨碎。

□ 切和磨

对于那些没有胃石的植食性恐龙来说，牙齿和颚是在食物进入消化系统前将其磨碎的工具。这一点和现代的植食性类哺乳动物一样。所有这类恐龙都长有擅长磨碎食物和咀嚼食物的牙齿。

腕龙、埃德蒙顿龙和原角龙分别代表了植食性恐龙的 3 种抢占食物的有效战略——特殊的接近方法、特殊的消化过程以及特有的选择。我们常常根据嘴巴的形状来初步判断一只恐龙究竟采取的是哪种战略。

□ 致命的齿和颚

我们不可能仅仅依靠现有的证据来推测大大小小的肉食恐龙分别擅长何种消化方式。详细的解剖学特征，尤其是它们的牙齿，让我们推测猎物是怎样被吃掉及被抓住的。肉食者的牙齿大都向内弯曲，刀刃一样的牙齿前后边缘生有突起，可以迅速将肉切开。

▼ 咀嚼的动作。这张脸部正面图展示了埃德蒙顿龙的咀嚼过程。

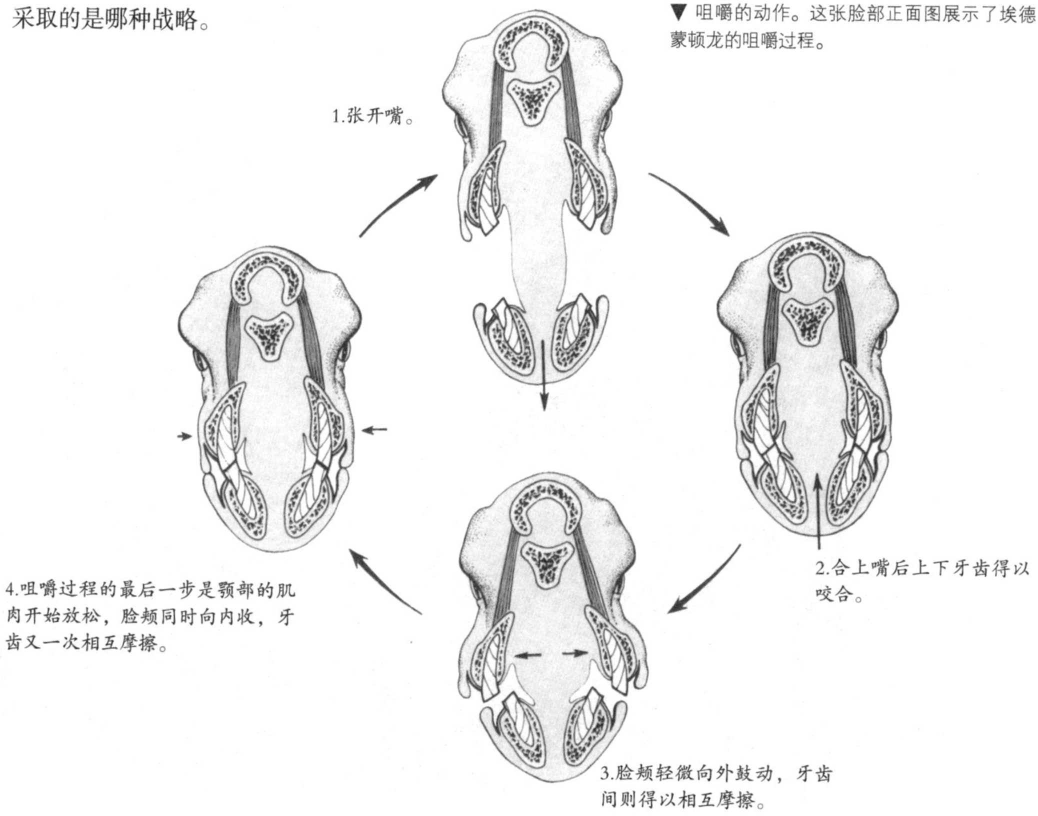

1.张开嘴。

2.合上嘴后上下牙齿得以咬合。

3.脸颊轻微向外鼓动，牙齿间则得以相互摩擦。

4.咀嚼过程的最后一步是颚部的肌肉开始放松，脸颊同时向内收，牙齿又一次相互摩擦。

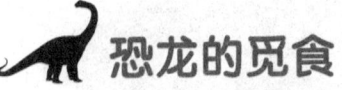

恐龙的觅食

恐龙或者单独或者集体觅食，这在很大程度上取决于它们的种类和体形。大型猎食者一般会单独行动，以期获得足够的食物。而小型恐龙大多是集体觅食，靠互相协作获得食物。

□ 猎食者中的独行侠

除了极少的例子之外，我们发现的大型恐龙的骨架都是分散的，这与许多埋着成群植食性动物的"大坟场"形成了鲜明的对比。这说明，至少有一些大型恐龙是单独行动的。这是一个很好的生存逻辑，因为与另一个大胃口的家伙分享猎场，减少自己的食物供给是没有道理的。肉食恐龙在一同捕猎中将得不到任何好处，因为它们的体形要比许多可能成为它们的猎物的动物大得多，因此并不需要帮助。

对于单独的猎食者来说，最好的捕猎场所是森林或浓密的矮树林，因为这给它提供了足够的突袭机会。在平原上，它一靠近就一定会被猎物发现。

▼ 单独猎食的暴龙不需要和别人分享猎物。它必须足够强壮才能制伏它的猎物，并不让其他食腐者接近尸体。

在一些地区发现了数量多得惊人的大小肉食恐龙行走过的痕迹。这些地方可能是最受欢迎的捕猎地点，可能是位于河流或者湖泊沿岸。在那里，猎食者经常能捡到冲到岸边的腐肉或在植食性者来喝水时袭击它们。

□ 集体行动的猎食者

我们有充分的理由相信，小一些的肉食恐龙是成群生活和猎食的。协作猎食是今天许多动物采取的方法，只不过协作的程度有所不同。蚂蚁组成的泱泱大军能够集中攻击一只黄蜂的巢穴，并迅速地将其毁掉。这肯定是互相协作的行为，虽然它要求的互动程度很低。更复杂的协作捕猎的例子有鹈鹕一起捕鱼。而狮子则有一套复杂的包围和观望猎物的技巧，需要好几只狮子组成一个高度合作的队伍来行动。

▲ 交错在一起的脚印证明一些植食性恐龙组成庞大的族群一起生活和行动。这幅图描绘的是一群尖角龙围成一圈，来进行防御。

协作猎食的优势很明显：与单独猎食相比，合作能抓到更多更大的猎物。有些集体猎食的动物可以放倒和它们的体重总和一样的猎物。劣势则是它们必须分享猎物，但是这一点并不是非常重要的。

在一群猎食者一起享用一具尸体的情况下，尸肉很少会腐烂掉，造成浪费。由于它们很快就把猎物吃完了，因此不需要提防其他食腐者会在接下来的几个小时或者几天内来抢夺它们的食物。

现代非洲鬣狗向我们展示了这种集体猎食的方式多么有效。集体猎食所需的沟通程度经常意味着这群猎食者复杂的群体互动。每一次打猎前，高度仪式化的声音和行动将非洲鬣狗群联系在一起，强化了它们的群体秩序并送它们上路。至于那些无法参与行动的小狗以及老弱病残的成员，鬣狗则会和它们一同分享猎杀的战利品。能够参与追捕的小狗则允许在成年鬣狗吃完尸体前尽情地吃个够。

恐爪龙的群体生活是一个十分棘手的研究个案，我们有足够的证据证明它们是集体狩猎者。我们有理由通过它们其他的集体生活的形式，包括交配、哺育后代、迁徙、运动和攻击猎物来推断它们是合作捕猎的。

▼ 一只单独的腱龙十分不明智地和自己的族群走散了，遭到了三只恐爪龙的攻击。

恐龙的粪便

恐龙通常都有很好的食欲，并产生巨量的粪便。一些粪便因为形成了化石而保留了下来，使得古生物学家能够直接观察到恐龙的食物。

恐龙粪化石的数量要远远少于骨化石。一个原因是，粪化石的形状都不规则。也就是说，即便专家们见到了也很难将其辨认出来。另一个原因则是，粪便要比骨头柔软很多，被保存下来的几率也就小了很多。雨水会将它们冲走，而食腐动物——如昆虫——也常常会把它们给分解掉。在恐龙粪便落地几百万年之后，只有偶尔才能找到一些真正的粪化石。

▲ 粪化石通常都很难鉴定。右边那块粪化石是属于恐龙的，而左边那块则可能是由一种海生爬行动物产生的。

□一场捕杀后的残存物

1995 年在加拿大的萨斯喀彻温省，一群工作的科学家正在一个曾出土过霸王龙化石的遗址内散步。队伍中的一个人注意到，一些苍白的圆形物体正从硬泥层上慢慢腐蚀下来。这些东西来自于一块巨大的恐龙粪化石——人们迄今为止找到的最大的粪化石。这块粪化石大体呈圆柱形，长约 45 厘米，直径可达 16 厘米，刚出土时大约重 25 千克。

科学家们把这块化石带回了实验室，并从上面削下来了一些极薄的薄片放在显微镜下观察。他们在里面发现了一些断骨碎片，都是已经半消化了的。通过观察骨碎片内部的血管类型，研究者可以确定受害的是一只未成年的恐龙，而且还很可能是一种植食性动物。而那粪化石则毫无疑问是来自于一种肉食性动物，最有可能的便是霸王龙。

□植食性恐龙的粪化石

植食性恐龙在数量上超过肉食性恐龙，吃的食物也更多。一些植食性恐龙对进食的需求是比较适中的，但巨大的蜥脚亚目恐龙——如阿根廷龙——很可能一周就要消耗掉三四吨食物，然后产生近 1 吨的粪便——鉴定恐龙食物

时巨大的潜在证据源。

不幸的是，与肉食性恐龙相比，植食性恐龙的粪化石更加罕见，主要是因为它们不含有任何骨头碎片。人们找到的蜥脚亚目粪化石只有很少的一点，其中包括在美国犹他州发现的化石样本，看起来就像是一些被压扁的足球，直径可达 40 厘米。之所以会有这样的形状，是因为它们原本就含有水分，又从几米高的地方跌落到了地上。在这些粪化石中，有的会含有针叶树的茎柄片。

地质学家在英格兰发现的大量粪化石却是另一个极端，它们只有硬币大小，可能产自于一种植食性恐龙。这些粪便以数量弥补了尺寸上的不足。一块沉积物中就含有近 300 个这样的粪球，经过仔细检查发现，里面含有未消化的苏铁叶子——一种常见的恐龙食物。

□在恐龙粪便上安家

植食性恐龙的一些粪化石布满了石化通道。这些通道是由蜣螂造成的，它们"开采"这些巨大的粪便作为食物。就像今天的蜣螂一样，它们会将粪便一点点地卷成球，然后慢慢地滚走给后代做"温床"。这些食腐昆虫通过拆散分解成堆的粪便将营养又还给了土壤，以满足植物的生长需求。

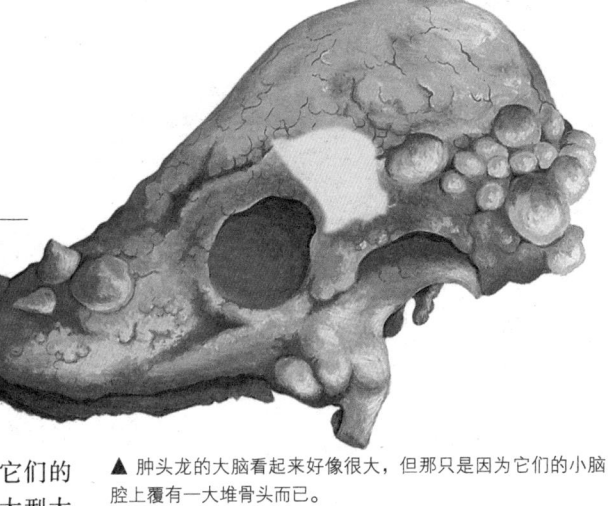

恐龙的智商

▢ 恐龙的大脑

众所周知，恐龙是史前世界中的愚笨动物。但它们果真如此不堪吗？如果真是这样的，它们又是怎样生存的呢？

关于恐龙所谓的愚蠢，存在很多错误观念。有的认为恐龙有两个大脑，而有的则认为智力上的不足加速了它们的灭亡。但如同现存动物所表明的那样，大型大脑并非生物成功的必需条件。经研究证明，不同恐龙族群之间的大脑尺寸和智力高低会有很

▲ 肿头龙的大脑看起来好像很大，但那只是因为它们的小脑腔上覆有一大堆骨头而已。

大的差别。其中有一些反应比较迟钝，而另一些却能与现存的某些哺乳动物一样聪明。

▼ 下图显示出恐龙和鳄目动物一些典型的脑商指数。脑商和智商是不能混为一谈的，在给定动物大小和类型的情况下，脑商指的是大脑重量的真实值与预测值之间的比。对恐龙来说，大脑重量的预测值以测量现有的爬行动物为依据。脑商给出了大脑发展的大体迹象，从而也就能反映出动物智力的发展状况。如果脑商高于 1，说明这个动物的脑重量在平均水平以上，而如果脑商低于 1，则情况正好相反。

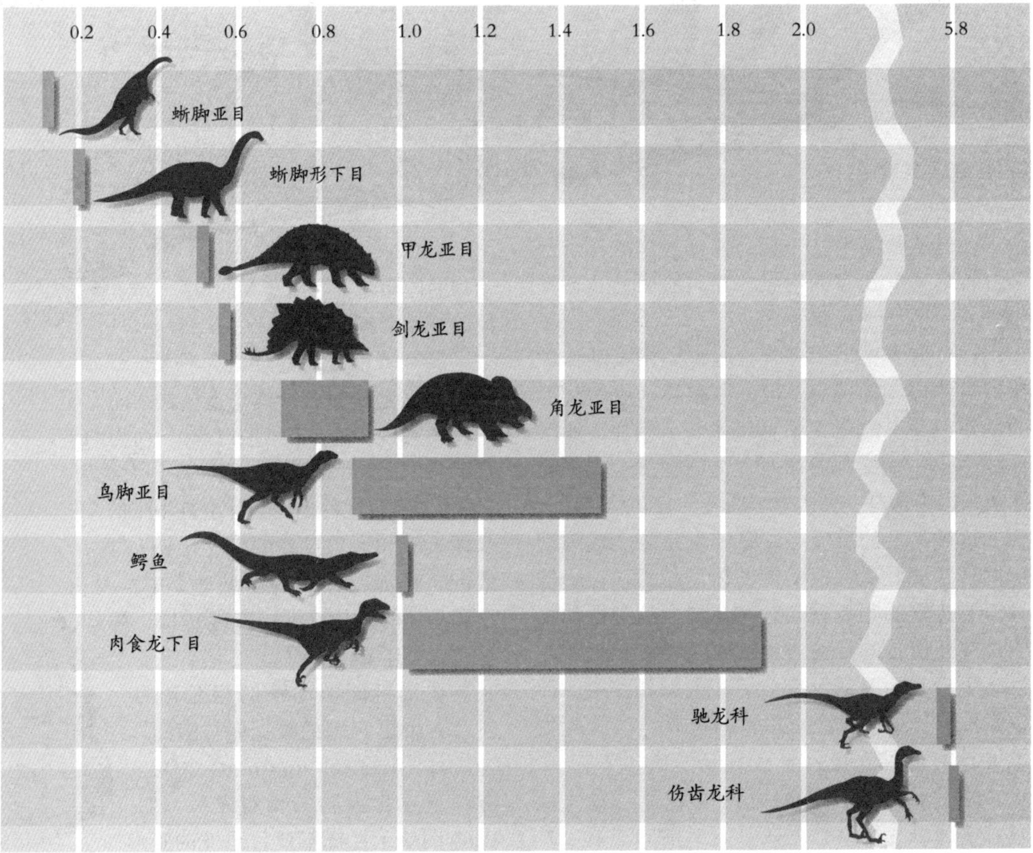

| 0.2 | 0.4 | 0.6 | 0.8 | 1.0 | 1.2 | 1.4 | 1.6 | 1.8 | 2.0 | 5.8 |

蜥脚亚目

蜥脚形下目

甲龙亚目

剑龙亚目

角龙亚目

鸟脚亚目

鳄鱼

肉食龙下目

驰龙科

伤齿龙科

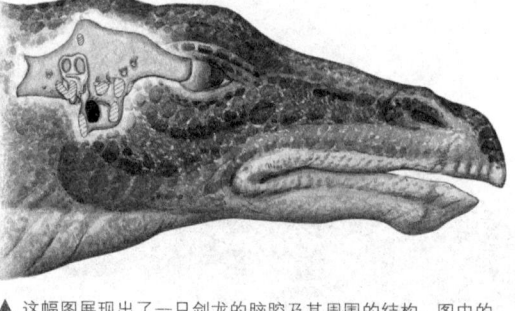

▲ 这幅图展现出了一只剑龙的脑腔及其周围的结构。图中的黑色部分为耳道口，上方的环形结构即内耳，对控制身体平衡有一定的作用。

神经系统

由于恐龙是脊椎动物，所以它们的神经系统应该与今天尚存的其他脊椎动物相似。对于一只脊椎动物来说，神经系统的"司令部"就是大脑。

大脑与脊髓融合在一起，而脊髓则是贯穿在脊柱中心内一种神经组织的长纤维。神经从脊髓出发一直延伸到身体的各个部分，收集感觉器官的信息，并向肌肉传达动作指令。

在所有脊椎动物中，大脑都是激发动作和保证身体协调的关键。但一些被称为生理反射的动作，并不需要大脑直接参与。例如，如果你踩到了一些锋利的东西，你的腿就会立刻收回来，因为这是一种由脊髓激发的自动反应。

这种类型的反应必须迅速发生才会成为动物们潜在的救星，但动物的体型越大，神经信号需要传输的距离就越远。在现今的爬行动物中，神经信号的传输速度达 40 米/秒，足够产生一个近乎瞬时的反应。但在大型恐龙中，神经信号经常需要传输好几米的距离，也就产生了很长的时间延迟。

这种延迟效应可能有助于解释，为什么有人认为剑龙和其他恐龙具有所谓的"第二大

脑"。这并非真正意义上的大脑，而实际上是一个扩大的中继中心，用于处理这些自动反应。

大脑的相对大小

恐龙的颅骨化石中经常包含着脑腔残骸。这样一来，恐龙的大脑体积就可以通过计算机成像技术计算出来。或者更简单一点，将空腔中填满液体，然后通过测量液体的体积而得到大脑的体积。

恐龙的大脑从葡萄到西柚，大小不等。但同时也要考虑到恐龙的体型，因为动物的体型越大，所需要的控制神经就越多。

研究者以现有的动物为对象，仔细研究了大脑重量和身体总重量之间的比例。对人类来说，这个比例为 1:40，而狗的平均水平为 1:125。对剑龙来说，比例大约为 1:50000，说明这种动物实际上是很笨的。但身体尺寸和大脑尺寸的变化步调是不一致的。例如，在一些小型鸟类中，大脑和身体的重量比可以高达 1:12，甚至比人类还要"聪明"。

在测量同类动物的相对智力时，一个更有用的数据是"脑商"（encephalization quotient, EQ），能够显示出大脑的相对发展。如 P269 图所示，蜥脚亚目恐龙的脑商

是 0.2，在恐龙中是最低的，而小型兽脚亚目恐龙的情况要好的多，其脑商达到了 5.5。在哺乳动物中，人类的脑商大约为 7.4，但这并不能让我们对恐龙的智力了解到多少，因为不同族群之间的脑商并不能进行直接的对比。

本能与学习

鉴于它们的生活方式，植食性恐龙会在 EQ 表上垫底一点儿也不奇怪。与猎捕物种不同的是，这些动物不需要追踪或者伏击它们的食物，而且它们的日常生活一

大部分都是进食和消化。与此相反，小型的肉食性动物，如似鸸鹋龙，就需要不断地学习并积累经验，才能有机会成功地捕杀猎物，使自己生存下去。对它们来说，智力是生存所必需的。

大脑最小的恐龙

目前，人们已知的大脑最小的恐龙是剑龙。狭长的颅骨在整个剑龙身体中只占一小部分。与大多数的恐龙不同，在剑龙的眼睛与鼻子之间，并没有一个称为眶前孔的洞口。剑龙的体重可达 3.3 吨重，大脑却只有可怜的 60 克，和一个核桃的大小差不多。而一只同样体重的大象，其大脑重量却是剑龙的 30 倍。

不同恐龙的智商

据我们所知，恐龙的一切生活方式都无需大脑做什么工作。腕龙不需要猎食或逃避捕食者，而这两种活动才需要大脑的能量。剑龙虽然是群居的动物，但它们的生存并不依赖群体间的交流或者迅速的反应，这不像没有骨板的（因此也就更聪明的）鸭嘴龙。简单的生活方式不需要什么控制力或协作能力。

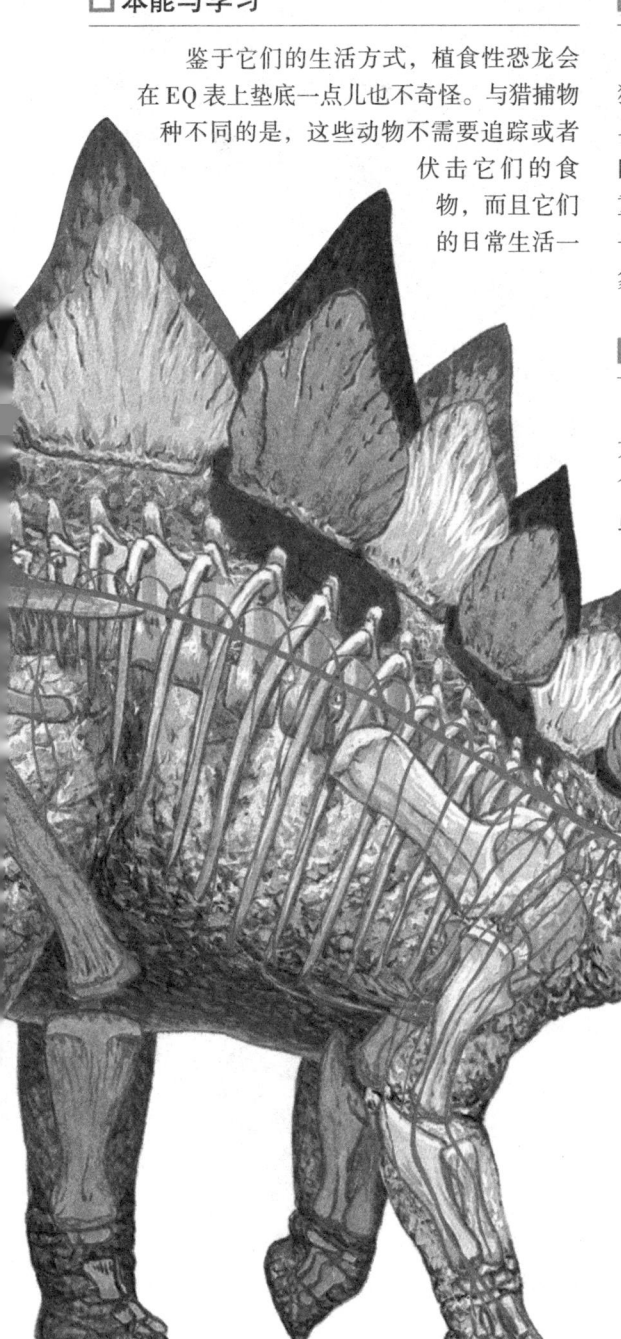

▲ 剑龙的体重大约为 75 千克，大脑跟一个核桃差不多大。但它的某些神经细胞有 3 米多长，可将神经信号输送到身体较远的部分。其神经的工作效率会有多大取决于它是否是冷血动物——一个有待商榷的问题。

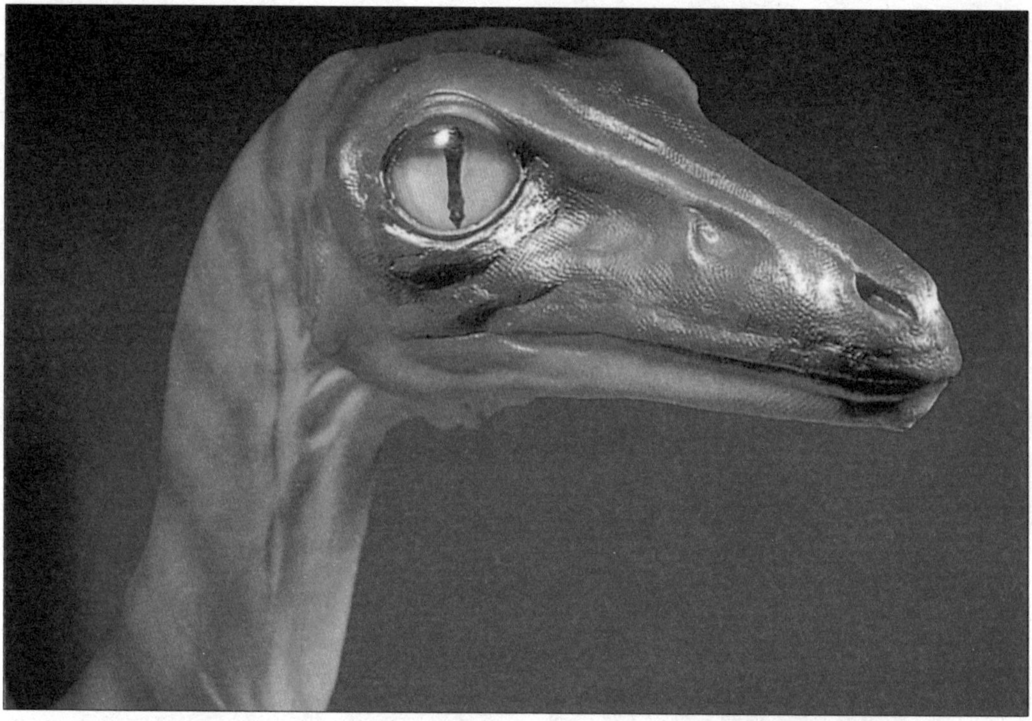

▲ 伤齿龙有很大的眼睛和大脑，这证明它是一种聪明、活跃的恐龙。

由此，我们可以得出这样的结论：大脑体积的大小以及复杂性，是与恐龙的生活方式相符的。行动迟缓的植食性恐龙位于最底层，植食性恐龙与群体猎食者在中层，行动敏捷的猎手在最高层。美国芝加哥大学的詹姆斯·霍普森教授在对比不同种类恐龙的大脑和身体时得出了上述结论。根据他的研究，恐龙的智商"排列表"由低到高依次是：蜥脚亚目、甲龙亚目、剑龙亚目、角龙亚目、鸟脚亚目、肉食龙亚目、腔骨龙属。

□恐龙的感觉与智商

恐龙的头骨结构也为研究其感觉器官的体积、重要性及复杂性提供了线索。举例来说，有大而前突的眼窝表明这个动物的视觉在感觉中占统治地位，而鼻腔较大则说明嗅觉所起的作用非常重要。

大多数恐龙的双眼都长在头部的两侧，因此只有单眼视觉，左右两边的视野只有极少部分交叠。这一特点使得它们在观察周围环境时具备非常大的视角，但是无法判断物体的远近。判断距离需要朝前的双眼和相当强的脑力来解读视觉信息。有证据表明，一些大型肉食恐龙，

▲ 在这个禽龙的头骨化石内部，脑组织在化石形成之前就腐烂了，留下了一个空心的洞。一个硅胶的模型表明了大脑在头骨内部的大概形状。

如暴龙，只有一部分交叠的双眼视觉，而体形较小的肉食恐龙却进化出了完善的双眼视觉。它们大脑中控制奔跑、协调爪子运动和处理移动物体的视觉信息的部分进化得尤其完善。这也是伤齿龙等体形较小的恐龙能够成功擒获逃跑的哺乳动物和爬行动物的关键。从伤齿龙头骨上眼窝的体积来判断，它具有非常大的眼睛，并且有同等体形恐龙中体积最大的大脑，其发达程度几乎可以和某些现代的鸟类和哺乳动物媲美。

▲ 秃顶龙的头骨化石显示出其大脑所在的头骨后侧有广大的区域，这可能是它有极高智商的原因。

研究恐龙的感觉并不能为恐龙的智商问题提供一个绝对的答案。事实上，恐龙是聪明还是愚蠢并不重要，尽管证据表明恐龙如果具备一些类似人类的智力，它们会活得"更像样"。其实每种恐龙都有足够的脑力让它们以自己的方式生活，并延续几千万年。

群居的生活

在一个掠食者当道的危险世界中，聚集在一起生活是植食性恐龙一项非常重要的生存技巧。

在恐龙灭绝了上百万年之后，人们还是找到了很多证据能说明有些恐龙是群居的。这些证据包括已经化石化了的"乱葬岗"——整个恐龙群因为突然遭到类似沙尘暴的灾难而被集体埋葬的地方，公共巢区，以及恐龙群一起移动时留下的遗迹。

▲ 一群禽龙去寻找食物。

恐龙群的大小

一个恐龙群有多大？骨化石和遗迹化石提供了最好的线索，但人们在对其进行解读时要十分小心。因为即便不是群居生活的动物也可能会在同一时间集聚在同一地点。这样的情况往往会发生在水源处，因为通常独居的动物们也会集聚在那儿喝水。那些堆在一起的骨头也会把人引入歧途，因为它们所属动物的死亡时间可能相隔了几个星期甚至几年。例如，它们可能是死于同样的原因——滑坡，或者捕食者们偏好在同一个地方袭击猎物。

古生物学家们研究了大量的化石，针对不同的物种提出了各种各样的数据。禽龙的生活群体在四五只，而鸭嘴龙科恐龙，如慈母龙，看起来好像会有上百只生活在一起，散布在一个很大的区域里。

恐龙的群居生活

群居生活的物种几乎一定都会有复杂的行为模式。在今天的群居哺乳动物中，不同年龄和性别的动物有不同的身份，而且在群体中的地位也往往都会有所不同。一些遗迹化石证明了这一观点，因为人们发现，最小的痕迹——年幼动物遗留下的——往往都在中间，而最大的成年动物留下的痕迹则会在前面和四周。这样可能是为了保护那些年幼的动物，因为在天敌试图发起攻击时，成年动物们可以形成一道屏障。

□进进出出

由于动物会有生长和死亡，一个动物群体的成员也就会一直变化着。但是动物群体还有其他变化方式，在今天的很多群居动物中，如大象，雄性一旦生长到能够照顾自己时就会离开群体，并在单身群体中生活好几年。然后，最强的成年雄性动物就会有属于自己的群体，里面包括一些雌性动物和它们的幼崽。一些恐龙很可能也会有类似的群居生活。在它们还生活在单身群体中时，雄性动物彼此之间会进行模拟战斗。这种战斗不太可能会造成永久性的伤害，但却能从中

▼ 在两只霸王龙迫近时，成年的尖角龙围成了一个防卫圈来保护它们的幼崽。在这种紧急时刻，年幼的动物会本能地冲向防卫圈的中心，而成年动物则会将犄角对向入侵者。这种圆圈式防卫的缺点是，整个群体事实上都陷入了困境，直到捕食者们放弃攻击或者饱餐一顿。

选出最强和最合适的雄性动物，成为年幼动物的守护者。

□个体识别

同一个物种的不同恐龙，它们的化石往往也会有所差异。差异最明显的就是雄性和雌性之间，但具体到个体之间也会有所不同。这些小的差异可以作为鉴别的标志，将群居生活中的动物个体彼此区分开来。因为恐龙的寿命都比较长，年老一些的动物有几十年的经验可以识别群体中的其他成员。每一只动物都很清楚各自在群体中所处的等级，以及当群体受到袭击时各自的职责。

□群居中的关系

恐龙的足迹化石表明有些群居恐龙行走时小恐龙会待在队伍中间，而成年恐龙围在外面。当受到攻击时，像三角龙这样头上长角的恐龙会站成一个圆，把小恐龙围在中间，把角指向敌人，就像今天的麝牛一样。

□ 独居的恐龙

大型的肉食恐龙，像阿尔伯脱龙，都是强大的掠食者，几乎没有敌人。它们可以单独生活、单独猎食，就像今天的老虎一样。然而，人们在美国发现了一个恐龙坟墓，里面有40具各年龄层异特龙的骨架。所以它们可能会像狮子一样，集体猎食。

□ 恐龙群居的原因

许多像埃德蒙顿龙等鸭嘴龙科恐龙群居是为了安全。许多双眼睛总比一双眼睛容易发现敌人，而且掠食者攻击一个移动的群体也比较困难。比如说暴龙靠近时，它们会发出嘶叫声，相互通知危险来了。

□ 发现恐龙的群居

在北美，人们发现了大量相同的恐龙脚印。科学家认为这是一群群居恐龙留下的。人们也发现过大量的恐龙被掩埋在一起，其中的一处埋葬了上百只慈母龙！这些证据证明了蜥脚亚目恐龙可能是群居恐龙。

▼ 埃德蒙顿龙过群居生活。

□恐龙群中的守夜者

　　没有人能够确定恐龙群中是否有守夜者。但是群居动物在休息时，都有成年动物在监视掠食者，恐龙可能也一样。

◀ 守夜的恐龙正在为其他恐龙放哨。

▲ 三角龙这样头上长角的恐龙会站成一个圆，把小恐龙围在中间。

□恐龙的远程觅食

　　跟今天的驯鹿和羚羊等许多动物一样，有些恐龙，比如说禽龙，会到很远的地方去寻找食物。

□集体猎食的恐龙

　　狼和鬣狗等肉食动物都是集体猎食。像轻巧龙这样的小型肉食恐龙也可能是集体猎食，这样它们就有机会捕获更大的猎物。

▶ 轻巧龙集体猎食。

恐龙蛋的亲代抚育

据人们所知，所有恐龙都是通过下蛋来进行繁衍的。一些恐龙巢化石显示出，有些恐龙父母会非常细心地照顾着它们的蛋还有幼崽。

几个世纪以来，总有恐龙蛋的化石被发现，但人们却始终不知其为何物。150多年前，在法国，人们才第一次准确地鉴定出了恐龙蛋。从那以后，人们又找到了很多不同类型的恐龙蛋，很多蛋和它们刚产下时一模一样。恐龙蛋小得惊人，人们发现的最大的一个也只有鸵鸟蛋的两倍长而已。它们之所以不能够再大一点，是因为厚厚的蛋壳会妨碍内部胚胎得到足够的氧气。那样一来，小恐龙在孵化时就不能破壳而出了。

☐ 恐龙蛋

很多现在的爬行动物都会在松软的泥土里挖一个坑，然后将蛋产在里面。恐龙的巢化石——在世界上的很多地方都有发现——表明大部分恐龙也都是这样下蛋的。利用自己的脚或者口鼻部，恐龙可在地上挖掘出宽达1米多的凹坑。与现代爬行动物一样，恐龙的产蛋量也不尽

▼ 恐龙蛋富含营养，对像窃蛋龙这类的杂食性动物来说，是一种很有用的食物来源。图中，一只窃蛋龙在突袭一个原角龙巢的时候被发现了，巢的主人用自己的喙状嘴进行了反击。

以"石"为证

完整的恐龙巢——就像下图展示的这一个——是一种令人激动的罕有发现。大部分恐龙巢都只留下了少量的残骸，而要整个恐龙巢都形成化石的话，必须在恐龙幼崽孵化出来之前，就发生了很严重的事情。图中这个恐龙巢是由阿根廷科学家发现的，很可能是被一场突如其来的沙尘暴给掩埋了。里面的恐龙胚胎因为缺氧而死，而这一窝恐龙蛋就都完整地保存了下来。

相同。有些恐龙的产蛋量一次还不到10个，但最近在中国发现的巨型恐龙巢里，却有40个恐龙蛋甚至更多。

☐ 孵化

恐龙蛋产下之后的事情更加难以拼凑出来了。古生物学家曾经以为，雌性恐龙在把自己的

蛋盖好后就会离开，让它们自由生长。但一些化石却显示出，那也许并非全部的事实。在20世纪20年代，人们发现了一具窃蛋龙的化石，它很显然是在从一个恐龙巢里偷蛋时被困住了。然而较新的化石发现却说明，窃蛋龙是坐在自己的蛋上，很可能是为了保护它们并给它们提供温暖。如果窃蛋龙确实会孵化自己的蛋，那么有这种行为模式的恐龙就应该不止这一种。

有些恐龙会用新鲜的植物将蛋覆盖起来，进行孵化。随着不断地腐烂，这些植物就像堆肥一样释放出热量来。如此一来，就算外面的温度还很低，恐龙蛋也可以借由这些热量进行正常的生长发育。

□ 离巢

通过观察空蛋壳，研究者可以判断出恐龙孵化以后的行为。在许多恐龙巢里，蛋壳都是一端有个开口，但大部分仍然完好无损。这说明，恐龙的幼崽在孵化出来以后，很快就离巢了，若非如此，空蛋壳很快就会坍塌。

恐龙幼崽一旦离巢之后，可能有的就会受到父母的照顾。2004年，研究者在中国找到了这样的证据。当时他们发现了一个成年的鹦鹉嘴龙，四周还围着34只幼崽。在这整个家族被风

沙掩埋的时候，幼崽们已经发育得非常好了。

□ 原地未动

另一些恐龙巢则向人们诉说了不一样的故事。在美国蒙大拿州的一个巢化石遗址中，人们发现了一些坍塌的空蛋壳，里面还有刚孵化出的幼崽的残骸化石。那些巢是由慈母龙筑成的，而慈母龙是一种集体筑巢的恐龙。最近发现的慈母龙幼崽发育得很差，看起来并不像是要离巢。当时的它们可能还要依靠着父母喂食。这些幼崽一旦离巢，就会通过群居和快速成长来保护自己。即便如此，很多恐龙还是不能够活过它们的第一年，这也就解释了为什么在恐龙世界中，大型的恐龙家族是很重要的。

肉食性恐龙很容易就能将已死的动物尸体拖回自己的巢里。但植物性食物却是很难搬运的。慈母龙很可能会给自己的幼崽带植物回去，但其他的植食性恐龙可能就只是给幼崽喂一些半消化的反刍食物。

▼ 像慈母龙之类的群居动物会把它们的巢筑在一起，以具有更大的把握击退来袭者。每一只雌性恐龙——可能是在配偶的帮助下——都会用泥浆筑一个弹坑状的巢，宽度可达2米。然后在里面产下大约20个蛋，并用叶子和沙土的混合物将这窝蛋盖起来。这些蛋孵化出来可能需要一个月的时间。

□ 巢穴设计

一些恐龙蛋被发现直接放在地面上，但科学家们仍认为大部分恐龙都会筑巢来保证它们的蛋的安全。这些恐龙巢穴是一个从地面刨出的浅坑，或围筑成一圈的土边来固定恐龙蛋。恐龙会蹲在巢穴上方下蛋，产完一窝蛋就会在巢穴边上巡逻。

□ 惊人的蛋化石

1995年，科学家们前往中国绿龙山附近的一个村庄，在那里发现了上百个嵌在路面上和从悬崖壁露出的恐龙蛋化石。他们居然还从一堵墙上发现了一枚蛋化石，它被用来替代石块。在西班牙的特伦普，人们也有相似的发现：许多岩石中含有大量恐龙蛋碎片，因此科学家们称这种岩石为"蛋壳沙岩"。

▶ 这张地图上标记了一些世界上最主要的恐龙蛋化石遗址。所有遗址都始于白垩纪时期。

加拿大艾伯塔省地狱深谷

■ 美国蒙大拿州蛋山

西班牙特伦普

法国埃克斯普罗旺斯

蒙古戈壁沙漠火焰崖

中国绿龙山

韩国统营

中国南雄盆地

印度喀奇

印度多哈德

印度贾巴尔普尔

乌拉圭索里亚诺

阿根廷奥卡玛胡佛

萨尔塔龙彼此间将巢穴筑得十分靠近，只留出空隙使它们走动时不会碰坏巢穴里的蛋。

▲ 这张图显示了普通恐龙蛋与鸡蛋的大小对比。但与成年恐龙的体形相比，它们的蛋就显得微不足道了。

◀ 图中的窃蛋龙蛋排列成圆形。母龙可能在产下这些蛋后把它们排列成整齐的形状。

蛋的形状和大小

在几个恐龙巢穴，共计有 30 个恐龙蛋化石被发现，在巢穴里常以直线或弧形排列。恐龙蛋有圆的，也有细长的，还有粗糙表面的。最大的蛋有 45 厘米长，是在中国东部发现的，它可能是一个镰刀龙蛋。

集中筑巢

古生物学家在美国的蒙大拿州、阿根廷的奥卡玛胡佛发现了大规模的恐龙巢穴遗址。每个遗址大约都有 20 个巢穴，它们被筑得十分靠近。这个现象表明某些恐龙是群居的，可能用来保护自己抵抗肉食恐龙的袭击。在蒙大拿州的一处遗址，即有名的"蛋山"，古生物学家在更深的地层发现了年代更久远的巢穴遗址。这表明恐龙年复一年地回到同一个地点下蛋。

产下蛋后，许多恐龙会在上面盖上草木来保持它们的温度。

小恐龙

科学家只发现过少量的小恐龙化石。这是因为小恐龙的骨骼柔软而脆弱，它们很少能形成化石。即使它们被保存下来，也不容易对它们作出鉴定。

□ 尚在蛋中

小恐龙在破壳前 3～4 周就在蛋里面发育成形了。壳上的微孔让它得以呼吸，而蛋黄为它提供成长所需的全部营养。但是，小恐龙常常在还没出壳之前就变成了捕食者的美餐，因为对恐龙和小型哺乳动物来说，恐龙蛋是不费吹灰之力的猎物。

孵化的时候，小恐龙用吻突上的尖牙凿穿蛋壳。而破壳之后的小恐龙必须马上进食，不然就会死掉。

□ 在泥土中保存

20 世纪 90 年代，在阿根廷的奥卡玛胡佛发现了几具保存完好的小恐龙化石。这个遗址有着

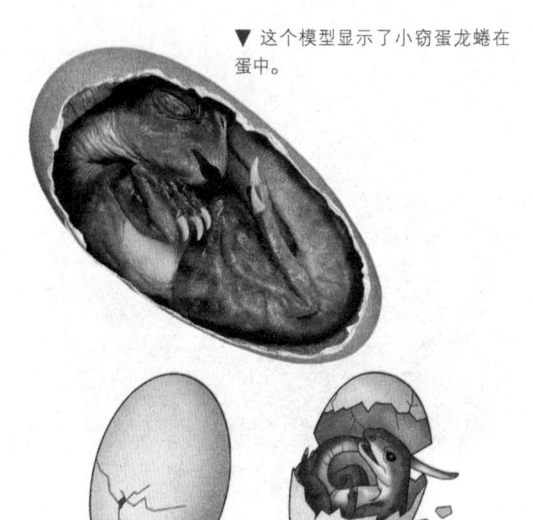

▼ 这个模型显示了小窃蛋龙蜷在蛋中。

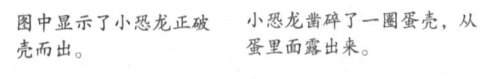

图中显示了小恐龙正在破壳而出。

小恐龙凿碎了一圈蛋壳，从蛋里面露出来。

上千枚巨龙蛋，里面包含了不少小恐龙的化石。

古生物学家在研究这些化石时，发现了细小的牙齿、头骨，身上还覆有鳞片，就像蜥蜴一样。之所以这些蛋化石保存完好，是因为它们被埋在泥石流中，避免腐烂掉或被捕食者吃掉。

□护蛋使者

科学家以前曾经认为所有恐龙在下完蛋之后都会弃巢而去，这种观点一直持续到最近。这对于大型蜥脚亚目恐龙来说几乎千真万确。如果它们待在巢穴附近的话，可能会不小心把蛋踩坏。

但如今，科学家已经了解到，有些恐龙会像鸟类一样孵化它们的蛋。例如，窃蛋龙化石被发现以类似鸟类孵蛋的姿势蜷在巢穴上面。

□有爱心的父母

有的恐龙会照顾它们幼小的子女。科学家认为，这是因为小恐龙（如鸭嘴龙）刚出生的时候四肢还不健全，因而需要父母的保护和喂食。

在美国蒙大拿州的蛋山，科学家们发现了鸭嘴龙群化石。这些鸭嘴龙从年幼到年长一应俱全，表明成年鸭嘴龙会哺育它们的后代。这也是这种鸭嘴龙慈母龙命名的由来，意为"好母亲蜥蜴"。最近的研究表明，雄性恐龙更富有母性，它们会护理恐龙蛋，而且还可能不止护理一个雌性恐龙产的恐龙蛋。

▼ 这只慈母龙正在保护它幼小的子女免受伤齿龙这样凶猛的小型肉食恐龙的袭击。小鸭嘴龙需要经过 10 年才能变为成年个体，因此它们在捕食者的袭击面前显得特别脆弱。

恐龙的行迹及研究

由于恐龙灭绝的时代太过久远，对它们的行为习惯，人们了解得还非常之少。而足迹化石便是这一研究领域中弥足珍贵的证据。

尽管恐龙的足迹化石遍布世界各地，但相对于它们的骨化石来说，依然是很罕见的。这是因为只有条件非常合适的时候，恐龙的脚印才能被保存下来。

首先，地面必须是柔软的，但不能太柔软，否则脚印很快就被填满了。其次，在脚印形成后不久，就必须要有一些东西——如沉积物或者沙土——将脚印覆盖保护起来。

大部分的足迹化石都属于一只单独的恐龙，但在有的地方，地面上却留下了一整个恐龙群的印迹。

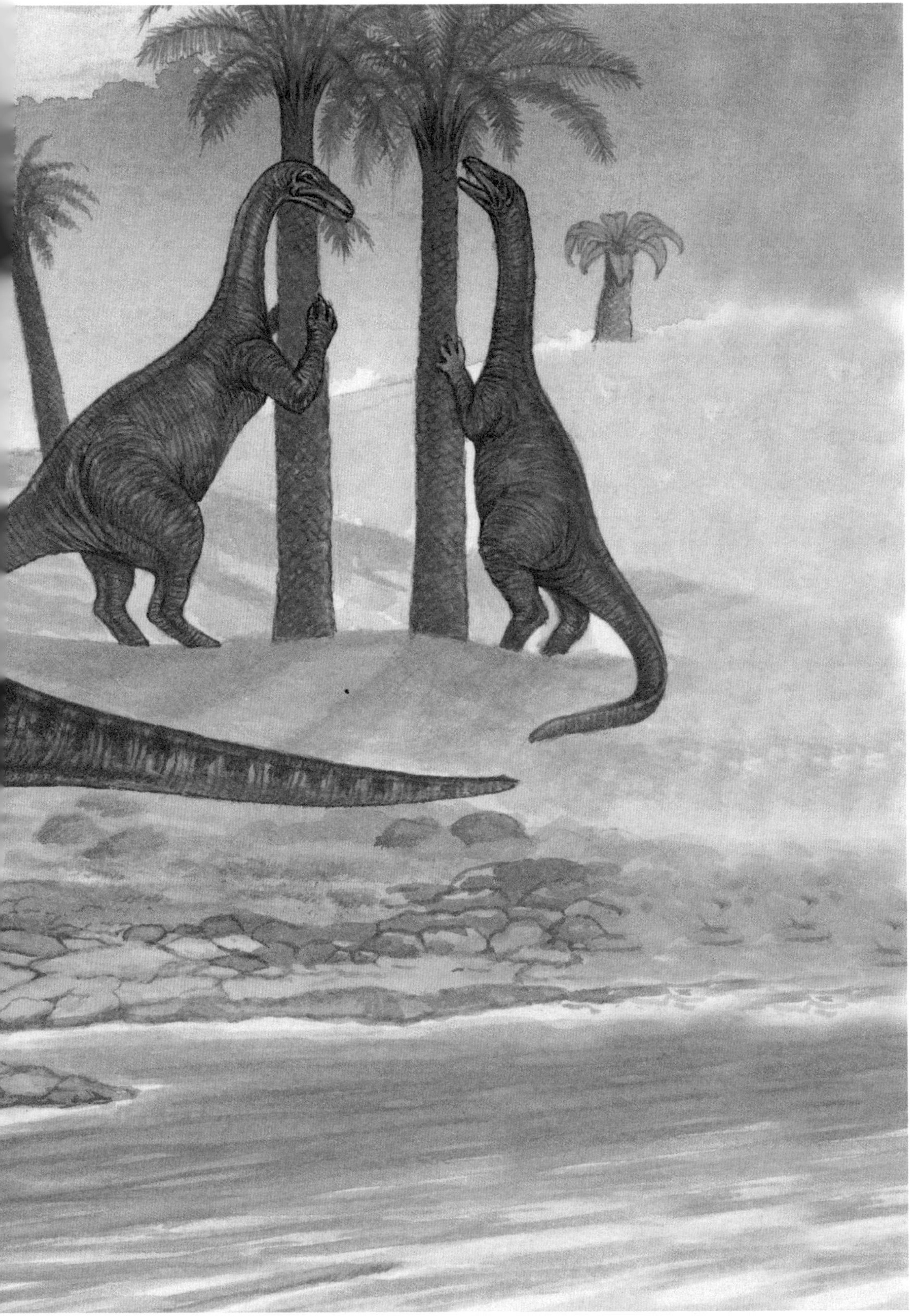

□鉴定印迹

想要断定某串足迹来自哪种恐龙几乎是不可能的，但不同类别的恐龙有着不同特征的脚印。因此，用脚印来判断恐龙属于哪个类别是完全可行的。下图显示了几种最常见的脚印类型。

鸭嘴龙科脚印　　兽脚亚目脚印　　腕龙科脚印

□成群出没

许多行迹化石表明，大群的同种恐龙曾一起出没，这表明它们过的是群居的生活。某种恐龙漫长的行迹表明，它们会随着季节变化做长途迁徙，去寻找食物或更温暖的地区。

▶ 这张地图上标记了几处世界上最重要的恐龙行迹化石遗址。

加拿大坦伯勒岭
美国怀俄明
美国凯恩塔地层
美国恐龙岭
美国炼狱河
美国恐龙国家纪念公园
美国恐龙谷州立公园
玻利维亚拉巴斯
玻利维亚苏
巴西帕拉伊巴

◀ 一群迁徙的蜥脚亚目恐龙踩着沉重的步子穿过软泥地，留下一长串的脚印，这些脚印后来成为了化石。

□全世界的行迹化石

行迹化石至今已在全世界范围内被发现。迄今为止，已有超过 1000 个这样的遗址，其中很大一部分位于北美洲。最清晰的行迹化石往往在曾经靠近河流、湖泊和海洋的地方形成。那里的土地平坦、湿润，并呈沙质，为足迹化石的保存提供了优良的条件。

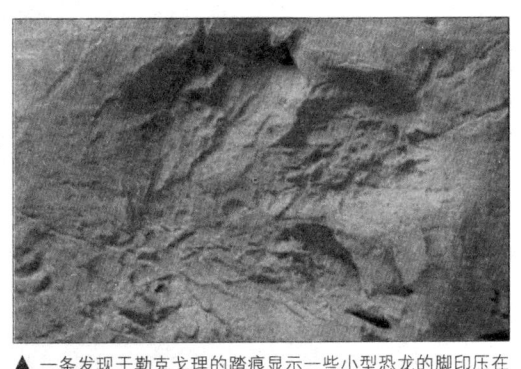

▲ 一条发现于勒克戈理的踏痕显示一些小型恐龙的脚印压在一个大个猎食者的脚印上。

□行迹

大量脚印集合在一起就形成了行迹，它们能透露出很多与恐龙运动相关的信息。2002 年在苏格兰西部的斯凯岛上，人们在一块砂岩板上找到了一些脚印。这些脚印是由植食性的鸟脚亚目恐龙留下来的，看起来像是一只成年恐龙和 10 只幼崽结群而行。这一了不起的

英国阿德利采石场
德国慕尼荷尔琛
西班牙里奥哈
葡萄牙加林那
摩洛哥德姆那特
中国甘肃省
韩国三长郡

提示
■ 侏罗纪
　 白垩纪

莱索托莫耶尼

澳大利亚勒克戈理

◄ 这些足迹发现于美国的科罗拉多州，它们属于白垩纪早期的鸟脚亚目恐龙。

□估算速度

通过对足迹化石的研究，古生物学家可以得到某种恐龙用两条腿或四条腿行走。他们也能凭借恐龙移动时留下的脚印来估算这种恐龙的移动速度。他们通过比较脚印的间距（即恐龙的步长）和恐龙的腿长来得到估算结果。腿长可用脚印长度的 5 倍来估计得到。

发现表明，鸟脚亚目恐龙可能会像今天的植食类哺乳动物一样，对它们的孩子进行"放牧"。

大部分行迹所包含的脚印都是由某个单一物种留下来的，但是偶尔也会有几个不同物种混在一起的时候。其中最著名的例子之一就是，人们在美国得克萨斯州帕拉克西河河畔的发现。那里的行迹展现出了一只大型兽脚亚目恐龙的三趾脚印，而且很明显的是，那只恐龙正在追踪它的蜥脚龙猎物。

就像今天的动物一样，恐龙会经常聚集在特定的地方进食或者饮水。在这种地方，地面常常会被踩踏得一塌糊涂，留下一些乱七八糟的脚印。但在有些地方，恐龙经过之后，一大片地面上都会留下分散的脚印。这可能就是恐龙的迁徙线路——世代恐龙沿用了数千年的路径。

☐ 恐龙的袭击

行迹对于我们弄明白恐龙怎样行动十分重要，但有时候一组足迹能提供很多信息，甚至可以告诉我们发生在史前世界的一次完整的事件。在澳大利亚的勒克戈理就发现了一组这样的痕迹。根据这些痕迹，人们推断在那里曾发生了一次恐龙集体大逃亡。

这些痕迹形成于白垩纪早期，这里很可能曾经是一条干枯的小溪或者河流的河床，河底仍然很泥泞，可以留下脚印。这片被保留下来的地区有 209 平方米，由北向南延伸。所有的痕迹到一处全部消失了，很有可能这些恐龙掉进一个水坑里了。从这些痕迹我们可以窥见这样一幅图画：大约有 150 只肉食和植食性恐龙聚集在这个水坑边。据推测，聚集于此的植食性恐龙数量多得足以防止来自肉食者的袭击。但是，双方都高度警惕地盯着对方以及周围的地方。

在河床的北边，显现出一只臀高 2.6 米的大型肉食恐龙的痕迹。看痕迹它一共走了 4 步。后面的脚印显示出行走速度的变化，似乎就在此处这个猎食者忽然发现了一群小猎物。它的步子变小了，深陷的脚印消失了，看上去好像是踮着脚尖又前进了 5 步，然后转身。在几秒之后，水坑边的小型恐龙发现了偷袭者。小型恐龙群惊慌逃窜，集体向着猎食者的方向逃去。为什么会向着猎食者的方向跑呢？这个不得而知。也许这个水坑实际上是个宽阔的湖泊，阻断了它们撤退的道路；也许另一个猎食者从另一个方向阻断了它们的路。无论如何，整个恐龙群（个别被猎食者在半路上叼走了）往河床上游冲去，留下我们今天看到的那些脚印。

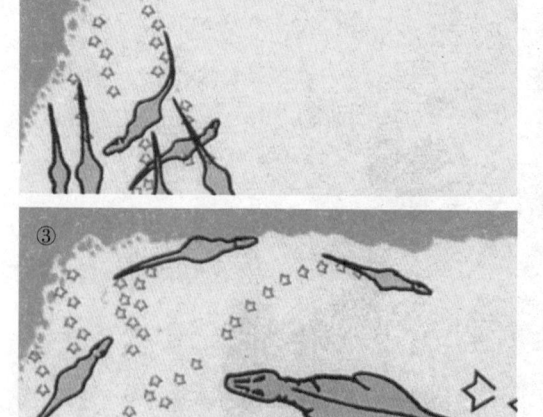

▲ 这是电脑重现的勒克戈理发现的脚印以及可能发生的事件全过程。图①一群小型恐龙聚集在河床边。图②一只大型猎食者从北边慢慢接近。图③小型恐龙疯狂逃窜，纷纷从猎食者身边经过。图④猎食者截住逃跑的小型恐龙，留下一系列大大小小的脚印。

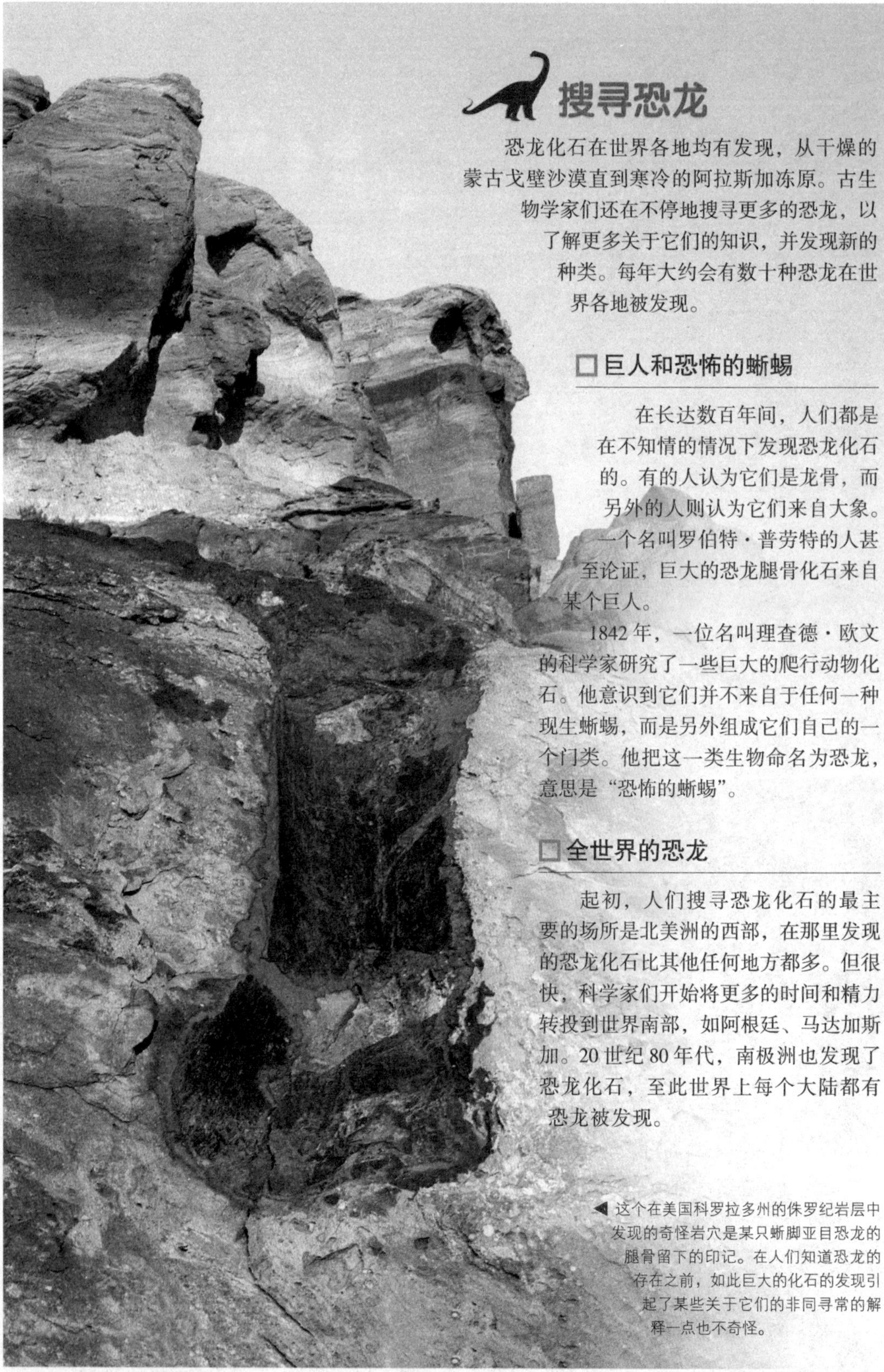

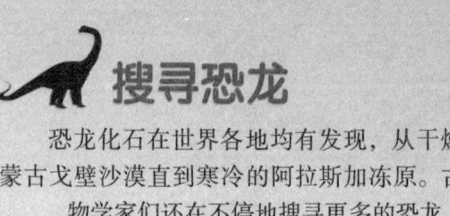

搜寻恐龙

恐龙化石在世界各地均有发现，从干燥的蒙古戈壁沙漠直到寒冷的阿拉斯加冻原。古生物学家们还在不停地搜寻更多的恐龙，以了解更多关于它们的知识，并发现新的种类。每年大约会有数十种恐龙在世界各地被发现。

□ 巨人和恐怖的蜥蜴

在长达数百年间，人们都是在不知情的情况下发现恐龙化石的。有的人认为它们是龙骨，而另外的人则认为它们来自大象。一个名叫罗伯特·普劳特的人甚至论证，巨大的恐龙腿骨化石来自某个巨人。

1842年，一位名叫理查德·欧文的科学家研究了一些巨大的爬行动物化石。他意识到它们并不来自于任何一种现生蜥蜴，而是另外组成它们自己的一个门类。他把这一类生物命名为恐龙，意思是"恐怖的蜥蜴"。

□ 全世界的恐龙

起初，人们搜寻恐龙化石的最主要的场所是北美洲的西部，在那里发现的恐龙化石比其他任何地方都多。但很快，科学家们开始将更多的时间和精力转投到世界南部，如阿根廷、马达加斯加。20世纪80年代，南极洲也发现了恐龙化石，至此世界上每个大陆都有恐龙被发现。

◀ 这个在美国科罗拉多州的侏罗纪岩层中发现的奇怪岩穴是某只蜥脚亚目恐龙的腿骨留下的印记。在人们知道恐龙的存在之前，如此巨大的化石的发现引起了某些关于它们的非同寻常的解释一点也不奇怪。

□ 从太空搜寻

科学技术的发展意味着古生物学家能够更精确地预测恐龙化石的位置。在宽阔地带搜寻时，古生物学家们利用卫星对潜在的恐龙遗址进行精确定位。卫星上的热探测器能够探测出不同种类的地表，例如，它可以探测到可能埋有恐龙化石的沉积岩。由热探测器得到的地表信息在卫星图片上用不同的色块表示。

▼ 地图上的红色方形标记显示了一部分世界上最主要的恐龙发现地。

英国南部
加拿大艾伯塔省恐龙公园
美国海尔克月克里
美国恐龙国家纪念公园
比利时贝尼萨特
蒙古戈壁沙漠
中国辽宁省
中国四川省
埃及巴哈利亚绿洲
坦桑尼亚汤达鸠
阿根廷月亮谷
阿根廷内乌肯
马达加斯加马哈赞加盆地
南非卡鲁盆地
澳大利亚恐龙湾

□ 新恐龙的命名

每种新发现的恐龙都要被命名，可以由发现它的人命名，也可以由鉴定它的古生物学家命名。大多数恐龙名是由拉丁文和希腊文组成的。有时候恐龙的名字用来描述它某种不同寻常的特性。例如，剑龙的意思是"长有骨板的蜥蜴"。这个名字得自剑龙背上的剑状骨板。也有的恐龙是根据发现地命名，或者以发现者的名字命名。但是，古生物学家用自己的名字为恐龙命名是不被允许的。

▲ 从太空拍到的戈壁沙漠的卫星图片，它能帮助古生物学家精确地观察某片区域。

▲ 这张图片拍摄的是同一片区域，但不同的色块突显了不同的岩石和植被。其中，紫色地区标记了可能存在的恐龙遗址。

▼ 切齿龙，一种于 2002 年在中国发现的长相奇怪的恐龙。它因为长有两颗怪异的大门牙而被命名，即切齿龙的含义是"长门牙的蜥蜴"。

329

著名的恐龙猎人

多年以来，成百上千的人投身到搜集恐龙化石的工作中，他们被称为恐龙猎人。大多数恐龙猎人是为博物馆工作的古生物学家，但也不乏热情满怀的业余爱好者。这里将介绍几位最著名的恐龙猎人。

□ 早期专家

最早的恐龙猎人之一是英国地理学家威廉·巴克兰。1815 年，巴克兰鉴定了来自某种已经灭绝的爬行动物的化石。1824 年，这种爬行动物被巴克兰命名为巨齿龙。这样，巴克兰成为第一位描述并命名恐龙的人，尽管他并没有使用"恐龙"一词。

另一位早期恐龙猎人是英国医生吉迪恩·曼特尔，他也有一项早期的发现。1822 年，在他和妻子的一次出诊时，在苏塞克斯郡发现了数颗牙齿化石。1825 年，在发现牙齿化石 3 年后，曼特尔将这种牙齿类似鬣蜥牙齿的动物命名为禽

▲ 吉迪恩·曼特尔是第一位认识到绝种的巨型爬行动物存在的人。

龙，意思是"鬣蜥的牙齿"。

到 1840 年为止，已经有 9 种这样的爬行动物被命名。1842 年，英国科学家理查德·欧文对这些动物化石做了集中的研究。他认为，这些

▲ 威廉·巴克兰是第一个基于一块下颌及其牙齿的残骸描述并为巨齿龙命名的人。他是一个聪明却古怪的人，后来成为了西敏斯特大教堂的主持牧师。

▲ 理查德·欧文是"恐龙"一词的发明者，同时也是第一个将它们作为一种与众不同的物种来认识的人。

▲ 科普（左图）和马什（右图）命名了大约 130 种恐龙，其中包括梁龙和剑龙。

爬行动物属于一个之前没有被认识过的种群，他称之为"恐龙"。

□ 激烈的竞争

化石搜寻在 19 世纪晚期开始风行。寻找新种恐龙的激烈竞争在两名美国古生物学家爱德华·德克林·科普和奥斯尼尔·查利斯·马什之间展开，他们之间的争斗堪称恐龙科学中重要的传奇，也导致了"美洲恐龙热潮"的运动。

一直到 1868 年，还有他们两个人友好地共同讨论问题的记录，但两年后他们就成了互相仇恨的敌人。据说是因为学术观点的不同，导致了他们之间不可调和的矛盾。这从另一方面促使他们更加努力地寻找新的恐龙化石。

不论阅读哪种关于恐龙的书籍，都会一次又一次地看到科普和马什的名字。他们根据很多完整的恐龙骨骼化石命名了大约 130 个新的恐龙种类，推进了人类对恐龙世界的认识，为恐龙科学做出了不可估量的贡献。

▲ 肉食性牛龙是约瑟·波拿巴于 20 世纪 80 年代在阿根廷发现的。

□ 无畏的冒险家

罗伊·查普曼·安德鲁斯是一名美国博物学家，他以20世纪20代年在戈壁沙漠进行的化石考察闻名于世。这一系列考察是当时规模最大，也是代价最大的考察。安德鲁斯带领数十名科学家和助手来探索未知的遗址，并使用100多头骆驼来运输补给。

安德鲁斯发现了数百具恐龙骨骼化石，其中有一个完整的恐龙巢穴，里面不仅有恐龙蛋，还有雌恐龙。这个发现第一次证明，恐龙不仅会孵蛋，还会照顾巢穴。

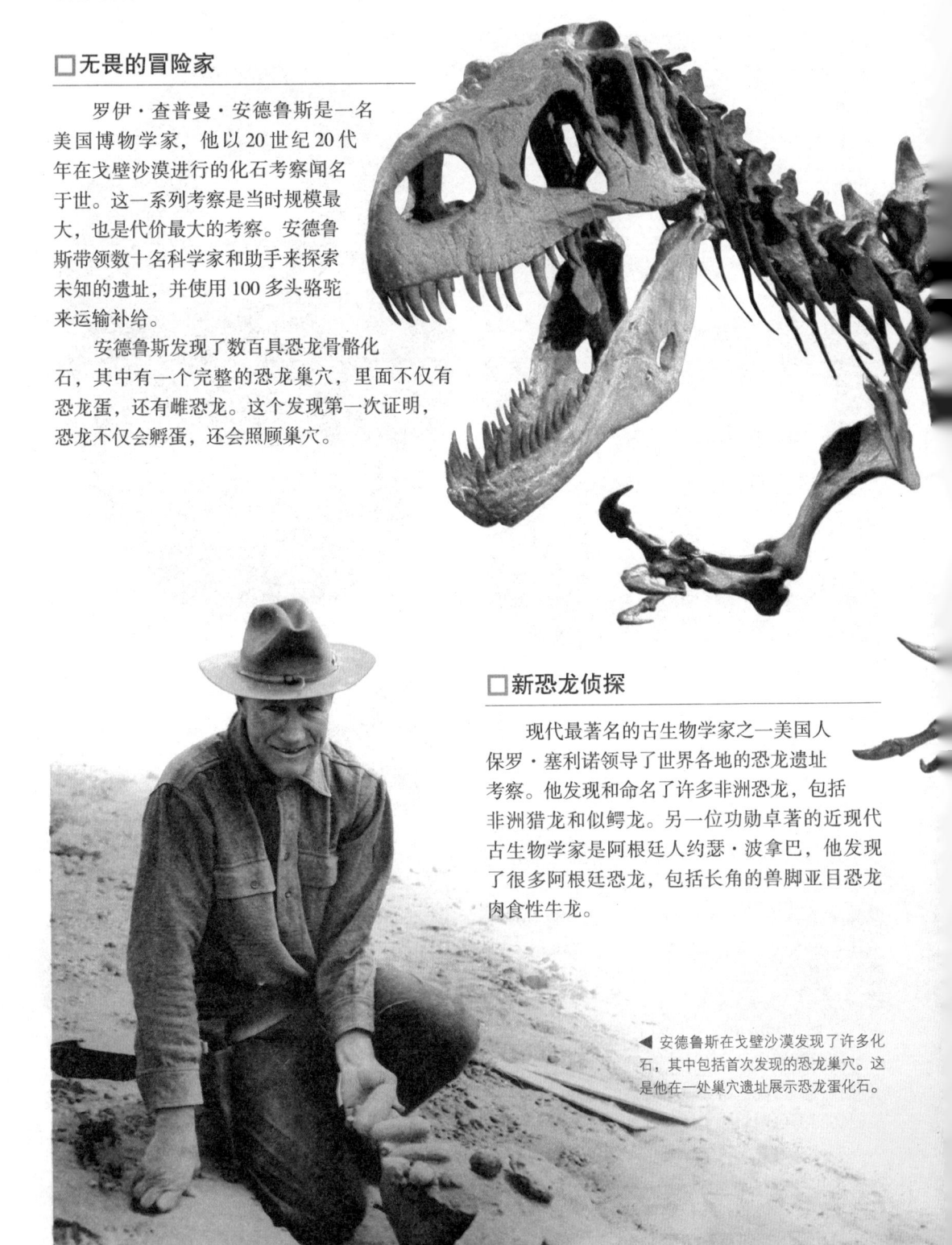

□ 新恐龙侦探

现代最著名的古生物学家之一美国人保罗·塞利诺领导了世界各地的恐龙遗址考察。他发现和命名了许多非洲恐龙，包括非洲猎龙和似鳄龙。另一位功勋卓著的近现代古生物学家是阿根廷人约瑟·波拿巴，他发现了很多阿根廷恐龙，包括长角的兽脚亚目恐龙肉食性牛龙。

◀ 安德鲁斯在戈壁沙漠发现了许多化石，其中包括首次发现的恐龙巢穴。这是他在一处巢穴遗址展示恐龙蛋化石。

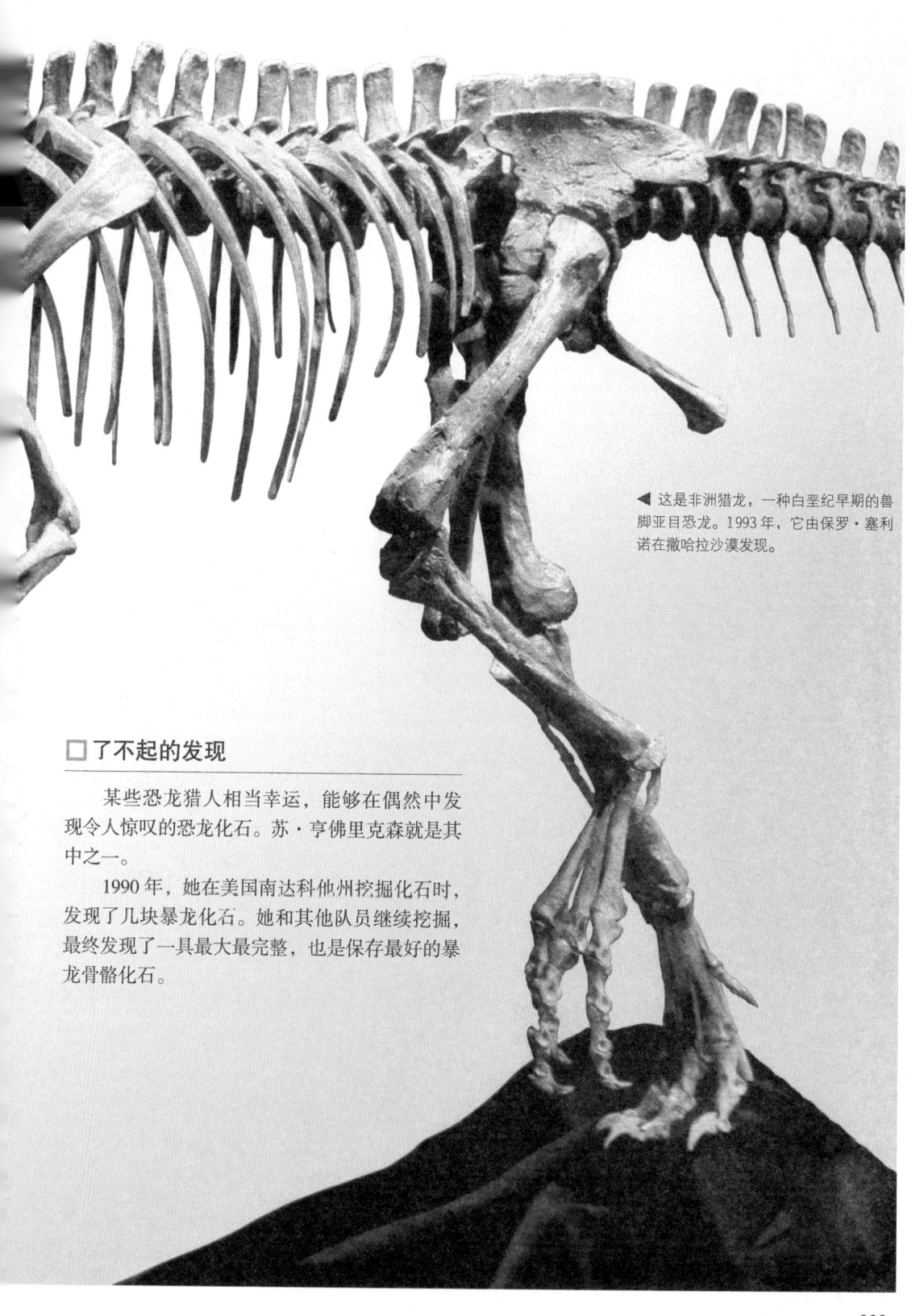

◀ 这是非洲猎龙，一种白垩纪早期的兽脚亚目恐龙。1993 年，它由保罗·塞利诺在撒哈拉沙漠发现。

□ 了不起的发现

某些恐龙猎人相当幸运，能够在偶然中发现令人惊叹的恐龙化石。苏·亨佛里克森就是其中之一。

1990 年，她在美国南达科他州挖掘化石时，发现了几块暴龙化石。她和其他队员继续挖掘，最终发现了一具最大最完整，也是保存最好的暴龙骨骼化石。

奇异的恐龙化石

一些恐龙死后其尸体在岩石中得以保存。通过研究它们的尸体，即众所周知的化石，古生物学家们可以得到关于它们的大量信息，尽管它们早在几千万年前就已经灭绝了。

□ 被埋藏的尸骨

动物尸体变成化石的情况非常罕见，它们通常会被吃掉，骨骼也会被其他动物弄散，或者腐烂掉。但因为地球上曾经生活着数百万只恐龙，所以我们能够发现大量的恐龙化石。大多数化石是在动物死于水中或靠近水边的情况下形成的，尸体会被泥沙掩埋，成为沉积物。

□ 变成化石

经过几百万年的演变，覆在动物尸体上的沉积物逐渐分层。每一层都会对下层施加很大的压力，致使沉积物慢慢地转变成岩石。岩石里的化学物质会从动物的骨头和牙齿的小孔里渗进去。这些化学物质以极其缓慢的速度逐渐变硬，于是动物骨骼就变成了化石。变成化石的动物身体的坚硬部分，比如牙齿和骨头等，被称为遗体化石。

剑龙从后颈、背部到尾部生有一排骨板。这排骨板让剑龙看起来更有威慑力，抑或可以帮助它在求偶时吸引异性。

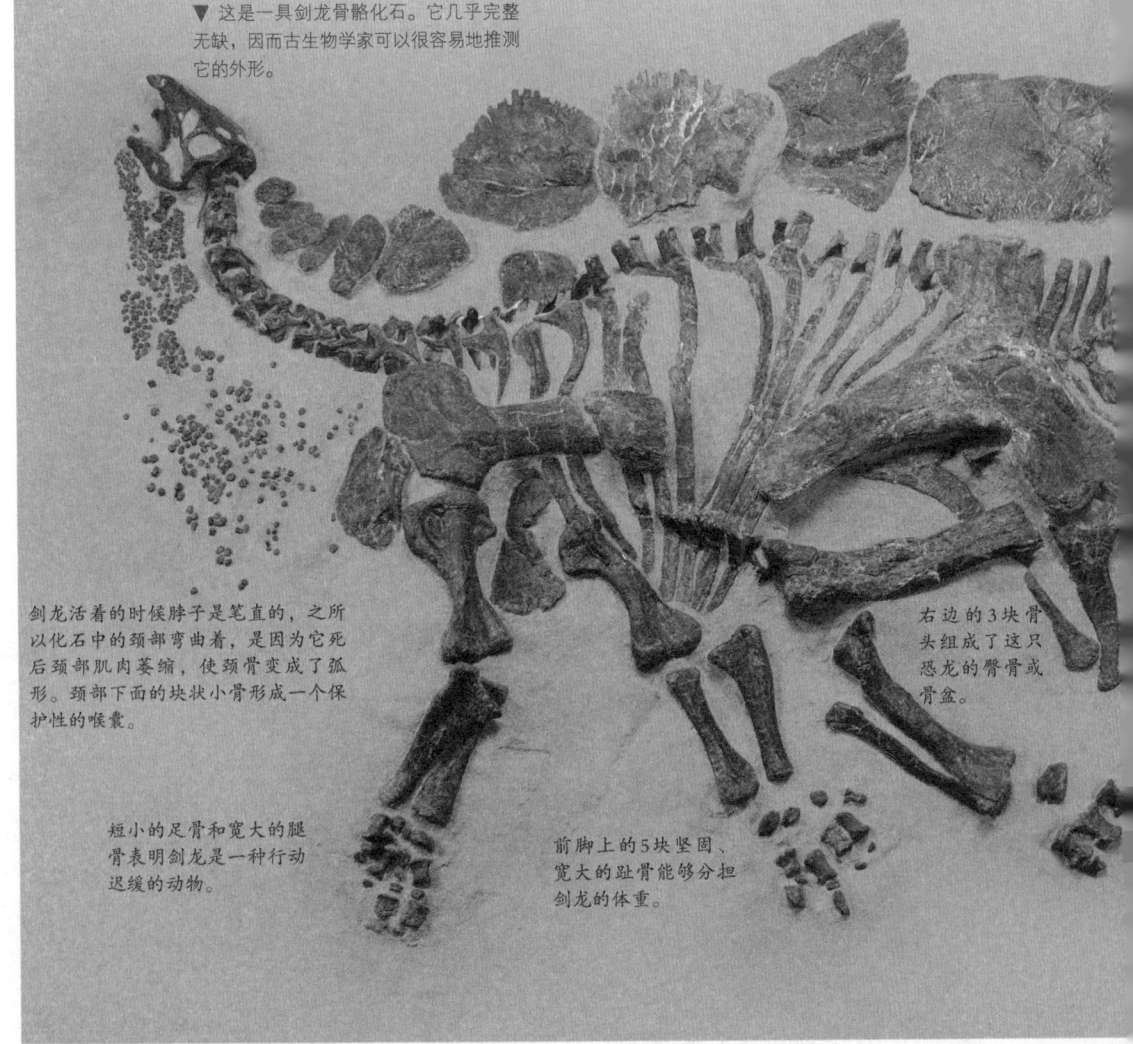

▼ 这是一具剑龙骨骼化石。它几乎完整无缺，因而古生物学家可以很容易地推测它的外形。

剑龙活着的时候脖子是笔直的，之所以化石中的颈部弯曲着，是因为它死后颈部肌肉萎缩，使颈骨变成了弧形。颈部下面的块状小骨形成一个保护性的喉囊。

短小的足骨和宽大的腿骨表明剑龙是一种行动迟缓的动物。

前脚上的5块坚固、宽大的趾骨能够分担剑龙的体重。

右边的3块骨头组成了这只恐龙的臀骨或骨盆。

☐ 遗迹化石

　　古生物学家们还发现了变成化石的恐龙足迹、带有牙齿咬痕的叶子，甚至还有恐龙的粪便。这些化石被称为遗迹化石，因为它们是恐龙生活留下的痕迹。遗迹化石和遗体化石有着不同的形成方式。例如，足迹在动物踏过软泥地时形成，经过几万年之后硬化成岩石，于是动物的足迹就被保存了下来。

一只恐龙在水边死去，它的肉体马上开始腐烂，只有骨骼留了下来。

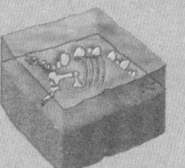

水面上升淹没了骨骼。沉积物在骨骼上面堆积，防止它们被分解。

沉积物逐渐变成岩石，将恐龙的尸骨埋在了岩层中间。

☐ 恐龙木乃伊

　　极少数恐龙被发现时连肉体也完整保存。这样的情况只有在恐龙的尸体在高温、干燥的条件下被快速烘干的时候才会发生。这个过程就是众所周知的"木乃伊化"。

☐ 化石里的信息

　　研究化石的人被称为古生物学家。他们利用遗体化石来推测恐龙的外形和大小，利用足迹化石来寻找恐龙生活的线索。例如，许多相似的足迹在同一处被发现，表明该种恐龙可能是群居的。

　　变成化石的恐龙粪便被称为"粪化石"，它能向我们说明恐龙的食性。植食性恐龙的粪化石中含有大量的植物纤维，而肉食恐龙的粪化石中包含着许多骨头碎片。

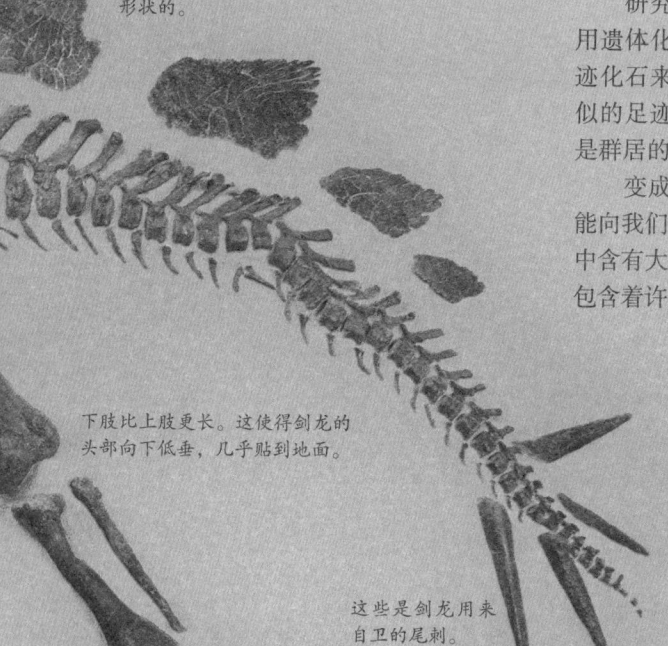

骨板的尺寸沿着尾巴逐渐变小。没有任何两块骨板是一样大小或相同形状的。

下肢比上肢更长。这使得剑龙的头部向下低垂，几乎贴到地面。

这些是剑龙用来自卫的尾刺。

▲ 这是一块恐龙粪便化石。恐龙的粪便化石比遗体化石更为稀有，因为粪便更容易被迅速分解。

寻找恐龙化石

有时候人们会在不经意间发现恐龙化石，但更多的化石则是由古生物学家们在有计划的考察中发现的。这些考察活动常常需要持续数年，并在险恶的条件下深入展开。

到哪里寻找

化石只在沉积岩层中被发现，因此古生物学家们会在中生代沉积岩中搜寻恐龙化石。虽然恐龙只生活在陆地上，但它们的尸体往往会随着河流进入海洋，所以古生物学家们也会到曾经存在过中生代海洋的地区展开工作。

化石猎场

许多中生代的沉积岩已被深埋在地底。为了寻找恐龙化石，古生物学家们需要进入地表岩层已被河流或海洋破坏、暴露出中生代岩层的地区。中生代岩层也会在人们开采矿石或开凿岩石修建公路时暴露出来。

▼ 图为加拿大艾伯塔省恐龙公园。大片裸露的中生代沉积岩使它成为搜寻恐龙化石的完美场所。

▶一具窃螺龙骨骼化石在戈壁沙漠被发现。强风将戈壁沙漠中的岩石风化，于是化石便裸露出来了。

□ 最佳场所

寻找恐龙化石的最佳场所是那些岩石被大范围持续侵蚀的地区。这些地区往往是偏远的沙漠或裸露的岩石地区，即人们所说的荒地。荒地大多是险峻、狭窄的山谷，同时也是不毛之地，这使得从岩石露出的恐龙化石能被轻易发现。

□ 隐蔽的化石

不幸的是，古生物学家们并不能探查所有的中生代沉积岩。一些中生代岩层被深埋在其他岩层、土壤、水，甚至建筑物底下。因而，有许多恐龙化石将被永远地埋藏。例如，悬崖中的化石，在被人们发现之前往往就被冲蚀掉了。有些地方则会因为战争、政治因素和恶劣的气候条件而无法到达。

▲ 这些鸭嘴龙骨骼化石从北美荒地的沉积岩里露了出来。

□ 偶然发现

有些惊人的发现是由农民和修路工人偶然间获得的。最近的一项重大发现来自阿根廷巴塔哥尼亚的一个农民。他偶然看到了从地面露出的动物残骸，事后被古生物学家们证明是某条超长恐龙的颈骨。

发掘恐龙化石

对恐龙化石进行挖掘、运输和清洗的过程艰难而又耗时。准备工作和检测恐龙骨骼也需要花费古生物学家们数月甚至数年的努力。在这之前，每一项恐龙化石发现的意义都是一个未知的。

☐ 剥离化石

发现化石后，古生物学家们就会用鹤嘴锄、铲子、锤子和刷子将周围的岩石和泥土小心地移除。部分坚硬的岩石会使用更强有力的工具甚至炸药来除掉。化石周围的大片区域也会被仔细地检查，附近可能留有同一只恐龙的更多遗骸。

▶ 图片中一队美国古生物学家正在非洲挖掘一具恐龙骨骼化石。他们使用锤子、凿子等工具来除去化石周围的岩石和泥土。

☐ 记录信息

一旦古生物学家们发掘了某个遗址的全部化石，他们就会对每块化石进行测量、拍照、绘图和贴标签。每块碎片的具体位置也会被小心记录。这些详细信息是日后骨骼重构所必需的。

☐ 搬运化石

化石出土后，要包裹起来以免损坏。小块化石可用纸包上然后放进包里，而大块则用石膏包裹。通常情况下，化石仍会以嵌在岩石中的形态存在，因此岩石也会被石膏包起来。一些化石过于沉重不得不用起重机来搬运。

古生物学家们有条不紊地将岩屑除去，使它们不会和化石碎片混在一起。

◀ 将浸泡过石膏的带状物覆盖在大块的化石上。石膏迅速凝固，变成一层硬壳，以保护化石。

◀ 木板被固定在化石底下。它们起到了底座的作用，可防止化石在运输过程中滚动。

这个遗址位于撒哈拉沙漠中，那里的古生物学家一连数小时在酷热干燥的环境下工作。

□ 仔细清洗

化石的清洗和准备工作在实验室里进行。首先，要把保护层切割掉，再将化石周围的所有岩石细心打磨掉，或用弱酸溶剂溶解。其次，用细针或牙钻小心翼翼地将仅剩的岩屑除去，并使用显微镜观察细部。骨头用化学溶剂加固，以防止它碎裂，然后保存到安全的地方。

□ 观测内部

一些化石，如头骨和未孵化的蛋，藏在岩石中，不切割化石而移动岩石是不可能的。但是，复杂的 X 光扫描仪已经能够探知岩石里面的化石形状。使用扫描仪，科学家能够知道如头骨里脑室的大小或蛋里面小恐龙的位置等信息。

◀ 这是一张 X 光照片，可以看到蛋里面未出生的恐龙。

鉴别恐龙

　　有的时候，古生物学家鉴别最新发现的恐龙骨骼会非常困难。他们仔细地检查发掘到的每一块骨头，以寻找可以鉴定恐龙身份的蛛丝马迹。

　　但如果很多骨化石缺失或者混入了其他动物的骨头，那就可能导致错误的鉴定结果。

□ 头颅的形状

　　许多恐龙具有特征显著的头颅形状。这意味着只要足够数量的头骨被发现，古生物学家就能根据头颅来鉴定一具恐龙化石。例如，剑龙亚目生有长锥形的头颅，大部分肿头龙亚目拥有坚厚的圆形颅骨，而角龙亚目通常在头颅的后侧长有褶皱。

□ 特征骨骼

　　如果恐龙的头颅或一部分头颅缺失的话，恐龙的鉴别就会变得非常困难。

　　古生物学家必须寻找某种恐龙特有的骨骼部分，这些骨骼被称为特征骨骼。例如，肿头龙亚目生有连接脊椎和骨盆的纤长肋骨，其他恐龙则不具有这样的肋骨。

□ 具有说服力的牙齿

　　牙齿也能帮助鉴别恐龙，因为不同种类的恐龙长有迥然不同的牙齿。例如，蜥脚亚目长有匙状或钉状的牙齿，而兽脚亚目则长有尖锐的牙齿。

　　恐龙的牙齿适合它们将特定的食物作为主食。因此，即使严格地分辨一颗牙齿属于哪种恐龙不现实，但它仍能向我们表明这只恐龙的食性。

▲ 在剑龙狭长头颅的吻突后拥有无齿喙。

□ 错误的鉴定

　　有时候，古生物学家会误以为他们鉴定的恐龙化石来自新的物种，而事实上它们只是几种不同的恐龙混杂的骨骼。

　　例如，1906 年一头长有护体骨板的暴龙化石被人发现。它被宣布为一个新的物种，同时被命名为"暴君暴龙"。但不久之后，古生物学家

异特龙长有边缘呈锯齿状的锋利牙齿，这对它吃肉很有帮助。

腕龙用凿形的牙齿把粗硬的树叶从树枝上拉扯下来。

剑龙长有带脊突的小齿，用来将植物叶子切成碎片。

发现它身上的骨板其实属于一只甲龙，而这只暴龙只是一只普通暴龙。

□ 化石赝品

有时候，"新发现"的恐龙最终被证明是人为赝造的。1999年人们发现了一具似鸟恐龙化石，后被命名为"古盗鸟龙"。它长有鸟类的翅膀和爬行类的尾部。

但通过进一步的研究，古生物学家发现古盗鸟龙化石上有很多细微的裂痕，这些裂痕被人精心地覆上了石膏。他们意识到有人把恐龙化石和鸟骨拼接起来，从而造出了这具半鸟半龙的完整骨骼。

最先出现的是肉食性恐龙还是植食性恐龙？

从目前的资料来看，最先出现的恐龙都是肉食性的。随着地球环境的变化和生存竞争加剧，导致食物短缺，于是一部分肉食性恐龙放弃了专一的肉食性，补充一些植物充饥，于是就有了杂食性恐龙。

当放弃了专一肉食性的恐龙在身体结构和生理机能完全适应取食和消化植物性食物的时候，植食性恐龙就出现了。

▶ 这是一块在紫外线照射下的古盗鸟龙骨骼化石。紫外线让不同骨骼之间的区别变得更加明显。

这是它的尾骨，来自一种叫小盗龙的恐龙。

古盗鸟龙的身体来自一只鸟。

用骨骼还原恐龙

还原恐龙是古生物学家工作的重要组成部分。第一步是重构骨架。但通过研究化石得到的证据，以及与现生动物之间的比较，古生物学家们能够得到的结果并不仅限于此。

▼ 古生物学家们正在为将在博物馆展出的重爪龙骨架模型做前期准备。在将骨骼连接起来之前，他们先将所有骨骼按正确的位置平铺在地板上。

□ 构建骨架

将一具恐龙骨架复原需要大量的探查工作。古生物学家们通常只能得到整副骨骼的 20% 或者更少，并以此来展开复原工作。因此，他们的首要任务便是推测缺失骨骼的样子。

如果骨骼化石属于某种已知的恐龙，那么古生物学家们就可以通过比较全副骨架推断出缺失的部分。这样，他们就能够制作出缺失骨骼的复制品。

□ 构造肌肉

如果完整的恐龙骨架已经构建完成，接下来就会在上面添加肌肉。这能给人关于活恐龙外貌的更清晰的印象。现生动物的肌肉经常会作为恐龙肌

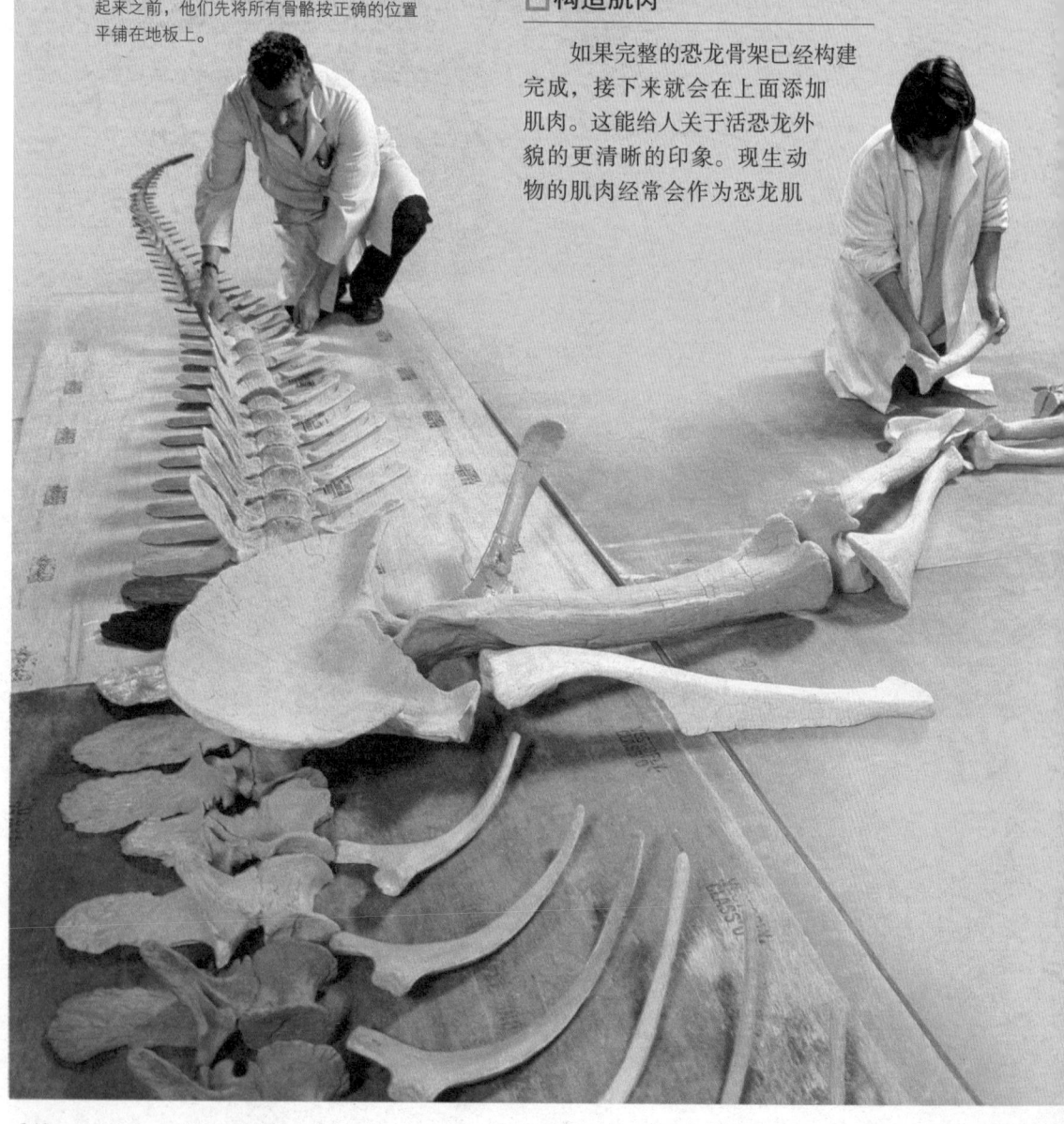

▲ 这是一具位于重爪龙化石发掘地的重爪龙复原模型。古生物学家以骨架为基础为它添加了肌肉和皮肤。

肉的范本和参照。有时候，化石上会留有骨肉相连的痕迹。这些痕迹能够帮助古生物学家们推测恐龙肌肉的大小和形状。

☐ 变化的观点

新的证据的披露，使有关恐龙的理论不断地发生变化。例如，人们曾经认为恐龙的鼻孔离它们的吻突（嘴的突出部分）很远。近来的研究却显示，很多种恐龙的鼻孔离它们的吻突相当近。这一发现有助于古生物学家了解更多关于恐龙的呼吸方式和嗅觉的知识。

☐ 皮肤和羽毛

在有关恐龙的化石中，恐龙皮肤化石和皮肤印痕化石很难被人发现。这些化石能告诉我们恐龙皮肤的构造，以及该种恐龙有没有羽毛，但不能用来推测恐龙皮肤的色泽和明暗。因而在复原皮肤时，古生物学家们还需要运用他们的想象力。

古生物学家们一直认为暴龙的鼻孔在吻突上方很远的地方，这一观点一直持续到最近。

现在人们一般认为暴龙的鼻孔长在吻突的末端，（比原有观点认为的）更靠近嘴，如图所示。

□重组恐龙范例：重爪龙的故事

▲ 挖掘

自然历史博物馆的发掘队伍花费了 3 个星期的时间发掘这副骨架。一些骨骼化石被松散地埋在黏土中，而大部分则被坚硬的含铁粉砂岩石块包围。每块骨头化石都被与其他骨骼化石隔离并用保护性护封包裹运输。

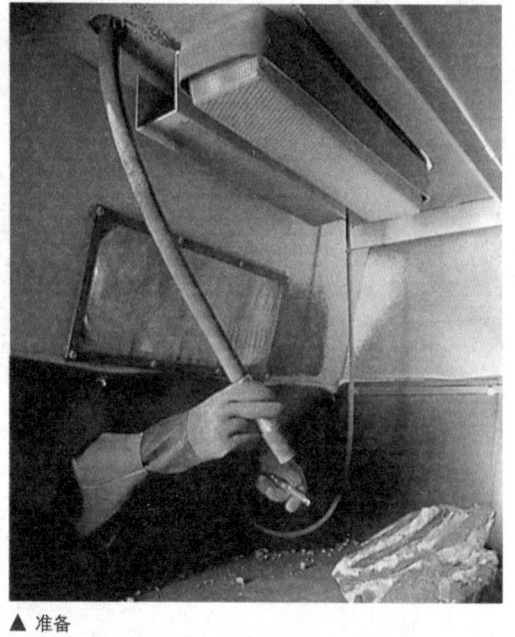

▲ 准备

用爆破工具处理岩石。这种方法再加上风力锯和雕刻刀的帮助，骨骼化石周围大部分岩石矩阵就可以被除去。有些岩石包含几块骨骼化石或一些化石碎块。暴露出来的部分会被涂上一层乳胶，防止其在爆破过程中被损坏。

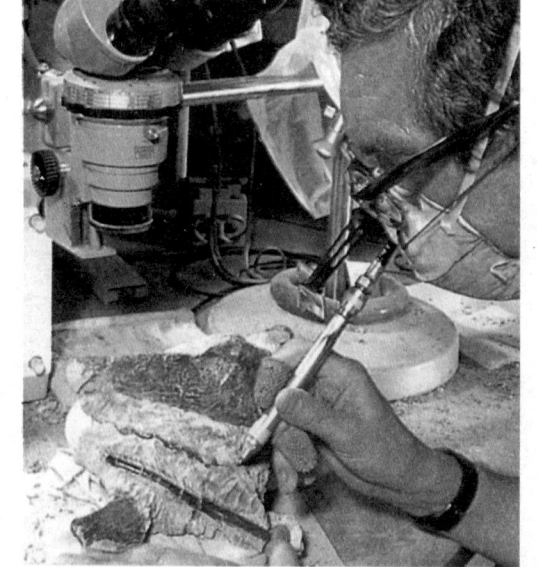

▲ 更多的准备

在微型显微镜的帮助下，一位科学家用一把以空气为动力的刀刃除去矩阵的残余痕迹。当骨骼显露出来时它被涂上速干的树脂，这被用于坚固脆弱的骨骼。每块新的化石都是珍贵的，因为它包含了恐龙的信息。完全准备好的片状骨骼被保存在空调储藏室里等待详细的研究。

▲ 重组

通常需要进行片状骨骼和缺失骨架的模拟或者为化石骨骼制作模型来进行深入的研究。模拟用柔软的蜡或者模型黏土制作，逐渐为原始骨架补充缺失的骨骼。模具由硅树脂橡胶制成并含有一些连带的片状物。与骨骼颜色相似的树脂和玻璃纤维被用于铸件，成为原始骨架的仿制品。

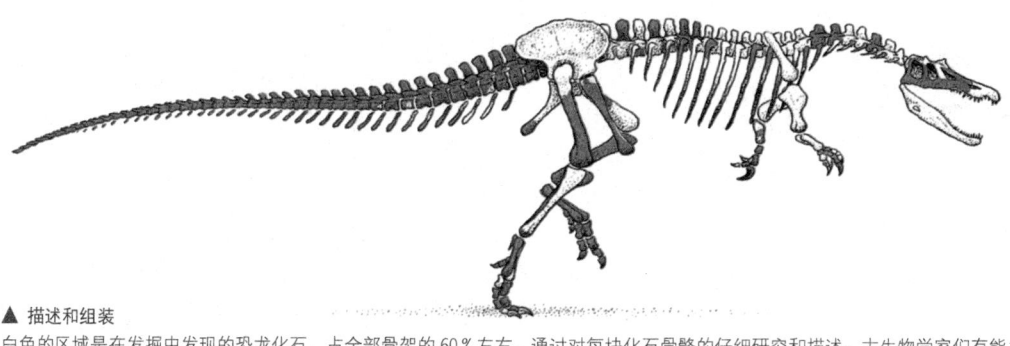

▲ 描述和组装

白色的区域是在发掘中发现的恐龙化石，占全部骨架的 60％ 左右。通过对每块化石骨骼的仔细研究和描述，古生物学家们有能力补充缺失的部分以及组装一副完整的动物骨骼。这只恐龙大约重 2 吨，长度大于 10 米，3 ~ 4 米高，并用两条腿行走。

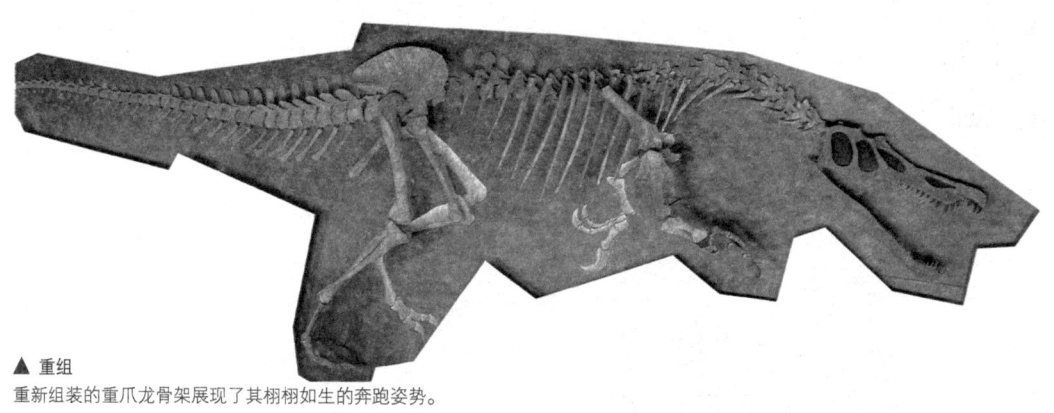

▲ 重组

重新组装的重爪龙骨架展现了其栩栩如生的奔跑姿势。

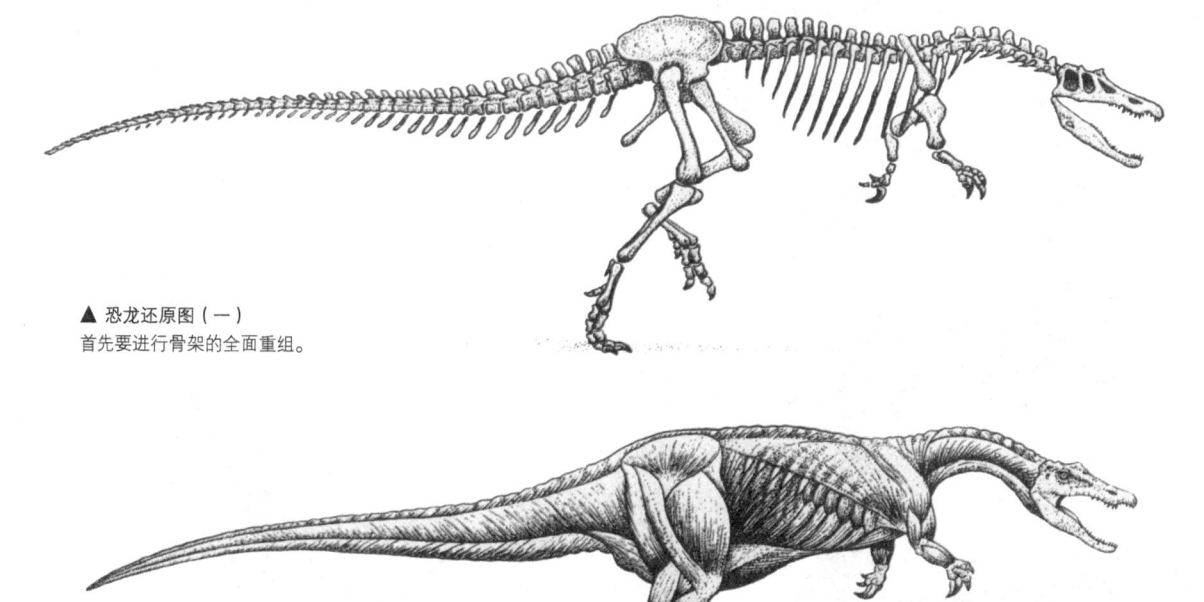

▲ 恐龙还原图（一）

首先要进行骨架的全面重组。

▲ 恐龙还原图（二）

在骨架上添加肌肉，赋予恐龙身体形状及轮廓。

恐龙展览

恐龙化石会在全世界的博物馆展出，通常还会展示恐龙外观的实物模型。许多博物馆正致力于有关恐龙的研究，因此它们是了解恐龙最新动向的好去处。

☐ 高科技设施

很多博物馆使用高科技手段帮助游客构筑关于恐龙存活时的样貌。在中国上海的一个博物馆里，播放电脑合成的影片米重现中生代时期的声光影像。也有的博物馆拥有机器人恐龙模型，能在长相、声音和动作上模仿真正的恐龙。这些模型包括一具金属骨架和一些活动部件，并在外面包了一层有弹性的泡沫材料，使之看起来像皮肤。

☐ 纽约的恐龙

在纽约的美国自然历史博物馆里，收藏着世界上最多的恐龙化石。

该博物馆以它的恐龙研究闻名于世，旗下的古生物学家遍布全世界各个角落开展搜寻发掘工作。为该博物馆工作的最有名的古生物学家可能要数巴纳姆·布朗了，他发现了许多种恐龙化石，其中包括第一只暴龙。

▲ 加拿大艾伯塔省皇家泰勒恐龙博物馆的一名工人正在协助移动一具真实大小的暴龙模型到博物馆外的展览位置。

▶ 这具重龙骨骼模型站立在美国自然历史博物馆入口处。它被构造成两条腿站立起来抵御敌人袭击的造型。

□丰富的收藏

从全世界搜集来的恐龙化石被陈列在伦敦自然历史博物馆里。这个规模庞大的博物馆对不同种类的恐龙进行了逼真的重现，包括三角龙、禽龙和棱齿龙，还有一具长达26米的梁龙模型被陈列在博物馆的入口处。博物馆的古生物学家们致力于研究新恐龙理论，并搜集各种各样的恐龙标本。1986年，他们鉴定并命名了棘龙科重爪龙。

▼ 这具三角龙骨骼模型是伦敦自然历史博物馆最引人注目的亮点之一。

□工作进行中

位于中国西南部的自贡恐龙博物馆，建在一处发现了成千上万的侏罗纪恐龙骨骼化石遗址上，目前仍有许多的化石处在发掘阶段。在博物馆中央还有一大片区域的岩石裸露在外，游客们可以从高处看到古生物学家挖掘化石的过程。

用DNA "复制" 恐龙

在电影《侏罗纪公园》里，科学家们令恐龙 "死而复生"。他们利用了来源于恐龙身体的 DNA 物质来复制原始恐龙。这样的事情真的会发生吗？

□ 设计生命

DNA 是一种存在于每个生物体内的合成物质。你的长相、你能达到的身高，甚至你个性的某些方面，都会因 DNA 中各成分的相互组合方式的不同而不同。它同样也包含了科学家们想要复制某种动物所需要的全部信息。利用 DNA，科学家们可以复制某种动物，甚至可以通过一些改变，达到设计生命的目的。

◀ 这是出现在电影《侏罗纪公园》里的伶盗龙，电影虚构了由原始恐龙的 DNA 克隆它们的事。

▲ 绵羊多莉。它是第一只利用成年动物的 DNA 成功克隆的哺乳动物。

□ 如何克隆

到目前为止，科学家们已经成功地复制了不同种类的动物，包括绵羊、猫、老鼠和猪。这一过程常被人们称作"克隆"。科学家们取得某种动物的 DNA，将它植入卵细胞中。然后将卵细胞植入合适的受孕动物的腹中，让卵细胞在那里长成胎儿。新生的动物，即克隆体，与 DNA 供体的遗传性状完全相同，是它的一个精确副本。

□ 远古 DNA

在克隆恐龙的问题上，科学家面临的最大难题是：他们上哪儿去寻找恐龙的 DNA。至今发现的恐龙化石没有一块含有 DNA，但科学家们却发现了保存在树脂化石中的史前吸血昆虫。如果这些昆虫中的某只以吸食恐龙血为生，也许会有少量恐龙血被保存下来，而这只昆虫中可能含有恐龙的 DNA。这样的话，就可以使克隆恐龙的研究更进一步。

□ DNA 分解

迄今为止，昆虫血液里并未发现过任何恐龙 DNA。即便会有 DNA 被发现，许多科学家仍认为利用这些 DNA 克隆恐龙是不可能的。成功的克隆需要近乎完美的 DNA。但经过 1 万年左右的时间，DNA 就会被逐渐分解。即使是存活年代距今最近的恐龙的 DNA 也已经历了远远超过 1 万年的时间，已经支离破碎而不能被利用。这样，利用 DNA 克隆恐龙就成了不可能的事了。

□ 丛林恐龙

科学家们或许没有能力让恐龙死而复生，那么有没有存活至今的恐龙呢？在非洲的刚果，住在丛林里的人们宣称他们曾经见过一种像蜥脚亚目恐龙的动物，他们称之为"mokele mbembe"。人们说那种动物有小象那么大，在沼泽出没，靠吃植物为生。

一种未知的大型动物深藏在丛林之中还未被发现并非毫不可能。但对此进行调查研究的科学家认为，"mokele mbembe"很可能是犀牛，而不是某种恐龙。

人们寻找恐龙的脚步没有停止，也许在不久的将来，会有更大的发现。

▲ 这只昆虫几万年前被困死在一滴树脂中。树脂凝固变硬，把昆虫保存在了里面。

南美洲化石群

人们不但在南美洲发现了最早的恐龙化石和最大的恐龙化石，还发现了一些最近才灭绝的著名的哺乳动物和鸟类。

南美洲因它的地质学历史而成为了一个令人着迷的地方。直到中生代中期以前，南美洲一直都是南方大陆——冈瓦纳古陆的一部分，也就是说那里和今天的非洲及印度拥有很多共同的恐龙家族。在恐龙灭绝后，南美洲大陆就变成了一座孤岛，后来才与北美洲大陆结合到了一起。

□ 寻找在巴塔哥尼亚

150多年前，著名的英国生物学家查理斯·达尔文，乘坐着英国皇家海军"小猎犬"号到达了南美洲，这是他环球之旅中的一站。作为船上的自然主义者，达尔文发现了一些已经灭绝了的哺乳动物化石，如大地懒——一种几乎跟大象

▲ 罗道夫·科里亚（发掘阿根廷龙的科学家）正在恐龙一节巨大的脊椎骨上休息。

以"石"为证

这块颅骨化石发现于阿根廷的伊斯基瓜拉斯托国家公园。它来自于一只始盗龙——最早为人们所认知的恐龙之一，是一种只有1米长的两足捕食动物。尽管始盗龙生活在2亿多年前，人们还是发现了几具几乎完整的骨架。从外表的形态看，这种小型的爬行动物与生活在1亿年前的肉食性恐龙有着惊人的相似之处。

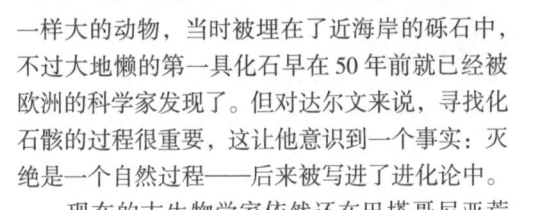

一样大的动物，当时被埋在了近海岸的砾石中，不过大地懒的第一具化石早在50年前就已经被欧洲的科学家发现了。但对达尔文来说，寻找化石骸的过程很重要，这让他意识到一个事实：灭绝是一个自然过程——后来被写进了进化论中。

现在的古生物学家依然还在巴塔哥尼亚荒凉的海岸线上寻找着，企图从那些碎裂的沉积岩中收集到化石。但某些最重要的线索却还是发现于更内陆一些的地区——阿根廷与其邻国智利分离开来的山麓沿界。这就是南美洲的恐龙之乡——一个世界上既干燥而又引人注目的地方，那里有非常古老的岩石，它们将大量的动物遗骸带到了地表。

□ 搜寻早期的恐龙

阿根廷伊斯基瓜拉斯托国家公园的环境就跟月球表面一样，自20世纪50年代末开始，那里就一直是某些重要恐龙的化石遗址。1958年，当地一个农民发现了一种小型肉食性动物最早的碎片，这种动物生活在晚三叠世，是人们已知的最早的恐龙，被命名为艾雷拉龙。它让人们更进一步地了解到，恐龙是怎样从肉食性爬行动物进化而来的。1988年，美国古生物学家保罗·塞利诺找到了更多的艾雷拉龙骸骨——一块完整的颅骨和几具不完整的骨架。1991年，他又鉴定出了一种更加古老的动物，并将其命名为始盗

龙，为揭示恐龙的进化过程提供了线索。

在这些动物生活的时代，南美洲大陆还是冈瓦纳古陆的一部分，所以它们曾生活过的地方不可能只有这里。裸露的地表让化石搜寻的工作更加容易，因此伊斯基瓜拉斯托也就成了南美洲最重要的恐龙化石搜寻地之一。

▲ 在阿根廷遥远的西部，伊斯基瓜拉斯托国家公园因其荒凉的景观以及雕琢奇特的悬崖和台地，而对古生物学家有着强烈的吸引力。那里的环境比较艰苦，夏天闷热得让人窒息，在耀眼的阳光下，苍白暗淡的黏土岩层还会发出强烈的闪光。

□ 南方巨龙

南美洲因为富产蜥脚龙化石——特别是那些广泛分布于南方大陆的泰坦巨龙化石——而声名远播。在阿根廷发现的恐龙物种清单几乎可以做成一张线路图，因为其中有很多物种，如萨尔塔龙和内务肯龙，都是以其化石的发现地来命名的。但该地区最著名的还是阿根廷龙——1993年由两名顶尖的古生物学家乔瑟夫·波拿巴和罗道夫·科里亚为其命名。但阿根廷龙可能仍然是世界上最大的恐龙，虽然在北美洲也有一些可与之匹敌的恐龙物种。

罗道夫·科里亚还鉴定出了一种巨大的肉食性恐龙——南方巨兽龙，它的遗骸是由一名业余的化石猎奇爱好者于1994年在安第斯山山麓发现的。南方巨兽龙重达8吨，体型酷似霸王龙，可能一直都是世界上最大的肉食性恐龙。与阿根廷龙一样，它们也存在于整个的晚白垩世，一直到爬行动物时代结束之时才消失。也就是说，世界上最大的植食性恐龙和肉食性恐龙可能生活在同一个时代的同一个地方——狭路相逢！

▲ 一个挖掘队——包括罗道夫·科里亚（中间）——正在阿根廷普拉萨乌因库尔的工作现场，挖掘阿根廷龙巨大的骨化石。

◀ 与早些时候的爬行动物不同，始盗龙的髋部有融合的椎骨，这样就增加了它的结构强度，使其在只有两腿触地时，依然能够保持直立的姿势。

□飞行的巨鸟

　　古生物学家在阿根廷还发现了一些巨型鸟类的遗骸。其中有些鸟类是不能飞的，但有一种叫作阿根廷巨鸟的，很可能是有史以来最大的鸟类。这种动物发现于1979年布宜诺斯艾利斯（阿根廷首都）尘土飞扬的西部草原上。它们的翼幅大约有7.5米，比现今最大的飞行鸟类的两倍还大。阿根廷巨鸟生活在600万年前，属于一种叫作畸鸟的类秃鹰族群——后来遭到了灭绝。阿根廷巨鸟很可能以捕食活猎物为生，利用大型的钩状喙来进行捕杀。骇鸟——南美洲一种不能飞行的肉食性动物族系——也是如此，它们的站立高度可达3米。从它们的化石可以看出，这些可怕的动物会先把猎物追到筋疲力尽，然后再用喙将猎物撕裂。人们找到了20多个类似物种的遗骸，但它们也跟畸鸟一样，最终整个族群都消失了。

□"小"的开端

　　南美洲发现的三叠纪恐龙化石使古生物学家了解了早期恐龙的长相。例如，南十字龙和皮萨诺龙，都体形较小、速度迅捷，并且都用两条腿行走。

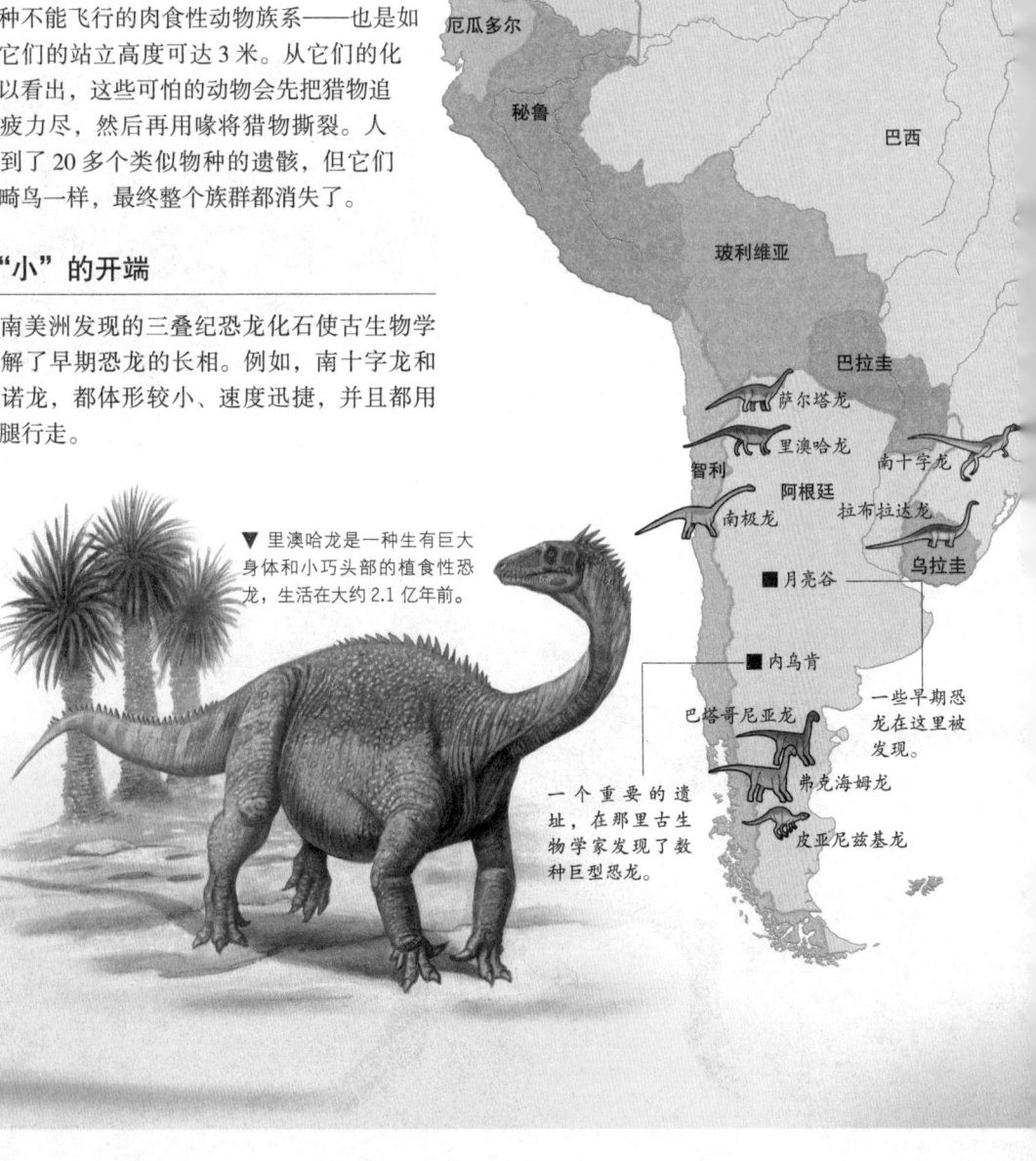

▼ 地图上的恐龙符号表示相应恐龙的发现地。黑色方形标记指出了南美洲最重要的两个恐龙遗址。

委内瑞拉

圭亚那

苏里南　法属圭亚那

南极龙

哥伦比亚

厄瓜多尔

秘鲁

巴西

玻利维亚

巴拉圭

萨尔塔龙

里澳哈龙

南十字龙

智利

阿根廷

南极龙

拉布拉达龙

乌拉圭

▼ 里澳哈龙是一种生有巨大身体和小巧头部的植食性恐龙，生活在大约2.1亿年前。

■月亮谷

■内乌肯

巴塔哥尼亚龙

弗克海姆龙

皮亚尼兹基龙

一些早期恐龙在这里被发现。

一个重要的遗址，在那里古生物学家发现了数种巨型恐龙。

□ 开始变"大"

最早的大型恐龙是原蜥脚次亚目恐龙。它们在侏罗纪末期出现在南美洲，它们的化石如今在世界各地都有发现。阿根廷发现的原蜥脚次亚目恐龙是里澳哈龙，它长达 10 米，是它所在时期最大的恐龙。

□ 存世稀少

南美洲发现的侏罗纪恐龙化石要比其他大洲少得多。到目

桑塔纳盗龙

激龙

冈瓦纳巨龙

▶ 巴塔哥尼亚龙可能通过强有力的上肢踢打掠食者来抵抗袭击。

▶ 皮亚尼兹基龙只有巴塔哥尼亚龙的 1/3 大小，但它能够袭击比它大得多的动物。

◀ 激龙生有又长又细的吻突，能帮助它们捕食鱼类。它们的尖齿令它们能够顺利地抓住猎物。

前为止，南美洲发现的侏罗纪恐龙化石全部都来自阿根廷。它们包括巨大的蜥脚亚目巴塔哥尼亚龙和弗克海姆龙，以及兽脚亚目的皮亚尼兹基龙，其中后者可能以前两者为食。但是，南美洲应该存在更多的恐龙，因而最近古生物学家开始前往那里搜寻恐龙化石。

□ 冈瓦纳恐龙

古生物学家们曾认为，冈瓦纳古陆是在白垩纪早期四分五裂的，但如今他们已经相信南美洲和非洲在白垩纪中期仍然相连。1996 年，一种名为激龙的白垩纪中期棘龙在巴西被发现。在非洲也曾发现过白垩纪中期的棘龙化石，这意味着那个时候两个大陆仍然相连，因而棘龙化石得以散布在这两个大陆。

 # 早期恐龙的遗址月亮谷

位于阿根廷的月亮谷，得名于它那月亮形状的、由嶙峋的岩石和深邃的峡谷组成的地形地貌。一些最早的恐龙化石在这里被发现，包括艾雷拉龙、皮萨诺龙和始盗龙。它们生活在大约 2.25 亿年前的地球上。

□ 侏罗纪化石

大多数从月亮谷发掘的化石根本就不是恐龙化石，而是似鳄祖龙，它们是那个时期占统治地位的掠食者。其中最大的是蜥龙鳄，是一种长达 7 米的凶猛捕食者，长有尖长的爪子和牙齿。它笨重的身体和短小的四肢使它行动起来慢于恐龙。

□ 变化的地貌

如今的月亮谷已是干燥、多尘的不毛之地，但在 2.25 亿年前，曾有许多大河流经这里，使得它降水充足。河水经常漫溢，四周的土地洪水泛滥。在这个地区还发现了 40 多米高的巨型树干化石，可以推测月亮谷曾经覆满森林。

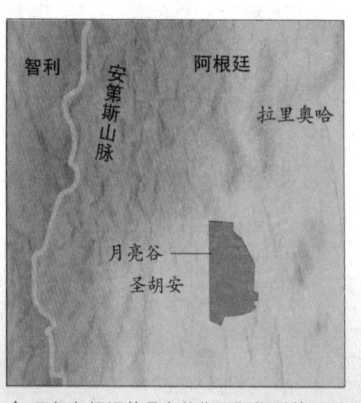

▲ 用红色标记的月亮谷位于阿根廷的西北部，占地 250 平方千米。

▼ 这是如今的月亮谷。这种独特的岩石外观被称为 "天然怪岩柱"，是由穿越峡谷的强风形成的。

▶ 蜥龙鳄的图片告诉我们，它短小的四肢在它的身体中只占很小的比例。

☐微型恐龙

　　月亮谷发现的最小的恐龙化石是一种名为始盗龙的肉食恐龙，它的身长仅有1米。虽然始盗龙是一类肉食恐龙，但它的体形意味着它不得不花更多的时间去躲避其他动物。它以小型爬行动物和昆虫为食，可能也吃一些植物。它的嘴的后侧长有尖利的牙齿用来撕碎肉食，前端则长有相对较圆的牙齿，可以帮助它将叶子从树枝上扯咬下来。

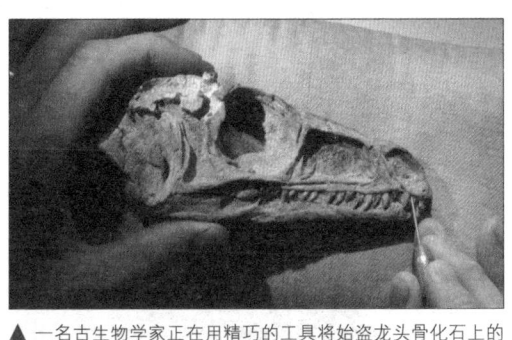

▲ 一名古生物学家正在用精巧的工具将始盗龙头骨化石上的岩石颗粒除去。始盗龙的头骨如此小巧，以至于处理它的纤细骨头时必须格外小心。

☐为猎而生

　　艾雷拉龙是它那个时期最大的肉食恐龙之一。它的好几处特征让它成为一种成功的掠食者，包括锋利的爪子和长在上颚的特殊长牙。它长长的后腿使它奔跑迅速。艾雷拉龙很可能以植食性恐龙皮萨诺龙、始盗龙和其他爬行动物为食。

▶ 艾雷拉龙靠两条腿行走，这使它能够随心所欲地利用上肢上的利爪捕捉猎物。

巨龙国度内乌肯

在位于阿根廷西南的内乌肯，科学家发现了几种巨型恐龙的化石。它们包括蜥脚亚目的巨龙的几个分支，以及最凶残的掠食者之一的南方巨兽龙。

□ 从河流到沙漠

今天，内乌肯的大部分地区都被沙漠覆盖，但在白垩纪晚期，这里拥有由宽广的河流和干燥的广阔林地组成的复杂地貌。过去这里一定覆盖着茂密的植被，足以让体形庞大的植食性恐龙巨龙在这里生存。

▶ 很少有恐龙具备袭击阿根廷龙的实力。阿根廷龙最主要的掠食者很可能是内乌肯最大的兽脚亚目恐龙南方巨兽龙。

❑庞大的巨龙

阿根廷龙是体形最为庞大的巨龙，同时也是最大的恐龙之一，它有 5 层楼那么高。和其他巨龙一样，阿根廷龙的背上长有骨突，有豌豆大小的，也有人的拳头那么大的。这些骨突可以保护它们不受其他恐龙的袭击。

❑可怕的利爪

1998 年，一块巨大的足爪化石在内乌肯被发现。这种爪子属于一种新的恐龙，科学家命名这种恐龙为"大盗龙"。科学家认为大盗龙是一种迅捷和致命的掠食者，它使用脚趾上的长爪撕开猎物。根据爪子的长度，科学家推测大盗龙的体长超过 8 米。

❑巨型肉食恐龙

南方巨兽龙是体形最庞大的肉食恐龙之一，它有 12.5 米长，4 米高。南方巨兽龙属于鲨齿龙科恐龙，这类恐龙是白垩纪时期非洲和南美洲最凶残的肉食动物之一。

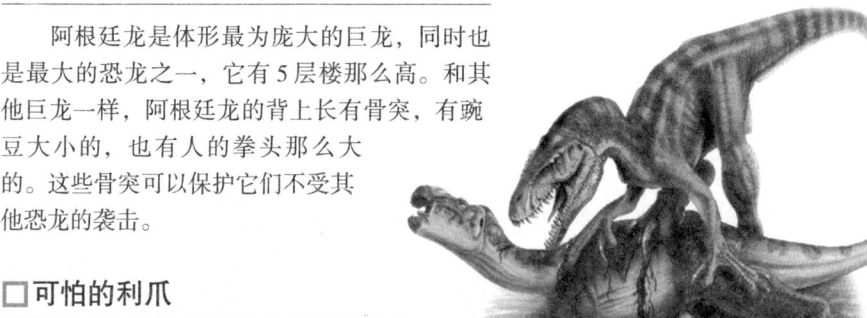

◀ 大盗龙惊人的速度和致命的利爪使它能够轻易地杀死其他恐龙。它最致命的武器是第二趾上的长爪，长达 35 厘米。

❑尖锐的牙齿

南方巨兽龙的大部分骨骼已被发现，其中包括头骨和牙齿。它的牙齿极为巨大，呈剑状，非常适合撕咬猎物的血肉。它很可能通过不断地撕咬使猎物流血致死成为它的食物。

▼ 南方巨兽龙成群结队地外出捕食，袭击庞大的猎物。

北美化石群

最早的恐龙化石发现于欧洲，但北美洲才是"恐龙热"真正流行的地方，这在一定程度上是由两位古生物学领军人物的激烈争执引起的。

1858 年，动物学家约瑟夫·莱迪将在北美洲发现的第一具恐龙骨架称作鸭嘴龙。但在 19 世纪末期，爱德华·德林克·科普和奥斯尼尔·查理斯·马什这两个化石搜寻舞台上的重要的领军人物发现了大量的动物化石，而他们之间的争论则激起了公众的浓厚兴趣，去关注北美洲那些迷人的史前生命。

□ 收集过去

科普和马什去世前，都收集到了极其多样的遗骸化石。其中既包括植食性蜥脚龙——迷惑龙（当时被称为雷龙）的第一具骨架，还含有一系列的肉食性动物，如异特龙科、暴龙科恐龙，与角龙亚目中一些仅存在于北美洲的恐龙物种。这些化石对追查动物进化所沿循的方式也很有帮助。例如，马什收集到了一个完整的马化石系列，从中便能看出，这些动物是如何慢慢适应北美洲开阔平原的生活的。

▲ 奥斯尼尔·查理斯·马什是北美洲古生物家的先驱。

以"石"为证

干燥的地方特别适合寻找化石。地表经历过数百万年的风雨洗礼后，被埋在母岩中的化石也就逐渐显露出来了。这根树干是美国亚利桑那州石化林国家公园中数百片树干化石中的一例。随着支撑岩慢慢分崩离析，这根独特的树干也就断裂成了好几块。

□ 宝藏

由于幅员辽阔、地形多样，北美洲成为了古生物学家的天堂。很多最重要的发现都来自于美国中西部地区的"不毛之地"和沙漠，那些地方的古沉积岩已经被河流、雨水和大风慢慢侵蚀掉了。其中一些遗址产出了大量的化石，如新墨西哥的幽灵牧场，那里有 1000 多具腔骨龙（一种小型的两足类肉食性恐龙）的遗骸。这些遗骸可以证明，这种灵活的动物是成群结队进行猎捕的。还有一个遗址是加拿大艾伯塔省的雷德迪尔河，那里产出的恐龙种类比世界上其他类似的地区都要多。而再往西一些，时间也再退回一些，加拿大还是伯吉斯页岩的产地，而伯吉斯页岩化石群是世界上最重要的化石群之一，展现了早期动物的生命形态。

并非所有在北美洲发现的遗骸化石都是被埋在岩石中的。洛杉矶外著名的拉布雷亚沥青坑就是一些黏性沥青的沉淀物，这些物质自史前就已经开始从一些天然泉水中往上渗了。而正是在这种危险的池子中，有成千上万具受困动物的遗骸化石得以重见天日。

□ 最近的发现

北美洲以盛产巨型化石而出名，在最近几年里，人们在那里又找到了一些特别的线索。其中最令人兴奋的是，1990 年在美国的南达科他

▲ 柔软的沉积岩是化石的一个主要来源。亚利桑那州的这些岩石都是在三叠纪层积而成的。

▲ 出土化石是一项特别精细的工作。在用绞车将霸王龙从周围的基岩中调离前，需要先用一个木制的框架来保护住它的盆骨。

州苏·韩卓克森发现了一只巨型霸王龙的骸骨。这具化石便以发现者的名字被命名为"苏"，现在陈列在芝加哥的菲尔德博物馆中，是世界上最庞大最完整的霸王龙骨架。与之前的发现不同，苏的骨架中含有叉骨，这就证明了人们普遍相信的那个观点——鸟类是从肉食性恐龙进化而来的。

有些化石的发现完全就是个意外。1979年，两个徒步旅行者在新墨西哥州无意中发现了地震龙的尾化石。古生物学家顺着这条尾巴，便找到了这只植食性恐龙骨架的其余部分，至今还在挖掘中。

▲ 这就是安装完整的"苏"的化石，现今陈列在美国芝加哥的菲尔德博物馆里。这只魁伟的动物大约有6.5吨重，约13米长。

▲ 这具霸王龙的遗骸在这里一躺就是6000多万年。为了将它从现场搬离，古生物学家们正在对骨架化石进行清理和稳定化处理。

□ 扩张的海洋

在白垩纪时期，北美洲形成的内海逐渐扩大，把大陆分为东西两部分。东部仍与欧洲相连，西部却成为了一个孤岛，发展出了独有的恐龙种类。不像当时世界的其余部分蜥脚亚目占据着统治地位，北美洲西部拥有众多的鸭嘴龙、暴龙和角龙。

□ 亚洲亲戚

虽然北美洲的西部被孤立成了一个岛屿，但在白垩纪的某几个时期，它和东亚之间曾经短暂地出现过大陆桥。每次海平面下降时，大陆桥就显露出来，恐龙就能够穿过它。因此，某些东亚恐龙和北美洲恐龙之间存在惊人的相似。

□ 最古老的掠食者

1947年，在新墨西哥北部著名的幽灵牧场考察的一队古生物学家发现了超过100具保存良好的腔骨龙骨骼化石。这些骨骼化石显示腔骨龙是一种轻巧的兽脚亚目恐龙，成年个体体长不到3米。它是迄今发现的最为古老的兽脚亚目恐龙之一。

▼ 这张北美洲地图上标记了一些该大陆上发现的恐龙，标出了3个重要的恐龙遗址。大部分恐龙化石都是在大陆西面开阔的平原上发现的。

格陵兰岛

埃德蒙顿龙

阿拉斯加(美国)

人们在这里发现了上千具白垩纪时期恐龙化石。

埃德蒙顿龙

加拿大

栉龙

三角龙

这里发现了大量的白垩纪晚期恐龙化石。

■ 艾伯塔省恐龙公园

海尔克里克

恐爪龙

伤齿龙

梁龙

暴龙

鸭嘴龙

剑龙

伤龙

恐龙国家纪念公园 ■

腔骨龙

美国

暴龙

赖氏龙

迷惑龙

墨西哥

▶ 栉龙分布在亚洲和北美洲。这张图片显示了美洲栉龙（右）和它的亚洲亲戚。它们长相相似，只是亚洲栉龙长有更长的头冠。

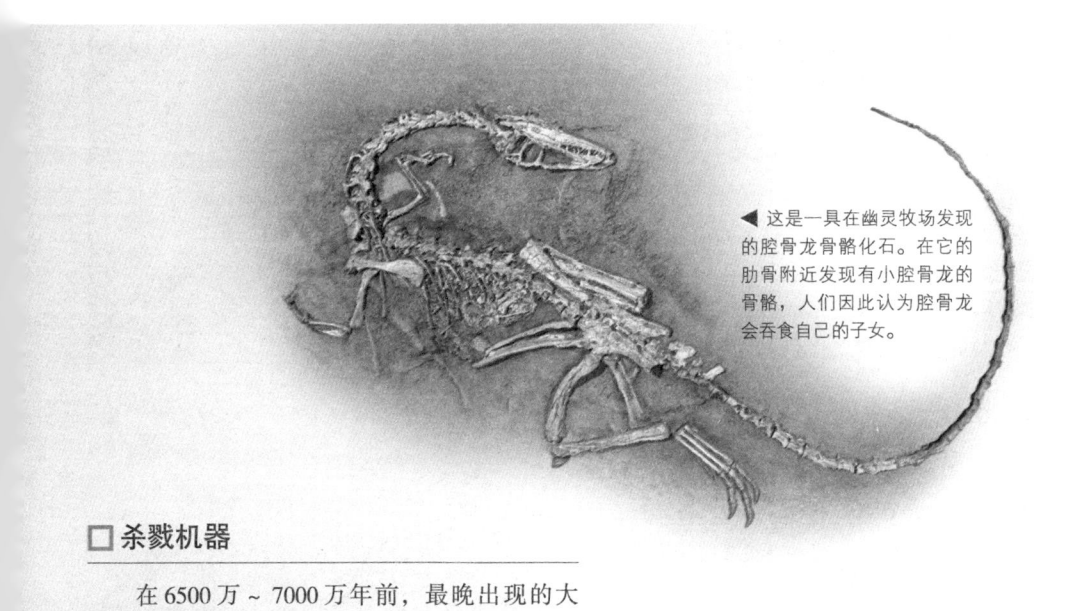

◀ 这是一具在幽灵牧场发现的腔骨龙骨骼化石。在它的肋骨附近发现有小腔骨龙的骨骼，人们因此认为腔骨龙会吞食自己的子女。

□ 杀戮机器

在 6500 万 ~ 7000 万年前，最晚出现的大型肉食恐龙之一暴龙横行北美洲。暴龙体形庞大，并具有超强的视力和听力，来帮助它追踪猎物。它的腿部肌肉极为发达，可以在极短的距离内完成加速。然而，它的前肢却十分短小，其功能至今仍不得而知。前肢太短以至于无法将食物举起送入口中，同时也太小，因而即便十分强健，也无法在战斗中派上用场。

▼ 敌对的暴龙会互相厮斗，它们张开血盆大口咬住对手的脖子或头部。古生物学家能够得知这一点是因为许多暴龙头骨上面留有同类的咬痕。

侏罗纪恐龙坟场

恐龙国家纪念公园位于美国科罗拉多州和犹他州交界处，是最具多样性的侏罗纪晚期恐龙遗址。上千具蜥脚亚目恐龙的骨骼在这里被发掘，其他值得一提的发现包括许多剑龙遗骸和一些保存完好的兽脚亚目恐龙化石。

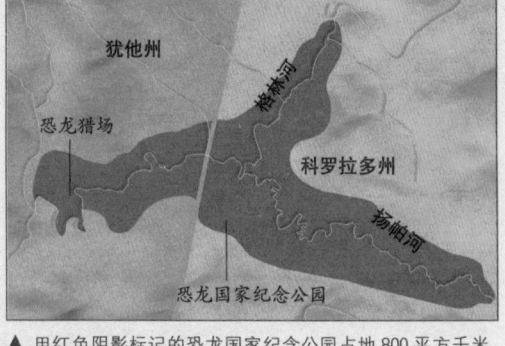

▲ 用红色阴影标记的恐龙国家纪念公园占地800平方千米。它包括一个名为"恐龙猎场"的地方，在那里有无数的恐龙化石被发现。

□ 湿润的墓地

今天被称为恐龙国家纪念公园的地方在侏罗纪时期生活着数量众多的恐龙，这主要是因为这里曾经有许多河流为它们提供丰富的水源。这里陆地平坦辽阔，雨季一到便河洪泛滥。每次洪水暴发，恐龙的尸体都会被洪水冲走，然后在水流减缓的河曲处沉积下来。它们被沉积物覆盖，并逐渐地变成化石。

古生物学家已经在纪念公园的"恐龙猎场"发现了大量这种成因的骨骼化石。到那里的游客会为那里的化石岩墙感到惊奇：陡峭的岩壁上面竟然镶有超过1500块恐龙骨骼化石。

□ 长尾巨龙

已有4种蜥脚亚目恐龙在纪念公园被发现：迷惑龙、重龙、圆顶龙和梁龙。梁龙是迄今发现的最长的恐龙之一，单是它的尾巴就可以长达14米。巨大的尾骨因为中空而变得较轻，因此

▲ 古生物学家正在削磨纪念公园化石岩墙的一段，以使恐龙骨骼能露出墙面。

有几块梁龙的尾骨是扁平的，暗示它有时候会把身体的重量分在尾巴上。

梁龙在行走时能将尾巴抬离地面。关于这一点，可以从梁龙的遗迹化石里看出来，那里面并没有尾巴造成的拖痕。

▼ 这幅图片告诉我们梁龙可以利用尾部支撑身体，从而能够站起来吃到高枝上的叶子。

□ 侏罗纪杀手

北美洲最常见的侏罗纪晚期肉食恐龙化石是异特龙化石。在纪念公园发现的一具近乎完美的异特龙头骨化石上面长有超过70颗尖利的锯

状牙齿，帮助它轻而易举地撕裂肌肉。头骨充分显示异特龙具有异常发达的颚部肌肉，让它能够张开夸张的血盆大口。许多巨型蜥脚亚目恐龙的化石上存在深陷的异特龙齿痕，这足以证明这种凶猛的掠食动物具备捕食10倍于自身大小的猎物的能力。

□ 强健的剑龙

剑龙是迄今人类了解的最大的剑龙亚目恐龙，是侏罗纪北美洲最常见的植食性恐龙。从剑龙的后颈、背部到尾部生有两排被皮肤包覆的巨大剑状骨板，上面布有血管网络，可以帮助剑龙控制体温。

▲ 异特龙会频繁袭击大型植食性动物，比如剑龙。剑龙挥动生有脊刺的尾巴作为武器展开战斗，但最后的胜利者常常是异特龙。

□ 吸热板与散热板

剑龙朝着太阳竖起骨板，通过这样来给身体取暖。血液流经骨板时，太阳光使之升温，热量随血液流遍全身。而当剑龙要让身体降温时，它会躲进阴影里面，"吸热板"就变成了"散热板"。

有趣的是，剑龙能让更多的血液涌上骨板，使骨板发出亮红色泽。这样做的目的，也许是用来威吓天敌，或者就是为了在求偶时更富吸引力。

◀ 取暖时，剑龙把又宽又平的骨板迎向太阳，让阳光直射在上面，充分地吸收热量。

梁龙的脖子有8米长，平常保持在水平位置，但为了吃到高处的枝叶，它会暂时地扬起脖子。

艾伯塔省恐龙公园

　　艾伯塔省恐龙公园位于加拿大艾伯塔省的南部，那里有不少重要的恐龙化石发现。古生物学家在该恐龙公园发掘了超过 300 具保存良好的白垩纪晚期恐龙化石。

▶ 艾伯塔省恐龙公园是一片辽阔的干燥岩场。严重的风蚀造就了无数的"天然怪岩柱"，图中便是一个很好的例子。

☐ 理想家园

　　在白垩纪时期，南艾伯塔地区曾有繁密的森林覆盖。这意味着植食性恐龙能在这里大量繁殖，而掠食者也因为有了充足的食源数量激增。在恐龙公园里，至今共有超过 35 种恐龙被人发现，包括数量众多的角龙、鸭嘴龙和暴龙。

☐ 致命的奔徙

　　恐龙公园最让人震撼的发现之一是由整群尖角龙骨骼堆砌而成的化石河床。古生物学家认为，数万只迁徙的尖角龙试图穿过泛洪的河流，却在穿越中被河水淹没。许多骨骼都已经断裂或者粉碎，表明某几只在奔跑过程中失足绊倒，后面的同伴从它们身上踩了过去。

落基山脉

不列颠哥伦比亚省

艾伯塔省

埃德蒙顿 ●

艾伯塔省恐龙公园 ■

● 卡尔加里

◀ 艾伯塔省恐龙公园位于落基山脉附近，占地 73 平方千米。

▼ 这个场景描绘了一群尖角龙试图穿过一条河流。每年夏天，成群的尖角龙都会像图中那样向北迁徙，到气候更温和的地区。

□鸣叫的鸭嘴龙

鸭嘴龙是白垩纪时期北美洲常见的恐龙，已有超过 5 种鸭嘴龙骨骼化石在艾伯塔省恐龙公园被发现。有些鸭嘴龙长有中空的骨质头冠，它们能使空气通过头冠的空穴发出刺耳的低鸣。鸭嘴龙是群居动物，发出鸣叫可以提醒同伴远离危险。

□可怕的捕食者

肉食的阿尔伯脱龙体形较小，但却是暴龙的近亲。它生活在 7000 万 ~ 7500 万年前的北美洲。第一块阿尔伯脱龙化石是头颅，在艾伯塔省被人发现，它因此得名。从那时候起，科学家数次发现埋在一起的阿尔伯脱龙化石，说明它们很可能成群出没，甚至成群地捕食。

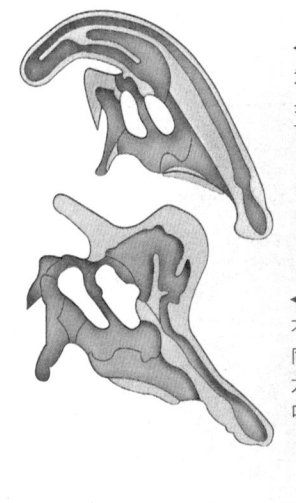

▲ 副栉龙（左）和冠龙（右）等鸭嘴龙曾经生活在艾伯塔省。不同的种类食用不同的植物，因而它们可以在不需要争抢食物的情况下共同生活。

▶ 阿尔伯脱龙生有特别巨大的头骨，比其他暴龙的头骨更深更宽。

◀ 这是一幅副栉龙头骨的示意图，我们可以看到它中空头冠中的空气通道。副栉龙可以用鼻孔吹气制造鸣响。

◀ 这是赖氏龙的头冠。不同的头冠构造能发出不同的声音，而每种鸭嘴龙都可以分辨出同伴的叫声。

白垩纪的海尔克里克

海尔克里克地处美国蒙大拿州，位于落基山脉的东面。那里的地表被严重侵蚀露出白垩纪的岩层，其中埋藏着不少晚期恐龙化石。

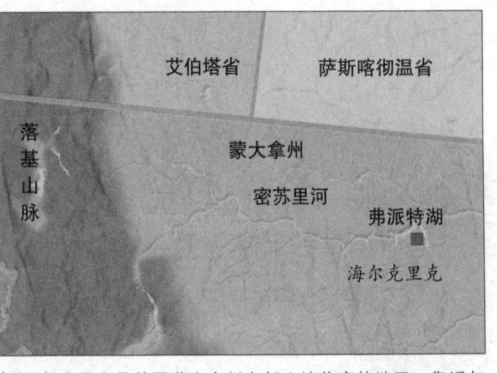

▲ 海尔克里克是美国蒙大拿州东部土地贫瘠的地区，靠近加拿大边界。

□ 白垩纪的平原

在 6500 万 ~ 7000 万年前这段时间里，曾经有无数的恐龙生活在海尔克里克。在那个时候，海尔克里克还是海拔很低的宽广平原，上面流淌着无数的河流。那里气候温和、降水充足，适合植物生长，是植食性动物理想的栖息地。

□ 用于顶撞的骨质头颅

在白垩纪晚期，许多生有骨质头颅的恐龙生活在北美洲。最大的一种叫作肿头龙，长有 25 厘米厚的头盖骨。它可能把头颅当成用来猛撞的撞锤，蓄满力量朝着争抢配偶的同类顶去。它能在顶撞的时候使背部和尾部保持僵硬，因而碰撞产生的冲击并不会使脊椎脱节。

▶ 肿头龙头盖骨上长满了骨钉，这些骨钉既能用来吓唬敌人，也能用来吸引异性。

▼ 肿头龙打架时用头顶撞对手的身体。古生物学家曾经认为它们用头部撞击对手的头部，但现在都认为那样的撞击会使头骨碎裂。

□ "海尔克里克之王"

1902年，第一块暴龙骨骼化石在海尔克里克被发现，随后更多的化石在附近被发掘出来。暴龙似乎是那个地区唯一的大型兽脚亚目恐龙，它以该地区的各种植食性恐龙为食。许多种恐龙的化石上都发现了暴龙的齿痕，其中包括鸭嘴龙和角龙。

□ 三只角的头

作为最大的角龙，三角龙在白垩纪晚期的北美洲十分常见。它的名字的意思是"有三只角的脸"，指的是它的两只长长的眉角和一只较短的鼻角。三角龙用它的角来刺伤袭击它的敌人，类似于犀牛蓄力顶向敌人。三角龙长有坚硬的骨质褶皱保护颈部，在头部上顶时不受到伤害。它低头将褶皱竖起来的时候，可能是通过炫耀褶皱吸引异性。

▲ 捕获猎物之后，暴龙从它们身上撕下大块的骨肉。它的牙齿是如此的强有力，以至于能够咬碎猎物的骨骼，连骨带肉地吞食。

▲ 三角龙的头骨占了它体长的 1/3。它的角在活着的时候比从化石上看到的更长，因为每只角都包覆着厚厚的角质层，而这些角质层并不能形成化石。

非洲化石群

由于在过去的 100 年里,人们在非洲有了一些惊人的发现,所以非洲便成了古生物学家研究的重点。非洲因盛产人类祖先的化石而著名,那里的史前居民包含着世界上有史以来最大的陆生掠食者。

非洲的化石采集工作开始于 1907 年一场规模盛大的挖掘,当时人们在坦桑尼亚发现了一个巨大的"恐龙墓地"。自 20 世纪 20 年代以来,东非和南非就出土了一些化石,为构画人类的进化史作出了贡献,而最近人们又在撒哈拉沙漠的周边地带和马达加斯加岛上发现了一些重要的恐龙化石。

□猎杀者

随便让一个人说一种大型的肉食性恐龙出来,他十有八九会说雷克斯霸王龙。但在早白垩世有一种生活在北非的巨型异特龙,却很可能拥有更为巨大的体型,只是不甚为人所知。鲨齿龙字面上的意思是"长有鲨齿的蜥蜴",这种让人惊叹而畏惧的肉食性动物最早发现于 20 世纪 20 年代,当时欧洲的古生物学家找到了它的部分颅骨及少量的其他骨头。这些残骸最终被带到了南德的博物馆中。但在 1944 年,博物馆的建筑遭到了盟军的轰炸,鲨齿龙独特的化石便也随之毁掉了。

以"石"为证

图中是1993年正在尼日尔探险的保罗·塞利诺,他是近几年来最成功的化石搜寻者之一。他不仅发现了非洲猎龙,还再次发现了鲨齿龙,并且在对南美洲早期恐龙的研究中取得了一些重大的突破。他在这里的发现包括始盗龙和迄今采集最完整的艾拉雷龙样本。

▲ 在鲨齿龙超级巨大的颅骨旁边,人类的颅骨看起来不过就是一两口就能吃掉的小点心。

▲ 非洲猎龙——"非洲的猎兽"——是一种生活在早白垩世的异特龙。它的体长达 9 米,体重达 2 吨。

在接下来的 50 年里,鲨齿龙依然是一种得而复失的恐龙物种之一。情况直到 1996 年才又有了转机,当时有一支来自芝加哥大学的考察队,由古生物学家保罗·塞利诺领队,正在摩洛哥的阿特拉斯山脉勘探。他们在一条被侵蚀了的沙岩脊上,挖掘到了一个 1.6 米长的颅骨——鲨齿龙又被重新发现了,新找到的样本甚至比第二次世界大战时期被毁掉的那个还要大。这项发现对保罗·塞利诺来说既是首次又

▲ 这些坦桑尼亚的劳工正站在一只腕龙的骸骨旁边，他们是20世纪早期德国探险队在敦达古鲁山挖掘搬运化石的数百名工人中的一部分。

是第二次，因为他在 1993 年尼日尔的探险中还发现了另一种非洲异特龙——被他命名为非洲猎龙。

在离非洲海岸线不远的地方，马达加斯加岛还是恐龙世界中的遗址胜地。1999 年，人们在那里发现了原始的植食性恐龙，它们有 2.3 亿年的历史，是已发现的最古老的物种。

□敦达古鲁山化石群

非洲的古生物学家经常要到偏远的地方工作，不过幸亏现代的交通比较便利。但在 20 世纪初，事情却并非如此简单，德国的自然学家埃伯哈德·弗拉士就是在极其艰苦的情况下穿越坦桑尼亚——当时被称为坦噶尼喀，到一个叫作敦达古鲁山的化石遗址上去追踪调查他所发现的化石。弗拉士一到达目的地，就发现敦达古鲁山含有大量的骸骨。在 1909～1913 年，德国的古生物学家派出了 4 个探险队到这个地方来勘探，采集到了 200 多吨化石。这些化石用塑料裹起来包装好后，便被一路带到了海岸上，以便装船运到欧洲。

在这场不同寻常的搬运中，有大量各种不同的植食性恐龙，包括剑龙、棱齿龙和梁龙。但就大小来说，最引人注目的还是几块腕龙的局部颅骨，里面含有——在蜥脚亚目中很少见的情况——一块几乎完整的颅骨。当这些化石最终到达德国的时候，一具完整的腕龙骨架被重新组合了起来，成为了世界上最大的"铰链式"恐龙

化石。现在这具骨架依然被安置在柏林的洪堡博物馆中。

□人类的起源

在德国探险队挖掘结束之后，另一个人造访了敦达古鲁山，他就是英国古生物学家路易斯·利基。在利基到敦达古鲁山探察的时候，大

▲ 这只来自敦达古鲁山的腕龙——世界上最大的恐龙展览品——被安放在了柏林的洪堡博物馆里。在这具骨架刚组合起来的时候，腕龙还是世界上已知的最高的恐龙；但自那以后，波塞东龙便占据了第一的位置。

▲ 一群在尼日尔工作的美国及英国的古生物学家，正在清理蜥脚龙的残骸。像图中这样的化石在沙漠的日光下会受热膨胀；而在入夜后又会受冷收缩，所以它们一旦暴露在地表，不久就会慢慢碎裂。如今，地面上仍可看见一些因此而产生的碎片。

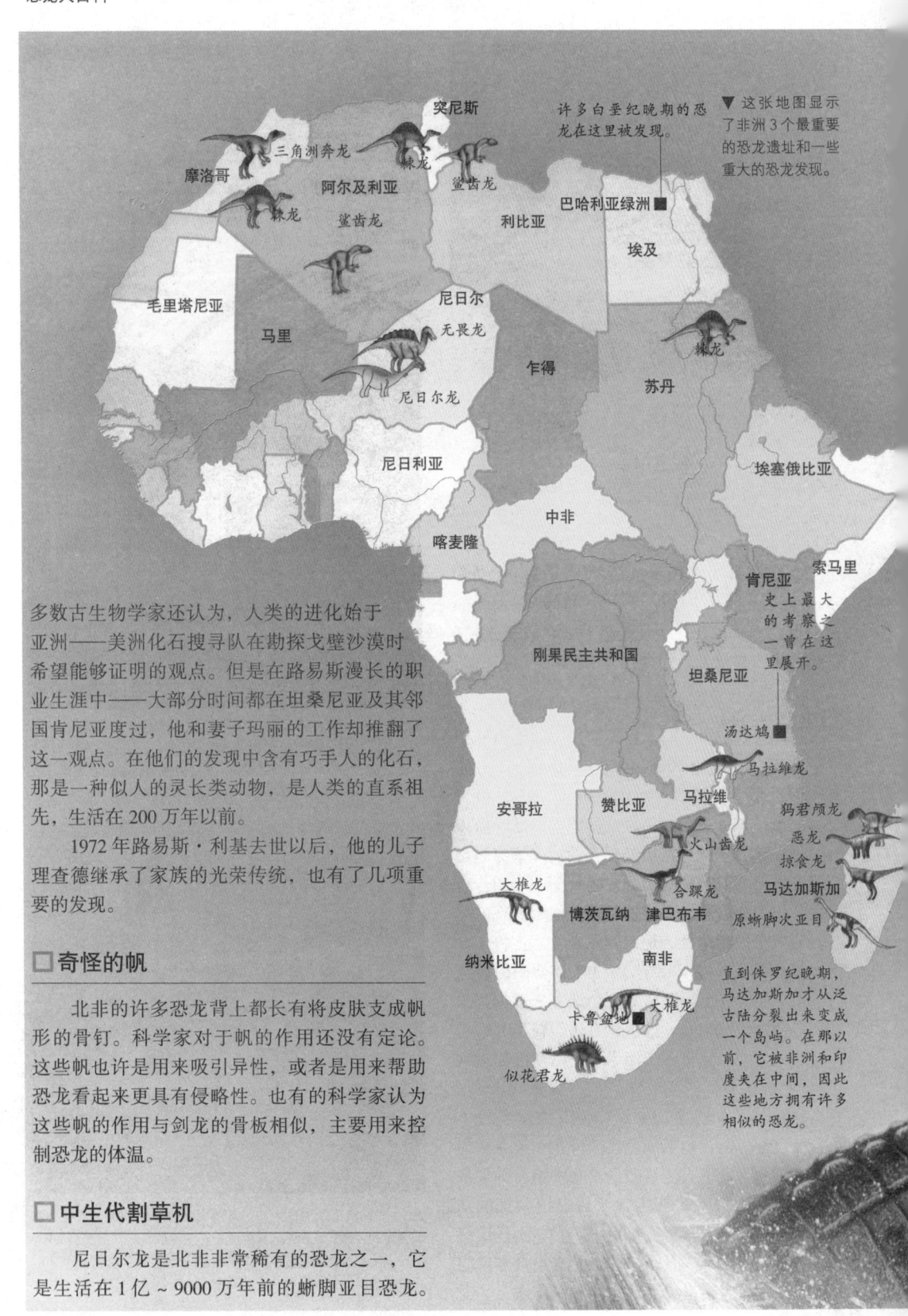

这张地图显示了非洲 3 个最重要的恐龙遗址和一些重大的恐龙发现。

突尼斯

三角洲奔龙

摩洛哥

棘龙

阿尔及利亚

鲨齿龙

鲨齿龙

利比亚

巴哈利亚绿洲

许多白垩纪晚期的恐龙在这里被发现。

埃及

毛里塔尼亚

马里

尼日尔

无畏龙

尼日尔龙

乍得

棘龙

苏丹

尼日利亚

中非

喀麦隆

埃塞俄比亚

肯尼亚

索马里

史上最大的考察之一曾在这里展开。

刚果民主共和国

坦桑尼亚

汤达鸠

马拉维龙

多数古生物学家还认为，人类的进化始于亚洲——美洲化石搜寻队在勘探戈壁沙漠时希望能够证明的观点。但是在路易斯漫长的职业生涯中——大部分时间都在坦桑尼亚及其邻国肯尼亚度过，他和妻子玛丽的工作却推翻了这一观点。在他们的发现中含有巧手人的化石，那是一种似人的灵长类动物，是人类的直系祖先，生活在 200 万年以前。

1972 年路易斯·利基去世以后，他的儿子理查德继承了家族的光荣传统，也有了几项重要的发现。

安哥拉

赞比亚

马拉维

火山齿龙

合踝龙

鸦君顾龙

恐龙

掠食龙

马达加斯加

原蜥脚次亚目

大椎龙

纳米比亚

博茨瓦纳

津巴布韦

南非

卡鲁盆地

大椎龙

直到侏罗纪晚期，马达加斯加才从泛古陆分裂出来变成一个岛屿。在那以前，它被非洲和印度夹在中间，因此这些地方拥有许多相似的恐龙。

□ 奇怪的帆

北非的许多恐龙背上都长有将皮肤支成帆形的骨钉。科学家对于帆的作用还没有定论。这些帆也许是用来吸引异性，或者是用来帮助恐龙看起来更具有侵略性。也有的科学家认为这些帆的作用与剑龙的骨板相似，主要用来控制恐龙的体温。

□ 中生代割草机

尼日尔龙是北非非常稀有的恐龙之一，它是生活在 1 亿 ~ 9000 万年前的蜥脚亚目恐龙。

似花君龙

有 15 米长的尼日尔龙是中型的蜥脚亚目恐龙，但它长有令人难以置信的宽颚部，其中生有大约 600 颗针形牙齿。尼日尔龙可以在草面上挥摆脖颈并用它的牙齿修剪草皮，这种进食方式就像一台庞大的割草机。尼日尔龙的大部分骨骼都已被发现。

◄ 尼日尔龙的嘴比其他任何已知恐龙的都要宽。它的颚部要比脸部宽得多。

▲ 雄性无畏龙长有比雌性更亮丽的骨帆，在求偶时利用它们的帆吸引异性。

► 帝鳄潜伏在河岸攻击前来喝水的猎物，如尼日尔龙。

□ 非洲史前鳄鱼群

在非洲撒哈拉沙漠有一个史前鳄鱼群化石遗址，这个遗址中目前发现了 5 种史前鳄鱼的化石残骸。它们分别是鼠鳄、扁平鳄、狗鳄、猪鳄、鸭鳄等。事实上，在冈瓦那超大陆有许多奇怪的种物。这些物种推动了古生物研究的进一步发展。

□ 吃恐龙的巨鳄

一种被称作帝鳄的史前巨鳄和尼日尔龙生活在同一时期、同一地区。帝鳄比现生任何鳄鱼大 2 倍还多，比它们的 10 倍还重。它的眼睛生在头顶，可以倾斜，因而它能够潜在水底观察经过的动物。帝鳄很可能以恐龙和其他大型动物为食。

卡鲁的沙漠恐龙

卡鲁盆地是一片被高山包围的宽广低地，它覆盖了南非 2/3 的国土面积。在侏罗纪早期，它还是一片一望无垠的沙漠，那里的恐龙在燥热的环境下生存。

纳米比亚

博茨瓦纳

南非

斯威士兰

莱索托

卡鲁盆地

开普敦

印度洋

▲ 在南非地图上，卡鲁盆地是用红色阴影覆盖的地区。恐龙化石主要在黑色虚线圈起来的地区被发现。

□卡鲁盆地

卡鲁盆地由厚厚的沉积岩层组成，始于 1.9 亿 ~ 2.4 亿年以前。通过观察每个岩层不同类型的岩石种类，科学家可以推测出当时的气候条件。我们从中得知，侏罗纪早期的恐龙生活在沙漠环境里，因为当时的岩层是由可被风吹动的细沙粒构成的。

▼ 莱索托龙成群出没，用以抵抗捕食者如兽脚亚目合踝龙的袭击。

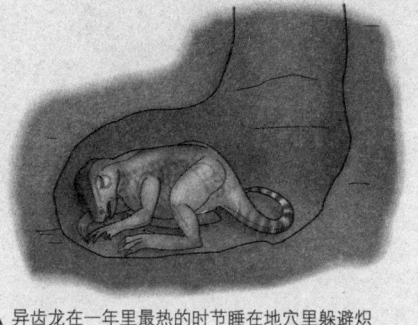

▲ 异齿龙在一年里最热的时节睡在地穴里躲避炽
热的太阳。

遮阳所

在卡鲁发现的恐龙化石体形相对
较小。这可能是因为体积小的恐龙更
适合在沙漠里生存，它们更容易找到
遮阳所。卡鲁盆地最小的恐龙是莱索托
龙，它只有一只火鸡那么大。

挖洞的恐龙

异齿龙化石是卡鲁发现的
另一种快速移动的小型恐龙化
石。它有3种不同类型的牙齿，
分别用来啃咬、撕扯和磨碎
食物。它还长有长长的手指
和脚趾，以及强有力的爪
子，这使得它非常善于挖
洞。像今天的许多沙漠动
物一样，异齿龙可以通过在
沙地里挖掘地穴来躲避太阳的
照射。

□ "卡鲁之王"

长约4米的原蜥脚次亚
目恐龙大椎龙化石是卡鲁发
现的最大的恐龙化石。然而，脖
子和尾巴占去了大椎龙体长的绝大部
分，而它的身体只有小马那么大。大椎龙
长有特别大的手脚，可以帮助它挖掘植物和它
们的根，以及任何的地下水源。

卡鲁的裂缝

卡鲁盆地曾经横跨非洲板块和南极洲
板块的边界。当1.9亿年前泛古陆开始分
裂时，这两大板块互相分离，因而在卡
鲁产生了许多裂缝。燃烧着的炽热
熔岩，或者说岩浆，从裂缝里喷涌
出来，蔓延了200万平方千米的
土地。大多数恐龙和其他动物逃
到了其他地区躲过了这次灾难，
但是岩浆毁坏了它们
的栖息地，使得
之后的很多年
卡鲁土地上都
不可能有动物
生活。

▲ 大椎龙长有特别大
的爪子，帮助它把植物
的根系挖出地面。

▼ 这便是卡鲁盆地，昔日的沙漠如今已被青草和茂密的灌木
覆盖。

 # 最大的恐龙考察队

最大的化石考察活动曾在东非坦桑尼亚名为汤达鸠的偏远山区展开。从 1909 年持续到 1913 年，大约有 900 人参加了这次考察。在这次考察中，共有 10 种不同的侏罗纪晚期恐龙被发现。

□ 成吨的化石

汤达鸠考察队是由一队德国古生物学家组织起来的，他们雇用当地人挖坑，几乎挖遍了整个汤达鸠。当地人需要步行 4 天把化石运往最近的港口，使得化石能够装船运往德国。4 年里，250 吨化石被转移，从遗址到港口的搬运多达 5 000 次。

□ 相似的遗址

许多在汤达鸠发现的恐龙化石种类也在美国犹他州的恐龙国家纪念公园被发现。非洲和北美洲在侏罗纪晚期曾连在一起，因而同一种恐龙在两块大陆都有分布。例如，兽脚亚目的异特龙和角鼻龙在这两个遗址都有发现。虽然只在汤达鸠发现了一些角鼻龙的牙齿，但从它们的尺寸可以推测它们来自一种大型的角鼻龙。

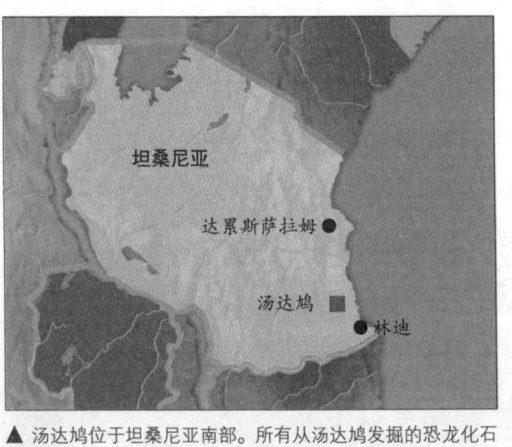

▲ 汤达鸠位于坦桑尼亚南部。所有从汤达鸠发掘的恐龙化石都从最近的港口林迪装船运往德国。

▲ 雄角鼻龙头上长有尖角。争抢配偶的雄角鼻龙会用尖角互相顶撞。

□ 溺水而亡

剑龙亚目钉状龙的许多化石在汤达鸠被发现。一个远古河床蕴藏了超过 70 块钉状龙的腿骨，可能是成群的钉状龙被洪水淹没而形成的。钉状龙可能是骨钉最多的剑龙，长有 7 根尾钉和 2 根肩钉。它可能会利用尾钉抵抗如角鼻龙等大型兽脚亚目恐龙的攻击。

□ 最高的恐龙

在这个遗址里还发现了 5 种不同种类的蜥脚亚目恐龙化石：重龙、叉龙、詹尼斯龙、汤达鸠龙和腕龙。腕龙是世界上最高的恐龙。与其他蜥脚亚目不同，腕龙的上肢比下肢要长得多。这样，腕龙把它的肩膀和脖颈从地面撑向高处，使自己能够吃到其他恐龙够不到的树叶。

▲ 腕龙一口能吃掉大量的树叶，它们的嘴宽到足以吞下整个人。

□ 惊人的骨骼

几只腕龙的遗骸在汤达鸠被发现。通过将不同个体的骨骼拼凑在一起，古生物学家得到了一具完整的腕龙骨骼。该骨骼如今保存在德国柏林洪堡博物馆的展厅中，它站起来有 25 米长，12 米高，是迄今为止世界上最大的完整恐龙骨架。

遗失的埃及恐龙

在 20 世纪早期，一位名为恩斯特·斯特莫的德国古生物学家在埃及的撒哈拉沙漠发现了许多恐龙化石。这些化石被运往德国，保存在一个博物馆里。

1944 年，第二次世界大战中的一次空袭轰炸了这个博物馆以及斯特莫收集的全部恐龙化石。

▲ 这张埃及地图显示了巴哈利亚绿洲的位置，在这里曾有许多白垩纪晚期的恐龙被发现。

□ 遗失的骨骼

斯特莫发现了兽脚亚目的棘龙、巴哈利亚龙、鲨齿龙和巨龙科的埃及龙化石。

化石被毁之后，科学家对这些恐龙的了解都只能基于斯特莫对它们的详细描述。

□ 长吻突棘龙

棘龙化石是最先被发现的棘龙科恐龙化石，它长有与鳄鱼相似的长吻突和尖牙齿。与鳄鱼类似，棘龙也有丰富的食源。它以鱼为食，也捕食其他恐龙。棘龙可能是最大的兽脚亚目恐龙，它能长到 15 米长，背部长有一面巨大的帆，使它们看起来更加魁伟。

▼ 因为鼻孔长在吻突的末端，棘龙在捕食鱼类时可以将吻突伸入水中，并同时保持呼吸。

鲨齿恐龙

斯特莫对鲨齿龙的了解仅限于它是一种长有类似鲨鱼的三角形尖牙的巨型恐龙。随后在1995年，大量鲨齿龙的头骨在摩洛哥被发现。

这些头骨证实了鲨齿龙是最大的肉食恐龙之一，并且还是在南美洲发现的南方巨兽龙的近亲。这两种恐龙可能拥有共同的祖先：当非洲和南美洲仍然相连的时候曾经存活过的某种恐龙。但当陆地四分五裂之后，这两种恐龙就开始朝着不同的方向进化了。

▲ 鲨齿龙头骨长达 1.5 米。它长有令人难以置信的强有力的尖牙，帮助它轻而易举地撕开其他动物的肌肉。

多沼泽的撒哈拉

2000 年，一队古生物学家出发前往巴哈利亚绿洲确认斯特莫发现的恐龙遗址。由于斯特莫并没有留下任何地图，他们必须通过比较地形地貌和斯特莫的描述来确定遗址的位置。如今的巴哈利亚绿洲已是一片炎热干燥的沙漠，但对那里的岩层的研究表明，在白垩纪晚期那里曾是一片沼泽地。大量的动物曾在那里栖息，其中包括海龟、鳄鱼和鱼类。

新发现

考察队还发现了一种新的巨龙潮汐龙的化石。它是自 1916 年后埃及发现的第一个新恐龙物种，也许是已知的第二大的恐龙。在化石附近还发现了一颗兽脚亚目恐龙的牙齿。可以推测某只兽脚亚目恐龙曾以潮汐龙尸体上的腐肉为食，也或者这颗牙齿来自袭击并杀死潮汐龙的肉食恐龙。

▶ 潮汐龙的臂骨是如此沉重，以至于需要 7 名考察队员一起用力才能把它抬离地面。

欧洲化石群

欧洲是古生物学的诞生之地。欧洲的化石搜寻，从250年前发现爬行动物的化石开始，有许多重大的发现。

在欧洲的某些地方，化石是很普通的东西。中世纪的人们认为，化石是那些在《圣经》所说的那次大洪水中灭亡的动物的遗体。这种理论到现在依然还有人相信。但在18世纪，人们找到了真正意义上的巨型动物化石，科学家们对地球历史的古老传说越来越感到怀疑。他们渐渐发现，地球的历史远比人们原来想象的要长，而且在远古时代还生活着各种各样的动物，只是后来都灭绝了。

□ 重见天日

在古生物学的早期，大部分化石都是被无意间发现的，而且还经常是被欧洲的采石场工人发现的。其中最壮观的发现之一就是"马斯特里赫特怪兽"——一块巨型的类鳄鱼颅骨，出土于1776年的白垩采石场。那"怪兽"实际上是一只沧龙，但当时的科学家们却猜测，它应该属于当时仍然存在的动物，很可能不是一只鳄鱼就是一头鲸鱼。

这种混淆是可以理解的，因为沧龙那塞满牙齿的双颚确实跟鳄目动物很像。但在1874年，一位意大利的自然学家发表了一篇文章，说明了一种更为出众的动物，是他在德国南部的索伦霍芬石灰岩采石场发现的。这种动物跟马斯特里赫特怪兽是不一样的，它比较小，而且看起来也不像任何科学家曾见过或者听说过的动物。它处在蝙蝠和鸟类之间，实际上是一种翼龙目动物——第一种经过系统研究的动物。这一化石的发现是当时科学界的头条新闻，而且由于人们对古生物学的兴趣暴增，采石场的工人们便一直都密切注意着有趣的化石标本——到现在它们可以卖到天价。

在19世纪早期，像索伦霍芬这样的采石场出产了一连串的骸骨化石。当时，一位叫玛丽·安宁的女士成为了第一个靠收集化石为生的人。玛丽·安宁住在英格兰多塞特的海滨沿

以"石"为证

玛丽·安宁出生于1799年，是英国早期的专业的化石收藏家。她的家乡是英格兰的莱姆里吉斯，那个地区两侧的海蚀崖都是侏罗纪的页岩和泥砾岩。1811年，她在那里发现了已知的最早的鱼龙骸骨，因为那些骸骨从悬崖上掉落到了海岸上。13年以后，她又发现了另一个"最早"：一具几乎完整的蛇颈龙骨架。

▲ 在德国的一个采石场，工人们轻轻地将石灰岩薄板劈裂开来，就找到了保存完好的侏罗纪鱼化石，它们已经在石灰岩中埋了1.5亿年。

▲ 这是一块虾化石，发现于德国南部著名的索伦霍芬石灰岩采石场。由于岩石颗粒特别细，虾身所有的细部结构都被保留了下来。在索伦霍芬，人们还曾出土过软体动物的化石，如水母。

▲ 在英格兰南海岸的莱姆里吉斯，那些岩块剥落的悬崖就是化石搜寻的风水宝地。悬崖上的层状岩石形成自侏罗纪的海底沉积物，包含着各种各样的动物化石，从鱼龙到菊石。

岸，那里的悬崖上布满了化石，并会受到海水的持续侵蚀。她的发现中包括一具几乎完整的鱼龙化石，经鉴定那是一种已经灭绝的海生爬行动物。灭绝理论渐渐盛行了起来，为后来的重大发现奠定了基础。

最早的恐龙

第一具经过正式描述的恐龙化石，是由大英博物馆的馆长罗伯特·波尔蒂在 1676 年发现的。那时候波尔蒂的发现——一根巨型股骨的

▲ 德国南部的索伦霍芬采石场出产颗粒极细的石灰岩。晚侏罗世沉积在珊瑚礁湖中的微细沉积物形成了那里的岩石。这个采石场以原产始祖鸟和 6 种翼龙化石而著名，但那里也出产了很多鱼类化石和 100 多种昆虫化石。

"膝关节末端"——被认为是来自于一种庞大的哺乳动物，甚至可能是人类的巨大变种。直到 140 多年以后，人们在英格兰的牛津郡采石场才又发现了这种动物更多的骸骨。那些化石是由地质学家的先驱人物威廉姆·巴克兰进行查验的，他认为它们属于一种肉食性爬行动物，并将其命名为斑龙。在之后的一年里，另一位英国地质学家吉迪恩·曼特尔鉴定出了禽龙的遗骸，再一次正确地推断出，它们来源于一种爬行动物，而不是哺乳动物。

斑龙意为"巨大的蜥蜴"，说明 19 世纪的地质学家仍然在试图将他们新发现的动物挤到爬行动物中已知的分支上去。但这种情况并没有持续多久。1841 年，英国顶尖的解剖学家理查德·欧文证明，斑龙和禽龙与当时存在的爬行动物在很多方面都有差别，更不用说它们的体型了。他给这群已经灭绝了的爬行动物起了一个新的名字——恐龙。

哺乳动物和人类

自这个突破性的进展之后，欧洲的古生物学就飞速地发展了起来。始祖鸟的第一具化石发现于 1861 年的索伦霍芬采石场，随着 19 世纪末的临近，欧洲的化石搜寻者们开始将化石从世界的其他地方往回搬运。这些化石构成了一些城市的博物馆藏品基础，如伦敦、巴黎和柏林。而国内的古生物学家也在继续挖掘各种不同的爬行

动物，尤其是海生动物，如鱼龙目和蛇颈龙目，但他们的发现中也包含着一些灭绝了的哺乳动物——猛犸象、熊和犀牛，它们是于冰河世纪在欧洲繁荣起来的。

在过去的150年里，欧洲还是早期人类化石和文物的重要原产地。那些早期的人类在走出非洲后，就穿越整个大陆往北迁徙。在发现的骸骨化石中，不仅有我们的祖先，还有尼安德特人。

热带沼泽

在中生代早期，欧洲还是一片炎热干旱的大陆。到了白垩纪时期，欧洲气候变得更具热带特性，河流、沼泽、繁茂的森林出现了。当时欧洲的地貌与今天美国佛罗里达州的埃弗格来兹沼泽地区十分相似，那里是很多现生爬行动物的乐园。种类繁多的恐龙生活在白垩纪时期的欧洲，其中包括甲龙、鸭嘴龙和蜥脚亚目恐龙。

▼ 这张图片描绘了一群板龙聚在河边饮水的情景。在德国、法国和瑞士发现了许多板龙化石。

欧洲常见恐龙

板龙是一种常见的欧洲恐龙，是生活在三叠纪晚期的长颈原蜥脚次亚目恐龙。它的骨骼化石已在欧洲的50多处地点被发现。最大的遗址位于德国的特罗辛根，在那里曾发掘出数百具保存完好的骨骼化石。

▶ 恐龙主要在中欧和西欧被发现，英国南部更是蕴藏了丰富的恐龙化石。

▼ 很少有恐龙化石在北欧和东欧被发现。主要是因为那里缺少暴露出来的中生代岩层，另一个原因是这些地区的恐龙研究工作开展得不够充分。

芬兰

爱沙尼亚

拉脱维亚

立陶宛

俄罗斯

白俄罗斯

波兰

乌克兰

荒漠龙

摩尔多瓦

罗马尼亚

厚甲龙

保加利亚

土耳其

希腊

□ 凶猛的瓦尔盗龙

古生物学家一直认为肉食恐龙驰龙并不曾在欧洲存活过，直到最近较大数量的驰龙骨骼片段被发掘，其中包括 1998 年在法国发现的白垩纪晚期驰龙瓦尔盗龙。瓦尔盗龙长有强壮的四肢和尖利的牙齿，以及在驰龙中十分常见的弯钩状的趾爪。

□ 轻巧迅捷

秀颌龙是侏罗纪晚期一种小巧的兽脚亚目恐龙。迄今为止只发现过两具秀颌龙骨骼化石，并且都在欧洲。其中一具是在 1859 年德国的索伦霍芬被发现，大部分骨骼都被完好地保存了下来。甚至它在临死前吞下的蜥蜴，也在它的腹腔里面变成了化石。

▲ 这具在德国索伦霍芬发现的秀颌龙骨骼化石几乎完整无缺。它的脖子被弯折到背上，长长的尾巴和下肢向左边伸展。

偶然发现的禽龙矿穴

一项欧洲最重要的恐龙化石发现包括超过 30 具禽龙化石。这些骨骼化石在比利时的一座煤矿被发现，使禽龙成为世界上被研究得最为透彻的恐龙之一。

□ 幸运的发现

1878 年出土的禽龙骨骼化石是在偶然中被发现的，当时人们正在比利时西部的一个煤矿挖矿，偶然发现了数十块骨化石。他们请来了一名古生物学家，他鉴定出这些骨化石来自禽龙。经过进一步的发掘，共有 4 个禽龙群被发现。那里可能还存在更多的化石，但由于经费不足，挖掘禽龙的工作在 20 世纪 20 年代被迫中止，而几年后整个煤矿不幸被洪水淹没。

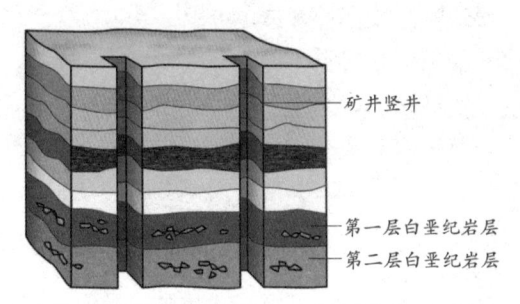

矿井竖井

第一层白垩纪岩层

第二层白垩纪岩层

▲ 这是一幅贝尼萨特煤矿的图示。禽龙的骨骼化石在地底深处的两层白垩纪早期岩层中被发掘出来。

▼ 许多禽龙曾生活在这块后来建造贝尼萨特煤矿的土地上。它们过着群居生活，大群大群地出没。

▲ 图中的禽龙模型制于 1854 年，当时的古生物学家认为禽龙大体上有着矮胖的外形。

庞大和弱小

　　煤矿中发现的大多数禽龙化石属于一个新的种类，科学家根据附近的贝尼萨特村将它命名为贝尼萨特禽龙。这种植食性恐龙可以长到大约 9 米长，其中有两具禽龙化石比之更弱小，被称为阿瑟菲尔德禽龙。

变化的外形

　　比利时禽龙化石的发现令科学家们理智地转变了关于禽龙外形的观点。发现的骨骼不仅是完整无缺的，而且骨与骨之间结合良好，因此古生物学家能够观察禽龙的骨骼是怎么结合的。在此之前，由于只有少数的骨骼片断被发现，科学家们把禽龙复原成一种长有鼻角的矮壮动物。新发现的骨架表明禽龙事实上要纤长得多，而原来认为的鼻角其实是长在拇指上的钉刺。

断裂的尾巴

　　参照比利时发现的禽龙骨架，科学家们重构了尾巴拖在地上、竖直站立的禽龙的外形。但最新研究表明这种姿势并不准确。现在，科学家们认为禽龙习惯背部水平，尾部垂直在后，大多数时候都用四条腿行走，但也能只靠两条强健的后腿进行奔跑。

◀ 小禽龙与父母还有禽龙群里的其他同类生活在一起，直到它们发育成熟。成年恐龙会照顾它们，保证它们的安全。

▲ 这是 20 世纪早期重构的禽龙骨骼模型，它看起来像一只巨大的袋鼠。古生物学家现在认为这种站姿并不正确，这是因为尾巴不可能弯曲成这样还不被折断。

中生代的英国恐龙

迄今已有很多恐龙化石在英国被发现，特别是在南方地区，那里有大片裸露的侏罗纪和白垩纪岩层。一些在英国发现的恐龙也在欧洲的其他地区被发现，这是因为英国在中生代曾与欧洲大陆连在一起。

▲ 这是一段英国多塞特的海岸线。由于海风、海水和雨水的侵蚀，那里不仅形成了岩拱这样的自然奇观，也让大片侏罗纪和白垩纪岩层暴露了出来。

- 三叠纪
- 侏罗纪
- 白垩纪

▲ 这张地图显示了英国中生代岩层的分布情况。白垩纪岩层带被人称为威尔顿层，在欧洲大陆也有广泛分布。

▼ 尖长的牙齿在巨齿龙的颚骨化石上保存完好。在每颗牙齿的底部都可以看到一颗新的牙齿，它们可以在旧牙齿被磨坏的时候取而代之。

□ 强大的巨齿龙

巨齿龙化石是最早在英国发现的恐龙化石之一，它是侏罗纪中期的大型兽脚亚目恐龙。在发现了它的几块化石之后，1824 年古生物学家为它命了名。这些化石中包括仍连有牙齿的下颚。虽然后来发现的许多化石曾被归属于巨齿龙，但它们大多数已被证明来自其他恐龙。实际上，已被发现的巨齿龙骨骼化石为数甚少，另有少量的足迹化石显示它用两条腿行走。

□ 骨钉护体

1858 年，一具近乎完整的恐龙骨骼在英国西南多塞特的侏罗纪早期岩层被发现。这种名为肢龙的恐龙体形不大却有点臃肿，在颈部、背部和尾巴上长有数排骨钉。最新的研究显示肢龙是最早的甲龙之一。自第一具肢龙骨骼被发现之后，同一地点又相继发现了另一具骨骼和一些零散的骨骼片段。全部的遗骸都是从一种海岩里发现的，据此推测它们死后尸体被河流冲入了海里。

□巨大的爪子

　　1983 年，一名古生物学家在英国东南萨里的一处黏土矿坑里发现了一块巨大的恐龙爪部化石。它来自一种被命名为重爪龙的白垩纪早期恐龙，它的名字意为"重爪"。随后，同一具遗骸的其他骨块也被陆续发现，包括几只较小的爪子。重爪龙是棘龙的一种，可以用它巨大的爪子把水里的鱼钩起来。古生物学家认为重爪龙每只手上长有三只爪子，其中的一只为"重爪"。

▲ 肢龙并不像后来的甲龙那样裹着厚重的装甲，但它身上的数排骨突和脖子上的一圈骨钉仍能帮它抵挡捕食者的袭击。

▼ 以鱼类为食的重爪龙会使用长在大拇指上的钩形巨爪将水里的鱼叉起来。它强有力的上肢能帮助它捕捉大鱼。

发现恐龙最多的恐龙岛

怀特岛是一个位于英国南海岸附近的小岛。在恐龙存活的时候，它还是英格兰大陆的一部分，大约1万年前由于海平面上升才与之分离。在怀特岛发现的恐龙比在欧洲其他任何地方发现的都多。

□ 遍地化石

怀特岛是寻找化石的好场所，这是因为它暴露在海面上的海岸线常常受到海风、海水和雨水的侵蚀。每年都有上千具化石从那里裸露出来，但很多在古生物学家发掘它们之前就被冲入了海里。岛上发现了许多白垩纪早期的恐龙化石，主要是禽龙和棱齿龙。至今在那里发现的最大的恐龙是一只腕龙，从头到尾共有15米长。

□ 几千具骨骼

怀特岛的西岸是一个巨大的化石海床，可能蕴藏着多达5000具棱齿龙骨骼。棱齿龙在白垩纪早期的欧洲随处可见，它是一种靠两条腿行走的小型鸟脚亚目恐龙。最初棱齿龙被还原时，它的一个脚趾指向后方。这让一些科学家认为棱齿龙生活在树上，像鸟类一样用脚趾钩住树枝。但目前科学家已经知道，棱齿龙所有的脚趾都是朝向前方的，并且它们是奔跑迅速的动物。

▲ 这是位于怀特岛西海岸的阿勒姆湾。海岸线上发生的侵蚀使白垩纪晚期的岩层裸露了出来。

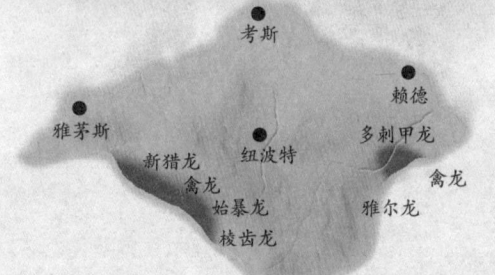

▲ 在这张怀特岛地图上，东海岸和西海岸的红色地区表示埋藏着丰富的恐龙化石。一些在岛上发现的恐龙的名字也在地图上显示了出来。

▼ 棱齿龙是一种轻快敏捷的恐龙，健康的成年棱齿龙可以比新猎龙这样的大型掠食者跑得更快。

▼ 新猎龙是一种凶猛、快速的肉食恐龙。它们用自己的巨大爪子和锋利牙齿攻击其他动物。

▲ 始暴龙长有比暴龙更长的上肢，而头颅在体长中占的比例较暴龙更小。

▲ 暴龙比始暴龙大得多，但它们有着一样细长的胫骨和足骨。

□ 怀特岛掠食者

　　1978 年，怀特岛上的古生物学家发现了一具某种巨大的肉食恐龙的骨骼，之后这种恐龙被命名为新猎龙。它的长相与异特龙相似，是那个地区主要的捕食者之一，常常伏击禽龙、棱齿龙甚至大型蜥脚亚目恐龙。

□ 新发现

　　怀特岛上的最新发现是直到 2001 年才被命名为始暴龙的骨骼化石。这种恐龙是暴龙的祖先，但体形比暴龙小。发现的那些骨骼不到整具骨骼的一半，古生物学家仍能得出结论：它拥有纤长的四肢，并且行动十分迅速。它死的时候还小，因而许多骨头还没有完全成形。

亚洲化石群

在亚洲，有一些世界上最好的化石搜寻遗址。古生物学家在那里挖掘出了大量惊人的恐龙化石。

南亚曾出土了大量重要的恐龙化石，但要说最有趣的化石产地还要数更偏北一些的俄罗斯、蒙古国和中国。在20世纪，由于政治原因，西方专家的访问受到了限制，但却并没有阻碍化石研究的进展。俄罗斯的科学家建立起了世界上最大的化石收藏博物馆；而在中国，最近的一些发现也为鸟类的进化研究带来了新的曙光。

□ "死而后已"

多年以来，人们在戈壁滩发现了数十个恐龙物种，其中有栉龙般重量级的植食性动物，也有特暴龙（霸王龙的一种近亲动物，并且体型也相当）般令人生畏的肉食性动物。研究人员还发现了慢龙科中几个物种的碎裂残骸。慢龙是一种仅存在于中亚的神秘恐龙，它们可能是肉食性的，也可能是植食性的，甚至还可能是杂食性的。古生物学家不仅发现了能够描绘这些已灭绝

以"石"为证

这具组合完整的化石骨架属于特暴龙，是亚洲最大的肉食性陆生动物。它那血盆巨口张开着，令人不禁毛骨悚然。1955年，人们在戈壁荒漠中首次发现了特暴龙的遗骸，此后又陆陆续续地发现了十几具特暴龙的骨架。其中有一些骨架是几乎完整的，它们显示出，特暴龙的后肢与微小的前臂在尺寸上有着巨大的差异。

动物形象的化石，还找到了一些能够显示它们行为习惯的线索。

1923年发现的一只窃蛋龙化石是其中最著名的发现之一，它明显是在偷其他恐龙的蛋时，遭到了风沙掩埋窒息而死的。在此后的数十年里，窃蛋龙便毫无疑问地背负着"偷蛋贼"的罪名。但经证明，这种指控是在错误的证据基础上提出来的，因为人们又有了新的化石发现。其中之一便是，一个破碎的恐龙蛋残骸里面含有微小的窃蛋龙骨头。这些证据说明，成年的窃蛋龙其实是在孵化自己的蛋。

此前，人们一直都认为，恐龙很少甚至根本不会去养育它们的后代，但这些新发现，再加上世界其他地方的化石，终于让人们破除了这样的偏见。相反，窃蛋龙

▲ 1971年，一支在戈壁滩探险的考察队发现了一些非常特别的东西——一块包含着两只恐龙的化石。这两只恐龙在搏斗时卡在了一起，而后就都死了。发起攻击的是一只伶盗龙，而它的攻击目标则是一只原角龙。

▲ 这只窃蛋龙发现于 1994 年，它很可能是坐在蛋上时，遭到了风沙的掩埋。如果窃蛋龙是冷血动物，那么它们坐在蛋上就能保护这些蛋远离掠夺者；而如果它们是温血动物——似乎也很有可能是，那么它们就是在孵蛋，以利于蛋的发育。但从化石上来看，无法分辨出坐在蛋上的成年恐龙是雌性还是雄性。

似乎是颇具奉献精神的父母，一直都顽强地守护着它们的蛋，即便是生命受到了沙尘暴的威胁，也依然不离不弃。

□ 遥北化石群

西伯利亚森林位于北极圈的两侧，距离戈壁滩 3000 千米。距今大约 2 万年，在最后一次冰河世纪的极盛时期，这一地区还被大陆冰盖覆盖着。但在冰川消退后，地表便变成了没有树木的冻原，只生长着一些矮生植物，为猛犸象、披毛犀和所谓的"爱尔兰麋"提供食物。那景象就

▲ 在中国华中地区的湖北省，两位古生物学家正在检查一块恐龙蛋化石。将一个恐龙蛋与一个具体的恐龙物种相匹配是非常困难的，因此科学家会给恐龙蛋单独命名，就像恐龙的遗迹那样。

如同是被冰封了的非洲大草原，上面生活着大量的植食性哺乳动物和狼之类的肉食性动物。这些动物随着季节的变化而迁徙着。

与恐龙相比，这些动物的灭绝时间比较靠后。例如，在西伯利亚北海岸的弗兰格尔岛上，直到 6000 年前都还生活着猛犸象。因此，这些生物的遗骸化石中有时会包含着皮肤和头发的遗迹，若是在深冷冻的情况下，甚至还会含有肌肉的痕迹。

□ 东部的化石群

20 世纪 20 年代，在中国东北周口店工作的古生物学家发现了"北京人"的遗骸。"北京人"生活在 40 多万年前，是人类的祖先。挖掘者不仅发现了骨化石和工具，还在山洞深处找到了成堆的灰烬——人类有意识地使用火的最早例证之一。"北京人"与现代人类非常相像，但它属于"直立猿人"，大约在 20 万年前就消失了。

直到现在，中国华北还依然是搜寻化石的重要地区。但对很多科学家来说，他们并不太关注人类的祖先，而更注重恐龙或鸟类的祖先。

▲ 科学家正在清理一个重大的发现现场，那里有许多恐龙蛋化石和恐龙骨化石，旁边还有很多人在围观。如果这些化石年代相同，即说明那些成年恐龙还窝在巢内时，灾难就突然来袭了。

□ 四川的蜥脚亚目恐龙

1913 年，四川省发现了中国的第一具蜥脚亚目恐龙化石。如今，这个地区以发现了比世界上其他任何地区都多的侏罗纪中期恐龙而闻名。四川恐龙包括：剑龙亚目华阳龙，尾部长有刺棒的蜥脚亚目蜀龙，恐龙中脖子最长的蜥脚亚目马门溪龙。

□ 印度恐龙

在中生代大部分时期，印度都是冈瓦纳古陆的一部分，与亚洲的其余部分相分离。因此，比之亚洲恐龙，不如说印度恐龙更像其他冈瓦纳古陆恐龙。

例如，名为阿贝力龙的兽脚亚目恐龙曾在印度、非洲和南美洲被发现，却没有存在于亚洲其余部分的迹象。

▼ 这张地图上标记了亚洲最重要的两个恐龙遗址，分别是中国的辽宁省和蒙古的戈壁沙漠。图上同样也显示了亚洲其余地区发现的主要的恐龙种类。

这里发现的恐龙比亚洲其余地区加起来还要多

俄罗斯

阿穆尔龙

哈萨克斯坦

湖角龙

吉兰泰龙

土耳其

牙克熬龙

鹦鹉嘴龙

乌兹别克斯坦

镰刀龙

戈壁沙

伊拉克

伊朗

阿富汗

中国

华阳龙

马门溪龙

沙特阿拉伯

巴基斯坦

巨龙

蜀龙

印度鳄龙

印度

巨脚龙

艾沃克龙

▼ 蜀龙能用长有刺棒的尾部抵御任何试图攻击它的兽脚亚目捕食者。

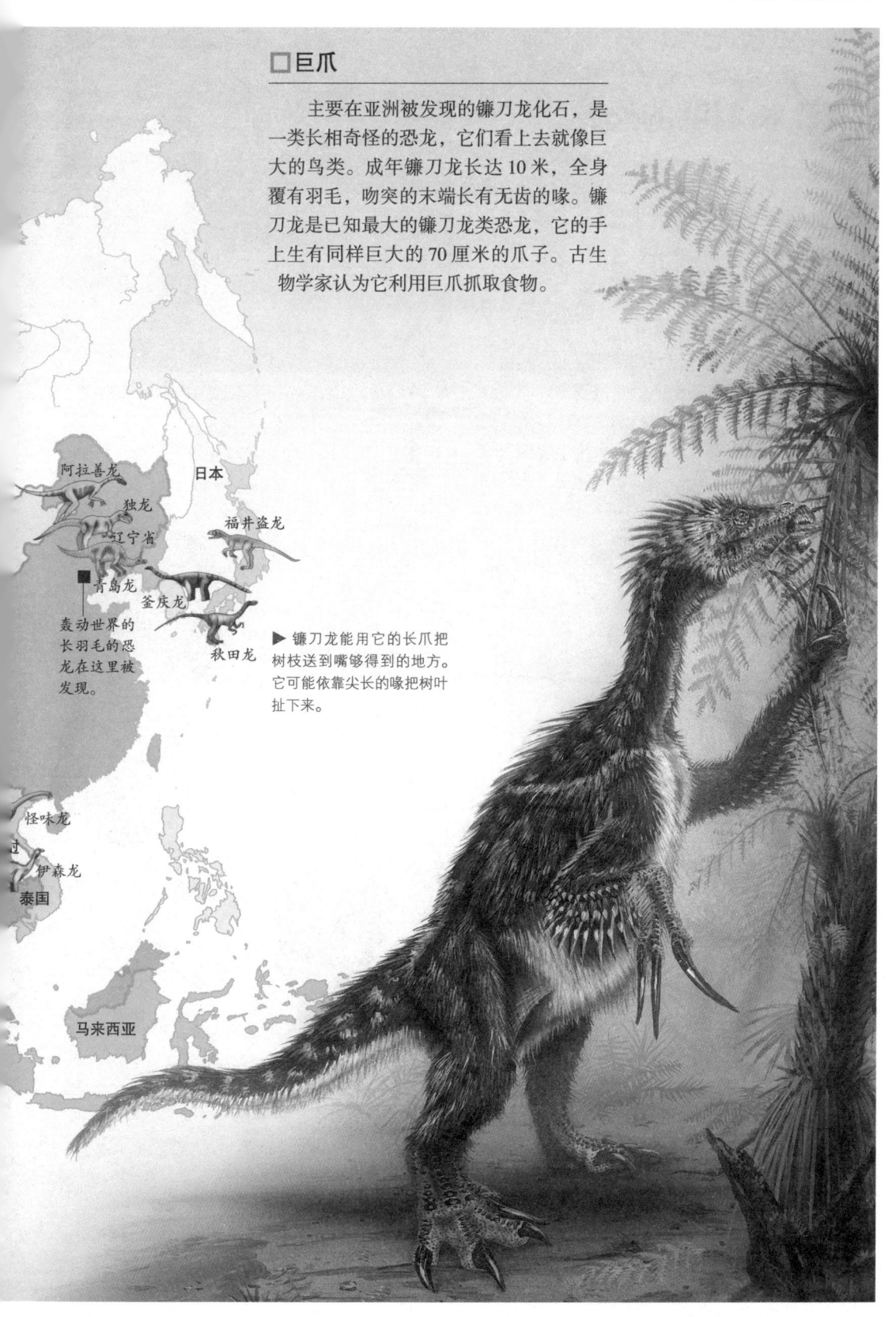

□巨爪

主要在亚洲被发现的镰刀龙化石，是一类长相奇怪的恐龙，它们看上去就像巨大的鸟类。成年镰刀龙长达 10 米，全身覆有羽毛，吻突的末端长有无齿的喙。镰刀龙是已知最大的镰刀龙类恐龙，它的手上生有同样巨大的 70 厘米的爪子。古生物学家认为它利用巨爪抓取食物。

阿拉善龙

独龙

日本

福井盗龙

辽宁省

青岛龙

釜庆龙

轰动世界的长羽毛的恐龙在这里被发现。

秋田龙

▶ 镰刀龙能用它的长爪把树枝送到嘴够得到的地方。它可能依靠尖长的喙把树叶扯下来。

怪味龙

伊森龙

泰国

马来西亚

长羽毛的恐龙

20 世纪 90 年代，在中国辽宁省的一系列发现改变了人们对恐龙的认识。古生物学家发现了长羽毛的小型兽脚亚目恐龙化石，这证明鸟类是恐龙的直系后代。

但为什么中国的这个地区，会如此盛产有羽毛的兽脚亚目恐龙呢？原因之一是，与德国的南部地区一样，在鸟类祖先生活的时代里，这里覆盖着浅水湖和咸水湖。在德国的南部，始祖鸟很可能是掉到水里溺死了，然后沉到水底而被细泥掩埋了起来。在辽宁省，有羽毛的小型兽脚亚目恐龙，则很可能是在一场诸如火山爆发的灾难之后，陷进去而死亡的。就始祖鸟来说，它们在湖底淤泥中所形成的化石具有非常精细的结构，使得羽毛的轮廓至今仍能被看清。

▲ 地图上的黑色虚线表示中国辽宁省的边界，红色方块表示发现长羽毛的恐龙的遗址。

▶ 这是一块中华龙鸟的化石，可以清楚地看到覆盖全身的羽毛外层轮廓。

◀ 尾羽龙像这样炫耀羽毛来吸引异性，就像现在的鸟类一样。

□埋在尘埃中

辽宁恐龙化石始于白垩纪早期，当时的辽宁是一片充满生机的林地。附近的火山不定期地释放出毒气和尘埃，杀死了周围的所有动物。死去的动物有时会被火山灰掩埋，使得尸体变成化石之后被保存得惊人的完整。

始祖鸟是恐龙与鸟类之间的过渡物种，它的化石发现于1816年的德国南部。尽管始祖鸟属于鸟类，但它仍然还带有一些爬行动物的明显特征，如翅膀上的爪子，以及长长的骨质尾巴。但在始祖鸟之类的鸟类进化之前，应该还有更早的、看起来更像"正常"恐龙的物种形式。在过去的10年里，古生物学家在中国东北部的辽宁省，仔细查寻软岩石的岩层，终于填补上了遗失掉的过渡环节。

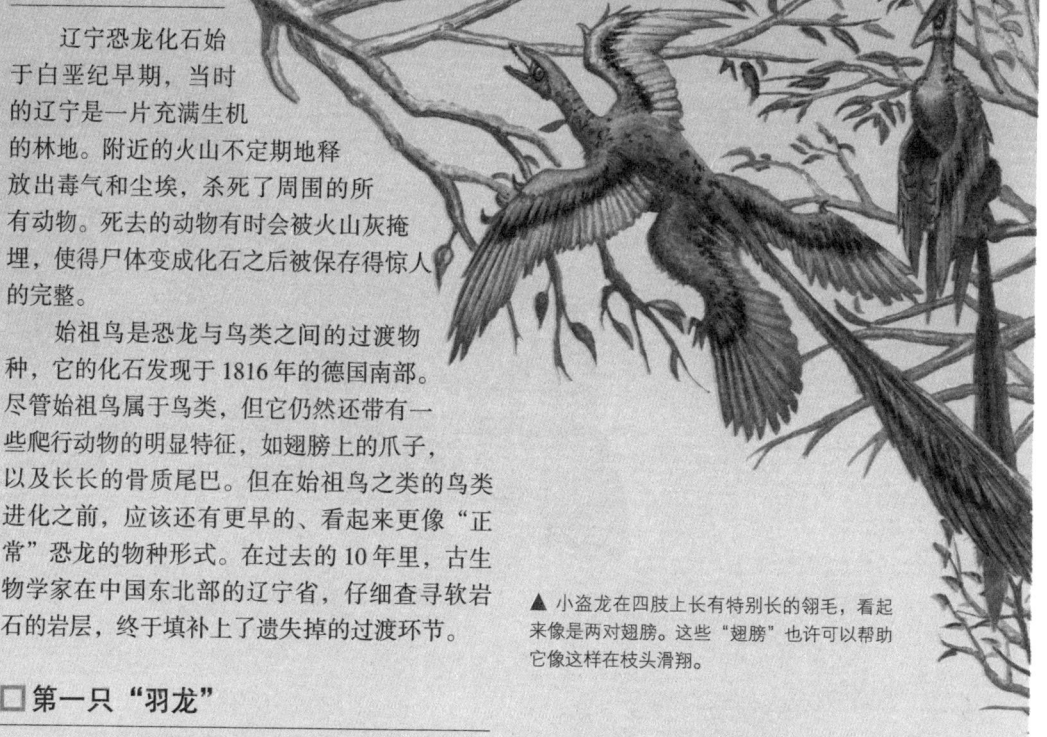

▲ 小盗龙在四肢上长有特别长的翎毛，看起来像是两对翅膀。这些"翅膀"也许可以帮助它像这样在枝头滑翔。

□第一只"羽龙"

1996年，中华龙鸟化石首次被发现，它是第一块身上存在羽毛生长过痕迹的恐龙化石。中华龙鸟是一种小型的兽脚亚目恐龙，或者说，是一种肉食性的两足动物。它的后肢很长，前臂却很短，并在末端长有小巧的爪子。毫无疑问，中华龙鸟并不会飞行，因为它连翅膀的雏形都不具备。

光这一块化石就已经足够引人注意了，但在辽宁省内却有好几个类似的发现。其中有原始祖鸟和尾羽龙，均是有羽毛但不能飞的兽脚亚目恐龙，还有顾氏小盗龙——一种只有75厘米长的不寻常的原始驰龙。发现于2002年的6块小盗龙化石显示出，小盗龙的后肢和前肢上都长有翼羽，这说明它可能需要同时利用4个翅膀来飞行。科学家认为中华龙鸟的羽毛形成一层柔毛层，帮助它保持体温。

□短小的上肢

1997年在辽宁发现的尾羽龙化石是那里发现的第三种长羽毛的恐龙化石，它甚至比中华龙鸟更像鸟类。尾羽龙的化石显示它的全身几乎覆满又短又柔的羽毛，在尾巴和上肢上长有又长又硬的翎毛。但是，它的上肢太短，根本飞不起来。

□树栖恐龙

小盗龙是在辽宁发现的最晚的长羽毛的恐龙化石。它长有锋利的弯钩形爪子，和某些现生的树栖动物如啄木鸟、松鼠等十分相似。科学家认为小盗龙能够爬上树枝，并且大部分时间都待在树上。和大多数鸟类一样，小盗龙每只后足上都长有一个指向身后的趾爪。这两个趾爪帮助它牢牢地抓住树枝，因而它能够轻而易举地停栖在树上。

□会飞的恐龙

2000年发现的一具昵称为戴夫的恐龙化石显示，近鸟恐龙可能长有比科学家原先认为的多得多的羽毛。戴夫的羽毛密密地生长在它的四肢上，上至吻突的尖部下至尾巴的末端。甚至还有一名科学家试图说服别人，戴夫能够拍翅飞行。

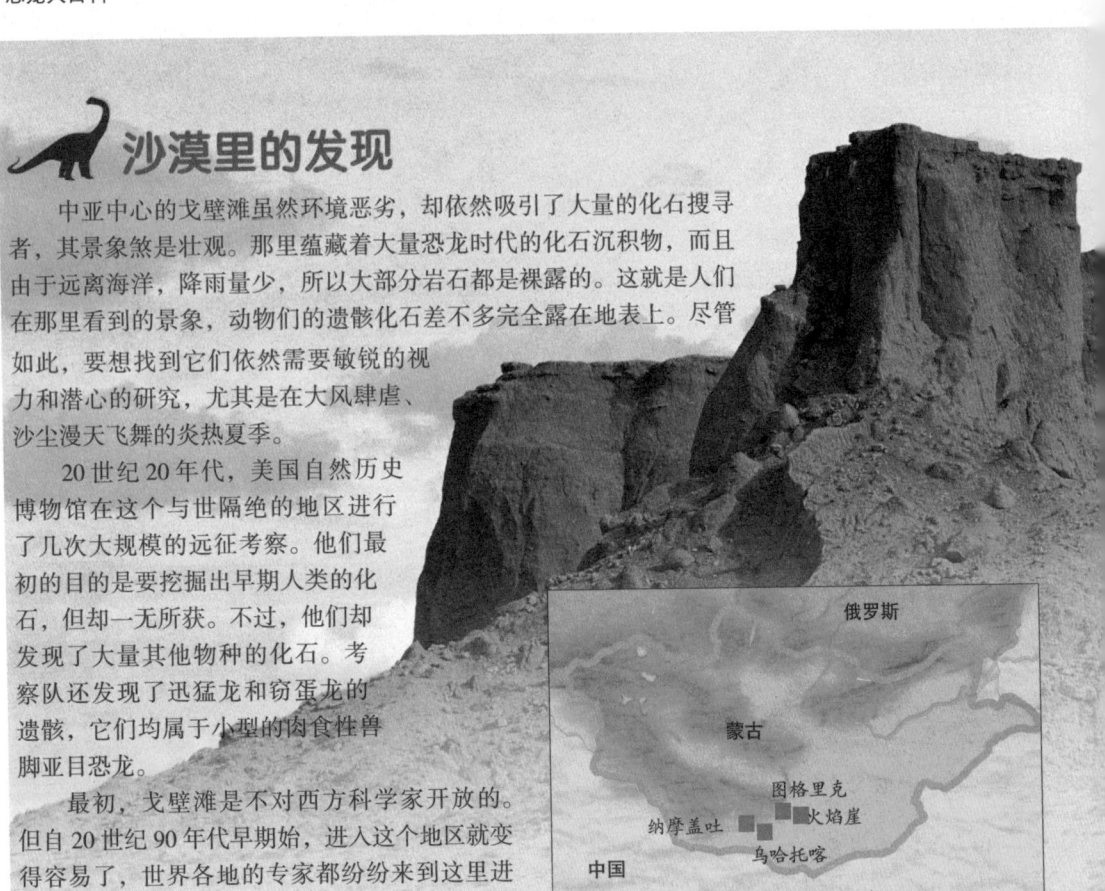

沙漠里的发现

　　中亚中心的戈壁滩虽然环境恶劣，却依然吸引了大量的化石搜寻者，其景象煞是壮观。那里蕴藏着大量恐龙时代的化石沉积物，而且由于远离海洋，降雨量少，所以大部分岩石都是裸露的。这就是人们在那里看到的景象，动物们的遗骸化石差不多完全露在地表上。尽管如此，要想找到它们依然需要敏锐的视力和潜心的研究，尤其是在大风肆虐、沙尘漫天飞舞的炎热夏季。

　　20世纪20年代，美国自然历史博物馆在这个与世隔绝的地区进行了几次大规模的远征考察。他们最初的目的是要挖掘出早期人类的化石，但却一无所获。不过，他们却发现了大量其他物种的化石。考察队还发现了迅猛龙和窃蛋龙的遗骸，它们均属于小型的肉食性兽脚亚目恐龙。

　　最初，戈壁滩是不对西方科学家开放的。但自20世纪90年代早期始，进入这个地区就变得容易了，世界各地的专家都纷纷来到这里进行探险考察。

俄罗斯

蒙古

图格里克

纳摩盖吐　　　　火焰崖

乌哈托喀

中国

▲ 这张蒙古地图显示了戈壁沙漠化石最丰富的几个恐龙遗址。

□ 丰富的多样性

　　在白垩纪晚期，戈壁沙漠曾被沙丘、沼泽和河流覆盖。它有足够的植被供多种多样的恐龙、蜥蜴和早期哺乳动物在这里生活。许多不同种类的蜥脚亚目在这里被发现，同样也有兽脚亚目、鸭嘴龙科、肿头龙亚目和甲龙亚目。

◀ 沙漠里的沙暴对恐龙来说是足以致命的，尤其对于幼龙，如这几只小绘龙。它们正在沙丘后面缩成一团，试图通过这样躲避沙暴。

▼ 这就是火焰崖，它包围着戈壁沙漠北部的大片谷地。它有 5 千米长，由红色的沙岩组成。

▲ 这张伶盗龙足部的示意图告诉我们它的第二趾爪可以翻转 180°。

□ 火焰崖

1922 年，由罗伊·查普曼·安德鲁斯率领的美国考察队深入戈壁沙漠寻找早期人类遗迹。但是，考察队在一个被称为火焰崖的地方迷失了方向。在一处峭壁的边缘，考察队的摄影师偶然发现了一具角龙亚目原角龙的头颅化石。当时，考察队并没做多少探究就匆匆回国，但一年之后，他们又回到了这个遗址，发现了从未被发现过的恐龙巢穴。

□ 拒之门外

安德鲁斯又先后 3 次回到火焰崖搜寻恐龙化石，但在 1930 年~ 1990 年间，美国人被禁止入境。与此同时，蒙古、俄罗斯和波兰组成的考察队探索了更多的区域，发现了大量的恐龙化石，其中包括 5 只小绘龙形成的化石。古生物学家认为，它们是在一场沙暴中一起被掩埋的。

▲ 伶盗龙和原角龙在一场打斗中势均力敌。伶盗龙拥有锋利的趾爪可以抓穿原角龙的皮肤，但原角龙尖锐的喙也能给对手带来致命的伤害。

令人吃惊的恐龙发现

一些在戈壁沙漠最惊人的发现来自纳摩盖吐盆地。它占地 4840 平方千米，位于戈壁沙漠南部的谷地。1948 年，前往纳摩盖吐的第一支考察队发现了大量的化石，今天那里仍有化石被发现。

□ 无用的上肢

从纳摩盖吐发现的最大的兽脚亚目恐龙化石是特暴龙化石。特暴龙是暴龙的近亲，甚至也有人认为它们就是同一种恐龙。特暴龙长有巨大的颚部和尖长的牙齿，却有着与庞大的身躯不成比例的娇小上肢。它能在短距离内完成加速，但它的短上肢意味着在奔跑时跌倒将会是致命的，因为上肢对保护它的头部和身体没有一点帮助。

□ 鸵鸟恐龙

纳摩盖吐最常见的恐龙是似鸟龙科的似鸡龙。似鸟龙外形酷似鸵鸟，却有两倍鸵鸟那么大。似鸡龙可能是跑得最快的恐龙，最快能达到每小时 50 千米。它依靠速度来摆脱捕食者的袭击，而它强壮的腿可以做出强有力的踢打。

◀ 特暴龙为了捕食一只似鸡龙，不得不对它展开伏击，因为似鸡龙是一种非常迅速的恐龙。

▼ 图为恐手龙的利爪。起初古生物学家认为恐手龙应该是凶猛的捕食者，但现在的观点是，这对利爪可能仅仅起到把高处的枝叶抓扯下来的作用。

□ "恐怖的手"

1965 年，一对长达 2.4 米的上肢骨骼在纳摩盖吐盆地被发现，它属于一种新的恐龙。科学家命名这种恐龙为恐手龙，意为"恐怖的手"。他们认为恐手龙属于似鸟龙的近亲，因为它们的上肢十分相似，尽管恐手龙的上肢有似鸟龙的 4 倍那么大。与似鸟龙一样，恐手龙可能以植物和小动物为食。

□ 骨化石堆

1993 年，科学家在纳摩盖吐盆地发现了一个新的恐龙遗址，叫作乌哈托喀。它的面积只有 50 平方千米，但已有超过 100 具恐龙化石在这里被发现。它也是世界上最重要的中生代哺乳动物化石遗址。这里发现的白垩纪时期哺乳动物头骨化石比世界上其他遗址发现的加起来还要多。

□ 一只爪

乌哈托喀最奇怪的发现之一是一只名为单爪龙的长羽毛的小型恐龙，它的名字的意思是"一只爪"。它长有极其短小的上肢，而每只上肢只有一只结实的大爪。它的上肢太短因而够不到自己的脸，但是非常强健。单爪龙会利用上肢凿穿蚁丘，从而能吃到土丘里面的白蚁。

▼ 单爪龙用它的爪子在白蚁丘穴上凿洞，然后就能用尖长的喙啄食白蚁了。

大洋洲的恐龙

大洋洲包括澳大利亚、新西兰和周围的一些海岛，那里只发现了少量的恐龙，并且其中的大多数是在最近几十年才被发现的。新西兰发现的第一块恐龙化石是在 1979 年，而大部分新西兰的恐龙化石都是由一位女古生物学家琼·韦冯发现的。

☐ 极地恐龙

在中生代的大部分时期，澳大利亚和新西兰都与南极洲连在一起，形成一片广阔的极地大陆。即使中生代时期的极地环境要比如今的极地温暖许多，在那里生存的恐龙也不得不忍受极地苛刻的气候条件和黑暗漫长的冬季。

▶ 大多数澳大利亚的恐龙化石来自东部的 3 个区域：维多利亚州南部、新南威尔士州的闪电岭和昆士兰州中部。

☐ 新西兰

在新西兰发现的第一块恐龙骨骼化石是某种大型兽脚亚目恐龙的一块趾骨。从那以后，更多的兽脚亚目恐龙在这里被发现，同样也有蜥脚亚目、鸟脚亚目和甲龙亚目。但是，新西兰大部分的中生代岩层都是在海底形成的，因此发现的大部分化石来自海洋动物，如蛇颈龙类等。

▼ 至今没有在巴布亚新几内亚境内发现过任何恐龙。这是因为在中生代时期，巴布亚新几内亚还沉在海底。

巴布亚新几内亚

布鲁姆

北部地区

澳大利亚

埃利奥特龙

敏迷龙

昆士兰州

木他龙

快达龙

瑞拖斯龙

西澳大利亚州

南澳大利亚州

彩蛇龙

闪电岭

闪电兽龙

新南威兰州

恐龙湾

维多利亚州

白垩纪时期的极地恐龙在这里被发现。

▲ 新西兰的北岛上发现了蛇颈龙类的毛伊龙。毛伊龙以鱼类和其他海洋生物为食，它的尖牙帮助它捕捉猎物。

□ 化石的稀缺

澳大利亚发现的恐龙化石比其他任何大陆都少，这是由于在澳大利亚只有很少的古生物学家寻找恐龙。大部分澳大利亚的中生代岩层都位于难以到达的偏远地区，但最新的恐龙发现显示澳大利亚存在巨大的潜力，可能有更多激动人心的发现。

▶ 雄性木他龙通过在异性面前晃动它们的吻突来吸引对方。

北岛
甲龙
棱齿龙
新西兰
南岛

◀ 中生代海洋爬行动物在新西兰的各地都有发现，但恐龙化石至今只在北岛被发现。这里发现的恐龙至今没有一只被命名。

□ 昆士兰州

大多数澳大利亚的恐龙发现来自昆士兰州的白垩纪岩层。它们包括蜥脚亚目的瑞拖斯龙，名为敏迷龙的小型甲龙，鼻部长有大肿突的长相奇怪的鸟脚亚目木他龙。科学家认为雄性木他龙的吻突上长有明亮的斑纹。

□ 最大的发现

在 20 世纪 80 年代，在西澳大利州的布鲁姆发现了巨大的蜥脚亚目恐龙足迹。这些足迹显示庞大无比的恐龙曾在澳大利亚漫游，但直到最近科学家们仍没有找到骨骼化石证据来证明它。在 1999 年，一个农民在昆士兰州的温斯顿发现了一具蜥脚亚目恐龙的遗骸。古生物学家们至今仍在挖掘它的骨骼。他们把化石发现地的拥有者的名字"埃利奥特"当作这种恐龙的昵称，并认为它将是澳大利亚最大的恐龙。

接近南极的恐龙湾

位于澳大利亚南部维多利亚海岸的恐龙湾，是澳大利亚最佳的恐龙猎场之一。它的崖壁常年受海水侵蚀，暴露出大片中生代岩层。

□白垩纪的海湾

在恐龙湾发现的恐龙化石全部来自白垩纪早期。当时澳大利亚已同南极洲分离开来，但它南部的土地仍位于南极圈里。

在夏天，这些地区全天都有日照；但到了冬天，这里迎来了一连 5 个月极夜的日子。即便在这样的条件下，仍有植物化石表明这些地区覆有森林，在这里还找到了昆虫化石。

□炸出化石

许多恐龙湾的化石被埋在由沙岩和泥岩组成的无比坚硬的岩层中。因为这些岩石是如此的坚硬，古生物学家不得不用炸药将悬崖表面炸掉，从而寻找化石。

澳大利亚

太平洋

南极圈

恐龙湾

南极洲

▲ 这幅地图显示了在白垩纪早期澳大利亚南端距离南极洲有多近。

▼ 雷利诺龙成群出没，它们长有僵直的尾巴帮助它们保持两腿的平衡。

□熬过严冬

恐龙湾的大多数恐龙化石都是小型
鸟脚亚目恐龙，如
雷利诺龙和
快达龙。科
学家对它们能
熬过漫长、黑暗的冬季的
原因尚无定论。

小型动物通常不会长途迁徙，那样会消耗
掉它们太多的能量，因此它们很可能在原栖地

▲ 这就是恐龙湾。这里的第一块恐龙化石在 1980 年被发现。
迄今为止，已有超过 80 块恐龙化石从这里出土。

过冬。可能它们经过夏天就会变得肥胖，到了
冬天，多余的脂肪可以帮助它们保持体温。在
缺乏食物的情况下，脂肪还能给它们提供能量。

□极地掠食者

数种兽脚亚目恐龙的骨骼碎片已在
恐龙湾被发现，其中包括一块胫骨。

古生物学家认为它来自一只似
鸟龙，还有一块踝骨，它可能来自
一种与异特龙具有亲缘关系的兽脚亚
目恐龙。

这些肉食恐龙可能在夏天捕捉出
没的小型鸟脚亚目恐龙，冬季就迁徙
到恐龙湾以外的地区。

南极洲的恐龙

直到 1986 年，仍没有恐龙在南极洲被发现。但从那之后，先后有数种不同种类的恐龙化石在这里被发现，其中包括一种从未在其他大陆被发现过的兽脚亚目恐龙。

□白垩纪的发现

3 具甲龙遗骸和 1 具棱齿龙遗骸在南极洲西北部的詹姆斯罗斯岛被发现，它们都是生活在白垩纪晚期的恐龙。这些恐龙活着的时候，南极洲比今天的它要温暖得多，但一年中仍有不少日子严寒无比。到了寒冷的季节，居住在南极洲的恐龙会迁徙到更温暖的地方去。

□大陆桥

在位于南极洲西北部的维加岛，古生物学家发现了一颗鸭嘴龙牙齿化石。鸭嘴龙最早出现在大约 8000 万年前，也正是南极洲与美洲和亚洲分离的时候。鸭嘴龙化石

▼ 这张南极洲地图标记了迄今在那里发现的恐龙化石。由于发现的大部分化石都只是骨骼碎片，那里的恐龙至今未被命名。

鸭嘴龙科
维加岛
詹姆斯罗斯岛
甲龙亚目
棱齿龙科
埃尔斯沃思地
西南极洲
玛丽·伯德地
横贯南极山脉
毛德皇后地
恩德比地
南极洲
东南极洲
南极点
冰脊龙
基尔帕特里克山
原蜥脚次亚目
威尔克斯地
维多利亚地

的发现证明了在它活着的时候，南美洲和南极洲之间曾经存在过连接两个大陆的大陆桥。

□唯一的兽脚亚目

1991 年，南极洲发现了兽脚亚目的冰脊龙的骨骼。在基尔帕特里克山一侧 3660 米高处，人们发现了属于 3 只冰脊龙个体的骨骼。冰脊龙长约 7 米，用两条腿行走，长相可能与异特龙相似。它的头上长有朝向前方的 20 厘

◀ 甲龙亚目以蕨类等低矮的植物为食，它们身上的骨钉能帮助它们保护自己。

▶ 雄性冰脊龙可能用它的头冠
吸引异性。

米长的头冠，是迄今发现的兽脚
亚目恐龙中唯一一种头冠朝前的
恐龙。

☐ 窒息致死

冰脊龙的骨骼旁边还
发现了原蜥脚次亚目恐龙
化石。有几块原蜥脚次亚目恐
龙的骨头在冰脊龙的咽喉里被发现。
一种解释是冰脊龙捕捉了一头原蜥脚次亚目恐
龙，却在吃它的时候自己死掉了。冰脊龙甚至
有可能是被一块骨头噎死的。

☐ 困难地带

之所以在南极洲只发现了如此少量的恐
龙，一个原因是那里 98% 的陆地都被冰雪覆盖。
虽然存在几处裸露的中生代岩层，但大多数
都被埋在 5 千米厚的冰层底下。常年的
疾风和 –50℃的平均气温，这也使前
往南极洲的考察之旅变得异常艰险。

▼ 这是古生物学家威廉·海默和他的考察队建在冰脊龙挖掘
现场的营地。

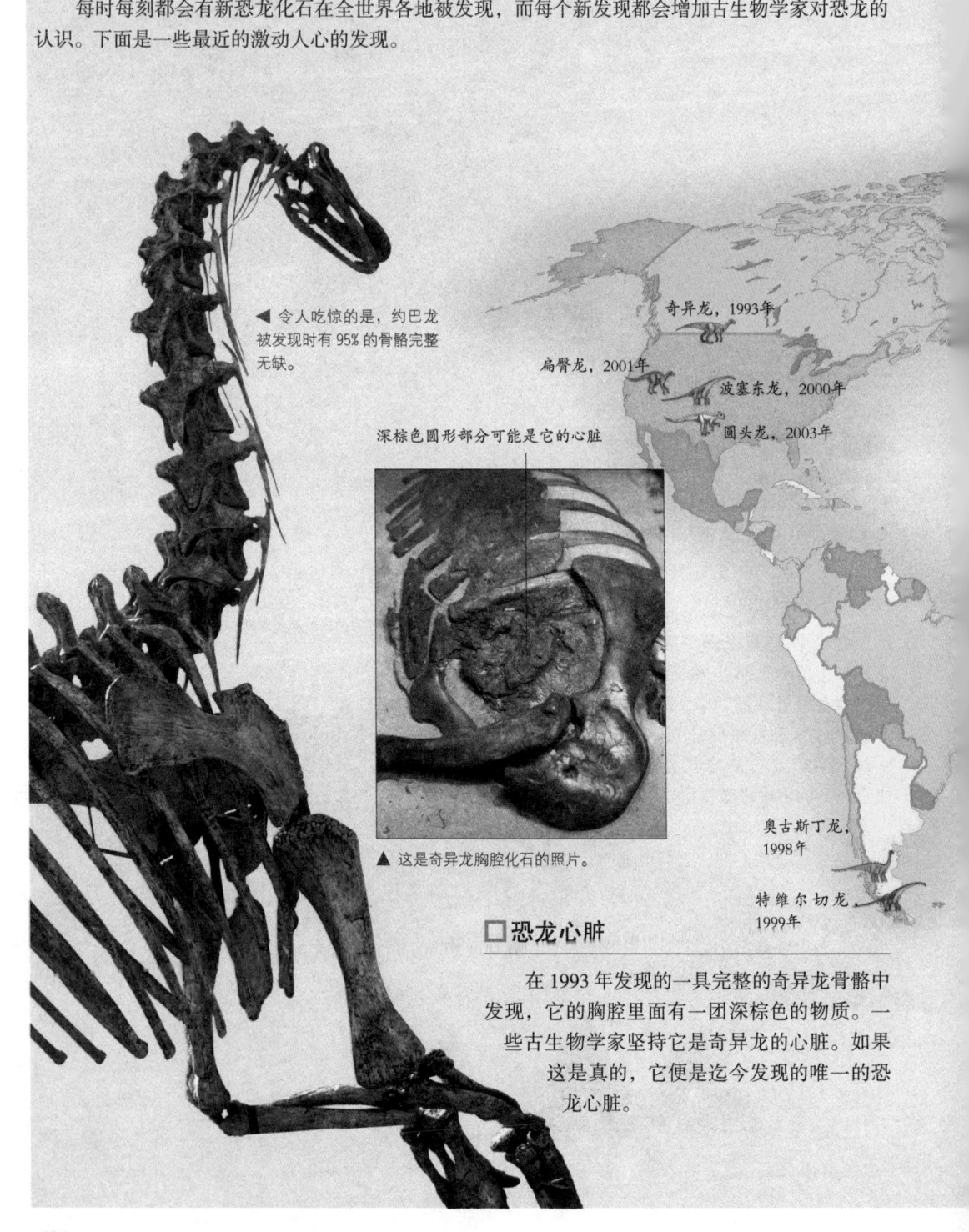

最新恐龙发现

每时每刻都会有新恐龙化石在全世界各地被发现，而每个新发现都会增加古生物学家对恐龙的认识。下面是一些最近的激动人心的发现。

◀ 令人吃惊的是，约巴龙被发现时有 95% 的骨骼完整无缺。

深棕色圆形部分可能是它的心脏

▲ 这是奇异龙胸腔化石的照片。

奇异龙，1993年

扁臀龙，2001年

波塞东龙，2000年

圆头龙，2003年

奥古斯丁龙，1998年

特维尔切龙，1999年

□ 恐龙心脏

在 1993 年发现的一具完整的奇异龙骨骼中发现，它的胸腔里面有一团深棕色的物质。一些古生物学家坚持它是奇异龙的心脏。如果这是真的，它便是迄今发现的唯一的恐龙心脏。

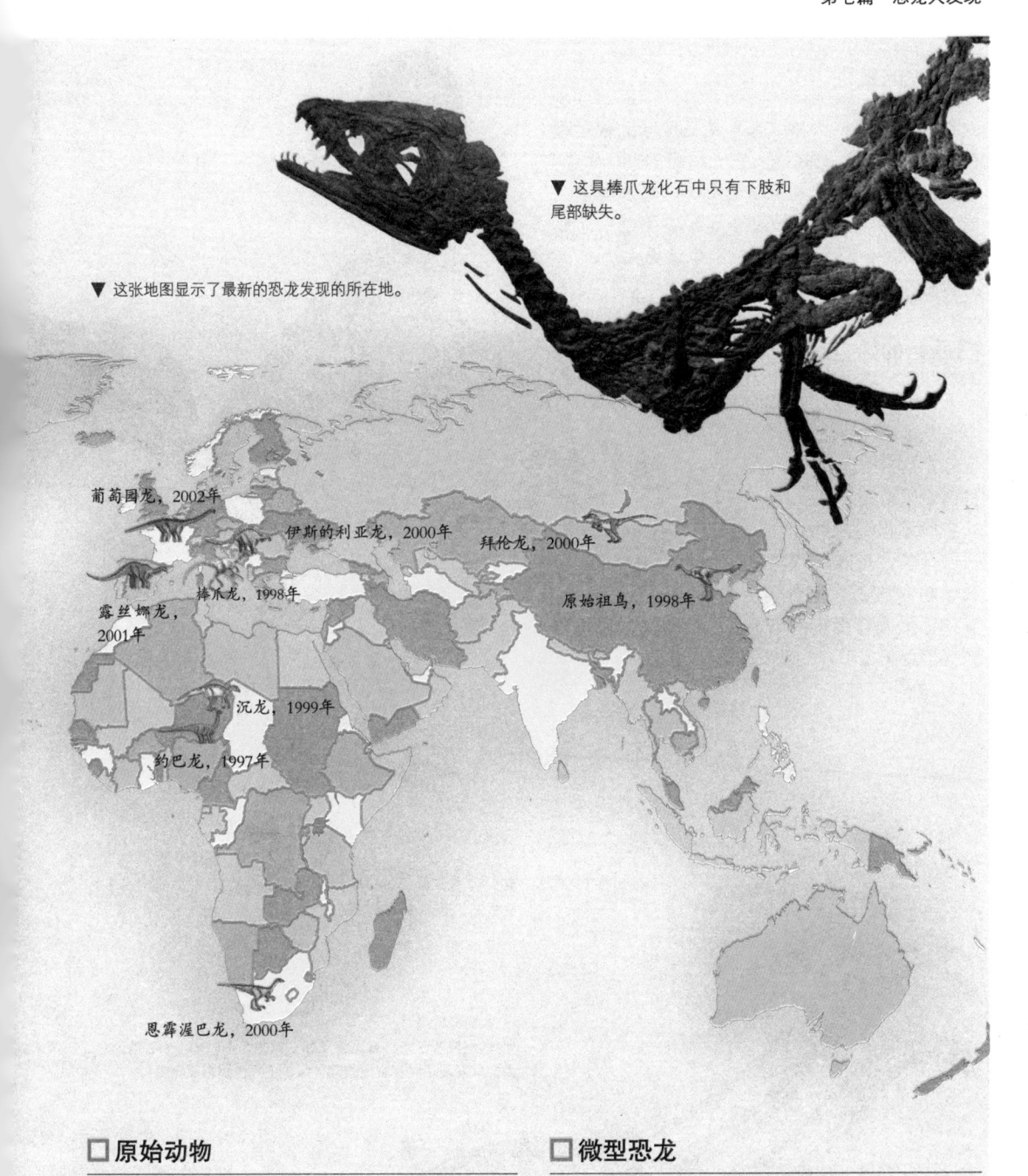

▼ 这具棒爪龙化石中只有下肢和尾部缺失。

▼ 这张地图显示了最新的恐龙发现的所在地。

葡萄园龙，2002年

伊斯的利亚龙，2000年

拜伦龙，2000年

棒爪龙，1998年

露丝娜龙，2001年

原始祖鸟，1998年

沉龙，1999年

约巴龙，1997年

恩霹渥巴龙，2000年

☐ 原始动物

1997年，古生物学家保罗·塞利诺在尼日尔境内的撒哈拉沙漠里发现了约巴龙化石。虽然生活在白垩纪早期，约巴龙却与几百万年前已灭绝的蜥脚亚目恐龙有着惊人的相似。当其他蜥脚亚目恐龙进化成新物种时，约巴龙仍保持原来的模样。

☐ 微型恐龙

棒爪龙是一种微型兽脚亚目恐龙。1998年在意大利发现的棒爪龙化石，是迄今为止古生物学家发现的保存最完整的恐龙化石。它的大部分骨骼都接近于完整无缺，更令人惊奇的是，它的肠、气管、肝脏和肌肉的痕迹也都被保存了下来。

□巨大的发现

许多科学家认为波塞东龙是地球上曾经存在过的最大的恐龙之一。它大约有 18 米高，60 吨重。它是如此巨大，以至于走起路来地动山摇。也有科学家认为波塞东龙根本不是一个新的恐龙物种，只是一头比寻常个体更大的腕龙。

□原始的始祖鸟

1998 年，在中国辽宁发现了中华龙鸟后代的化石。据专家研究考证，该恐龙具有很低的飞行能力，比德国发现的始祖鸟要原始些，故命名为原始祖鸟。

原始祖鸟大约有一只雄鹰那样大小，嘴里长着牙齿，生有长长的上肢和下肢。原始祖鸟和始祖鸟相似，但骨骼更强壮，形态更原始，身体已经发育真正的羽毛。原始祖鸟的最重要的科学意义在于它不属于鸟类，却又长着羽毛。

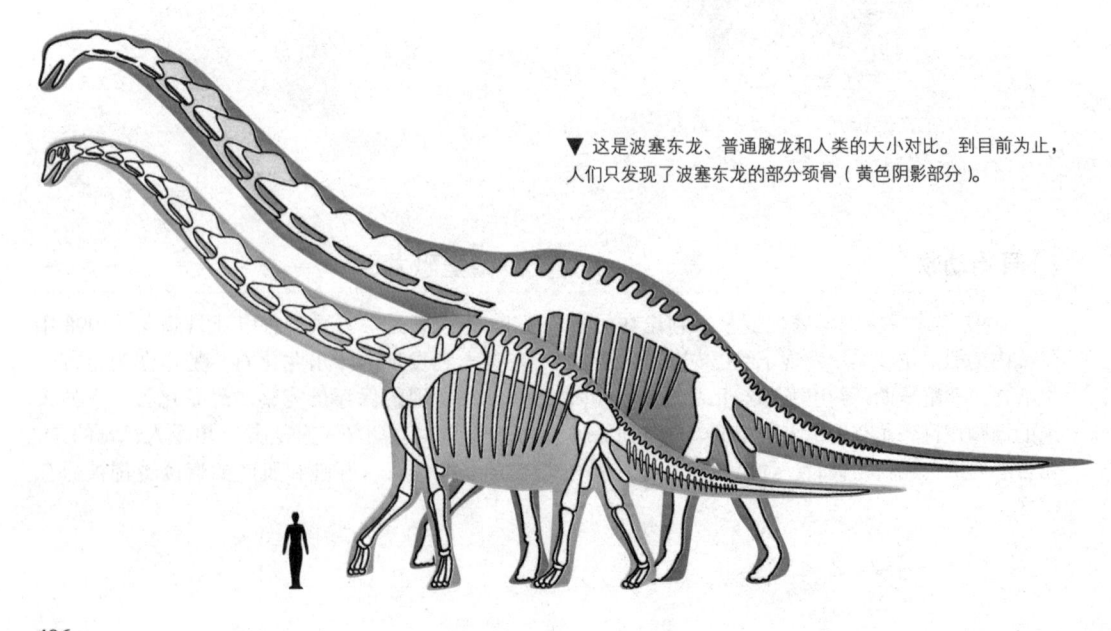

▲ 中华龙鸟是一种捕猎恐龙，身上覆盖着羽毛。它的名字的原意为"中国的有翼蜥蜴"。

▼ 这是波塞东龙、普通腕龙和人类的大小对比。到目前为止，人们只发现了波塞东龙的部分颈骨（黄色阴影部分）。

附录

恐龙知识
趣味问答

恐龙趣味知识问答

1 化石是什么?

在岩层中保留下来的数百万年前的遗体或遗迹就是化石。化石中大部分都是骨头或牙齿,这是因为相比柔软的皮肤或肌肉,这些坚硬的部分更容易保存下来。数百万年后,遗体或遗迹会变成跟石头一样的东西。化石非常笨重,但是通常非常脆弱。有时也会发现罕见的皮肤或肌肉的化石。

▲ 化石会被保留在岩层中。

2 恐龙化石是怎样形成的?

动植物死后,尸体会逐渐腐烂掉。如果尸体很快被泥浆或沙石覆盖,那么部分残骸可能会

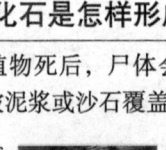

1.一只恐龙死后,其肉体被吃掉或腐烂掉。

2.它的骨架被泥浆或沙石覆盖。

3.慢慢地,泥浆变成岩石,骨头变成化石。

4.表层岩石被风化侵蚀掉,化石露出地面。

被保存起来。经过几百万年的演化,它们就会形成化石。

3 谁最早发现恐龙骨头?

恐龙骨头早在几百年前就被发现了,但是当时人们以为那是巨人或龙的骨头。

1822年,乔治·居维叶建议把这些骨头归属于巨型爬行类动物。1824年,威廉·巴克兰把第一只恐龙命名为巨齿龙(指大型蜥蜴)。一年后,英国夫妇吉迪恩·曼特尔和玛丽·曼特尔将第二只恐龙命名为禽龙。1842年,理查德·欧文提出了"恐龙"这个名字,意思是恐怖的蜥蜴。

在美国,爱德华·柯普和奥斯尼尔·马什发现了130多种新型的恐龙。

乔治·居维叶　　玛丽·曼特尔　　吉迪恩·曼特尔

理查德·欧文　　爱德华·柯普　　奥斯尼尔·马什

威廉·巴克兰

▲ 在野外挖掘化石。每块化石都要进行详细的记载，其中包括发现的具体地址。

4 在哪儿可以"遇到"恐龙？

在自然历史博物馆。很多博物馆都陈列有直立起来的完整且状态逼真的恐龙骨架，从骨架可看出恐龙生存时的大小，以及活动时的动作形态。据化石推测，有些恐龙可以快速奔跑，甚至跃入空中，而有些恐龙只能缓慢行走。

5 恐龙化石出现在哪里？

在中生代的岩层中。恐龙死后，它的骨头会被沙子覆盖或陷入泥土中，随后便有可能变为化石。当发生地震或遭遇侵蚀时，这些化石会露出地面，于是便可能被发现和发掘到。

6 研究化石前要做何准备工作？

需要清洁化石。古生物学家首先必须将化

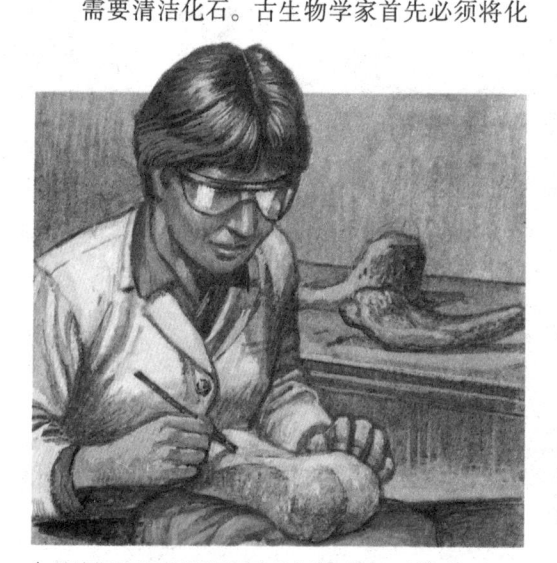

▲ 清洁化石可以确保观察时连最小的细节也不会错过。

石从周围的岩石（即母岩）中取出，有些岩石可通过化学药品进行溶解，然而大部分岩石需要利用金属刀和凿使它与化石分离。随后，化石通常会被浸泡在化学药品中以使其不再那么脆弱。最后，化石会被拍照或被细致描绘出。

7 科学家如何研究化石？

科学家会将化石与其他动物的骨头或牙齿进行对比。如古生物学家会寻找牙齿形状与化石类似的动物，如果两种动物的牙齿相似，那它们可能食用类似的食物。肌肉在骨头上留下的痕迹可以显示出这种动物有多强大，以及它可以向哪个方向移动大腿、脖子和身体的其他部位。

著名的化石发现

1822年 吉迪恩·曼特尔医生在英国萨塞克斯首次发现恐龙化石，后来将其命名为禽龙。

1858年 约瑟夫·莱迪在美国新泽西发现第一具鸭嘴龙骨架化石。

1878年 一些煤矿工在开采时，在比利时发现了40副完整的禽龙骨骼化石。

1909年 道格拉斯伯爵在美国犹他州发掘了迄今为止最大的一个化石群。

1925年 罗伊·安德鲁斯在中亚戈壁沙漠中首次发现了恐龙巢和蛋。

1969年 约翰·奥斯特罗姆发现了恐爪龙化石。

1974年 在中国自贡地区发现数百块恐龙化石。

1993年 发现了世界上最大的恐龙——阿根廷龙化石，这是迄今为止发现的最大的陆上动物。

1995年 发现了长达14.3米的南方巨兽龙化石，这是目前发现的地球上最大的肉食性动物。

1998年 在中国辽宁发现了尾羽龙化石，化石显示，尾羽龙身上长着羽毛。

▼ 图为白垩纪末期（大约 6500 万 ~7500 万年前）的情景。

8 最脆弱的是什么化石？

最脆弱的恐龙化石要数粪化石，即恐龙粪便形成的化石。通过粪化石，科学家从中会了解恐龙摄入何种食物以及摄入食物的数量。在某些地区，还可以发现恐龙足迹的化石。

9 化石分哪几种？

恐龙的骨头和牙齿只是恐龙化石的一部分。关于恐龙的皮肤印记、脚印和蛋的化石都被发现过。科学家甚至可以根据恐龙粪便化石推测出它们吃的食物种类。化石还有别的形成方法。例如，昆虫被困死在黏稠的树脂中，等到树脂变成坚硬的琥珀后，就形成了化石。

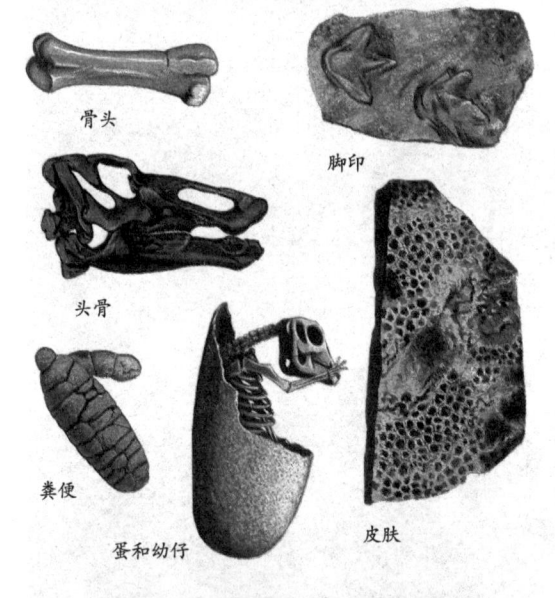

骨头

脚印

头骨

粪便

蛋和幼仔

皮肤

10 中国最早装架的恐龙化石骨架是什么？

中国的第一具恐龙化石骨架于1939年出土于云南省禄丰县沙湾东山坡，被中国考古学家定名为许氏禄丰龙。许氏禄丰龙不仅是中国第一具恐龙化石骨架，而且是中国人自己发掘、研究、装架的第一条恐龙。

11 恐龙会吃人吗？

要回答恐龙会不会吃人的问题，那就要看恐龙生活的时代有没有人。恐龙灭绝于0.65亿年以前，而我们人类出现很晚，人类的历史只有200万年左右。从恐龙绝灭到人类出现，其间相隔数千万年，所以，恐龙是没法吃人的。

12 恐龙会游泳吗？

恐龙习惯在比较干燥的陆地上生活，但并不是说它们就是"旱鸭子"，完全不能下水，而是像现生的许多陆生动物一样，在迁移时，在逃避敌害时，或者在闲暇时，也会到水中去。蜥脚亚目恐龙在逃避肉食龙的追捕时，能进入河湖之中躲避。游泳时，它们前脚向前迈进，后脚踢水。当转变方向时，四脚同时触地。雷龙在游泳时留下的脚印化石就能告诉我们这一点。鸭嘴龙脚上有蹼，尾巴扁平，无疑是天生的游泳高手。依靠尾巴的左右摆动，它们可以在水中游得很快。即便是捕食性的肉食龙，也有足迹化石说明，它们在追逐猎物时也能去到水中，但比起它们在陆地上来说就笨拙多了。

13 恐龙有性选择吗？

性选择是指动物在繁殖的时候，雌性动物大都有选择强壮的雄性动物交配的现象。性选择更多的是发生在营群体生活的动物中。它的作用是克服近亲繁殖带来的退化现象，有利于提高后代的生命力，复壮种群。恐龙大都是群体生活，推测应该有性选择。凡是防御敌害的武器都可以用来与同伴打斗，一决高低。抵御敌害是你死我活，与同伴打斗是点到为止，输者俯首称臣，胜者成为群体首领，并具有与雌性个体交配"生子"的权利。

14 "恐龙"是一个名字吗？

恐龙的名字在拉丁文中分成两部分——属名和种名，大多数情况下使用的是种名。如果科学家发现了一种新的恐龙，他们会根据自身之外类似的事物加以命名。很多恐龙的英文名字里包含了希腊词语"saurus"，它的含义为爬行动物或蜥蜴。

15 恐龙共有多少种？

被科学家命名的恐龙达数百种，然而没人确定恐龙共有多少种。有些不同种类的恐龙非常相似，因而一些科学家认为应将其归入同一类。而其他科学家则认为，有些同类的恐龙实际上可以划分为几个种类。目前仍有无数恐龙化石尚埋在地下而未被发掘出来，因此不能确定恐龙到底有多少种。

16 为什么要研究恐龙的骨盆？

　　根据骨盆的形状恐龙可分为 2 个目。蜥臀目恐龙的骨盆与现代爬行动物类似——"蜥臀"一词意指长有类似爬行动物的骨盆。鸟臀目恐龙的骨盆与现代鸟类相似——"鸟臀"一词意指长有类似鸟类的骨盆。这两个目的恐龙又可以划分为更小的群落，而群落又可划分为许多相似恐龙构成的族。

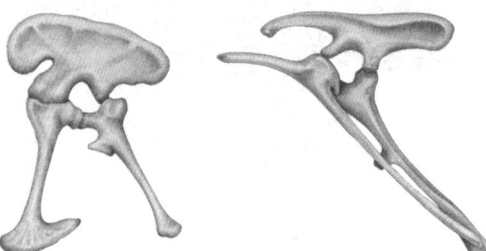

▲ 蜥臀目恐龙（左）的骨盆与现代爬行动物类似，而鸟臀目恐龙（右）的骨盆与现代鸟类相似。

17 所有的恐龙都很庞大吗？

　　并非如此，实际上很多种类的恐龙体型相当矮小。捕猎的细颚龙体型最小，大概只有现代的鸡那么大，重量也仅有 2.5 千克。

　　细颚龙长着长长的尾巴和脖子，因而它的身体有 1 米多长，而站立时大约仅有 40 厘米高。细颚龙行动非常迅速，以捕食昆虫、蠕虫和小型蜥蜴等为生。

18 恐龙蛋有多大？

　　不同的恐龙孵出的蛋的大小也各不相同，这取决于成年恐龙的大小。最小的恐龙孵出的蛋只有 4 厘米长或者更小，最大的恐龙可孵出曾存在过的最大的蛋——约有 40 厘米长，也许是由蜥脚亚目恐龙孵出来的。

◀ 恐龙蛋在大小和形状上存在巨大差异，有些比现代母鸡生的蛋还要小。

19 谁最早发现了恐龙蛋化石？

　　1923 年，罗伊·查普曼·安德鲁斯在戈壁沙漠中最早发现了恐龙蛋化石。他为美国自然历史博物馆工作，参加了很多次寻找恐龙线索的探险。他甚至驾驶着经过特殊改造的汽车穿过戈壁沙漠。许多人认为安德鲁斯是"印第安琼斯"的人物原型。

20 恐龙会抚养幼崽吗？

　　古生物学家认为有些恐龙幼崽，例如幼年慈母龙，刚孵化出时没有充分发育好，需要成年恐龙用植物叶芽喂养一段时间，直到它们能够自己觅食。而另外一些恐龙幼崽，像幼年奔山龙，在卵中就发育完全了，它们刚孵化出来就可以跑跳了。所以跟今天的许多爬行动物一样，这些恐龙可能一下产出很多卵，小恐龙孵化出来后，就让它们自己照顾自己了。

21 恐龙筑窝吗？

1. 像慈母龙等一些恐龙就会建造巢穴。慈母龙是群居动物，每年雌慈母龙都会聚集到同一处产卵地建造巢穴。在美国蒙大拿州就发现过一处巨大的恐龙巢穴地。

2. 雌慈母龙用泥土围成一个直径大约为2米的圆坑，里面铺上植物嫩枝和叶子。

3. 每条雌慈母龙会在窝里产下20～25个蛋，然后用更多的植物覆盖在上面保持温度。

4. 雌慈母龙小心地保护着自己的蛋，像伤齿龙这样的偷蛋贼总是想盗取这些恐龙蛋。

5. 小慈母龙用自己嘴上特殊的尖牙咬破蛋壳，破壳而出。

22 恐龙会保护幼仔吗？

像三角龙一样有硬甲的恐龙会通过警示潜在掠食者的方式来保护自己的幼仔。科学家认为群居的植食性恐龙在移动时会把幼年恐龙围在中间，对它们进行保护。

▲ 三角龙悉心保护自己的幼仔。

23 恐龙如何繁殖后代？

恐龙产下恐龙蛋，而小恐龙会从恐龙蛋中破壳而出。由于恐龙蛋很脆弱，通常无法变为化石，然而科学家还是发现了不少恐龙蛋的化石。这些化石显示出恐龙蛋的形状与现代鳄鱼产的蛋更为相似。大部分恐龙蛋都为椭圆形，巨型蜥脚亚目恐龙的蛋可能是圆形。

▲ 在几个恐龙蛋的化石中发现了恐龙胚胎的残留物。

24 恐龙能跑多快？

似鸟恐龙的奔跑速度非常快，时速可能超过80千米/小时。

这些似鸟龙外形与鸵鸟类似，可以快速奔跑。它们的骨头很轻，身体纤细，然而拥有长而有力的后腿。有一种恐龙在拉丁文中名叫小盗龙，约有3.4米长，四肢比任何似鸟龙都要长，它可能是奔跑速度最快的恐龙。

25 恐龙愚蠢吗?

有些恐龙的大脑体积非常小,因此可能不甚聪明,然而其他恐龙的大脑体积相当大,表明其非常聪明。南美的一种猎食恐龙捕猎时甚至可以和其他恐龙配合。

▶ 捕猎的恐龙可以追踪其他生物,这是因为它们可能像现代野狗一样聪明。

26 恐龙的皮肤是光滑的还是有鳞片的?

从恐龙的皮肤化石中,我们可以发现许多恐龙的皮肤上长有起保护作用的鳞片,跟今天一些爬行动物五颜六色的皮肤相似。所以,一些专家认为恐龙的皮肤也应该是有许多不同颜色的。

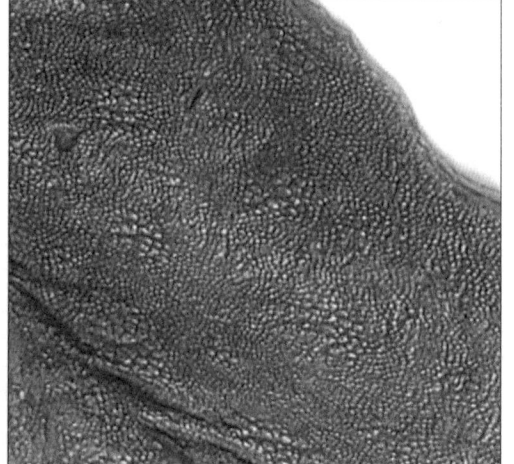

▲ 一块碎片显示皮肤的表面有很小的骨质甲片插入其中,但是并没有留下颜色。

27 恐龙是食同类的动物吗?

在美国新墨西哥州发现的腔骨龙残骸化石中,有许多小腔骨龙的骨架。这些骨架并不是刚出生的小腔骨龙的骨架,因为它们比较大。科学家们推测成年腔骨龙可能在食物短缺的时候吃同类的小腔骨龙。其他的恐龙也可能吞食同类。

28 有在全世界都能生存的恐龙吗?

有些恐龙,比如说腕龙,在北美洲、非洲和欧洲都被发现过。而另一些恐龙,比如冰脊龙,则只生活在一块大陆上。

29 群居恐龙迁徙吗?

在南极和北极也发现过恐龙化石。夏天时恐龙可能有足够的食物,但到了冬天食物就匮乏了。科学家认为群居恐龙在冬天可能会离开极圈,迁徙到食物丰富的地方,就像今天的北美驯鹿一样。

▲ 冰脊龙只生活在南极洲。

30 小型恐龙怎样保护自己?

小盾龙是植食性恐龙,大小跟猫相似,但它却不容易被其他大型恐龙吃掉,因为它的全身覆盖着一排排骨突,这可以保护它抵御天敌。它是最小的身上长有保护鳞片的恐龙。

31 还有其他时期的大规模物种灭绝吗?

恐龙灭绝并不是第一次大规模物种灭绝。大约在4.4亿年前,地球上几乎85%的生物灭绝了,之后在3.7亿年前又发生了一次。接着在2.5亿年前的二叠纪时期,陆地上大量脊椎动物死亡,新的物种开始统治地球。

32 恐龙灭绝前世界是什么样?

大约6500万年前,世界由恐龙主宰着。在亚洲和北美存在着种类繁多的甲龙、肿头龙、角龙、鸭嘴龙和肉食恐龙,在其他地区还有蜥脚亚目恐龙、剑龙和多种肉食恐龙。有些恐龙数目众多，然而所有的恐龙家族都很繁盛，在即将灭绝前没有任何征兆。

33 火山爆发对恐龙的灭绝有影响吗？

大约 6500 万年前的火山爆发可能导致了恐龙的灭绝。那时爆发的火山比今天任何火山喷发都要剧烈，火山岩会覆盖数千平方千米的土地，扬起的气体和灰层会影响气候，而气候的改变足以使恐龙灭绝。

▲ 大约在恐龙灭绝的时期，火山爆发十分剧烈而频繁。

34 恐龙灭绝后发生了什么？

恐龙从地球上灭亡后，世界上还有很多其他种类的动物。幸存下来的动物包括哺乳动物、鸟类、昆虫、蜥蜴和其他小型动物。这些动物耗

▼ 恐龙灭绝后的数千年里，地球上满是新出现的动物，例如鳄鱼、蛇和鸟类等等。

费很多年才进化得更加强大。今天，世界改由哺乳动物主宰，这与恐龙主宰世界时的方式无异。然而再也没有陆地动物的体型可与最庞大的恐龙相媲美。

35 为什么有些恐龙会被更改名字？

科学家在描述化石时有时会犯错，因此一些恐龙的名字有时需要进行更改。例如，1985年，一位美国科学家发现了一种巨型蜥脚亚目恐龙的残骸，将之命名为巨龙。当他注册此名字时，发现已有另一个科学家使用这个名字命名了另一种不同的恐龙，但是这位美国科学家仍重复注册了这个名字。几年后，他又意识到他所谓的巨龙实际上只是一种大型腕龙，因此之前的名字又被完全弃用。目前一个名叫国际动物命名委员会（ICZN）的科学机构来决定新发现恐龙的命名，该机构的 25 名成员均选举产生于世界各个国家的德高望重的科学家。

36 最重的恐龙是哪种？

最重的恐龙可能要数阿根廷龙，它生活在大约 1 亿年前的南美。虽然科学家只发现了它们的部分骨架，但推测这种动物大约有 40 米长，重量可能达 90 吨。因此，它们成为曾经存在过的最重的动物。

37 最长的恐龙是哪种？

地震龙长达 45 米，可能是最长的恐龙。这种动物之所以被这么命名是因为发现其化石的科

▼ 地震龙的脖子又细又长，而它的尾巴甚至比脖子还长。这使它成为曾在陆地上生活的最长的动物。

学家认为它走路时会引起地面震动。地震龙和梁龙类似——梁龙在侏罗纪时遍布世界各地，但后来只生活在东亚地区。

38 蜥脚亚目恐龙如何生存？

科学家认为，蜥脚亚目恐龙生存在多达 30 个个体的群体中。已发现的足迹化石显示，很多蜥脚亚目恐龙会沿着同一个方向行走，体型矮小且年幼的位于队伍的中央，这样它们可以得到保护，免受正在捕猎的恐龙的袭击。当确定周围安全时，它们会四散觅食，但必须随时保持警惕。

39 还会发现新的蜥脚亚目恐龙的残骸吗？

会。20 世纪 90 年代，在非洲发现了蜥脚亚目恐龙中的约巴龙和雅嫩斯龙。科学家只发现了这些巨型恐龙的部分骨架，因而他们必须将之与其他蜥脚亚目恐龙比较后再重建它们的骨架结构。约巴龙约有 21 米长，18 吨重；雅嫩斯龙体型稍小。2004 年，在美国又发现了一种恐龙，它可能是一种新的蜥脚亚目恐龙，但迄今为止还没有得出恰当的研究结果。

40 蜥脚亚目恐龙以什么为食？

蜥脚亚目恐龙的牙齿相当细小，通常又非常钝，这说明它们只能以植物为食。蜥脚亚目恐龙必须摄入大量的植物，才能获取巨大身体所需的能量。大约经过了 1 亿年后这些恐龙的数目变得更加稀少，可能是因为它们食用的植物开始消失的缘故。科学家获知有花植物也于此时开始出现，因而推测蕨类植物的数目也比先前更为稀少。

41 第一批大型鸟臀目恐龙是哪种？

鸟臀目恐龙的体型一直都很小，而且相当罕见。大约 1.6 亿年前，出现了一个新的鸟臀目恐龙族，它们属于剑龙亚目恐龙，数目庞大，在世界各地都有分布。经过大约 5000 万年的繁盛期后，剑龙亚目恐龙走向灭绝，并被其他类型的恐龙所替代。体型最大的剑龙亚目恐龙可以长到大约 7 米长，生存于北美地区。

▲ 板龙就是这样群体生存的蜥脚亚目恐龙。

▼ 剑龙的骨板，看起来就像坚实的盾牌。

▼ 剑龙的脑袋与身体相比，显得太小了。

◀ 剑龙亚目恐龙是一种大型动物，尾巴上长有尖刺。它们是一种植食性动物，尾巴上的武器只是用来自我保护。

42 剑龙为何会在后背上长有碟形骨质甲?

剑龙和其他剑龙亚目恐龙背部的骨质甲有不止一种用途。其表层的皮肤内布满巨大的血管，如果剑龙感觉炎热，会在血管内充满血以降低体温；如果天气过于寒冷，剑龙则会站在阳光下，吸收阳光中的热量。剑龙的皮肤还可以改变颜色，正如某些现代爬行动物一样，可以以之向其他种类的剑龙发出信号。

43 剑龙聪明吗?

剑龙的大脑很小——相对自身的体型而言，实际上在所有的恐龙中，它的大脑是最小的。剑龙的脑部只有大约 6 厘米长，而它的身体却有 7 米多长，这可能意味着剑龙不是很聪明，然而它们成功生存了数百万年，显而易见它们还是有着足够的智慧。剑龙的髋部分布着大量的神经，有些科学家认为这些神经控制着腿部和尾巴的动作，因而无需大脑来做这个工作。

44 哪种动物生活在侏罗纪时期的海洋中?

侏罗纪时期有各种各样的鱼，然而最大的动物为爬行动物。现在的陆地在侏罗纪时期大多被温暖而浅浅的海水淹没，生活在海洋中的爬行动物中包括海龟，它可以长到 4 米长。蛇颈龙有着长长的脖子，因而可以利用其颌紧紧咬住鱼类猎物。鱼龙也是一种爬行动物，可以像鱼一样游泳。

▲ 几种适应了海洋生活的爬行动物（左为鱼龙，右为蛇颈龙）。

45 为什么以捕猎为生的恐龙会长有羽冠?

科学家还不确定为什么有些大型肉食性恐龙长有羽冠或从头骨上长出角骨。最有可能的解释是羽冠可用来向其他同类恐龙发出信号,也可能有助于恐龙发现猎物,抑或羽冠内含有特殊的腺体。

▲ 双脊龙长有羽冠,但其作用还是一个谜。

46 哪种恐龙生活在侏罗纪早期?

侏罗纪早期,地球上生存着一群隶属于蜥蜴类爬行动物的恐龙。这种恐龙约于 1.6 亿年前全部灭绝,然而有一支后来进化为蜥脚亚目大型半水生恐龙。最大的蜥蜴类恐龙约有 8 米长,它们都是植食性动物,大部分能够依赖后腿做短距离快跑。

47 第一种会飞的动物是什么?

几种不同种类的爬行动物都可以在树木间滑翔,然而第一种进行真正意义上的飞行的脊椎动物为翼龙,即长有翅膀的爬行动物。最早的翼龙为喙嘴龙,它的翼幅约有 1.5 米长,生活在 1.8 亿年前的欧洲。正如所有早期的翼龙,喙嘴龙也长着长长的尾巴,尾巴末端有小小的皮肤构成的襟翼。襟翼的作用与飞机上的方向舵的作用相似,有助于动物在飞行中改变方向。

48 最大的翼龙是哪一种?

北美的风神翼龙是最大的翼龙,也是迄今所知最大的飞行动物。风神翼龙的翼幅约有 12 米,而且它们的重量惊人,达 100 千克。据科学家推测,它们的飞行速度可能非常缓慢,在高空的气流中翱翔觅食。

风神翼龙是以墨西哥阿兹特克人信仰的羽

▼ 里奥哈龙是一种蜥蜴类爬行动物,于侏罗纪初期生活在南美地区。

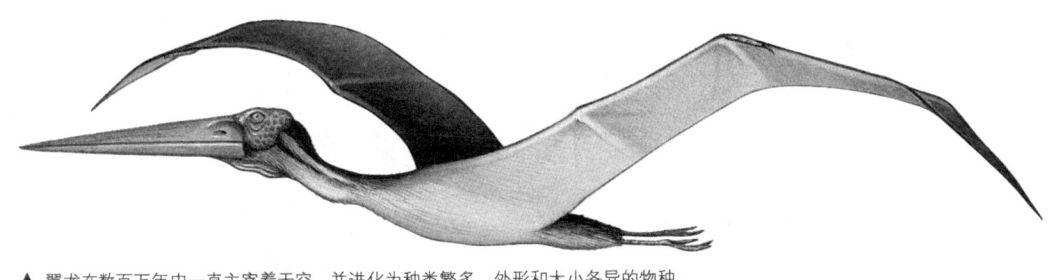

▲ 翼龙在数百万年中一直主宰着天空，并进化为种类繁多、外形和大小各异的物种。

蛇神来命名的，据说这个神拥有蛇的外表，全身覆盖着羽毛。

49 所有的翼龙都相似吗？

不是。翼龙在存在的数百万年间，逐渐发生着变化，有了显著的进化。最早的翼龙大约生存于 2.2 亿年前，这是一群小巧敏捷的飞行动物，长有长长的骨质尾巴；最晚的翼龙生存于6500 万年前，是一群巨型的喧闹的动物。所有翼龙的翅膀都由四个趾支撑并由与皮肤相连的羽翼构成，而且进化后的翅膀非常长。

50 第一只鸟叫什么名字？

始祖鸟是已知最早的鸟，它名字的本意为"古老的翅膀"。始祖鸟大约生存于 1.5 亿年前的欧洲，其羽毛的排列方式与现代鸟类完全相同。始祖鸟也许可以短距离飞行。它约有 45 厘米长，可能在森林地区以捕猎昆虫和小型动物为生。由于与翅膀连接处缺乏强健的肌肉，它可能并不擅长飞行。

51 鸟类的祖先什么模样？

大部分科学家认为鸟类的祖先是一种小型的捕猎动物，其外表与始祖鸟相似，约有现代火鸡那么大，浑身覆盖着羽毛。其前腿的力量不足以用做翅膀，但是比大部分小型捕猎恐龙的前腿都要长。

▼ 始祖鸟从树枝上俯冲下来捕捉昆虫。凭借羽翼，始祖鸟比翼龙更适于在森林的树木间穿梭飞行，翼龙的翅膀由皮肤构成，容易受伤。

52 只有鸟类长有羽毛吗？

不是，有几种不同的小型恐龙身上也覆盖着羽毛。最早发现的长有羽毛的恐龙化石为中华龙鸟的化石，中华龙鸟大约生存于 1.25 亿年前的中国。这种小型的捕猎动物有 1.3 米长，全身覆盖着细碎的羽毛。它可能利用羽毛来保暖。

▲ 中华龙鸟是一种捕猎恐龙，身上覆盖着羽毛。它名字的原意为"长翅膀的中国蜥蜴"。

53 鸟类是如何进化的？

始祖鸟时代后，鸟类的进化减慢，然而到了大约 8000 万年前，鸟类成为数目最多的会飞的脊椎动物，翼龙则变得更为罕见。鱼鸟是一种小型的海鸟，它善于飞行，也许可以在广阔的海洋上捕鱼。

▲ 鱼鸟看似现在的海鸥，生存于白垩纪。

54 角龙共有多少种？

科学家已经确认的角龙约有 30 种，可能还有很多别的角龙，但目前还没有被发现。早期的角龙相当矮小，而且没有长角，例如原角龙，它大约生活在 8500 万年前的亚洲。后来的角龙体型增大，长有很多个角，例如 8000 万年前生活在北美的戟龙。身上长有盔甲的恐龙，例如包头龙，也生存在同一时期。

55 为何角龙的进化会如此成功？

多亏了牙齿和颌，才使角龙变得数目众多、分布广泛。头骨后面的巨大装饰物有助于强健的肌肉带动颌运动，而颌内又布满很多锋利的切牙。角龙可以切开并吞下大量植物作为食物，而这些植物是其他恐龙不会去吃的。

▼ 长有盔甲和犄角的恐龙在白垩纪变得更为普遍。

三角龙

戟龙

包头龙

56 角龙蛋有多大？

原角龙的蛋约有 20 厘米长，为长椭圆形。大多数其他角龙蛋都孵在地上挖出的巢穴中，沿着巢穴呈圆形排列。每个巢穴可容纳 12 ~ 18 枚蛋。

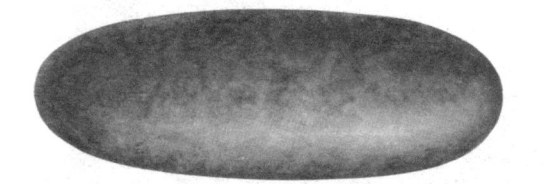

▲ 原角龙的蛋为长椭圆形，这样可防止蛋从巢穴的边缘滚落出去。

57 关于角龙的最有名的发现是哪一次？

1922 年，有一个美国探险队旅行至中亚的戈壁沙漠，探寻古人类的化石。然而，他们发现的却是数百具恐龙化石，其中有一个完整的恐龙巢穴，里面不仅有恐龙蛋，还有雌恐龙。这种恐龙为原角龙，这第一次证明了恐龙会孵蛋，而且雌恐龙会照看巢穴。探险队花费了几个月的时间挖掘并将消息传到外界。当化石抵达美国时，引起了轰动。不久，其他的探险队也直奔戈壁沙漠，探寻更多的恐龙巢穴，然而收获甚微。

58 角龙会迁徙吗？

随着季节的更替，至少某些恐龙可能会像现代鸟类和哺乳动物一样从一个区域迁徙到另一个区域。因植物性食物在夏天和冬天于一个地方的可得量明显不同，以植物为食的角龙就有可能为了觅食而迁徙。迄今为止，还没有很多直接的证据证明恐龙有迁徙的行为，然而在当时的沙漠中发现了本应生活在森林中的恐龙的化石。

59 角龙的犄角有用吗？

角龙长有长而锋利的犄角，犄角从头骨上长出，可用做强有力的武器。三角恐龙长有 3 个极为锋利的犄角，可用来抵抗暴龙等猎食类恐龙的袭击。犄角也可能用来平息对立的角龙之间的

▲ 原角龙会守护孵蛋的巢穴。角龙蛋可能会放在露天里接受太阳的照射，以吸收热量保证孵化。

▲ 三角龙在利用它的犄角抵抗暴龙的袭击。它长而锋利的犄角可以给掠食类恐龙带来沉重一击，但其身体两侧和尾巴易受攻击，容易成为敌人的目标。

纠纷，因为它们会为进食的地域以及恐龙群的领导权而发生争斗。

60 鸭嘴龙的名字从何而来？

鸭嘴龙的嘴巴前部宽阔平坦，和现在的鸭子的嘴无异，因此将之称为鸭嘴恐龙。然而，鸭嘴龙的喙锋利有劲，有强健的肌肉带动，这与鸭子柔软的喙不同。

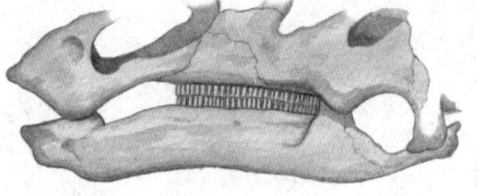

▲ 鸭嘴龙颌上模糊的痕迹显示出这种动物两颊上长有肌肉。

61 鸭嘴龙为何与众不同？

鸭嘴龙的上下颌内长有数百颗牙齿，排列得非常紧密。鸭嘴龙合上嘴巴时，上颌会沿下颌向外滑动。其牙齿间彼此相磨，能将食物碾成糊状，以便于消化，这使鸭嘴龙可以以其他恐龙都不吃的植物为生。

62 哪种鸭嘴龙羽冠最大？

鸭嘴龙以长有奇怪的多骨羽冠而闻名，迄今所知拥有最大羽冠的为副栉龙，它的羽冠有 1 米多长。科学家认为其羽冠上覆盖着彩色的皮肤，可用来向其他同类发出信号，也可以用来击退敌人或吸引异性。

63 所有的鸭嘴龙都长有羽冠吗？

不，很多种鸭嘴龙头顶上没有任何羽冠。鸭龙有 10 米多长，约 3 吨重，和其他鸭嘴龙一样，它与尾巴相连的部分也有强健的肌肉，主要用于游泳。

64 鸭嘴龙如何照顾小恐龙？

成年鸭嘴龙会将食物带回巢穴给小恐龙喂食。化石显示小恐龙在孵出后的几周里都会待在巢穴内或巢穴附近，成年的恐龙必须给小恐龙喂食，并保护它们远离危险。

65 鸭嘴龙如何筑巢？

鸭嘴龙在地上筑圆形的土墩作为巢穴。1978

▲ 很多科学家认为鸭嘴龙（例如图中的副栉龙）在生命的大部分时间里都生活在水边。水中植物和陆地上生长的植物都可以作为鸭嘴龙的食物。

▲ 鸭嘴龙可能很擅长游泳，有人认为它们可以跳入很深的水中，以躲避成群捕猎的肉食性恐龙。

年，在美国蒙大拿州发现了慈母龙（一种鸭嘴龙）的成片的巢穴化石，这说明鸭嘴龙会将巢穴建在彼此临近的地方。

66 哪种恐龙的"盔甲"最多？

"盔甲"最多的恐龙为甲龙，生活在大约7000万年前的北美。其整个后背都覆盖着坚实骨头构成的"铠甲"，"铠甲"上的尖刺和圆块以不同的角度向外探出。其头上也覆盖着厚厚的一层骨头，即使是眼皮上也有骨质"铠甲"保护。

67 甲龙体型有多大？

甲龙后背上布满了盔甲，是一种大型植食性恐龙，可以生长到11米多长，近3米高。它们的双腿非常稳固有力，然而只能非常缓慢地行走。

它们的牙齿适于以植物为食，但其上下颌的肌肉很无力，只能进食非常柔软的植物。

68 甲龙如何自我保护？

甲龙主要依靠身体上覆盖的盔甲进行自我保护，然而它还有一个更为有力的武器可以使用，那就是其尾巴末端由坚实骨头构成的巨块。甲龙可能会利用强有力的尾部肌肉向袭击者挥动这个沉重的"骨锤"，这可以给任何袭击者包括

最大的肉食性恐龙带来沉重打击。

▲ 甲龙尾巴的末端含有融合在一起的几块大骨头。

69 什么是肿头龙？

肿头龙即头骨顶部有一层厚重而坚实骨头的恐龙。

其中的剑角龙大约生存于7000万年前的北美，身体有2米长。和其他肿头龙一样，它也以植物为食，并依靠两条后腿走路。

70 最小的肿头龙是哪种？

迄今为止，科学家已知的最小的肿头龙为皖南龙，它大约生存于7000万年前的中国。皖南龙大约仅有60厘米长，而最大的肿头龙可以生长到8米多长。

由于极少会发现完整的恐龙化石，其他肿头龙的体型还无法确定。目前仅发现了肿头龙厚重的头骨化石。

▲ 棘龙在袭击甲龙，而长有"盔甲"的甲龙正用尾巴末端的"骨锤"反击。

▲ 图中为两只巨型肿头龙在争斗。它们可能是最大的肿头龙，体长达 8 米。

71 肿头龙为何会长有如此厚重的头骨？

因为肿头龙要利用头部进行争斗。当两只剑角龙交战时，它们会低下头，径直扑向对方，然后头部会以巨大的力量撞击到一起——显然厚重的骨头可防止它们受重伤。最终，势力较弱的一方会放弃并退出战斗。

72 恐龙会成群捕猎吗？

有些小型恐龙，例如恐爪龙，可能会协同捕杀无法单独应付的大型植食性动物。腱龙是一种植食性动物，大约可以生长到 6 米长，一只恐爪龙无法将它打倒，然而，几只同时进攻，就可以打败这么大的猎物。不过这种合作要求恐龙有较大的大脑，因为只有这样它们才能理解其他恐龙的行为。

▼ 一群恐爪龙在袭击一只植食性腱龙。只有通力合作，这些捕猎者才能制伏比它们大很多的猎物。

73 大脑最发达的恐龙是哪种?

相对体型大小而言,大脑体积最大的恐龙要数秃顶龙。这种小巧敏捷的捕猎者大约生存于7500万年前的北美,它们的智商也许能与现代鹦鹉相当。其大脑中与眼睛相连的部分特别大,因此它们可能拥有敏锐的视觉。

▲ 秃顶龙是一种行动迅捷的捕猎者,利用发达的大脑可以追踪或伏击猎物。

74 哪种恐龙吃鱼?

重爪龙可能吃鱼,而其他恐龙则不然。重爪龙的嘴巴里布满细小锋利的牙齿,适于牢牢咬住光滑的物体,例如鱼。其前腿上长有弯曲的爪子,可以在水中抓鱼。这种恐龙的肩膀异常有力,因此它可以利用巨大的拇指上的爪子捕捉巨大的猎物。重爪龙大约生存于1.2亿年前的英国,可以生长到11米长。

▲ 重爪龙可能用它巨大的爪子在河流或水泊中抓住像鳞鱼这种大型鱼类。这些水域于1.2亿年前分布在英国南部。

75 哪种恐龙被称为"神秘杀手"?

1970年,波兰科学家在戈壁沙漠发现了2块神秘的恐龙前肢化石,他们将之称为恐爪龙。这两段前肢有2米多长,长有大约28厘米长如剃刀般锋利的爪子。除了发现仅有的前肢外,还无人知晓这种恐龙的其他部位是何模样,因而将其称为"神秘杀手"。

▲ 恐爪龙大幅弯曲的爪子有13厘米长,若将外面覆盖的角也算在内,甚至会更长。

76 恐爪龙的名字是怎么来的?

恐爪龙名字的含义为"可怕的爪子",是因其后腿上锋利的钩形爪子而得名的。这可怕的爪子位于第2个脚趾,可以前后快速活动。这些爪子是袭击的凶猛武器,可以给对方造成重伤。

77 哪种恐龙没有牙齿?

似鸟龙。这也是一类掠食性恐龙,约有3米长,然而体重仅有150千克。相对于其体型,它们的体重非常小,再加上长长的腿,使它们可以快速奔跑。这种恐龙可能以昆虫、蛋或其他不需要咀嚼的食物为生。

78 暴龙什么模样?

暴龙仅依靠两条后腿走路,它强大的尾巴可用以平衡身体和头部的重量。它是一种肌肉发达的动物,血盆大口里布满长而锋利的牙齿,上下颌也非常宽大,使它成为可怕的肉食性动物。

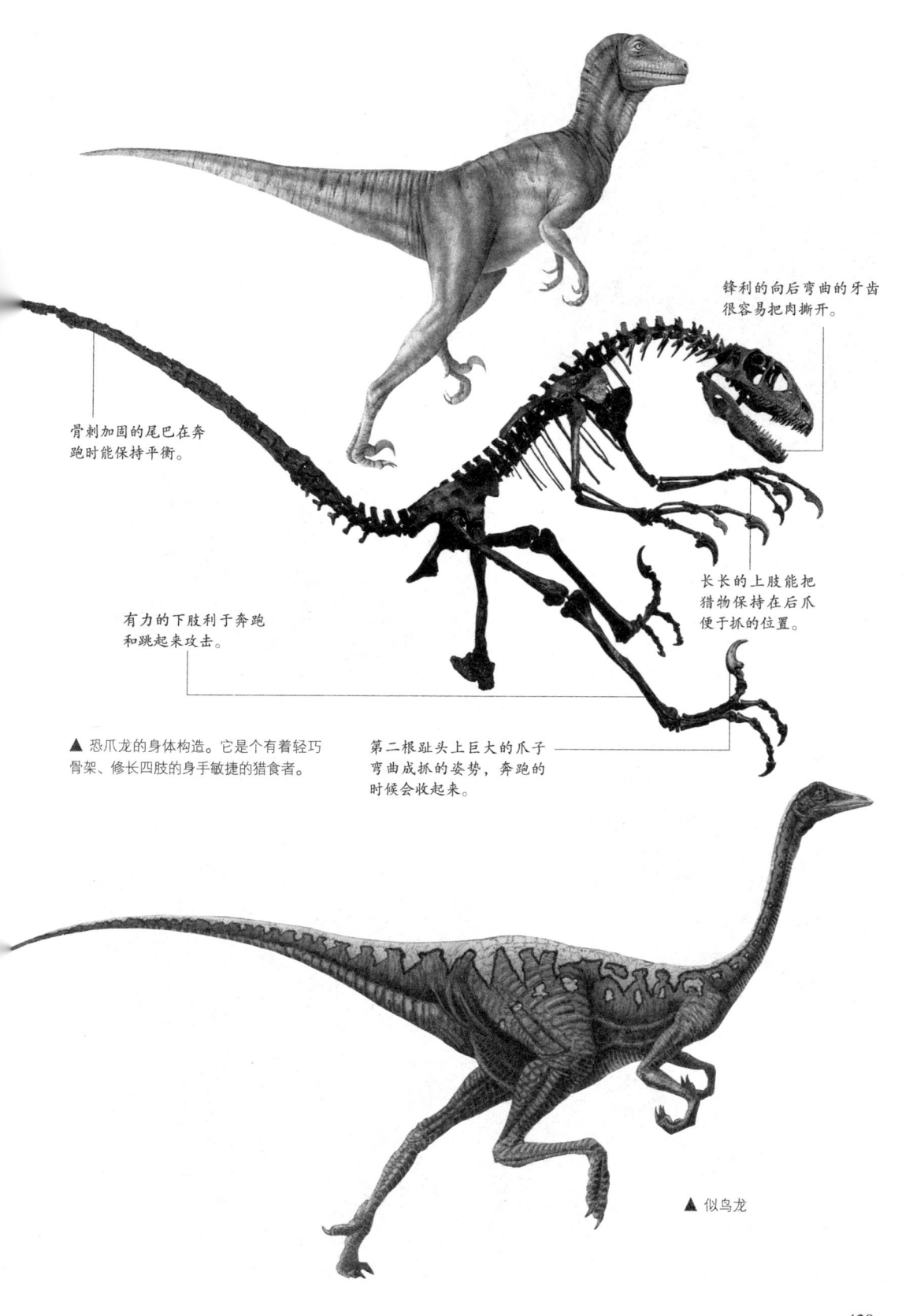

锋利的向后弯曲的牙齿
很容易把肉撕开。

骨刺加固的尾巴在奔
跑时能保持平衡。

长长的上肢能把
猎物保持在后爪
便于抓的位置。

有力的下肢利于奔跑
和跳起来攻击。

▲ 恐爪龙的身体构造。它是个有着轻巧
骨架、修长四肢的身手敏捷的猎食者。

第二根趾头上巨大的爪子
弯曲成抓的姿势，奔跑的
时候会收起来。

▲ 似鸟龙

▲ 暴龙有着圆圆的眼睛，它可能主要依靠视觉进行捕猎。

79 暴龙的移动速度有多快?

科学家认为暴龙是一种相当活跃的恐龙。它们有着结实发达的后腿，可以快速移动，然而后腿的长度不足以让每一步都跨出很远的距离。它们的奔跑速度最快可达到 30 千米 / 小时，然而只能维持很短的一段时间。它们通常只以大约 5 千米 / 小时的速度行走。

▲ 科学家从足迹化石可以了解恐龙的移动速度。

80 暴龙会捕食哪种恐龙?

暴龙在北美生存时，那里存在数目巨大的植食性的鸭嘴龙，暴龙可能主要以捕食这种恐龙为生的。暴龙可能也捕食角龙，因为角龙也存在于同一时期，不过其角的保护使它们可以有效防止被暴龙捕杀。当然，暴龙也会捕食更大型的植食性动物，这样它们才能保证每餐有足够的食物。

▼ 暴龙要高于年轻的副栉龙。很多科学家认为暴龙捕猎时一般采取伏击策略，而非远距离追赶。

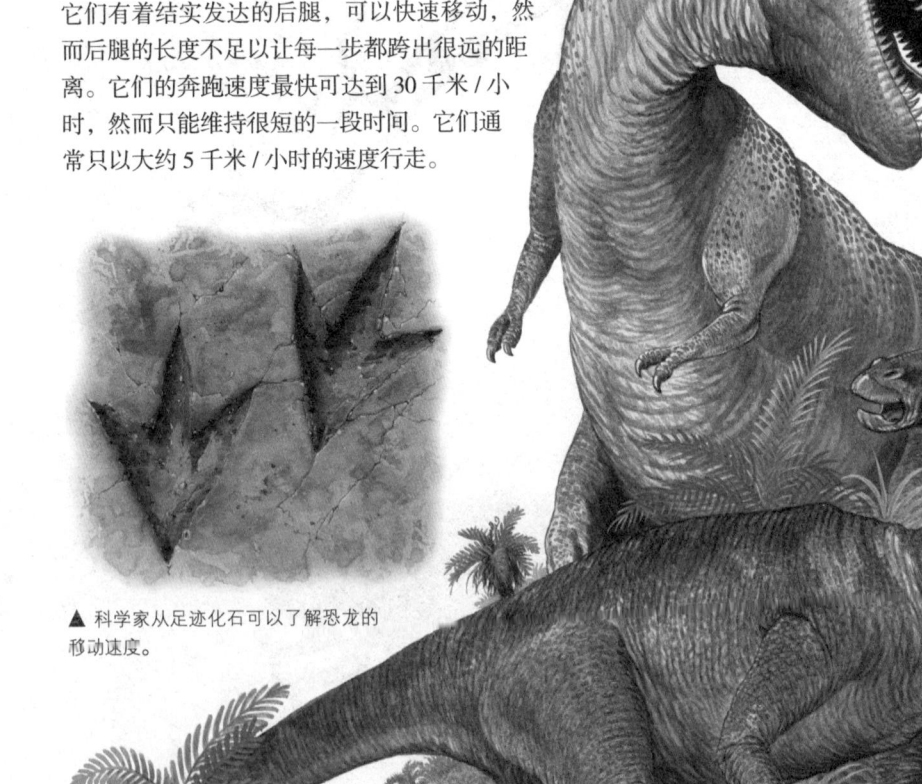

▲ 暴龙可能生活在森林中，并成群捕猎。

81 为什么暴龙的前肢很短小？

因为暴龙的前肢可能主要用于帮助身体站立起来。暴龙拥有细小的前肢，只有1米长，而它的整体体长可达13米。有人认为暴龙休息时会将前肢支撑在胃部上，站立时，它会收起狭小的前肢，利用有力的后腿肌肉抬起笨重的身体。

82 为什么暴龙的头骨如此强韧？

暴龙的头骨如此强韧是因为它所采用的捕猎方式。暴龙的头骨在主要的受力点有强有力的骨节加固，因此有些科学家认为暴龙可以张大嘴巴追捕猎物，以便给猎物沉重一击。另外暴龙强韧的头骨也可以防止它受伤。

83 暴龙是最大的肉食性恐龙吗？

不是。迄今为止，科学家发现的最大的肉食性恐龙为南方巨兽龙。这种恐龙约有14.3米长，重量可达8吨，比暴龙重2吨。现在仅发现了少量南方巨兽龙的化石，与暴龙一样，它们也很少为人类所知。

84 为什么蜥脚龙很庞大？

蜥脚龙庞大的身体内大部分是它的内脏。蜥脚龙中的腕龙每天要吃200千克左右的植物，它们需要一个巨大的胃和足够长的肠子来消化这些食物。很长时间以来，科学家只能猜测恐龙的内部结构。1998年在中国发现了两具内脏保存完好的恐龙化石，这为我们研究恐龙的内部结构提供了更多的信息。

85 恐龙吃植物叶吗？

植物叶是植食性恐龙的主要食物。鹦鹉嘴龙在进食时，先用鸟一样的嘴把叶子咬断，再用剪刀一样的牙齿把它嚼碎。跟今天的长颈鹿一样，腕龙用它的长脖子摘取树顶的叶子食用。

▲ 鹦鹉嘴龙

86 植食性恐龙有牙齿吗？

大部分植食性恐龙都有牙齿。科学家可以根据它们的牙齿推测出它们吃的食物。禄丰龙是一种早期的蜥脚龙，它长着许多锯齿状的牙齿。这样的牙齿可以咬断树叶，但是不能把叶子嚼碎，所以禄丰龙会把食物整个吞下去。

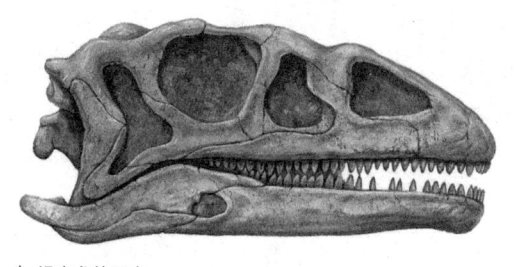

▲ 禄丰龙的牙齿

87 为什么恐龙的牙齿有不同的形状？

恐龙牙齿的大小和形状取决于它们吃的食物。鸟脚亚目中的异齿龙有锋利短小的前牙，可以切断食物。板龙、梁龙和雷龙有钉子状的牙齿，可以撕碎食物。剑龙有叶状的牙齿，可以咀嚼食物。

▶巨大的腕龙是曾经存在过的最笨重的恐龙之一。科学家已经发现很多种类的腕龙，然而就使用哪个名字命名这种恐龙这个问题还存在很大的分歧。

88 为什么恐龙要吞石头？

在一些恐龙的胃中可以发现小碎石。只有极少数恐龙能够移动上下颚咀嚼食物，大多数恐龙都是将食物整个吞下去。所以恐龙需要吞一些碎石，利用它们在胃里搅拌磨碎食物，帮助消化，这跟鸡吞食沙粒的道理一样。

▲ 恐龙的胃里有很多石头。

89 恐龙吃草吗？

草在 2500 万年前才在地球上出现，那时恐龙早已经灭绝了，所以植食性恐龙只吃当时存在的其他植物。长脖子蜥脚龙，例如蜀龙，用它们钉子状的牙齿去嚼食树叶、松针和叶芽。鸭嘴龙中的蜥脊龙选择开花植物的叶子和松球作为食

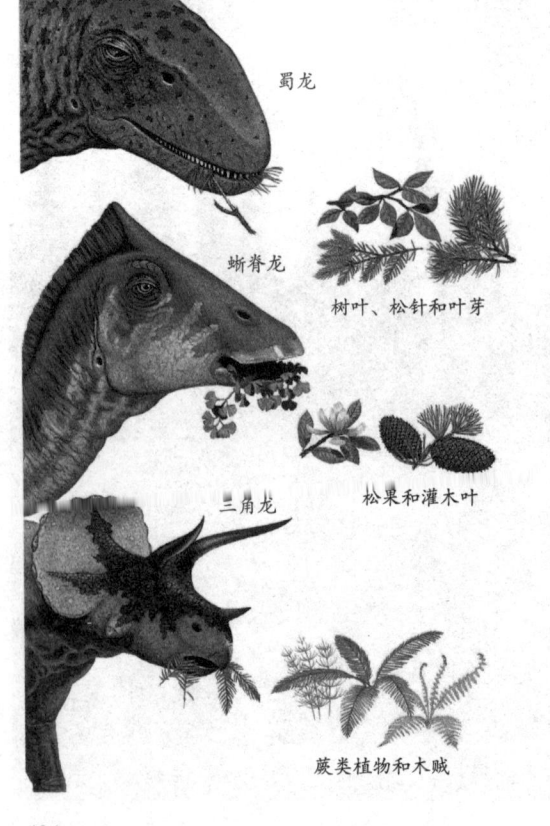

蜀龙

蜥脊龙

树叶、松针和叶芽

三角龙

松果和灌木叶

蕨类植物和木贼

物。它用角状的喙咬断树叶，再用扁平的后牙咀嚼。三角龙用它们锋利的喙和牙齿食取蕨类植物和木贼。

90 肉食性恐龙有锋利的牙齿吗？

斑龙锋利的、略向后弯的牙齿，就是典型的大型肉食恐龙的牙齿，它能够帮助恐龙咬住和撕裂猎物。其他的食腐恐龙长有小而锋利的牙齿。

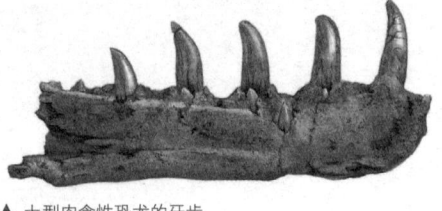

▲ 大型肉食性恐龙的牙齿

91 肉食性恐龙有敏锐的视觉吗？

许多猎杀者，像恐爪龙，都有很好的视觉。它们可能跟今天的猫头鹰很相似，有朝前的眼睛和敏锐的双眼视觉，这可以让它们只看到猎物的一个影像，从而帮助它们判断猎物的距离。

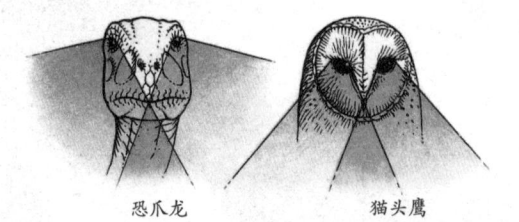

恐爪龙   猫头鹰

▼ 恐爪龙的眼睛不仅大，而且左右分隔较开，具有"眼观六路，洞察秋毫"的立体视觉。

92 恐龙吃蛋吗？

像伤齿龙这样小型快速灵活的肉食性恐龙经常会潜入其他恐龙的巢穴偷取恐龙蛋。恐龙蛋是很好的食物资源。伤齿龙每小时可以跳跃 50 千米，行动迟缓的植食性恐龙很难追上它们。

▲ 恐龙蛋是伤齿龙的美食。

霸王龙

伤齿龙

异特龙

拟鸟龙

窃蛋龙

双脊龙

似鸵龙

▲ 肉食性恐龙

93 所有的肉食性恐龙看起来都一样吗?

从 60 厘米长的萨特龙到 12 米长的霸王龙,肉食性恐龙有着不同的形状和大小。大型兽脚亚目恐龙,如霸王龙、异特龙和双脊龙捕食大型植食性恐龙,而灵活快速的伤齿龙专门猎取小型爬行类和哺乳类动物。似鸵龙、拟鸟龙和窃蛋龙用它们坚硬的喙啄杀昆虫和叼取恐龙蛋。

94 人们发现过完整的暴龙骨架吗?

完整的暴龙骨架化石很稀少,但在 1990 年,人们在美国发现了两具几乎完整无缺的暴龙骨架。科学家研究这两具骨架和其他的骨架后发现,与今天的狮子和老虎等肉食性动物不同,雌性暴龙可能要比雄性暴龙体积大些。

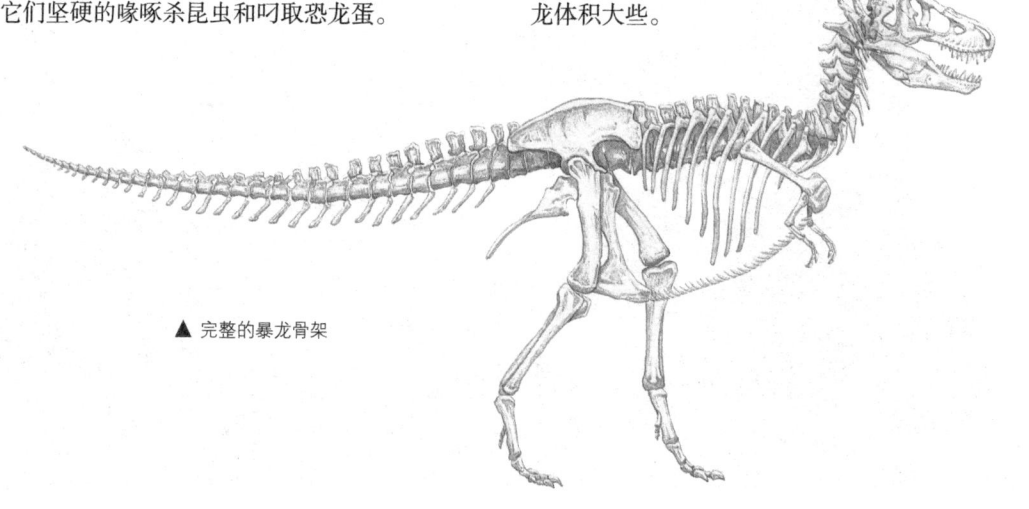

▲ 完整的暴龙骨架

95 暴龙用前肢来捕捉猎物吗?

暴龙的胳膊和爪长得很小，甚至无法碰到自己的嘴。暴龙无法依靠它们捕捉猎物。但是暴龙的头部强壮有力，牙齿锋利可怕，捕食时根本不需要胳膊来帮忙。

▲ 暴龙上肢

96 暴龙的牙齿有多大?

暴龙的牙齿有 18 厘米长！它的牙齿呈剃刀形，并且有锯齿状的边，可以轻易地撕碎猎物的皮肉。成年暴龙大约有 50 ~ 100 颗牙齿。一颗牙齿脱落后，很快会长出另一颗来。

97 暴龙是食腐恐龙吗?

一些专家认为暴龙是食腐者，它吃动物死尸，也会盗取其他掠食者的猎物。也有些人认为暴龙的奔跑速度就像赛马一样快（每小时 50 千米），它不需要做食腐者，而是凶残的猎杀者。最新的研究表明，霸王龙可能既是猎杀者，又是食腐者。

▲ 暴龙是食腐者。

双脊龙

异特龙

阿尔伯脱龙

▲ 大型肉食恐龙

98 还有其他的大型肉食性恐龙吗?

跟暴龙有种族关系的还有其他 3 种肉食性恐龙:双脊龙、异特龙和阿尔伯脱龙(如上图),但是它们体积没有暴龙那么大。人们在蒙古发现过两条长达 2.6 米的恐手龙前肢化石。恐手龙可能来源于比暴龙还大的恐爪龙。

99 在北美发现过什么恐龙?

在北美发现过几百种恐龙化石,包括梁龙、剑龙和恐爪龙等。最著名的霸王龙和三角龙也只生存在北美地区。

100 在南美发现的第一条肉食性恐龙化石是什么恐龙?

迄今为止,在南美发现的最大的肉食性恐龙是皮亚尼兹基龙,它有 6 米长、3 米高。它捕杀猎物的方式和它在北美的近亲异特龙一样。

◀ 皮亚尼兹基龙

101 在欧洲发现的最早被命名的恐龙是哪种？

斑龙（大蜥蜴的意思）是一种凶残的肉食性恐龙，在1824年被命名，是被科学家最早命名和描述的恐龙。在欧洲已经发现了上百种恐龙化石，包括在北美也出现过的弯龙和禽龙等大型植食性恐龙。

102 哪些恐龙生活在亚洲？

在亚洲也发现过上百种恐龙化石。在蒙古发现了狼形的窃蛋龙；在中国发现了12米高的两颚呈鸭嘴状的山东龙。

103 澳大利亚发现恐龙化石了吗？

在澳大利亚很少发现恐龙化石。但是人们在昆士兰州发现了上千个恐龙足迹。发现的最完整的恐龙化石是禽龙属的木他龙。在新西兰只发现过一块恐龙化石。但是现今生活在此地的楔齿蜥跟恐龙时代的祖先几乎没有什么差别，它是著名的"活化石"。

104 非洲最大的恐龙化石区是哪里？

在坦桑尼亚的腾达古鲁地区发现了一块巨大的恐龙化石区，从1909～1912年，人们发掘出超过200吨的恐龙骨头，包括剑龙属的肯氏龙和小型的伊拉夫罗龙。

105 海洋爬行动物吃什么？

海洋爬行动物吃鱼类和贝壳类，他们与鱼类甚至是同类！楯齿龙用它的前牙捡起贝壳，用后牙咬碎外面的硬壳，然后吐出碎壳吞下其他部分。

▲ 楯齿龙

▲ 长头龙

▲ 沧龙

106 所有史前海洋的爬行动物都灭绝了吗?

许多大型海洋爬行动物都和恐龙一起灭绝了，但海龟和鳄鱼依然存活着。史前的恐鳄是一种 16 米长的鳄鱼，比今天的鳄鱼大多了。

107 海洋爬行动物有牙齿吗?

大部分海洋爬行动物上下颚的边缘都长满了牙齿，这使它们容易咬住光滑的鱼类和破坏壳类的外壳。

108 海洋生物会到陆地上去吗?

长脖子的长颈龙既能捕捉海洋里光滑的鱼类，也能猎取陆地上飞行的昆虫。大部分海洋爬行动物在繁殖期要到陆地上去产卵。

▲ 恐鳄

109 史前海洋爬行动物怎样游泳?

上龙类中的长头龙和蛇颈龙类中的薄片龙都有 4 片强壮的鳍，它们上下移动鳍在水里游动，就像今天的企鹅一样。沧龙、鱼龙和鳄鱼类中的完龙通过在水里摇摆尾巴来推动自己前进。有些海洋爬行动物在水里不能呼吸，所以它们不得不把头露出水面。

110 海洋爬行动物有多大?

上龙类中的长头龙是最大的海洋爬行动物之一，它大约有 17 米长，头部有一辆小汽车那么大。沧龙身长 10 米左右，是最大的蜥蜴。史前海龟比今天的海龟大许多。最大的古海龟有 4 米长，它巨大的龟鳍让它每小时可以游过 15 千米。

▲ 薄片龙

▲ 鱼龙

◀ 完龙

▼ 长头龙骨架

▲ 古海龟

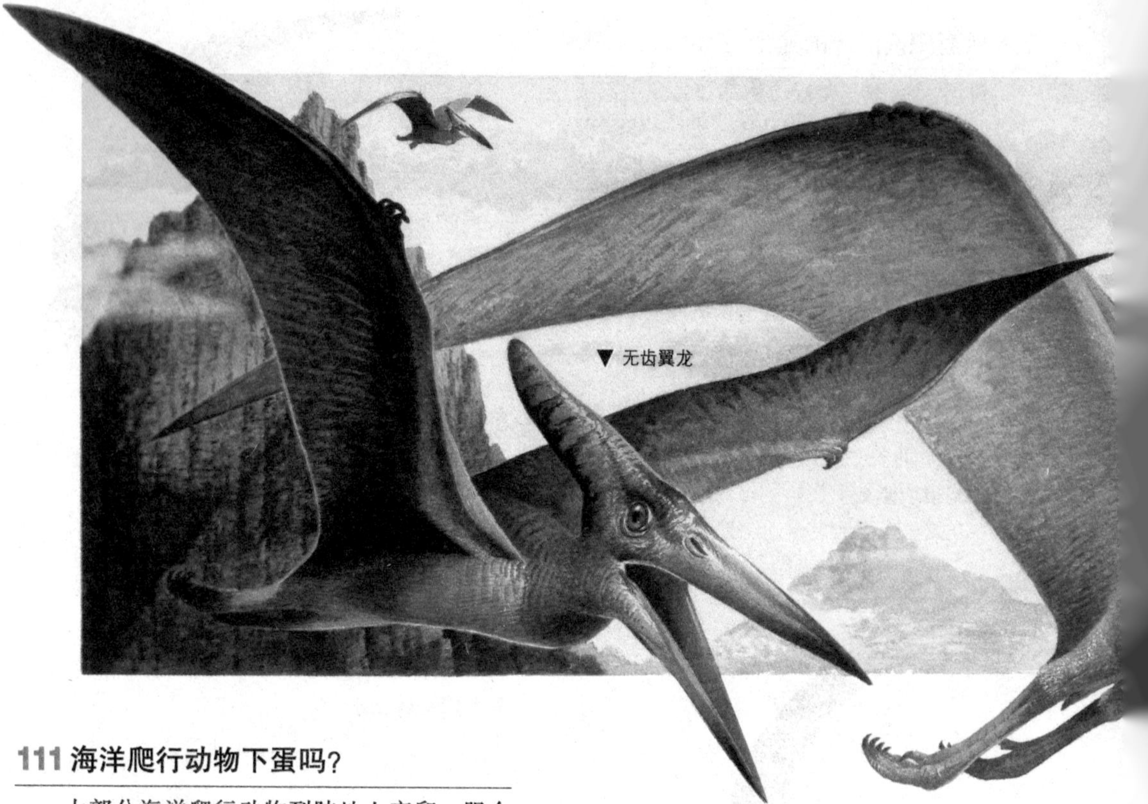

▼ 无齿翼龙

111 海洋爬行动物下蛋吗?

大部分海洋爬行动物到陆地上产卵，跟今天的海龟一样。但是鱼龙的繁殖方式跟今天的海豚等海洋哺乳动物的繁殖方式是相同的。

学家推测翼龙可能也产卵。它们可能把蛋产在巢里，并进行孵化。人们发现过没有充分发育好的幼年翼龙化石，这证明成年翼龙可能会喂养刚孵化出的翼龙幼仔，就像今天的鸟类一样。

▲ 鱼龙的繁殖方式与海豚很像。

112 翼龙吃什么?

翼龙的爪子和牙齿可以告诉我们它的主要食物。大部分翼龙以鱼类为食，也有一部分吃昆虫。南翼龙用它那有筛子一样功能的下颚捞获水中的微小动物。准噶尔翼龙钳形的喙能够从岩石中捕获贝壳。双型齿龙强有力的两颚是捕鱼的理想工具。

113 翼龙筑巢吗?

没有确切的证据证明翼龙是否筑巢，但科

▲ 南翼龙

▲ 准噶尔翼龙

▲ 双型齿龙

▲ 风神翼龙

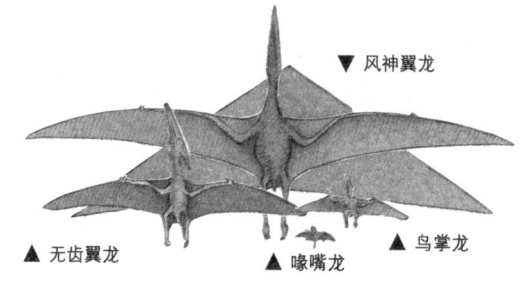

▼ 风神翼龙

▲ 无齿翼龙　　▲ 喙嘴龙　　▲ 鸟掌龙

114 翼龙有多大?

翼龙的大小因种类的不同而各有差异。风神翼龙是最大的翼龙，它的身体大小跟人体大小差不多，它的翼展超过 12 米长，比悬挂式滑翔机的翅膀还长！喙嘴龙的大小跟乌鸦相似，翼展只有 40 厘米。

115 爬行动物在什么时候开始飞行?

爬行动物最早进入空中飞行是在 2.5 亿年前。早期会滑翔的爬行类，例如始虚骨龙，是蜥蜴状的，并且有 4 条腿，它们的翅膀是由许多像肋骨一样的骨棒支撑起来的。它们只能用翅膀来帮助它们从一棵树上滑行到另一棵树上，而不能像今天的鸟类那样可以拍打翅膀飞行。长鳞龙的背上长有延长的鳞片，这些鳞片打开后很像翅膀，可以帮助它们滑翔。

116 翼龙有尾巴吗?

所有的翼龙都有尾巴。像双型齿龙等早期翼龙，都长有很长的尾巴，用来帮助它们控制飞行方向。像无齿翼龙等后期翼龙长的尾巴已经变得很小，但是翅膀却长得更大了。

117 翼龙有羽毛吗?

大部分翼龙的体表都长着皮毛而不是羽毛。它们的翅膀也是由皮毛形成的。从这点来看，翼龙更像今天的蝙蝠，而不是鸟类。翼龙的翅膀很大，从前肢连着身体延伸到后肢，是理想的滑翔工具。

▲ 长鳞龙

▲ 始虚骨龙

118 恐龙灭绝是哺乳动物吃掉恐龙蛋造成的吗？

有一种对恐龙灭绝的解释是：小型哺乳动物大量增加，吃掉了大部分的恐龙蛋，让恐龙幼仔无法孵化。关于恐龙灭绝有很多奇怪的理论，而这一理论是最不可信的。

▲ 存活下来的小型哺乳动物

119 哪些动物跟恐龙一起灭绝了？

和恐龙一起灭绝的还有恐龙时代的许多爬行动物，包括沧龙类、蛇颈龙类、上龙类和翼龙类等，以及菊石等水游贝壳。大部分其他的动植物，像哺乳类、鸟类、蛙类、鱼类和其他贝壳类都存活下来了。并不是所有的爬行动物都灭绝了，像海龟、鳄鱼、蛇和蜥蜴等动物我们今天仍然能见到。

120 恐龙的灭绝是植物的改变造成的吗？

恐龙时代的恐龙和其他动物很可能是逐渐灭绝的。恐龙时代末期，北美地区的气候逐渐变冷，由热带气候转变成多季节气候。热带植物逐渐被林地植物取代。恐龙不得不向南迁移，所以可能它们是因为无法适应气候和植物的改变而灭绝的。

▲ 植物的改变可能使恐龙因缺少食物而死亡。

121 恐龙生活在什么时期？

恐龙时代，又称中生代，介于距今2.5亿年前至6500万年前，科学家把它分为三个主要时期：三叠纪、侏罗纪和白垩纪。恐龙最早出现大约在2.3亿年前的三叠纪时期。那时地球上所有的大陆都连在一起，称为泛古陆。恐龙可以在整个陆地上生活。在1.45亿年的侏罗纪时期，欧洲和非洲开始与美洲分离。到了白垩纪时期整个

▲ 存活下来的各种动物

▲ 三叠纪景观

大约 2.1 亿年前，欧洲的恐龙世界。巨大的木贼生长在较潮湿的地方，苏铁类植物十分常见，而高大的针叶树则生长在较干燥的地方。

▲ 侏罗纪景观

大约 1.5 亿年前，东非的恐龙世界。分布广泛的羊齿类和针叶树林，例如美洲杉和智利南美杉占据了繁茂的热带。

▲ 白垩纪景观

大约 7000 万年前，北非西部的恐龙世界。类似于桃树、橡树、葡萄树和山胡桃的开花树木和灌木，挨着苏铁类树木、针叶树和羊齿类植物生长。

泛古陆已经分离，不同的恐龙在不同的大陆上演化发展。

122 什么时候动物开始爬上陆地？

生命体最早出现在海洋中。动物最早开始爬上陆地是在距今 3.8 亿年前。当时的蚓螈等两栖动物跟今天的青蛙和蟾蜍一样，它们可以在陆地上呼吸，但是不得不回到水中产卵和保持皮肤湿润。蚓螈跟猪的大小差不多，它厚厚的皮肤可以保护它，也可以在陆地上支撑身体的重量。

▲ 蚓螈

123 鱼类是什么时候出现的？

鱼类最早出现在距今 5 亿年前。它们没有鳃和鳍。后来的鱼类，像邓氏鱼是大型的肉食性动物。这种身上长着厚皮的庞然大物有 10 米长，它的两颚长着剃刀形的骨刺，可以切开猎物。邓氏鱼生活在距今 3.7 亿年前。

124 当今与恐龙有亲缘关系的动物是什么？

许多科学家认为鸟类和恐龙具有亲缘关系。人类发现的最早的鸟类化石是始祖鸟，它的骨架近似于爬行类动物，跟恐爪龙的骨架很像。它的翅膀长着羽毛，跟今天的鸟类相似。始祖鸟长着骨质的长尾巴，前肢有 3 块分离的掌骨，指端长着利爪，它也有牙齿。今天的鸟类已经没有了牙齿和前肢，尾巴也变短了。

▲ 恐爪龙　　　▲ 始祖鸟　　　▲ 鸽子

125 爬行动物是从什么时候开始进化的?

爬行动物是在距今 3.2 亿年前开始进化的。早期的爬行动物有不同的形状和大小,从 20 厘米长的始林蜥到 3 米长的长棘龙。早期爬行动物的一支后来进化成恐龙。最早出现的恐龙是始盗龙和腔骨龙。科学家认为另外一支称为犬齿类的爬行动物是哺乳动物的祖先。今天仍然存活的爬行动物有:海龟、鳄鱼、蛇和蜥蜴。

126 为什么哺乳动物如此繁盛?

哺乳动物如此繁盛有几方面原因。早期的哺乳动物大脑较大,智力比爬行动物高。它们是温血动物,体表长着皮毛,可以生活在寒冷的气候下。许多哺乳动物会长时间照顾幼仔,所以后代存活率比较高。另外,不同种类的哺乳动物长着不同类型的牙齿,这使它们选择食物的范围很广,不必互相竞争食物资源。

127 最早的哺乳动物是什么样子的?

哺乳动物最早出现在 2.15 亿年前。摩根兽是已知的最早的哺乳动物之一,它是鼠状的温血肉食性动物。摩根兽产卵繁殖,就像今天澳大利亚的鸭嘴兽。重褶齿猬生活在恐龙时代后期,是产仔繁殖的。

35亿年前出现最早的生命体

泥盆纪

石炭纪

128 猛犸象是什么时候灭绝的?

庞大的北美猛犸象在距今 1 万多年前灭绝了。猛犸象有双层巴士那么高,它是剑齿虎的猎物。剑齿虎是一种凶残的肉食性动物,长着 15 厘米长的马刀似的尖牙。猛犸象灭绝后,剑齿虎也消亡了。

▲ 猛犸象

现代

寒武纪

5亿年前鱼
类进化

前寒武纪

始林蜥

鲸龙

似鸟龙

第三纪

白垩纪

五角龙

三叠纪

侏罗纪

二叠纪

始盗龙

中生代——恐龙时代

长棘龙

恐龙趣味小测验

你对恐龙知道多少？试着用以下题目测试你对恐龙的认识。答案见后面。

看图识恐龙

你能回答关于以下图片的问题吗？每幅图片都包含有相应的提示。

1.留下这些脚印的恐龙用三只脚趾行走，并有着细小的爪子。你认为它属于以下哪类恐龙？

A. 兽脚亚目
B. 蜥脚亚目
C. 鸟脚亚目

2.下图中的恐龙长有巨大、强有力的利齿。你认为它属于以下哪类恐龙？

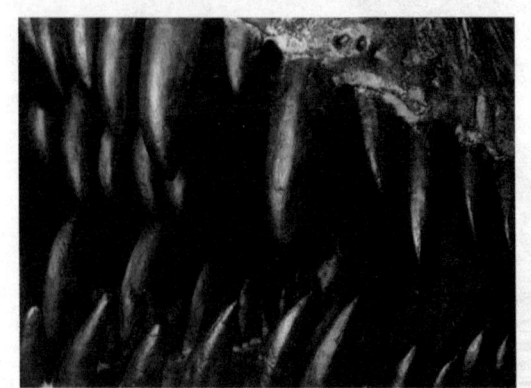

A. 鸭嘴龙

B. 似鸟龙

C. 兽脚亚目

3. 左页右图中的恐龙骨骼有着极长的第二趾爪。它是以下哪种恐龙？

A. 暴龙

B. 驰龙

C. 甲龙

4. 右边的场景包含了新猎龙、棱齿龙和开花植物。你认为它描述的是中生代的哪段时期？

A. 侏罗纪

B. 白垩纪

C. 三叠纪

生存挑战

你能像恐龙一样生存吗？做以下小测验来得出答案。

1. 你是一只生活在白垩纪晚期北美洲的鸭嘴龙。你来到一个岔路，必须在两条路中选择一条：向左走，一大群角龙在那里等你；向右走，有一只阿尔伯脱龙站在那里。你会走哪个方向？

A. 左

B. 右

2. 你是一只生活在7000万年前戈壁沙漠里的似鸡龙。你远远看到一只特暴龙慢慢地朝你靠近，你会怎么做？

A. 逃跑

B. 躲起来

3. 你是一只生活在白垩纪时期澳大利亚南部的雷利诺龙。冬天来了，天气一天比一天冷。你会选择长途迁徙到更温暖的地方过冬，还是留在原地？

A. 长途迁徙

B. 留在原处

4. 你是一只蜥脚亚目的梁龙，即最长和最大的恐龙之一。为了寻找食物，你脱离了种群，此时，一只异特龙向你逼近，你会怎么做？

A. 重回安全的种群里

B. 站着不动。你的庞大尺寸足以保证你能安然无恙

快速选择

1. 化石最多在哪里被发现？

A. 土壤

B. 木材

C. 岩石

2. 什么是胃石？

A. 一种牙齿

B. 胃中碎石

C. 一种植物

3. 哪种恐龙会吃鱼？

A. 窃蛋龙

B. 异特龙

C. 重爪龙

4. 下面哪种恐龙长有骨板？

A. 剑龙

B. 梁龙

C.暴龙

5.最早被命名的恐龙叫什么?

A.弯龙

B.禽龙

C.巨齿龙

6.翼龙是什么?

A.恐龙

B.爬行动物

C.鸟类

7.拥有最多牙齿的恐龙是哪一种?

A.暴龙

B.地震龙

C.埃德蒙顿龙

8.始祖鸟化石在哪里发现的?

A.英国

B.德国

C.法国

9.冰脊龙发现于哪个洲?

A.亚洲

B.欧洲

C.南极洲

快速测验

1.最大的恐龙是植食性的还是肉食性的?

2.哪一个大洲直到20世纪80年代才有恐龙化石发现?

3.唯一一个发现三角龙化石的大洲是哪个?

4.说出到目前为止发现的最小的恐龙的名字。

5.研究恐龙化石的人被称为什么?

6.在哪个国家发现了最多长羽毛的恐龙?

7.哪种恐龙有着中空的头冠,气流从中流过可以发出巨大的声响?

8.谁提出"恐龙"这个名字?

9.哪些恐龙生活在水里?

10.第一枚恐龙蛋化石是在哪里被发现的?

11.谁发现了第一枚恐龙蛋化石?

12.哪种恐龙有鸟一样的嘴?

判断恐龙

通过阅读本书，你对恐龙到底了解多少？你知道以下哪些动物是恐龙吗？

恐龙趣味小测验答案

看图识恐龙

1.A.兽脚亚目

2.C.兽脚亚目

3.B.驰龙

4.B.白垩纪

生存挑战

1.A.角龙是植食性恐龙，它不会主动攻击你；而阿尔伯脱龙则是致命的肉食恐龙。

2.A.逃跑。你是跑得最快的恐龙，特暴龙根本不可能抓到你。

3.B.留在原处。作为小型恐龙，你体内贮存的能量不足以使你通过漫长的旅途到达更温暖的地方。

4.A.回到安全的种群里。虽然你是一只如此庞大的恐龙，异特龙仍有能力在你落单时袭击你。但如果你与你的同伴一起行动，它就不能得逞。

判断恐龙

恐龙

3.暴龙

5.多刺甲龙

6.腕龙

8.开角龙

10.恐爪龙

快速选择

1.C   2.B   3.C

4.A   5.C   6.B

7.C   8.B   9.C

快速测验

1.植食性

2.南极洲

3.北美洲

4.小盗龙

5.古生物学家

6.中国

7.鸭嘴龙

8.理查德·欧文

9.没有

10.戈壁沙漠

11.罗伊·查普曼·安德鲁斯

12.鹦鹉嘴龙

不是恐龙

1.鳄鱼：没有直立的腿

2.似哺乳爬行动物：生活在3亿年前

4.蛇颈龙：生活在海中

7.翼龙：在空中飞行

9.鱼龙：生活在海中

 术语表

变温动物：体温随外界温度上下起伏的动物。变温动物包括无脊椎动物、鱼类、两栖动物和现存的爬行动物。

大陆漂移：各大陆在地球表面上的平缓移动。大陆漂移的动力来自于地球的内部深处，那里产生的热量使坚硬的地壳处在运动之中。

叠层岩：由生活在浅水域中的微生物形成的岩石状沙堆。叠层岩化石是地球上最古老的生命迹象之一。

多趾型：增加动物脚趾骨数量的进化趋势。在史前时期，多趾型是海生动物的共同特征。

粪化石：动物粪便形成的化石。

浮游生物：漂浮在近海水表面的小型或者微型的动物和植物。浮游生物是海生动物一种重要的食物。

腐肉：死亡动物的残骸。

腹肋：保护动物腹部及内脏的附加肋骨。

腹足动物：一种软体动物，它的外壳呈螺旋形，并长有一只像吸管一样的脚。

冈瓦纳古陆：构成盘古大陆一部分的巨型大陆。冈瓦纳古陆最后分裂成了南美洲、非洲、印度、南极洲和大洋洲。

古生代：地质史上的一个纪元，见证了5.4亿年前最早的硬体动物的发展。在这个时代，生物开始由水中向陆地转移。

古生物学：研究遗骸化石的科学。

龟类：陆龟、海龟及它们的亲缘动物。龟类是一个古老的爬行动物群，在长达2.5亿年里都没怎么变过。

恒温动物：无论外界情况如何，体温都会保持温暖和稳定的动物。现存的恒温动物包括哺乳动物和鸟类，已经灭绝的恒温动物则包括翼龙和某些恐龙。

化石：生物保存下来的遗物。某些化石是由动物的骸骨形成的，还有一些则是由动物的遗迹（如脚印）形成的。

脊索：一条沿着动物身体的加强柱，通过左右弯曲来完成动物的移动。人们只在脊索动物身上发现了脊索。

脊索动物：这种动物沿着身体有一条加固柱，称为脊索。其中有些动物是软体动物，但大部分都是脊椎动物。它们的脊索被封闭在一条坚硬的脊柱之内，从而成为了一根完整内骨的一部分。

脊椎动物：具有脊柱的动物。脊椎动物包括鱼类、两栖动物、爬行动物、鸟类和哺乳动物。

节肢动物：一种庞大的无脊椎动物群，它们拥有灵活的壳体或者外骨骼，腿部还长有关节。现存的节肢动物包括昆虫纲动物、蛛形纲动物和甲壳纲动物，而已灭绝的节肢动物则有三叶虫和海蝎。

进化：每一代生物在继承上一代时所产生的渐进变化。进化使得动物们能够适应周遭的环境。

进化分支图：显示进化支的关系图。

进化支：祖先物种及所有由此进化出来的物种。因为同一个进化支的成员会拥有相同的祖先，它们便在进化中形成了一个完整而独立的族群。恐龙和鸟类属于同一个进化支，而鱼类则不是，因为它们进化于几个不同的祖先。

鲸目动物：鲸鱼、海豚及它们的亲缘动物。鲸目动物生活在水中，但它们却属于呼吸空气的哺乳动物，是由陆生动物进化而来的。

臼齿：位于口腔后部的牙齿，用于压扁并磨碎食物。臼齿常具有扁平的表面，上面是凸起的齿脊相互磨合在一起。

菊石：已经消失的软体动物，长有触须和螺旋壳，壳中含有一排隔开的腔室。菊石生活在水中，是今天章鱼和乌贼的远亲。

蓝细菌：与植物具有相同生活方式的细菌，从阳光中获取能量。又被称为蓝绿藻。

劳亚古陆：构成盘古大陆一部分的巨型大陆。劳亚古陆分裂形成了北美洲、欧洲和北亚。

冷血动物：见变温动物。

两足动物：依靠两肢而非四肢站立并移动的动物。

掠食者：以捕食其他活动物（它们的猎物）为生的动物。除了那些进行群体捕猎的物种，掠食者通常都比它们的猎物大，也总是比较少见。

门牙：位于口腔前面的牙齿，用来切到食物中去。门牙通常具有一个正直的切割边缘。

灭绝：曾存在过的动物，但现已不存在于地球上的任何地方。

膜质骨板：在皮肤表面形成的骨板。

鸟脚亚目恐龙：属于鸟臀目恐龙，包括一系列小型或者中型的植食性恐龙，如禽龙科恐龙和鸭嘴龙科恐龙。

鸟臀目恐龙：两大恐龙族群中的一支。鸟臀目恐龙具有像鸟类一样的髋骨，且全部都是植食性动物。

盘古大陆：存在于中生代大部分时期的超级大陆，当时称霸陆地的是爬行动物。

趋同进化：生活方式相近的动物会产生特征相似的进化。趋同进化会使不相关的动物变得难以区分。

犬齿：带有一个尖端的牙齿，形状适于刺穿猎物。加大的犬齿在剑齿虎之类的掠食者中是非常普遍的特征。

肉食龙下目：一群巨型的肉食性恐龙或者兽脚亚目恐龙。肉食性恐龙与小一些的掠食者不同，它们用于击倒猎物的是牙齿而不是爪子。

肉食性动物：任何以食用其他动物为生的动物。这一词语同样用来代表一群特殊的哺乳动物族群，其中共包括现代的猫、狗、熊以及它们已经灭绝的祖先。

软体动物：身体柔软的无脊椎动物，常用一个坚硬的外壳来保护自己。软体动物的化石是比较常见的，因为其壳体在它们停在海床上的时候，常常能够形成化石。

三叶虫：一种史前节肢动物群，因其体壳分为纵向的三部分而得名。三叶虫生活在水中，并一直存在了 2.5 亿年。

食腐动物：以生物尸体为食的动物。

适应：动物一种利于自己生存的特征。适应发生在动物的进化过程中，既包括身体特征，也包括各种不同的行为模式。

兽脚亚目恐龙：通常以后肢站立的肉食性或者杂食性恐龙。

兽孔目动物：一群已经灭绝的动物，它们的特征处于爬行动物和哺乳动物之间，又被称为"类哺乳爬行动物"。

双弓动物：一种爬行动物，在其眼窝后头的两侧各有两个颞孔。双弓动物不仅包括恐龙，还包括鳄目动物、蛇和蜥蜴。

四足动物：具有脊柱和四肢的动物。大部分四足动物都利用四肢进行移动，虽然也有少数（包括很多恐龙）会只用后肢进行站立。

苏铁植物：长有球果的植物，与棕榈树相似，是一种普通的恐龙食物。

胎盘哺乳动物：生下发育良好的幼崽的哺乳动物。幼崽在母体的子宫中进行发育，营养通过胚胎获得，胚胎是海绵状的脂肪组织，与母体的血液供应相连。

外骨骼：保护动物身体免受外界伤害的坚硬外壳，而并不是从内部起到支撑作用。外骨是无脊椎动物比较普遍的特征；节肢动物的外骨由分离的骨板组成，而这些骨板则以灵活的关节相连。

微生物：只能借助显微镜才可看得到的生物。它们包括细菌及其他生命形态。曾有几十亿年的时间，微生物都是地球上唯一的生物。

伪装色：让动物融合进背景的保护色。植食性动物会借伪装来避开肉食性动物，而一些肉食性动物则会利用伪装色对猎物进行突然袭击。

胃石：恐龙及其他动物吞下的石头，用于辅助磨碎食物。

温血动物：见恒温动物。

无弓动物：一种爬行动物，其眼窝后没有颞孔。现存的无弓动物有陆龟和海龟。

无脊椎动物：没有脊椎或者支撑骨的动物。无脊椎动物是产生进化最早的动物，占据了地球上所有动物物种的 95% 以上。

物种：一群具有共同特征的生物，它们能够在自然环境中进行交配繁殖。每一个物种的学名都可分成两部分，如雷克斯霸王龙。名字的第一部说明了该动物的特定种别，而第二部分则说明了该动物的属别（或所属的物种集合）。

蜥脚亚目：一种植食性恐龙，具有巨大的身体，长长的脖颈和尾巴，以及相当小的脑袋。蜥脚亚目包括史上最大的陆生动物。

蜥臀目恐龙：两大恐龙族群中的另一支。蜥臀目恐龙的髋骨与蜥蜴的类似。蜥臀目恐龙中既有掠食者也有植食者，而史上最大最重的恐龙就属于这个族群。

细菌：地球上最小的、最简单的也是最古老的生物。细菌生活在各种各样的地方，包括动物的身上及其体内。大部分细菌都是无害的，但也有一些是"致病菌"能引发疾病。

下孔型动物：在头部两侧、眼窝的后面各有一个颅骨开口的爬行动物及其他动物。下孔型动物包括今天的哺乳动物及其祖先——兽孔目动物。

夏眠：在每年炎热或者干燥的季节里休眠。当气候又恢复凉爽的时候，夏眠的动物就会醒过来。

新生代：地质史上的一个纪元，开始于 6600 万年前恐龙灭绝之后，并一直持续到今天。

遗迹化石学家：研究化石脚印和踪迹，以及其他足迹化石的科学家。

翼龙目：与恐龙生活在同一时代的飞行类爬行动物。翼龙具有皮质的翅膀和骨质的无牙喙。早期翼龙的尾巴比较长。

翼手龙亚目：一群短尾的翼龙目动物或者飞行类爬行动物。翼手龙包括史上最大的飞行动物。

鹦鹉螺：已经灭绝的软体动物，长有触须。它的外壳或笔直或螺旋，里面是一排分立的腔室。与菊石一样，鹦鹉螺也生活在水中，也是今天章鱼和乌贼的远亲。

鱼龙目：一个已经灭绝的海生爬行动物群，它们进化出了像鱼一样的身体形状，以及长满牙齿的窄"喙"。

藻类：类似植物的简单生物体，依靠收集阳光中的能量生长。大部分藻类都生活在水中。很多藻类都是极为细小的，而其中最大的一种——海藻，却能有好几米长。

植食性动物：任何以食用植物为生的动物。

中生代：地质史上的一个纪元，开始于 2.045 亿万年前，结束于恐龙灭绝的时候。

祖龙：一种爬行动物群，包括翼龙、恐龙、鳄目动物及鸟类。祖龙常被认为是"爬行动物之霸"。

阿贝力龙：兽脚　类恐龙的一类，发现于印度和南美洲。某些阿贝力龙的头上长有粗角。

白垩纪时期：从 6500 万 ~ 1.44 亿年前的这段时间。恐龙和许多其他动物种群在白垩纪末期全部灭绝。

板块：组成地球表面的巨大岩块之一，由地壳和上部的地幔构成。

暴龙：一类生活在白垩纪时期的兽脚亚目恐龙。大多数暴龙体形巨大，有着巨大的牙齿、长长的下肢和纤小的上肢。

植食性动物：只吃植物的动物。

沉淀物：泥土或沙土的碎屑。

沉积岩：由泥土或沙土的碎屑组成的岩石。当泥沙的碎屑在河床或海床沉积下来，并逐渐地转变成坚硬的岩石，就形成了所谓的沉积岩。

驰龙：一类凶猛的兽脚亚目恐龙，长有极长的利爪。驰龙和鸟类有很近的亲缘关系。

大陆桥：连接两块大陆的狭长陆地。

DNA（脱氧核糖核酸）：存在于每个生物体内的复杂化学物质。它包含着有关生物生理机能的大量信息。

地幔：位于地壳底下的岩石厚层。地幔的一部分为固态，一部分为熔融态（熔化态）。

地堑：两个板块互相分离时形成的峡谷。这两个板块之间的地壳塌陷，形成了又深又宽的谷地。

地壳：地球坚硬的外表层，它与地幔的上部相连，组成了板块。

第三纪时期：从 6500 万前到 180 万年前的这段时间，紧接在白垩纪时期之后。

断层：地球地壳的裂缝。

发掘：挖出被埋藏的对象叫作发掘。

泛古陆：存在于中生代初期的巨型大陆。它逐渐地瓦解，形成了今天我们看到的 7 大洲。

泛古洋：中生代初期，覆盖地球表面 2/3 的巨大海洋。

粪化石：一块变成化石的粪便。

覆盾甲龙亚目：鸟臀目恐龙中的一类，包括剑龙和甲龙。覆盾甲龙亚目恐龙用四条腿行走，身上覆有骨板或骨钉。

海沟：一个板块被挤压到另一个板块底下时在海底形成的深谷。

海岩：形成于海洋底部的沉积岩。

棘龙：兽脚亚目恐龙的一类。一些棘龙以鱼类为食。

甲龙：一类用四条腿行走的鸟臀目恐龙。它们全部为植食性恐龙，身上覆有保护性的骨板和骨钉。

剑龙：一类用四条腿行走的鸟臀目恐龙。它们是植食性恐龙，沿颈部、背部和尾部生有竖直的骨板。一些剑龙的尾部和肩部还生有骨钉。

角龙：鸟臀目恐龙的一类。大多数角龙用四条腿行走，脸上长有角，头颅的后侧长有骨饰。它们都是植食性恐龙。

巨龙：躯干部分的皮肤上长有骨突的一类蜥脚亚目恐龙。

K-T 分界期：白垩纪末期（6500 万年前）与第三纪初期之间的一段时期。在这段时期里，许多动物类群，包括恐龙，相继灭绝。

恐龙猎场（采石场）：石头或化石被发掘出来的地方。

棱齿龙：一类小型鸟脚亚目恐龙。

镰刀龙：发现于亚洲和北美洲的一类植食性的兽脚亚目恐龙。镰刀龙的身上覆有羽毛，长有巨大的爪子。

两栖动物：一类既能在陆地上生活又能在水中生活的、皮肤柔软的动物。例如，青蛙就是一种两栖动物。

灭绝：即某个物种的动物或植物全部死亡。灭绝总是逐渐发生，是一个历时数百万年的过程。

木乃伊化：动物尸体柔软部分（如皮肤和器官）的防腐和保存。

鸟恐龙：鸟类的别名。鸟类是恐龙的直系后代。科学地说，这意味着鸟类实际上属于恐龙的一类。

拍翼飞翔：通过拍打翅膀实现的强有力的飞行，不同于滑翔。

迁徙：为了寻找食物或过冬等原因，每年的某个固定时期，动物从一个地方迁移到另一个地方的行为。

腔骨龙：一类小型或中型的兽脚亚目恐龙，生活在中生代的早期。

窃蛋龙：一类似鸟的兽脚亚目恐龙。它们全身覆有羽毛，并长有喙，生活在白垩纪时期。

侵蚀：岩石和土壤被海洋、河流、天气和动植物的活动消损的现象。

禽龙：一类植食性的鸟脚亚目恐龙。许多禽龙的趾上长有锋利的钉爪。

熔岩：从火山口流出或喷出的炽热岩石。

肉食动物：只吃肉的动物。

三叠纪时期：从 2.08 亿 ~ 2.5 亿年前的一段时间。

鲨齿龙：一类发现于非洲和南美洲的大型兽脚亚目恐龙。

上龙：蛇颈龙的一种。上龙长有短小的脖颈、巨大的头颅、强有力的颌和牙齿，生活在白垩纪时期。

蛇颈龙：一类生活在中生代时期海洋里的爬行动物。它们有着短小的尾巴和四片鳍状肢。它们可分为两个大类长颈蛇颈龙和短颈蛇颈龙，后者又称上龙。

适应作用：植物或动物的某种物种逐渐进化以适合生存环境的方式。

手盗龙：兽脚亚目恐龙的一类，包括驰龙和鸟类。手盗龙具有腕关节处有半月形小骨的特征。

似鸟龙：一类植食性的兽脚亚目恐龙，有着长而有力的下肢。似鸟龙可能是跑得最快的恐龙。

特提斯海：中生代时期位于今天的地中海位置的一个大洋。

特征骨骼：某块古生物学家用来鉴定某种动物的骨骼。特征骨骼因动物而异。

头冠：动物头顶上长有的角状脊突。

头饰龙亚目：头颅的后侧长有骨突的一类鸟臀目恐龙。

腕龙：一类无比高大的蜥脚亚目恐龙，它的上肢比下肢长得多。

威尔顿层：英国东南部的一种岩层。

物种：动物、植物或其他生物的一种。

小行星：太空中由岩石和金属构成的大块天体。有时候，小行星会撞击地球。科学家们认为，这样的撞击曾经发生在白垩纪末期，造成了恐龙的灭绝。

新角鼻龙：兽脚亚目恐龙的一类。大多数是中型到大型的肉食恐龙，每只爪上长有四根趾。许多新角鼻龙科恐龙头上都长有角。

行迹：在某处集中发现的一连串恐龙脚印。

虚骨龙：一类与鸟类有亲缘关系的兽脚亚目恐龙。

鸭嘴龙：鸟脚亚目恐龙的一类。鸭嘴龙是白垩纪时期常见的植食性恐龙，大多数都长有头冠。

岩浆：地球内部炽热熔融的岩石。

遗迹化石：动植物留下的踪迹或印记所形成的化石。

遗体化石：动物身上的坚硬部分形成的化石，如骨骼和牙齿。

异齿龙：生活在从侏罗纪早期到白垩纪早期的一类小型鸟臀目恐龙。

异特龙：兽脚亚目恐龙的一类。异特龙最早出现在侏罗纪时期，在临近白垩纪末期的时候灭绝。许多异特龙的头上长有角或脊突。

翼龙：生活在中生代时期的会飞的爬行动物。

鱼龙：生活在中生代时期的海洋爬行动物。

原蜥脚次亚目：主要由植食性的蜥臀目恐龙组成的类群，有着长长的颈部和尾部。原蜥脚次亚目恐龙是发现最早的恐龙之一，与蜥脚亚目恐龙十分相似，但没有它们庞大。

陨石坑：由于太空中的岩石（如小行星）撞击形成的凹坑。

杂食动物：既吃肉又吃植物的动物。

褶皱山：板块互相挤压使地壳隆起而形成的山脉。

中生代时期：从 6500 万 ~ 2.5 亿年前的这段时期。它可以划分成三叠纪、侏罗纪和白垩纪。

肿肋龙：一类类似蜥蜴的小型海洋爬行动物，有着短小的头部、长长的颈部、似桨的四肢和覆有蹼的足部。它们最早出现在三叠纪中期，于三叠纪末期灭绝。

肿头龙：一类有着粗厚头颅的鸟臀目恐龙。肿头龙是植食性恐龙，用两条腿行走。

种群：集体栖息和觅食的一群动物。

侏罗纪时期：一段从 1.44 亿年前持续到 2.08 亿年前持续到亿年前的时间。

自然选择：有着适应特定环境的特性的动植物能在环境中生存下来。这些特性会被它们的后代所继承。

祖龙：又名初龙或古蜥，是包括恐龙和翼龙的爬行动物的总称。最早的祖龙是一种类似鳄鱼的动物，出现在 2.5 亿年前的地球上。